普通高等教育“十二五”规划教材

线性代数

（理工类）

主　编　张曙翔
副主编　刘　云　黄晓昆
　　　　谢　芳　刘　伟
参　编　蔡　翠

科学出版社
北　京

内 容 简 介

本书是编者充分考虑了理工类专业对线性代数课程的需求，并结合自身多年教学经验编写而成的. 内容包括：矩阵、可逆矩阵及矩阵的秩、线性方程组与向量组的线性相关性、特征值与特征向量、线性空间与线性变换、二次型. 本书内容精炼、讲解详实、例题丰富、通俗易懂.

本书可供综合性大学及师范院校理工类非数学各专业学生学习使用，也可作为相关专业学生及科技工作者的参考用书.

图书在版编目(CIP)数据

线性代数：理工类/张曙翔主编. —北京：科学出版社，2012
普通高等教育"十二五"规划教材
ISBN 978-7-03-035267-5

Ⅰ.①线… Ⅱ.①张… Ⅲ.①线性代数-高等学校-教材 Ⅳ.①O151.2

中国版本图书馆 CIP 数据核字(2012)第 184387 号

责任编辑：胡云志 任俊红 唐保军 / 责任校对：陈玉凤
责任印制：徐晓晨/ 封面设计：华路天然工作室

科 学 出 版 社出版
北京东黄城根北街 16 号
邮政编码：100717
http://www.sciencep.com

北京九州迅驰传媒文化有限公司 印刷

科学出版社发行 各地新华书店经销

*

2012 年 8 月第 一 版 开本：720×1000 B5
2020 年 9 月第五次印刷 印张：13 1/4
字数：257 000

定价：38.00 元

（如有印装质量问题，我社负责调换）

序　　言

当今中国高等教育已从传统的精英教育发展到现代大众教育阶段.高等学校一方面要尽可能满足民众接受高等教育的需求,另一方面要努力培养适应社会和经济发展的合格人才,这就导致大学的人才培养规模与专业类型发生了革命性的变化,教学内容改革势在必行.高等数学课程是大学的重要基础课,是大学生科学修养和专业学习的必修课.编写出具有时代特征的高等数学教材是数学教育工作者的一项光荣使命.

科学出版社"十二五"教材出版规划的指导原则与云南省大部分高校的高等数学课程改革思路不谋而合,因此我们组织了云南省具有代表性的十所高校的数学系骨干教师组成项目专家组,共同策划编写了新的系列教材,并列入科学出版社普通高等教育"十二五"规划教材出版项目.本系列教材以大众化教育为前提,以各专业的发展对数学内容的需要为准则,分别按理工类、经管类和化生地类编写,第一批出版的有高等数学(理工类)、高等数学(经管类)、高等数学(化生地类)、概率论与数理统计(理工类)、线性代数(理工类),以及可供各类专业选用的数学实验教材.教材的特点是,在不失数学课程逻辑严谨的前提下,加强了针对性和实用性.

参加教材编写的教师都是在教学一线有长期教学经验积累的骨干教师.教材的第一稿已通过一届学生的试用,在征求使用本教材师生意见和建议的基础上作了进一步的修改,并通过项目专家组的审查,最后由科学出版社统一出版.在此对试用本教材的师生、项目专家组以及科学出版社表示衷心感谢.

高等教育改革无止境,教学内容改革无禁区,教材编写无终点.让我们共同努力,继续编出符合科学发展、顺应时代潮流的高质量教材,为高等数学教育做出应有的贡献.

郭　震

2012年8月1日于昆明

前　　言

本书是为综合性大学及师范院校理工类非数学各专业编写的.全书内容精炼，重点突出、讲解详实、例题丰富，叙述注重直观、通俗易懂，在注重强化基础知识及其训练的基础上，适当降低理论推导，尽可能地突出数学的思想方法，做到了深入浅出.教材内容包括：矩阵、可逆矩阵及矩阵的秩、线性方程组与向量组的线性相关性、特征值与特征向量、线性空间与线性变换、二次型.

本书参考学时为72学时.对不足72学时的教学班级，可对第5章内容进行适当删减；书中部分例子、习题与定理证明带有“*”号，主讲教师可酌情删减.教材各章节均配有适量的习题，并在每章后配有自检题，所有习题均在书末附有参考答案，便于读者学习与提高.本书的使用对象可以是开设线性代数课程的师范院校及理工类院校本、专科学生，也可以是相关专业的学生.

本书由云南省多所高等院校教学经验丰富的教师编写而成.其中第1章由红河学院刘伟老师编写，第2章由红河学院黄晓昆老师编写，第3章由昆明学院谢芳老师编写，第4章由玉溪师范学院刘云老师编写，第6章由云南师范大学数学学院蔡翠老师编写，云南师范大学数学学院张曙翔老师编写了第5章，并负责全书的统稿及审定工作.

本书的编写得到了云南省数学学会、云南师范大学和云南省多所高等师范院校的大力支持，科学出版社龚剑波、任俊红两位编辑为本书的出版做了大量繁杂而细致的工作，在此一并表示感谢！

由于我们水平所限，编写时间较紧，书中存在的问题，敬请读者和同行批评指正.

编　者

2012年7月

目　　录

第 1 章　矩　　阵

矩阵是从许多实际问题中抽象出来的一个重要数学概念，是代数学研究的主要对象，是数学很多分支研究及应用的重要工具．它贯穿于线性代数的各个部分，是代数学中必不可少的基本概念，它在数学的其他分支以及相关专业的理论及实践中有着重要的应用．

本章主要介绍矩阵的概念、性质、运算及其方阵的行列式的概念和相关的性质与计算．

1.1　矩阵的概念

在日常生活中，我们经常使用一系列的表格来记录和传递信息．例如，一家工厂同时生产 a_1,a_2,a_3 三种产品，在某年的生产量就可用下面一个简单的矩形数表表示：

$$\begin{pmatrix} a_{11} & a_{12} & a_{13} & a_{14} \\ a_{21} & a_{22} & a_{23} & a_{24} \\ a_{31} & a_{32} & a_{33} & a_{34} \end{pmatrix}$$

其中 $a_{ij}(i=1,2,3;j=1,2,3,4)$ 为该工厂的 a_i 产品在第 j 季度的产量．

反之，若对如上的一个矩形数表的行和列赋予一定的现实意义，该数表就可用来反映相应的一些实际问题；将上述矩形数表单独抽象出来，就得到下面矩阵的概念．

定义 1.1　由 $m\times n$ 个数 $a_{ij}(i=1,\cdots,m;j=1,2,\cdots n)$（通常称其为元素）排列成如下 m 行 n 列的数表

$$\begin{pmatrix} a_{11} & a_{12} & \cdots & a_{1n} \\ a_{21} & a_{22} & \cdots & a_{2n} \\ \vdots & \vdots & & \vdots \\ a_{m1} & a_{m2} & \cdots & a_{mn} \end{pmatrix}$$

称为 m 行 n 列矩阵，简称 $m\times n$ **矩阵**，简记为 $(a_{ij})_{m\times n}$，其中 a_{ij} 表示矩阵的第 i 行第 j 列的元素．

矩阵通常用大写英文字母 $\boldsymbol{A},\boldsymbol{B},\boldsymbol{C},\cdots$ 表示；m 行 n 列矩阵 $\boldsymbol{A}$ 可记为 $\boldsymbol{A}_{m\times n}$．显然，矩阵 $\boldsymbol{A}_{m\times n}$ 共有 mn 个元素．

元素都为实（复）数的矩阵称为**实（复）矩阵**．

元素全为 0 的矩阵称为零矩阵,记为 $\boldsymbol{O}_{m\times n}$,有时简记为 $\boldsymbol{O}$.

只有 1 行元素的矩阵 $\boldsymbol{A}_{1\times n}=(a_{11},a_{12},\cdots,a_{1n})$ 称为**行矩阵(或行向量)**;只有 1 列元素的矩阵

$$\boldsymbol{A}_{m\times 1}=\begin{pmatrix}a_{11}\\ \vdots\\ a_{m1}\end{pmatrix}$$

称为**列矩阵(或列向量)**.

行数和列数都是 n 的矩阵 $\boldsymbol{A}_{n\times n}$ 称为 n **阶矩阵**或 n **阶方阵**. 在 n 阶方阵 $\boldsymbol{A}_{n\times n}$ 中元素 $a_{11},a_{22},\cdots,a_{nn}$ 所在的直线称为方阵 $\boldsymbol{A}_{n\times n}$ 的**主对角线**. 特别地,$n=1$ 时,对应的 1 阶方阵记为 (a_{11}).

主对角线元素都是 1,其他元素都是 0 的 n 阶矩阵称为 n **阶单位矩阵**,记作 $\boldsymbol{E}_n$ 或 $\boldsymbol{E}$,即

$$\boldsymbol{E}_n=\begin{pmatrix}1 & 0 & \cdots & 0\\ 0 & 1 & \cdots & 0\\ \vdots & \vdots & & \vdots\\ 0 & 0 & \cdots & 1\end{pmatrix}$$

行数和列数相同的两个矩阵 $\boldsymbol{A}_{m\times n}$ 与 $\boldsymbol{B}_{m\times n}$ 称为**同型矩阵**.

如果两个同型矩阵 $\boldsymbol{A}=(a_{ij})_{m\times n}$ 与 $\boldsymbol{B}=(b_{ij})_{m\times n}$ 所有 $m\times n$ 个对应位置上的元素都相同,即

$$a_{ij}=b_{ij}\quad (i=1,\cdots,m;j=1,2,\cdots,n)$$

则称矩阵 $\boldsymbol{A}$ 与矩阵 $\boldsymbol{B}$ 相等,记作 $\boldsymbol{A}=\boldsymbol{B}$.

例 1.1　设矩阵 $\boldsymbol{A}=\begin{pmatrix}1+x & 0\\ 2 & 3\end{pmatrix}$ 与 $\boldsymbol{B}=\begin{pmatrix}3 & y\\ 2 & 3\end{pmatrix}$ 相等,计算 $\boldsymbol{A},\boldsymbol{B}$.

解　由 $\boldsymbol{A}=\boldsymbol{B}$ 得 $x+1=3,y=0$ 从而 $x=2,y=0$. 于是

$$\boldsymbol{A}=\boldsymbol{B}=\begin{pmatrix}3 & 0\\ 2 & 3\end{pmatrix}$$

习　题　1.1

1. 设矩阵 $\boldsymbol{A}=\begin{pmatrix}x+y & 0\\ 0 & 2x-y\end{pmatrix}$ 与 $\boldsymbol{E}_2$ 相等,计算 x,y.

2. 设矩阵 $\boldsymbol{A}=\begin{pmatrix}1+x & x+y\\ 2 & y+3\end{pmatrix}$ 与 $\boldsymbol{B}=\begin{pmatrix}3 & z\\ 2 & 6\end{pmatrix}$ 相等,求 $\boldsymbol{A}$.

1.2　矩阵的运算

1.2.1　矩阵的加(减)法

定义 1.2　设两个同型矩阵

$$A=(a_{ij})_{m\times n}=\begin{pmatrix} a_{11} & a_{12} & \cdots & a_{1n} \\ a_{21} & a_{22} & \cdots & a_{2n} \\ \vdots & \vdots & & \vdots \\ a_{m1} & a_{m2} & \cdots & a_{mn} \end{pmatrix},\quad B=(b_{ij})_{m\times n}=\begin{pmatrix} b_{11} & b_{12} & \cdots & b_{1n} \\ b_{21} & b_{22} & \cdots & b_{2n} \\ \vdots & \vdots & & \vdots \\ b_{m1} & b_{m2} & \cdots & b_{mn} \end{pmatrix}$$

则矩阵

$$C=(a_{ij}+b_{ij})_{m\times n}=\begin{pmatrix} a_{11}+b_{11} & a_{12}+b_{12} & \cdots & a_{1n}+b_{1n} \\ a_{21}+b_{21} & a_{22}+b_{22} & \cdots & a_{2n}+b_{2n} \\ \vdots & \vdots & & \vdots \\ a_{m1}+b_{m1} & a_{m2}+b_{m2} & \cdots & a_{mn}+b_{mn} \end{pmatrix}$$

称为矩阵 $\boldsymbol{A}$ 与矩阵 $\boldsymbol{B}$ 的**和**，记作 $\boldsymbol{C}=\boldsymbol{A}+\boldsymbol{B}$.

注　由定义 1.2 知，只有同型矩阵才能进行加法运算.

设矩阵 $\boldsymbol{A}=(a_{ij})_{m\times n}$，则矩阵 $(-a_{ij})_{m\times n}$ 称为矩阵 $\boldsymbol{A}$ 的**负矩阵**，记作 $-\boldsymbol{A}$.

利用负矩阵可定义矩阵的减法为

$$\boldsymbol{A}-\boldsymbol{B}=\boldsymbol{A}+(-\boldsymbol{B})$$

容易验证矩阵的加(减)法满足下列性质：

设 $\boldsymbol{A},\boldsymbol{B},\boldsymbol{C}$ 为同型矩阵，$\boldsymbol{O}$ 是与 $\boldsymbol{A}$ 同型的零矩阵，则

(1) $(\boldsymbol{A}+\boldsymbol{B})+\boldsymbol{C}=\boldsymbol{A}+(\boldsymbol{B}+\boldsymbol{C})$；

(2) $\boldsymbol{A}+\boldsymbol{B}=\boldsymbol{B}+\boldsymbol{A}$；

(3) $\boldsymbol{A}+\boldsymbol{O}=\boldsymbol{O}+\boldsymbol{A}=\boldsymbol{A}$；

(4) $\boldsymbol{A}+(-\boldsymbol{A})=\boldsymbol{O}$.

1.2.2　矩阵的数量乘法

定义 1.3　设矩阵 $\boldsymbol{A}=(a_{ij})_{m\times n}$，$k$ 为任意常数，则矩阵 $(ka_{ij})_{m\times n}$ 称为常数 k 与矩阵 $\boldsymbol{A}$ 的**数量乘法**(简称为数乘)，记作 $k\boldsymbol{A}$，即

$$k\boldsymbol{A}=(ka_{ij})_{m\times n}=\begin{pmatrix} ka_{11} & ka_{12} & \cdots & ka_{1n} \\ ka_{21} & ka_{22} & \cdots & ka_{2n} \\ \vdots & \vdots & & \vdots \\ ka_{m1} & ka_{m2} & \cdots & ka_{mn} \end{pmatrix}$$

容易验证矩阵的数乘满足下列性质：

设 k,l 为任意实数，$\boldsymbol{A},\boldsymbol{B}$ 为同型矩阵，则

(1) $(k+l)\boldsymbol{A}=k\boldsymbol{A}+l\boldsymbol{A}$;

(2) $k(\boldsymbol{A}+\boldsymbol{B})=k\boldsymbol{A}+k\boldsymbol{B}$;

(3) $k(l\boldsymbol{A})=(kl)\boldsymbol{A}$;

(4) $1\cdot\boldsymbol{A}=\boldsymbol{A},(-1)\cdot\boldsymbol{A}=-\boldsymbol{A}$.

例 1.2 求矩阵 $\boldsymbol{X}$,使得 $2\boldsymbol{X}+\boldsymbol{A}=3\boldsymbol{B}$,其中

$$\boldsymbol{A}=\begin{pmatrix}2&1\\4&0\end{pmatrix},\quad \boldsymbol{B}=\begin{pmatrix}6&3\\4&2\end{pmatrix}$$

解 根据矩阵加(减)法及数乘法的运算律,由 $2\boldsymbol{X}+\boldsymbol{A}=3\boldsymbol{B}$ 得 $2\boldsymbol{X}=3\boldsymbol{B}-\boldsymbol{A}$,从而

$$\boldsymbol{X}=\frac{1}{2}(3\boldsymbol{B}-\boldsymbol{A})$$

故

$$\begin{aligned}\boldsymbol{X}&=\frac{1}{2}\left[3\begin{pmatrix}6&3\\4&2\end{pmatrix}-\begin{pmatrix}2&1\\4&0\end{pmatrix}\right]\\&=\frac{1}{2}\left[\begin{pmatrix}18&9\\12&6\end{pmatrix}-\begin{pmatrix}2&1\\4&0\end{pmatrix}\right]=\frac{1}{2}\begin{pmatrix}16&8\\8&6\end{pmatrix}=\begin{pmatrix}8&4\\4&3\end{pmatrix}\end{aligned}$$

1.2.3 矩阵的乘法

在讨论二次曲线时,如果先进行坐标变换 $\begin{cases}x=a_{11}x'+a_{12}y'\\y=a_{21}x'+a_{22}y'\end{cases}$,该变换可看作由矩阵 $\boldsymbol{A}=\begin{bmatrix}a_{11}&a_{12}\\a_{21}&a_{22}\end{bmatrix}$ 决定;然后再进行坐标变换 $\begin{cases}x'=b_{11}x''+b_{12}y''\\y'=b_{21}x''+b_{22}y''\end{cases}$,该变换可看作由矩阵 $\boldsymbol{B}=\begin{bmatrix}b_{11}&b_{12}\\b_{21}&b_{22}\end{bmatrix}$ 决定;那么这两次变换累积而成的变换为

$$\begin{cases}x=(a_{11}b_{11}+a_{12}b_{21})x''+(a_{11}b_{12}+a_{12}b_{22})y''\\y=(a_{21}b_{11}+a_{22}b_{21})x''+(a_{21}b_{12}+a_{22}b_{22})y''\end{cases}$$

观察到两次累积的坐标变换可看做由矩阵 $\boldsymbol{C}=\begin{bmatrix}c_{11}&c_{12}\\c_{21}&c_{22}\end{bmatrix}$ 决定,其中 $c_{ij}=a_{i1}b_{1j}+a_{i2}b_{2j}(i,j=1,2)$,它是由矩阵 $\boldsymbol{A},\boldsymbol{B}$ 中的元素按照某一运算关系所确定. 我们把这种运算关系推广到一般情形,就得到了矩阵的乘法:

定义 1.4 设 $m\times l$ 矩阵 $\boldsymbol{A}$ 和 $l\times n$ 矩阵 $\boldsymbol{B}$ 如下:

$$\boldsymbol{A}=(a_{ik})_{m\times l}=\begin{bmatrix}a_{11}&a_{12}&\cdots&a_{1l}\\a_{21}&a_{22}&\cdots&a_{2l}\\\vdots&\vdots&&\vdots\\a_{m1}&a_{m2}&\cdots&a_{ml}\end{bmatrix},\quad \boldsymbol{B}=(b_{kj})_{l\times n}=\begin{bmatrix}b_{11}&b_{12}&\cdots&b_{1n}\\b_{21}&b_{22}&\cdots&b_{2n}\\\vdots&\vdots&&\vdots\\b_{l1}&b_{l2}&\cdots&b_{ln}\end{bmatrix}$$

若记

$$c_{ij}=\sum_{k=1}^{l}a_{ik}b_{kj}=a_{i1}b_{1j}+a_{i2}b_{2j}+\cdots+a_{il}b_{lj}\quad(i=1,2,\cdots,m;j=1,2,\cdots,n)$$

则矩阵

$$\boldsymbol{C}=(c_{ij})_{m\times n}=\begin{pmatrix}c_{11}&c_{12}&\cdots&c_{1n}\\c_{21}&c_{22}&\cdots&c_{2n}\\\vdots&\vdots&&\vdots\\c_{m1}&c_{m2}&\cdots&c_{mn}\end{pmatrix}$$

称为矩阵 $\boldsymbol{A}$ 与矩阵 $\boldsymbol{B}$ 的**乘积**. 记作 $\boldsymbol{C}=\boldsymbol{AB}$.

注　由矩阵乘积的定义可见,只有 $\boldsymbol{A}$ 的列数等于 $\boldsymbol{B}$ 的行数时,乘积 $\boldsymbol{AB}$ 才有意义.

利用矩阵及其运算可以简洁地表示一些数学表达式.

例如,前面的坐标变换$\begin{cases}x=a_{11}x'+a_{12}y'\\y=a_{21}x'+a_{22}y'\end{cases}$可以写成矩阵的乘积形式:

$$\begin{pmatrix}x\\y\end{pmatrix}=\boldsymbol{A}\begin{pmatrix}x'\\y'\end{pmatrix},\quad 其中\ \boldsymbol{A}=\begin{pmatrix}a_{11}&a_{12}\\a_{21}&a_{22}\end{pmatrix}$$

同样,坐标变换$\begin{cases}x'=b_{11}x''+b_{12}y''\\y'=b_{21}x''+b_{22}y''\end{cases}$可以写成

$$\begin{pmatrix}x'\\y'\end{pmatrix}=\boldsymbol{B}\begin{pmatrix}x''\\y''\end{pmatrix},\quad 其中\ \boldsymbol{B}=\begin{pmatrix}b_{11}&b_{12}\\b_{21}&b_{22}\end{pmatrix}$$

这两次累积的坐标变换

$$\begin{cases}x=(a_{11}b_{11}+a_{12}b_{21})x''+(a_{11}b_{12}+a_{12}b_{22})y''\\y=(a_{21}b_{11}+a_{22}b_{21})x''+(a_{21}b_{12}+a_{22}b_{22})y''\end{cases}$$

则可以写成

$$\begin{pmatrix}x\\y\end{pmatrix}=\boldsymbol{C}\begin{pmatrix}x''\\y''\end{pmatrix},\quad 其中\ \boldsymbol{C}=\boldsymbol{AB}$$

又如,对于线性方程组

$$\begin{cases}a_{11}x_1+a_{12}x_2+\cdots+a_{1n}x_n=b_1\\a_{21}x_1+a_{22}x_2+\cdots+a_{2n}x_n=b_2\\\cdots\cdots\\a_{m1}x_1+a_{m2}x_2+\cdots+a_{mn}x_n=b_m\end{cases}$$

若记

$$\boldsymbol{A}=(a_{ij})_{m\times n}=\begin{pmatrix}a_{11}&a_{12}&\cdots&a_{1n}\\a_{21}&a_{22}&\cdots&a_{2n}\\\vdots&\vdots&&\vdots\\a_{m1}&a_{m2}&\cdots&a_{mn}\end{pmatrix},\quad \boldsymbol{X}=\begin{pmatrix}x_1\\\vdots\\x_n\end{pmatrix},\quad \boldsymbol{B}=\begin{pmatrix}b_1\\\vdots\\b_m\end{pmatrix}$$

则此线性方程组可简写成

$$\boldsymbol{AX}=\boldsymbol{B}$$

例 1.3 设 $\boldsymbol{A}=\begin{pmatrix}0&1\\0&0\end{pmatrix}$，$\boldsymbol{B}=\begin{pmatrix}0&2\\0&0\end{pmatrix}$. 求 $\boldsymbol{AB}$ 和 $\boldsymbol{BA}$.

解 $\boldsymbol{AB}=\begin{pmatrix}0\times0+1\times0&0\times2+1\times0\\0\times0+0\times0&0\times2+0\times0\end{pmatrix}=\begin{pmatrix}0&0\\0&0\end{pmatrix}$

$\boldsymbol{BA}=\begin{pmatrix}0\times0+2\times0&0\times1+2\times0\\0\times0+0\times0&0\times1+0\times0\end{pmatrix}=\begin{pmatrix}0&0\\0&0\end{pmatrix}$

例 1.4 设 $\boldsymbol{A}=\begin{pmatrix}1&0&1\\2&1&0\end{pmatrix}$，$\boldsymbol{B}=\begin{pmatrix}1&1\\-1&1\\2&0\end{pmatrix}$. 求 $\boldsymbol{AB}$ 和 $\boldsymbol{BA}$.

解 $\boldsymbol{AB}=\begin{pmatrix}1\times1+0\times(-1)+1\times2&1\times1+0\times1+1\times0\\2\times1+1\times(-1)+0\times2&2\times1+1\times1+0\times0\end{pmatrix}=\begin{pmatrix}3&1\\1&3\end{pmatrix}$

$\boldsymbol{BA}=\begin{pmatrix}1\times1+1\times2&1\times0+1\times1&1\times1+1\times0\\(-1)\times1+1\times2&(-1)\times0+1\times1&(-1)\times1+1\times0\\2\times1+0\times2&2\times0+0\times1&2\times1+0\times0\end{pmatrix}=\begin{pmatrix}3&1&1\\1&1&-1\\2&0&2\end{pmatrix}$

例 1.5 设 $\boldsymbol{A}=(a_1,a_2,\cdots,a_n)$，$\boldsymbol{B}=\begin{pmatrix}b_1\\b_2\\\vdots\\b_n\end{pmatrix}$. 求 $\boldsymbol{AB}$ 和 $\boldsymbol{BA}$.

解 $\boldsymbol{AB}=(a_1b_1+a_2b_2+\cdots+a_nb_n)$

$\boldsymbol{BA}=\begin{pmatrix}a_1b_1&a_2b_1&\cdots&a_nb_1\\a_1b_2&a_2b_2&\cdots&a_nb_2\\\vdots&\vdots&&\vdots\\a_1b_n&a_2b_n&\cdots&a_nb_n\end{pmatrix}$

由以上三个例子可以看出，矩阵乘法的一些特殊性：

(i) 矩阵 $\boldsymbol{AB}=\boldsymbol{O}$，但 $\boldsymbol{A}$ 与 $\boldsymbol{B}$ 都可以不为 $\boldsymbol{O}$，即由 $\boldsymbol{AB}=\boldsymbol{O}$ 不能推出 $\boldsymbol{A}=\boldsymbol{O}$ 或 $\boldsymbol{B}=\boldsymbol{O}$. 由此可得：乘法的“消去律”不成立，即若 $\boldsymbol{A}\neq\boldsymbol{O}$，由 $\boldsymbol{AB}=\boldsymbol{AC}$ 不能推出 $\boldsymbol{B}=\boldsymbol{C}$.

(ii) 矩阵的乘法运算不满足交换律，即 $\boldsymbol{AB}\neq\boldsymbol{BA}$.

特殊地，若矩阵 $\boldsymbol{A}$，$\boldsymbol{B}$ 满足等式 $\boldsymbol{AB}=\boldsymbol{BA}$，则称矩阵 $\boldsymbol{A}$ 与 $\boldsymbol{B}$ 是**可交换的**.

容易验证，矩阵的乘法满足下列性质(设 $\boldsymbol{A}$，$\boldsymbol{B}$，$\boldsymbol{C}$ 为矩阵；λ 为数)：

(1) $(\boldsymbol{AB})\boldsymbol{C}=\boldsymbol{A}(\boldsymbol{BC})$；

(2) $\boldsymbol{A}(\boldsymbol{B}+\boldsymbol{C})=\boldsymbol{AB}+\boldsymbol{AC}$，$(\boldsymbol{A}+\boldsymbol{B})\boldsymbol{C}=\boldsymbol{AC}+\boldsymbol{BC}$；

(3) $\lambda(\boldsymbol{AB})=(\lambda\boldsymbol{A})\boldsymbol{B}=\boldsymbol{A}(\lambda\boldsymbol{B})$；

(4) $\boldsymbol{A}_{m\times n}\boldsymbol{E}_n=\boldsymbol{E}_m\boldsymbol{A}_{m\times n}=\boldsymbol{A}$；

(5) $\boldsymbol{A}_{m\times n}\boldsymbol{O}_{n\times p}=\boldsymbol{O}_{m\times p}$，$\boldsymbol{O}_{q\times m}\boldsymbol{A}_{m\times n}=\boldsymbol{O}_{q\times n}$.

倘若 $\boldsymbol{A}$ 为方阵，由矩阵的乘法运算可定义 n 阶方阵 $\boldsymbol{A}$ 的幂运算：

定义 1.5　设 $\boldsymbol{A}$ 是 n 阶方阵，k 是任意非负整数，则称 k 个 $\boldsymbol{A}$ 的乘积为 $\boldsymbol{A}$ 的 k **次幂**，记作 $\boldsymbol{A}^k$，即 $\boldsymbol{A}^k=\underbrace{\boldsymbol{A}\boldsymbol{A}\cdots\boldsymbol{A}}_{k个}$；其中规定 $\boldsymbol{A}^0=\boldsymbol{E}$.

易见，矩阵的幂运算满足下列性质：

(1) $\boldsymbol{A}^k\cdot\boldsymbol{A}^l=\boldsymbol{A}^{k+l}\quad(l,k\in\mathbf{Z}^+)$；

(2) $(\boldsymbol{A}^k)^l=\boldsymbol{A}^{kl}\quad(l,k\in\mathbf{Z}^+)$.

注　由于矩阵的乘法运算不满足交换律，所以 $(\boldsymbol{AB})^k$ 与 $\boldsymbol{A}^k\boldsymbol{B}^k$ 不一定相等；从而，公式 $(\boldsymbol{A}+\boldsymbol{B})^2=\boldsymbol{A}^2+2\boldsymbol{AB}+\boldsymbol{B}^2$ 与 $(\boldsymbol{A}+\boldsymbol{B})(\boldsymbol{A}-\boldsymbol{B})=\boldsymbol{A}^2-\boldsymbol{B}^2$ 不一定成立.

进一步，如果 $\boldsymbol{A}$ 为方阵，则可引入矩阵多项式的概念.

定义 1.6　设 $f(x)=b_0+b_1x+\cdots+b_mx^m$ 是 x 的 m 次多项式，$\boldsymbol{A}$ 是 n 阶方阵，则称矩阵 $f(\boldsymbol{A})=b_0\boldsymbol{E}_n+b_1\boldsymbol{A}+b_2\boldsymbol{A}^2+\cdots+b_m\boldsymbol{A}^m$ 为 $\boldsymbol{A}$ 的 m 次多项式.

显然，n 阶方阵 $\boldsymbol{A}$ 的 m 次多项式 $f(\boldsymbol{A})$ 仍是一个 n 阶方阵.

例 1.6　若 $f(x)=x^2+x-2$，$\boldsymbol{A}=\begin{pmatrix}1&1\\0&2\end{pmatrix}$，计算 $f(\boldsymbol{A})$.

解

$$f(\boldsymbol{A})=\begin{pmatrix}1&1\\0&2\end{pmatrix}^2+\begin{pmatrix}1&1\\0&2\end{pmatrix}-2\begin{pmatrix}1&0\\0&1\end{pmatrix}$$
$$=\begin{pmatrix}1&3\\0&4\end{pmatrix}+\begin{pmatrix}1&1\\0&2\end{pmatrix}-\begin{pmatrix}2&0\\0&2\end{pmatrix}=\begin{pmatrix}0&4\\0&4\end{pmatrix}$$

1.2.4　矩阵的转置

定义 1.7　设 $m\times n$ 矩阵 $\boldsymbol{A}=\begin{pmatrix}a_{11}&a_{12}&\cdots&a_{1n}\\a_{21}&a_{22}&\cdots&a_{2n}\\\vdots&\vdots&&\vdots\\a_{m1}&a_{m2}&\cdots&a_{mn}\end{pmatrix}$，将矩阵 $\boldsymbol{A}$ 对应的行与列依次互换，所得到的 $n\times m$ 矩阵称为矩阵 $\boldsymbol{A}$ 的**转置矩阵**，记作 $\boldsymbol{A}^{\mathrm{T}}$. 即

$$\boldsymbol{A}^{\mathrm{T}}=\begin{pmatrix}a_{11}&a_{21}&\cdots&a_{m1}\\a_{12}&a_{22}&\cdots&a_{m2}\\\vdots&\vdots&&\vdots\\a_{1n}&a_{2n}&\cdots&a_{mn}\end{pmatrix}$$

例如，若 $\boldsymbol{A}=\begin{pmatrix}1&2&3\\4&5&6\end{pmatrix}$，则 $\boldsymbol{A}^{\mathrm{T}}=\begin{pmatrix}1&4\\2&5\\3&6\end{pmatrix}$.

容易验证,矩阵的转置运算满足下列性质(设 $\boldsymbol{A}$,$\boldsymbol{B}$ 为矩阵;λ 为数):

(1) $(\boldsymbol{A}^{\mathrm{T}})^{\mathrm{T}}=\boldsymbol{A}$;

(2) $(\boldsymbol{A}+\boldsymbol{B})^{\mathrm{T}}=\boldsymbol{A}^{\mathrm{T}}+\boldsymbol{B}^{\mathrm{T}}$;

(3) $(\lambda\boldsymbol{A})^{\mathrm{T}}=\lambda\boldsymbol{A}^{\mathrm{T}}$;

(4) $(\boldsymbol{AB})^{\mathrm{T}}=\boldsymbol{B}^{\mathrm{T}}\boldsymbol{A}^{\mathrm{T}}$.

证明 (1)～(3)是显然成立的;下面证明性质(4):

假设 $\boldsymbol{A}=(a_{ik})_{m\times s}$,$\boldsymbol{B}=(b_{kj})_{s\times n}$,且 $\boldsymbol{AB}=(c_{ij})_{m\times n}$,由矩阵的乘法定义知

$$c_{ij}=a_{i1}b_{1j}+\cdots+a_{is}b_{sj}$$

故$(\boldsymbol{AB})^{\mathrm{T}}$ 第 i 行第 j 列元素为 $a_{j1}b_{1i}+\cdots+a_{js}b_{si}$.

又因为 $\boldsymbol{B}^{\mathrm{T}}$ 中第 i 行第 k 列元素为 b_{ki},$\boldsymbol{A}^{\mathrm{T}}$ 的第 k 行第 j 列元素为 a_{jk},所以 $\boldsymbol{B}^{\mathrm{T}}\boldsymbol{A}^{\mathrm{T}}$ 中第 i 行第 j 列元素也是

$$\sum_{k=1}^{s}b_{ki}a_{jk}=a_{j1}b_{1i}+\cdots+a_{js}b_{si}$$

由 i,j 选择的任意性得$(\boldsymbol{AB})^{\mathrm{T}}=\boldsymbol{B}^{\mathrm{T}}\boldsymbol{A}^{\mathrm{T}}$.

习 题 1.2

1. 设 $\boldsymbol{A}=\begin{pmatrix}1&0&1\\2&1&0\\0&2&2\end{pmatrix}$,$\boldsymbol{B}=\begin{pmatrix}1&0&1\\2&-1&0\\-1&0&1\end{pmatrix}$,求 $\boldsymbol{AB}-\boldsymbol{BA}$.

2. 设 $\boldsymbol{A}=\begin{pmatrix}0&1&0\\3&1&2\end{pmatrix}$,$\boldsymbol{B}=\begin{pmatrix}1&0&2\\1&4&0\\2&3&0\end{pmatrix}$,求$(\boldsymbol{AB})^{\mathrm{T}}$ 及 $\boldsymbol{AB}^{\mathrm{T}}$.

3. 求出所有与矩阵 $\boldsymbol{A}=\begin{pmatrix}1&2\\0&3\end{pmatrix}$交换的矩阵.

4. 设 $\boldsymbol{A}$ 是 n 阶方阵,如果对任意 $n\times 1$ 矩阵 $\boldsymbol{X}$ 均有 $\boldsymbol{AX}=\boldsymbol{0}$. 证明 $\boldsymbol{A}=\boldsymbol{0}$.

5. 举例说明下列命题错误:

(1) 若 $\boldsymbol{A}^2=\boldsymbol{0}$,则 $\boldsymbol{A}=\boldsymbol{0}$; (2) 若 $\boldsymbol{AX}=\boldsymbol{AY}$,且 $\boldsymbol{A}\neq\boldsymbol{0}$,则 $\boldsymbol{X}=\boldsymbol{Y}$.

6. 若 $f(x)=x^2-x-1$,$\boldsymbol{A}=\begin{pmatrix}2&1&1\\3&1&2\\1&-1&0\end{pmatrix}$,计算 $f(\boldsymbol{A})$.

7. 已知 $f(x_1,x_2,x_3)=(x_1,x_2,x_3)\begin{pmatrix}1&-1&2\\-1&0&3\\2&3&2\end{pmatrix}\begin{pmatrix}x_1\\x_2\\x_3\end{pmatrix}$,计算 $f(1,0,2)$.

1.3 几种特殊矩阵

本节将介绍几种特殊而重要的 n 阶方阵,并给出它们的一些简单性质.

1.3.1 对称矩阵

如果 n 阶方阵 $\boldsymbol{A}=(a_{ij})$ 满足 $\boldsymbol{A}^{\mathrm{T}}=\boldsymbol{A}$,则称 $\boldsymbol{A}$ 为**对称矩阵**.

显然,若矩阵 $\boldsymbol{A}$ 是对称的,则其元素 a_{ij} 适合 $a_{ij}=a_{ji}(i,j=1,2,\cdots,n)$,即 $\boldsymbol{A}$ 必形如

$$\boldsymbol{A}=\begin{pmatrix} a_{11} & a_{12} & \cdots & a_{1n} \\ a_{12} & a_{22} & \cdots & a_{2n} \\ \vdots & \vdots & & \vdots \\ a_{1n} & a_{2n} & \cdots & a_{nn} \end{pmatrix}$$

例如 $\begin{pmatrix} 2 & 1 \\ 1 & 2 \end{pmatrix}$ 与 $\begin{pmatrix} 1 & -1 & 2 \\ -1 & 2 & 4 \\ 2 & 4 & 3 \end{pmatrix}$ 分别为 2 阶与 3 阶对称矩阵.

例 1.7 设 $\boldsymbol{A},\boldsymbol{B}$ 为对称矩阵,证明:$\boldsymbol{AB}$ 是对称矩阵的充分必要条件为 $\boldsymbol{AB}=\boldsymbol{BA}$.

证明 已知 $\boldsymbol{A},\boldsymbol{B}$ 为对称矩阵,故 $\boldsymbol{A}^{\mathrm{T}}=\boldsymbol{A},\boldsymbol{B}^{\mathrm{T}}=\boldsymbol{B}$.

必要性 若 $\boldsymbol{AB}$ 对称,即 $(\boldsymbol{AB})^{\mathrm{T}}=\boldsymbol{AB}$. 又因为 $(\boldsymbol{AB})^{\mathrm{T}}=\boldsymbol{B}^{\mathrm{T}}\boldsymbol{A}^{\mathrm{T}}=\boldsymbol{BA}$,所以 $\boldsymbol{AB}=\boldsymbol{BA}$.

充分性 若 $\boldsymbol{AB}=\boldsymbol{BA}$,则 $(\boldsymbol{AB})^{\mathrm{T}}=\boldsymbol{B}^{\mathrm{T}}\boldsymbol{A}^{\mathrm{T}}=\boldsymbol{BA}=\boldsymbol{AB}$,所以 $\boldsymbol{AB}$ 是对称的.

1.3.2 反对称矩阵

如果 n 阶方阵 $\boldsymbol{A}=(a_{ij})$ 满足 $\boldsymbol{A}^{\mathrm{T}}=-\boldsymbol{A}$,则称 $\boldsymbol{A}$ 为**反对称矩阵**.

显然,若矩阵 $\boldsymbol{A}$ 是反对称的,则其元素 a_{ij} 适合

$$\begin{cases} a_{ij}=0, & i=j \\ a_{ij}=-a_{ji}, & i\neq j \end{cases}(i,j=1,2,\cdots,n)$$

即 $\boldsymbol{A}$ 形如

$$\boldsymbol{A}=\begin{pmatrix} 0 & a_{12} & \cdots & a_{1n} \\ -a_{12} & 0 & \cdots & a_{2n} \\ \vdots & \vdots & & \vdots \\ -a_{1n} & -a_{2n} & \cdots & 0 \end{pmatrix}$$

例如 $\begin{pmatrix} 0 & 1 \\ -1 & 0 \end{pmatrix}$ 与 $\begin{pmatrix} 0 & 1 & 2 \\ -1 & 0 & 3 \\ -2 & -3 & 0 \end{pmatrix}$ 分别为 2 阶与 3 阶反对称矩阵.

同样,读者可以自行证明:

若 $\boldsymbol{A},\boldsymbol{B}$ 为反对称矩阵,则 $\boldsymbol{AB}$ 仍是反对称矩阵的充要条件为 $\boldsymbol{AB}=-\boldsymbol{BA}$.

若方阵 $\boldsymbol{A}$ 既是对称矩阵又是反对称矩阵,则 $\boldsymbol{A}$ 是零矩阵.

1.3.3 对角矩阵

如果 n 阶方阵 $\boldsymbol{A}=(a_{ij})$ 中除主对角线外的所有元素都是 0,即 $a_{ij}=0,i\neq j(i,j=1,2,\cdots,n)$,则称 $\boldsymbol{A}$ 为**对角矩阵**. 通常把对角矩阵记作 $\mathrm{diag}(a_{11},a_{22},\cdots,a_{nn})$,即

$$\boldsymbol{A}=\mathrm{diag}(a_{11},a_{22},\cdots,a_{nn})=\begin{pmatrix}a_{11}&0&\cdots&0\\0&a_{22}&\cdots&0\\\vdots&\vdots&&\vdots\\0&0&\cdots&a_{nn}\end{pmatrix}$$

对角矩阵是一种特殊的对称矩阵;对于矩阵运算,它具有良好的性质:

(1) 两个 n 阶对角矩阵的和(差)仍是对角矩阵;

(2) 一个数与对角矩阵的数乘仍是对角矩阵;

(3) 两个 n 阶对角矩阵的乘积仍是对角矩阵;

(4) 对角矩阵的转置仍是对角矩阵;

(5) 两个 n 阶对角矩阵必是可交换的.

例如,若 $\boldsymbol{A}=\mathrm{diag}(a_1,a_2,\cdots,a_n)$,$\boldsymbol{B}=\mathrm{diag}(b_1,b_2,\cdots,b_n)$,$\lambda$ 为任意常数,k 为任意正整数,则有

$$\boldsymbol{A}\pm\boldsymbol{B}=\mathrm{diag}(a_1\pm b_1,a_2\pm b_2,\cdots,a_n\pm b_n),\quad \lambda\boldsymbol{A}=\mathrm{diag}(\lambda a_1,\lambda a_2,\cdots,\lambda a_n)$$

$$\boldsymbol{AB}=\mathrm{diag}(a_1b_1,a_2b_2,\cdots,a_nb_n),\quad \boldsymbol{A}^k=\mathrm{diag}(a_1^k,a_2^k,\cdots,a_n^k)$$

1.3.4 数量矩阵

如果 n 阶对角矩阵 $\boldsymbol{A}$ 中主对角线的元素 $a_{11}=a_{22}=\cdots=a_{nn}=k$,则称 $\boldsymbol{A}$ 为**数量矩阵**,即

$$\boldsymbol{A}=\mathrm{diag}(k,k,\cdots,k)=\begin{pmatrix}k&0&\cdots&0\\0&k&\cdots&0\\\vdots&\vdots&&\vdots\\0&0&\cdots&k\end{pmatrix}$$

显然,数量矩阵是一种特殊的对角矩阵,且 $\boldsymbol{A}=\mathrm{diag}(k,k,\cdots,k)=k\boldsymbol{E}_n$.

1.3.5 上(下)三角形矩阵

若 n 阶方阵 $\boldsymbol{A}$ 形如

$$\boldsymbol{A}=\begin{pmatrix}a_{11}&a_{12}&\cdots&a_{1n}\\0&a_{22}&\cdots&a_{2n}\\\vdots&\vdots&&\vdots\\0&0&\cdots&a_{nn}\end{pmatrix}$$

则称 $\boldsymbol{A}$ 为**上三角形矩阵**；

同样地，若 n 阶方阵 $\boldsymbol{A}$ 形如

$$\boldsymbol{A}=\begin{pmatrix} a_{11} & 0 & \cdots & 0 \\ a_{21} & a_{22} & \cdots & 0 \\ \vdots & \vdots & & \vdots \\ a_{n1} & a_{n2} & \cdots & a_{nn} \end{pmatrix}$$

则称 $\boldsymbol{A}$ 为**下三角形矩阵**.

容易验证，上（下）三角矩阵具有性质：

(1) 上（下）三角矩阵的和仍是上（下）三角矩阵；

(2) 任意常数与上（下）三角矩阵的数乘仍是上（下）三角矩阵；

(3) 两个 n 阶上（下）三角矩阵的乘积仍是上（下）三角矩阵；

(4) 上（下）三角矩阵的转置是下（上）三角矩阵.

习　题　1.3

1. 设 $\boldsymbol{A},\boldsymbol{B}$ 是 n 阶方阵，且 $\boldsymbol{A}$ 是对角矩阵，证明：$\boldsymbol{B}^{\mathrm{T}}\boldsymbol{A}\boldsymbol{B}$ 是对称矩阵.
2. 证明：任意方阵都可表示成一对称矩阵和一反对矩阵之和.
3. 设 $\boldsymbol{A},\boldsymbol{B}$ 为反对称矩阵，证明：$\boldsymbol{A}\boldsymbol{B}$ 是对称矩阵的充分必要条件是 $\boldsymbol{A}\boldsymbol{B}=\boldsymbol{B}\boldsymbol{A}$.
4. 设 $\boldsymbol{A}$ 为反对称矩阵，证明：$\boldsymbol{A}^2$ 为对称矩阵，$\boldsymbol{A}^3$ 为反对称矩阵.
5. 证明：两个 n 阶上三角矩阵的乘积仍是上三角矩阵.

1.4　分 块 矩 阵

对于某些矩阵，把它分成若干小块会使得矩阵的结构变得简单清晰，便于理解和计算，同时又能使表示更为简捷. 本节将介绍分块矩阵的相关知识.

1.4.1　分块矩阵的概念

在矩阵 $\boldsymbol{A}$ 的行和列之间用若干纵线和横线将矩阵 $\boldsymbol{A}$ 分成许多小块，每一小块看做一个小矩阵，将其称为矩阵 $\boldsymbol{A}$ 的**子块**，以子块为元素的矩阵称为**分块矩阵**.

例如，一家工厂同时生产 a_1,a_2,a_3 三种产品，在某年的生产量用矩阵 $\boldsymbol{A}$ 表示如下：

$$\boldsymbol{A}=\begin{pmatrix} a_{11} & a_{12} & a_{13} & a_{14} \\ a_{21} & a_{22} & a_{23} & a_{24} \\ a_{31} & a_{32} & a_{33} & a_{34} \end{pmatrix}$$

其中 $a_{ij}(i=1,2,3;j=1,2,3,4)$ 表示该工厂的第 a_i 种产品在第 j 季度的产量. 可

用如下的虚线把 $\boldsymbol{A}$ 划成包含两个子块的分块矩阵

$$\left(\begin{array}{cc:cc} a_{11} & a_{12} & a_{13} & a_{14} \\ a_{21} & a_{22} & a_{23} & a_{24} \\ a_{31} & a_{32} & a_{33} & a_{34} \end{array}\right)=(\boldsymbol{A}_1,\boldsymbol{A}_2)$$

其中子块 $\boldsymbol{A}_1=\begin{pmatrix} a_{11} & a_{12} \\ a_{21} & a_{22} \\ a_{31} & a_{32} \end{pmatrix}$，$\boldsymbol{A}_2=\begin{pmatrix} a_{13} & a_{14} \\ a_{23} & a_{24} \\ a_{33} & a_{34} \end{pmatrix}$ 分别反映了产品 a_1,a_2,a_3 在上半年与下半年各季度的产量.

对 4 阶矩阵

$$\boldsymbol{A}=\left(\begin{array}{cc:cc} 1 & 0 & 0 & 0 \\ 0 & 0 & 0 & 0 \\ \hdashline 1 & 0 & 2 & 0 \\ 0 & 1 & 0 & 2 \end{array}\right)_{4\times 4}$$

用以上横竖两条虚线把 $\boldsymbol{A}$ 分成 4 个子块，分别记作

$$\boldsymbol{B}_{11}=\begin{pmatrix} 1 & 0 \\ 0 & 0 \end{pmatrix},\quad \boldsymbol{B}_{12}=\begin{pmatrix} 0 & 0 \\ 0 & 0 \end{pmatrix}=\boldsymbol{O}_{2\times 2},\quad \boldsymbol{B}_{21}=\begin{pmatrix} 1 & 0 \\ 0 & 1 \end{pmatrix}=\boldsymbol{E}_{2\times 2},\quad \boldsymbol{B}_{22}=\begin{pmatrix} 2 & 0 \\ 0 & 2 \end{pmatrix}=2\boldsymbol{E}_{2\times 2}$$

则 $\boldsymbol{A}$ 可表示成由这 4 个子块构成的分块矩阵，即

$$\boldsymbol{A}=\begin{pmatrix} \boldsymbol{B}_{11} & \boldsymbol{B}_{12} \\ \boldsymbol{B}_{21} & \boldsymbol{B}_{22} \end{pmatrix}=\begin{pmatrix} \boldsymbol{B}_{11} & \boldsymbol{O}_{2\times 2} \\ \boldsymbol{E}_{2\times 2} & 2\boldsymbol{E}_{2\times 2} \end{pmatrix}$$

同样地，若将矩阵 $\boldsymbol{A}$ 的每一列都视为一个子块：

$$\boldsymbol{A}=\left(\begin{array}{c:c:c:c} 1 & 0 & 0 & 0 \\ 0 & 0 & 0 & 0 \\ 1 & 0 & 2 & 0 \\ 0 & 1 & 0 & 2 \end{array}\right)$$

记

$$\boldsymbol{B}_1=\begin{pmatrix} 1 \\ 0 \\ 1 \\ 0 \end{pmatrix},\quad \boldsymbol{B}_2=\begin{pmatrix} 0 \\ 0 \\ 0 \\ 1 \end{pmatrix},\quad \boldsymbol{B}_3=\begin{pmatrix} 0 \\ 0 \\ 2 \\ 0 \end{pmatrix},\quad \boldsymbol{B}_4=\begin{pmatrix} 0 \\ 0 \\ 0 \\ 2 \end{pmatrix}$$

则矩阵 $\boldsymbol{B}$ 可表示成分块矩阵 $\boldsymbol{B}=(\boldsymbol{B}_1,\boldsymbol{B}_2,\boldsymbol{B}_3,\boldsymbol{B}_4)$.

1.4.2 分块矩阵的运算

将分块矩阵的子块看作一般的元素，分块矩阵与普通矩阵满足相同的运算规则，并且子块间的运算也满足矩阵的运算规则.

1. 分块矩阵的加法

设矩阵 $\boldsymbol{A}$ 与 $\boldsymbol{B}$ 为同型矩阵，且 $\boldsymbol{A}$ 与 $\boldsymbol{B}$ 为分块矩阵时采用完全相同的分块方式，即

$$\boldsymbol{A}=\begin{pmatrix}\boldsymbol{A}_{11} & \cdots & \boldsymbol{A}_{1t}\\ \vdots & & \vdots\\ \boldsymbol{A}_{s1} & \cdots & \boldsymbol{A}_{st}\end{pmatrix},\quad \boldsymbol{B}=\begin{pmatrix}\boldsymbol{B}_{11} & \cdots & \boldsymbol{B}_{1t}\\ \vdots & & \vdots\\ \boldsymbol{B}_{s1} & \cdots & \boldsymbol{B}_{st}\end{pmatrix}$$

其中子块 $\boldsymbol{A}_{ij}$ 与 $\boldsymbol{B}_{ij}$ 为同型矩阵（$i=1,2,\cdots,s;j=1,2,\cdots,t$），则有

$$\boldsymbol{A}+\boldsymbol{B}=\begin{pmatrix}\boldsymbol{A}_{11}+\boldsymbol{B}_{11} & \cdots & \boldsymbol{A}_{1t}+\boldsymbol{B}_{1t}\\ \vdots & & \vdots\\ \boldsymbol{A}_{s1}+\boldsymbol{B}_{s1} & \cdots & \boldsymbol{A}_{st}+\boldsymbol{B}_{st}\end{pmatrix}$$

2. 分块矩阵的数乘

设分块矩阵 $\boldsymbol{A}=\begin{pmatrix}\boldsymbol{A}_{11} & \cdots & \boldsymbol{A}_{1t}\\ \vdots & & \vdots\\ \boldsymbol{A}_{s1} & \cdots & \boldsymbol{A}_{st}\end{pmatrix}$，则常数 k 与分块矩阵 $\boldsymbol{A}$ 的乘积就是用 k 与 $\boldsymbol{A}$ 的每一个子块相乘. 即

$$k\boldsymbol{A}=\begin{pmatrix}k\boldsymbol{A}_{11} & \cdots & k\boldsymbol{A}_{1t}\\ \vdots & & \vdots\\ k\boldsymbol{A}_{s1} & \cdots & k\boldsymbol{A}_{st}\end{pmatrix}$$

3. 分块矩阵的乘法

设矩阵 $\boldsymbol{A}$、$\boldsymbol{B}$ 可以相乘（即 $\boldsymbol{A}$ 的列数与 $\boldsymbol{B}$ 的行数相同），且 $\boldsymbol{A}$ 与 $\boldsymbol{B}$ 为分块矩阵时形如

$$\boldsymbol{A}=\begin{pmatrix}\boldsymbol{A}_{11} & \cdots & \boldsymbol{A}_{1t}\\ \vdots & & \vdots\\ \boldsymbol{A}_{s1} & \cdots & \boldsymbol{A}_{st}\end{pmatrix},\quad \boldsymbol{B}=\begin{pmatrix}\boldsymbol{B}_{11} & \cdots & \boldsymbol{B}_{1r}\\ \vdots & & \vdots\\ \boldsymbol{B}_{t1} & \cdots & \boldsymbol{B}_{tr}\end{pmatrix}$$

其中子块 $\boldsymbol{A}_{ij}$ 的列数与 $\boldsymbol{B}_{jk}$ 的行数相等（$i=1,2,\cdots,s;j=1,2,\cdots,t;k=1,2,\cdots,r$），则

$$\boldsymbol{AB}=\begin{pmatrix}\boldsymbol{C}_{11} & \cdots & \boldsymbol{C}_{1r}\\ \vdots & & \vdots\\ \boldsymbol{C}_{s1} & \cdots & \boldsymbol{C}_{sr}\end{pmatrix}$$

其中子块 $\boldsymbol{C}_{ik}=\sum\limits_{j=1}^{t}\boldsymbol{A}_{ij}\boldsymbol{B}_{jk}\,(i=1,2,\cdots,s,k=1,2,\cdots,r)$.

在矩阵运算中，恰当地进行分块，会给计算带来许多方便. 在矩阵理论的研

究中,矩阵的分块是一种最基本、最重要的方法,它可使矩阵的结构及问题变得简单清晰.

例如,对于线性方程组

$$\begin{cases}a_{11}x_1+a_{12}x_2+\cdots+a_{1n}x_n=b_1\\ a_{21}x_1+a_{22}x_2+\cdots+a_{2n}x_n=b_2\\ \cdots\cdots\\ a_{m1}x_1+a_{m2}x_2+\cdots+a_{mn}x_n=b_m\end{cases}$$

记分块矩阵 $\boldsymbol{A}=(\boldsymbol{\alpha}_1,\boldsymbol{\alpha}_2,\cdots,\boldsymbol{\alpha}_n)$,其中

$$\boldsymbol{\alpha}_i=\begin{pmatrix}a_{1i}\\ \vdots\\ a_{mi}\end{pmatrix},(i=1,2,\cdots,n),\quad \boldsymbol{X}=\begin{pmatrix}x_1\\ \vdots\\ x_n\end{pmatrix},\quad \boldsymbol{B}=\begin{pmatrix}b_1\\ \vdots\\ b_m\end{pmatrix}$$

则此线性方程组可表示成矩阵方程

$$\boldsymbol{AX}=\boldsymbol{B}$$

也可表示成分块矩阵乘积形式

$$(\boldsymbol{\alpha}_1,\boldsymbol{\alpha}_2,\cdots,\boldsymbol{\alpha}_n)\boldsymbol{X}=\boldsymbol{B}$$

即

$$\boldsymbol{\alpha}_1x_1+\boldsymbol{\alpha}_2x_2+\cdots+\boldsymbol{\alpha}_nx_n=\boldsymbol{B}$$

这样就突出了变量与其系数之间的关系.

例 1.8 设 $\boldsymbol{A}=\begin{pmatrix}1&0&0&0\\0&1&0&0\\-1&2&1&0\\0&1&0&1\end{pmatrix}$, $\boldsymbol{B}=\begin{pmatrix}1&0&1&0\\-1&2&0&1\\1&0&0&1\\1&0&2&0\end{pmatrix}$,求 $\boldsymbol{AB}$.

解 将 $\boldsymbol{A},\boldsymbol{B}$ 作成分块矩阵如下:

$$\boldsymbol{A}=\left(\begin{array}{cc:cc}1&0&0&0\\0&1&0&0\\ \hdashline -1&2&1&0\\0&1&0&1\end{array}\right)=\begin{pmatrix}\boldsymbol{E}_2&\boldsymbol{O}\\ \boldsymbol{A}_1&\boldsymbol{E}_2\end{pmatrix},\quad \boldsymbol{B}=\left(\begin{array}{cc:cc}1&0&1&0\\-1&2&0&1\\ \hdashline 1&0&0&1\\1&0&2&0\end{array}\right)=\begin{pmatrix}\boldsymbol{B}_{11}&\boldsymbol{E}_2\\ \boldsymbol{B}_{21}&\boldsymbol{B}_{22}\end{pmatrix}$$

则

$$\boldsymbol{AB}=\begin{pmatrix}\boldsymbol{E}_2&\boldsymbol{O}\\ \boldsymbol{A}_1&\boldsymbol{E}_2\end{pmatrix}\begin{pmatrix}\boldsymbol{B}_{11}&\boldsymbol{E}_2\\ \boldsymbol{B}_{21}&\boldsymbol{B}_{22}\end{pmatrix}=\begin{pmatrix}\boldsymbol{B}_{11}&\boldsymbol{E}_2\\ \boldsymbol{A}_1\boldsymbol{B}_{11}+\boldsymbol{B}_{21}&\boldsymbol{A}_1+\boldsymbol{B}_{22}\end{pmatrix}$$

又

$$\boldsymbol{A}_1\boldsymbol{B}_{11}+\boldsymbol{B}_{21}=\begin{pmatrix}-1&2\\0&1\end{pmatrix}\begin{pmatrix}1&0\\-1&2\end{pmatrix}+\begin{pmatrix}1&0\\1&0\end{pmatrix}=\begin{pmatrix}-2&4\\0&2\end{pmatrix}$$

$$\boldsymbol{A}_1+\boldsymbol{B}_{22}=\begin{pmatrix}-1&2\\0&1\end{pmatrix}+\begin{pmatrix}0&1\\2&0\end{pmatrix}=\begin{pmatrix}-1&3\\2&1\end{pmatrix}$$

所以

$$AB=\begin{pmatrix}1&0&1&0\\-1&2&0&1\\-2&4&-1&3\\0&2&2&1\end{pmatrix}$$

4. 分块矩阵的转置

设分块矩阵 $A=\begin{pmatrix}A_{11}&\cdots&A_{1t}\\\vdots&&\vdots\\A_{s1}&\cdots&A_{st}\end{pmatrix}$,则分块矩阵 A 的转置为

$$A^{T}=\begin{pmatrix}A_{11}^{T}&\cdots&A_{s1}^{T}\\\vdots&&\vdots\\A_{1t}^{T}&\cdots&A_{st}^{T}\end{pmatrix}$$

其中 A_{ij}^{T} 表示子块 A_{ij} 的转置($i=1,2,\cdots s;j=1,2,\cdots,t$),即分块矩阵的转置是先对子块所在的行列转换后再对每个子块进行转置.

例 1.9 设 $A=\begin{pmatrix}1&0&0&1\\0&2&0&0\\0&0&2&0\\0&0&1&2\end{pmatrix}$, $B=\begin{pmatrix}-1&0&0&0\\0&2&0&0\\0&0&1&1\\0&0&0&1\end{pmatrix}$,求 $(AB)^{T}$.

解 将 A,B 作成分块矩阵如下:

$$A=\left(\begin{array}{cc:cc}1&0&0&1\\0&2&0&0\\\hdashline 0&0&2&0\\0&0&1&2\end{array}\right)=\begin{pmatrix}A_{11}&A_{12}\\O&A_{22}\end{pmatrix},\quad B=\left(\begin{array}{cc:cc}-1&0&0&0\\0&2&0&0\\\hdashline 0&0&1&1\\0&0&0&1\end{array}\right)=\begin{pmatrix}B_{11}&O\\O&B_{22}\end{pmatrix}$$

则

$$AB=\begin{pmatrix}A_{11}&A_{12}\\O&A_{22}\end{pmatrix}\begin{pmatrix}B_{11}&O\\O&B_{22}\end{pmatrix}=\begin{pmatrix}A_{11}B_{11}&A_{12}B_{22}\\O&A_{22}B_{22}\end{pmatrix}$$

$$(AB)^{T}=\begin{pmatrix}A_{11}B_{11}&A_{12}B_{22}\\O&A_{22}B_{22}\end{pmatrix}^{T}=\begin{pmatrix}(A_{11}B_{11})^{T}&O\\(A_{12}B_{22})^{T}&(A_{22}B_{22})^{T}\end{pmatrix}=\begin{pmatrix}B_{11}{}^{T}A_{11}{}^{T}&O\\B_{22}{}^{T}A_{12}{}^{T}&B_{22}{}^{T}A_{22}{}^{T}\end{pmatrix}$$

又

$$B_{11}{}^{T}A_{11}{}^{T}=\begin{pmatrix}-1&0\\0&2\end{pmatrix}\begin{pmatrix}1&0\\0&2\end{pmatrix}=\begin{pmatrix}-1&0\\0&4\end{pmatrix},\quad B_{22}{}^{T}A_{12}{}^{T}=\begin{pmatrix}1&0\\1&1\end{pmatrix}\begin{pmatrix}0&0\\1&0\end{pmatrix}=\begin{pmatrix}0&0\\1&0\end{pmatrix}$$

$$B_{22}{}^{T}A_{22}{}^{T}=\begin{pmatrix}1&0\\1&1\end{pmatrix}\begin{pmatrix}2&1\\0&2\end{pmatrix}=\begin{pmatrix}2&1\\2&3\end{pmatrix}$$

故

$$(\boldsymbol{AB})^{\mathrm{T}}=\begin{pmatrix}\boldsymbol{B}_{11}{}^{\mathrm{T}}\boldsymbol{A}_{11}{}^{\mathrm{T}} & \boldsymbol{O}_{21}\\ \boldsymbol{B}_{22}{}^{\mathrm{T}}\boldsymbol{A}_{12}{}^{\mathrm{T}} & \boldsymbol{B}_{22}{}^{\mathrm{T}}\boldsymbol{A}_{22}{}^{\mathrm{T}}\end{pmatrix}=\begin{pmatrix}-1 & 0 & 0 & 0\\ 0 & 4 & 0 & 0\\ 0 & 0 & 2 & 1\\ 1 & 0 & 2 & 3\end{pmatrix}$$

5. 分块对角形矩阵

一般地,形如

$$\boldsymbol{A}=\begin{pmatrix}\boldsymbol{A}_1 & \boldsymbol{O} & \cdots & \boldsymbol{O}\\ \boldsymbol{O} & \boldsymbol{A}_2 & \cdots & \boldsymbol{O}\\ \vdots & \vdots & & \vdots\\ \boldsymbol{O} & \boldsymbol{O} & \cdots & \boldsymbol{A}_s\end{pmatrix}$$

的分块矩阵称为**分块对角形矩阵**,其中 $\boldsymbol{A}_i(i=1,2,\cdots,s)$ 为方阵.

分块对角形矩阵具有与对角矩阵具有类似的运算性质.

如果 $\boldsymbol{A}_i$ 与 $\boldsymbol{B}_i$ 为同阶子块($i=1,2,\cdots,s$),容易验证下述结论:

(1) $$\begin{pmatrix}\boldsymbol{A}_1 & \boldsymbol{O} & \cdots & \boldsymbol{O}\\ \boldsymbol{O} & \boldsymbol{A}_2 & \cdots & \boldsymbol{O}\\ \vdots & \vdots & & \vdots\\ \boldsymbol{O} & \boldsymbol{O} & \cdots & \boldsymbol{A}_s\end{pmatrix}\begin{pmatrix}\boldsymbol{B}_1 & \boldsymbol{O} & \cdots & \boldsymbol{O}\\ \boldsymbol{O} & \boldsymbol{B}_2 & \cdots & \boldsymbol{O}\\ \vdots & \vdots & & \vdots\\ \boldsymbol{O} & \boldsymbol{O} & \cdots & \boldsymbol{B}_s\end{pmatrix}=\begin{pmatrix}\boldsymbol{A}_1\boldsymbol{B}_1 & \boldsymbol{O} & \cdots & \boldsymbol{O}\\ \boldsymbol{O} & \boldsymbol{A}_2\boldsymbol{B}_2 & \cdots & \boldsymbol{O}\\ \vdots & \vdots & & \vdots\\ \boldsymbol{O} & \boldsymbol{O} & \cdots & \boldsymbol{A}_s\boldsymbol{B}_s\end{pmatrix}$$

特殊地

$$\boldsymbol{A}^n=\begin{pmatrix}\boldsymbol{A}_1{}^n & \boldsymbol{O} & \cdots & \boldsymbol{O}\\ \boldsymbol{O} & \boldsymbol{A}_2{}^n & \cdots & \boldsymbol{O}\\ \vdots & \vdots & & \vdots\\ \boldsymbol{O} & \boldsymbol{O} & \cdots & \boldsymbol{A}_s{}^n\end{pmatrix}$$

(2) $$\boldsymbol{A}^{\mathrm{T}}=\begin{pmatrix}\boldsymbol{A}_1^{\mathrm{T}} & \boldsymbol{O} & \cdots & \boldsymbol{O}\\ \boldsymbol{O} & \boldsymbol{A}_2^{\mathrm{T}} & \cdots & \boldsymbol{O}\\ \vdots & \vdots & & \vdots\\ \boldsymbol{O} & \boldsymbol{O} & \cdots & \boldsymbol{A}_s^{\mathrm{T}}\end{pmatrix}$$

习 题 1.4

1. 设 $\boldsymbol{A}=\begin{pmatrix}1 & 0 & 0 & 1\\ 0 & 0 & 0 & 3\\ 0 & 0 & -4 & 0\\ 0 & 0 & 0 & 2\end{pmatrix}$,$\boldsymbol{B}=\begin{pmatrix}3 & 0 & 2 & 6\\ 0 & 2 & 2 & 5\\ 2 & 1 & 2 & 4\\ 0 & 2 & 5 & 7\end{pmatrix}$,利用分块矩阵求 $\boldsymbol{AB}$.

2. 设 $\boldsymbol{A}=\begin{pmatrix}1&1&0&0\\0&2&0&0\\0&0&2&0\\0&0&1&1\end{pmatrix}$，求 $\boldsymbol{A}^2,\boldsymbol{A}^4$.

3. 设 $\boldsymbol{A}=\begin{pmatrix}0&0&1&3\\0&0&2&1\\2&0&0&0\\1&1&0&0\end{pmatrix}$，利用分块矩阵求 $\boldsymbol{A}^2-2\boldsymbol{A}^{\mathrm{T}}$.

1.5 方阵的行列式

行列式是线性代数中必不可少的基本概念，是研究矩阵的重要工具之一. 在初等代数中，为了求解二元和三元线性方程组，引入了二阶和三阶行列式，本节在二阶和三阶行列式的基础上，进一步建立 n 阶行列式的概念及相应的理论.

1.5.1 二阶行列式与三阶行列式

考察二元一次线性方程组

$$\begin{cases}a_{11}x_1+a_{12}x_2=b_1\\a_{21}x_1+a_{22}x_2=b_2\end{cases}\tag{1.1}$$

对方程组(1.1)用消元法得

$$\begin{cases}(a_{11}a_{22}-a_{12}a_{21})x_1=b_1a_{22}-b_2a_{12}\\(a_{11}a_{22}-a_{12}a_{21})x_2=b_2a_{11}-b_1a_{21}\end{cases}$$

当 $a_{11}a_{22}-a_{12}a_{21}\neq0$ 时，方程组(1.1)有唯一解

$$x_1=\frac{b_1a_{22}-b_2a_{12}}{a_{11}a_{22}-a_{12}a_{21}},\quad x_2=\frac{b_2a_{11}-b_1a_{21}}{a_{11}a_{22}-a_{12}a_{21}}\tag{1.2}$$

为便于表示，引入二阶行列式的概念：

对任意的二阶方阵 $\boldsymbol{A}=\begin{pmatrix}a_{11}&a_{12}\\a_{21}&a_{22}\end{pmatrix}$，规定

$$|\boldsymbol{A}|=\begin{vmatrix}a_{11}&a_{12}\\a_{21}&a_{22}\end{vmatrix}=a_{11}a_{22}-a_{12}a_{21}$$

并称 $|\boldsymbol{A}|=\begin{vmatrix}a_{11}&a_{12}\\a_{21}&a_{22}\end{vmatrix}$ 为**二阶方阵 $\boldsymbol{A}$ 的行列式**，简称**二阶行列式**. 其中 $a_{ij}\,(i,j=1,2)$ 称为行列式的元素.

这样，表达式(1.2)中的分子分母都可用二阶行列式表示如下：

$$D=\begin{vmatrix} a_{11} & a_{12} \\ a_{21} & a_{22} \end{vmatrix}=a_{11}a_{22}-a_{12}a_{21},\quad D_1=\begin{vmatrix} b_1 & a_{12} \\ b_2 & a_{22} \end{vmatrix}=b_1a_{22}-a_{12}b_2$$

$$D_2=\begin{vmatrix} a_{11} & b_1 \\ a_{21} & b_2 \end{vmatrix}=a_{11}b_2-a_{21}b_1$$

因此当 $D\neq 0$ 时,线性方程组(1.1)有唯一解:$x_1=\dfrac{D_1}{D}$, $x_2=\dfrac{D_2}{D}$.

同样,对三元线性方程组

$$\begin{cases} a_{11}x_1+a_{12}x_2+a_{13}x_3=b_1 \\ a_{21}x_1+a_{22}x_2+a_{23}x_3=b_2 \\ a_{21}x_1+a_{22}x_2+a_{33}x_3=b_3 \end{cases} \tag{1.3}$$

如果引入**三阶行列式**的概念,也将有类似的结论:

对于三阶方阵 $\boldsymbol{A}=\begin{pmatrix} a_{11} & a_{12} & a_{13} \\ a_{21} & a_{22} & a_{23} \\ a_{31} & a_{32} & a_{33} \end{pmatrix}$,规定

$$|\boldsymbol{A}|=\begin{vmatrix} a_{11} & a_{12} & a_{13} \\ a_{21} & a_{22} & a_{23} \\ a_{31} & a_{32} & a_{33} \end{vmatrix}=a_{11}a_{22}a_{33}+a_{12}a_{23}a_{31}+a_{13}a_{21}a_{32}-a_{13}a_{22}a_{31}-a_{12}a_{21}a_{33}-a_{11}a_{23}a_{32}$$

并称 $|\boldsymbol{A}|$ 为**三阶方阵 $\boldsymbol{A}$ 的行列式,简称三阶行列式.**

与二元一次线性方程组的类似,利用消元法可得:若记

$$D=\begin{vmatrix} a_{11} & a_{12} & a_{13} \\ a_{21} & a_{22} & a_{23} \\ a_{31} & a_{32} & a_{33} \end{vmatrix},\quad D_1=\begin{vmatrix} b_1 & a_{12} & a_{13} \\ b_2 & a_{22} & a_{23} \\ b_3 & a_{32} & a_{33} \end{vmatrix},$$

$$D_2=\begin{vmatrix} a_{11} & b_1 & a_{13} \\ a_{21} & b_2 & a_{23} \\ a_{31} & b_3 & a_{33} \end{vmatrix},\quad D_3=\begin{vmatrix} a_{11} & a_{12} & b_1 \\ a_{21} & a_{22} & b_2 \\ a_{31} & a_{32} & b_3 \end{vmatrix}$$

当 $D\neq 0$ 时,三元线性方程组(1.3)有唯一解

$$x_1=\frac{D_1}{D},\quad x_2=\frac{D_2}{D},\quad x_3=\frac{D_3}{D}$$

例 1.10　设矩阵 $\boldsymbol{A}=\begin{pmatrix} 1 & 2 & 0 \\ 3 & 1 & 4 \\ 2 & 0 & 2 \end{pmatrix}$,求 $|\boldsymbol{A}|$.

解　$$|\boldsymbol{A}|=\begin{vmatrix} 1 & 2 & 0 \\ 3 & 1 & 4 \\ 2 & 0 & 2 \end{vmatrix}=1\times1\times2+2\times4\times2+0\times3\times0-0\times1\times2-2\times3\times2-1\times4\times0$$

$$=2+16+0-0-12-0=6$$

我们已经看到，行列式能统一地给出解决二、三元线性方程组解的表达式. 但在实际问题中，遇到线性方程组所包含的未知量常常多于三个，往往要考虑 n 个方程 n 个未知量的线性方程组的求解问题，我们自然希望能把上述关于二、三元线性方程组的结论推广到 n 元线性方程组的情形(在第 3 章中我们将看到这种统一的结论). 为此我们先要把二阶和三阶行列式加以推广，引入 n 阶行列式的概念.

1.5.2 排列与逆序

为了给出 n 阶行列式的概念，需要用到排列的一些知识. 作为预备知识，先介绍排列与其逆序数.

定义 1.8 将由自然数 $1,2,\cdots,n$ 任意地组成一个数字不重复的有序数组 $j_1j_2\cdots j_n$ 称为一个 n 级**排列**，简称排列. 显然，不同的 n 级排列共有 $n!$ 个.

例如，123，132，231，213，312，321 是所有的 3 级排列. 又如 31425 是一个 5 级排列.

一般来说，在一个排列中，若某两个数字从左到右是由小到大增加，则称这两个数字构成一组顺序.

例如，在排列 31425 中，34、35、14、12、15、25 都是顺序. 与顺序相对的概念就是逆序.

定义 1.9 在一个排列中，如果某两个位置上的数字从左到右是由大到小的，则称这两个数构成一个**逆序**. 一个排列中逆序的总数称为该排列的**逆序数**. 将排列 $j_1j_2\cdots j_n$ 的逆序数记作 $\tau(j_1j_2\cdots j_n)$.

例如，在排列 31425 中，31、32、42 是其全部逆序，故排列 31425 的逆序数 $\tau(31425)=3$.

显然，若记 τ_k 表示排列 $j_1j_2\cdots j_n$ 中数字 j_k 右面比 j_k 小的数的个数，则有 $\tau(j_1j_2\cdots j_n)=\tau_1+\tau_2+\cdots+\tau_{n-1}$.

例如，$\tau(31425)=2+0+1+0=3$，$\tau(52413)=4+1+2+0=7$.

定义 1.10 若一个排列的逆序数为奇(偶)数，则称该排列为**奇(偶)排列**.

例如，排列 31425 和 52413 都是奇排列，排列 12345 和 53412 都是偶排列.

称排列 $123\cdots n$ 为自然排列，其逆序数 $\tau(123\cdots n)=0$，它是一个偶排列.

在一个排列中，将某两个位置上的数对调而其余的数保持不动得到另一排列，这样的一个变换称为**对换**.

对排列进行一次对换，有以下结果：

定理 1.1 在一个排列中，每一次对换都改变一次排列的奇偶性.

* **证明** 分两种情形来讨论.

(1) 若对换的两个数 j,k 相邻，不妨设排列为 $j_1\cdots j_sjkk_1\cdots k_m$.

当 $j<k$ 时，有

$$\tau(j_1\cdots j_s jkk_1\cdots k_m)=\cdots+\tau_j+\tau_k+\cdots=\tau$$

故

$$\tau(j_1\cdots j_s kjk_1\cdots k_m)=\cdots+(\tau_j+1)+\tau_k+\cdots=\tau+1$$

当 $j>k$ 时,同理可得

$$\tau(j_1\cdots j_s kjk_1\cdots k_m)=\tau(j_1\cdots j_s jkk_1\cdots k_m)-1$$

总之,对换前后的排列奇偶性改变,定理成立.

(2) 若对换为一般情形,不妨设排列为

$$j_1\cdots j_l j i_1 i_2\cdots i_s kk_1\cdots k_t$$

先将 j 依次与 $i_1,i_2,\cdots,i_s$ 对换变为 $j_1\cdots j_l i_1 i_2\cdots i_s jkk_1\cdots k_t$,经过 s 次对换. 再将 k 依次与 $j,i_s,\cdots i_2,i_1$ 对换变为 $j_1\cdots j_l k i_1 i_2\cdots i_s jk_1\cdots k_t$,又经过了 $s+1$ 次对换,故排列的对换总共经过了 $s+(s+1)=2s+1$ 次的相邻对换. 由(1)知:排列改变了 $2s+1$ 次奇偶性,从而定理成立.

1.5.3 n 阶行列式定义

定义 1.11 对于 n 阶方阵 $\boldsymbol{A}=(a_{ij})$,记 $\boldsymbol{A}$ 所对应的行列式为 $|\boldsymbol{A}|$ 或 $\det(\boldsymbol{A})$,则规定

$$|\boldsymbol{A}|=\begin{vmatrix} a_{11} & a_{12} & \cdots & a_{1n} \\ a_{21} & a_{22} & \cdots & a_{2n} \\ \vdots & \vdots & & \vdots \\ a_{n1} & a_{n2} & \cdots & a_{nn} \end{vmatrix}=\sum_{j_1 j_2\cdots j_n}(-1)^{\tau(j_1\cdots j_n)}a_{1j_1}a_{2j_2}\cdots a_{nj_n}$$

其中 $\sum\limits_{j_1 j_2\cdots j_n}$ 表示对所有不同的 n 级排列求和(该定义称为按行的自然顺序直接展开).

注 (1) n 阶行列式是一个数,它是由 $n!$ 个形如 $(-1)^{\tau(j_1\cdots j_n)}a_{1j_1}a_{2j_2}\cdots a_{nj_n}$ 的乘积之和所构成;

(2) 乘积 $(-1)^{\tau(j_1\cdots j_n)}a_{1j_1}a_{2j_2}\cdots a_{nj_n}$ 中除符号外,每项 $a_{1j_1}a_{2j_2}\cdots a_{nj_n}$ 均为 n 个数的乘积,这 n 个乘积因子是来自方阵 A 不同行、不同列的元素;

(3) 乘积 $a_{1j_1}a_{2j_2}\cdots a_{nj_n}$ 的 n 个乘积因子(从左到右)按行数由小到大顺序排列,若记相应的列数构成的排列为 $j_1 j_2\cdots j_n$,则乘积 $(-1)^{\tau(j_1\cdots j_n)}a_{1j_1}a_{2j_2}\cdots a_{nj_n}$ 的符号由该排列逆序数 $\tau(j_1 j_2\cdots j_n)$ 的奇偶性决定;

*(4) n 阶行列式 $|\boldsymbol{A}|$ 也可定义为

$$|\boldsymbol{A}|=\begin{vmatrix} a_{11} & a_{12} & \cdots & a_{1n} \\ a_{21} & a_{22} & \cdots & a_{2n} \\ \vdots & \vdots & & \vdots \\ a_{n1} & a_{n2} & \cdots & a_{nn} \end{vmatrix}=\sum_{i_1 i_2\cdots i_n}(-1)^{\tau(i_1\cdots i_n)}a_{i_1 1}a_{i_2 2}\cdots a_{i_n n}$$

其中 $\sum\limits_{i_1 i_2 \cdots i_n}$ 表示对所有不同的 n 级排列求和(该定义称为按列的自然顺序直接展开).

由定理1.1可以证明,它与定义1.11是等价的.

作为特殊情况,二、三阶行列式正是按照 n 阶行列式的定义来进行展开的:

$$\begin{vmatrix} a_{11} & a_{12} \\ a_{21} & a_{22} \end{vmatrix} = \sum_{j_1 j_2} (-1)^{\tau(j_1 j_2)} a_{1j_1} a_{2j_2} = (-1)^{\tau(12)} a_{11} a_{22} + (-1)^{\tau(21)} a_{12} a_{21} = a_{11}a_{22} - a_{12}a_{21}$$

$$\begin{aligned} \begin{vmatrix} a_{11} & a_{12} & a_{13} \\ a_{21} & a_{22} & a_{23} \\ a_{31} & a_{32} & a_{33} \end{vmatrix} &= \sum_{j_1 j_2 j_3} (-1)^{\tau(j_1 j_2 j_3)} a_{1j_1} a_{2j_2} a_{3j_3} \\ &= a_{11}a_{22}a_{33} + a_{12}a_{23}a_{31} + a_{13}a_{21}a_{32} \\ &\quad - a_{13}a_{22}a_{31} - a_{12}a_{21}a_{33} - a_{11}a_{23}a_{32} \end{aligned}$$

例 1.11 验证 n 阶行列式

$$\begin{vmatrix} a_{11} & a_{12} & \cdots & a_{1n} \\ 0 & a_{22} & \cdots & a_{2n} \\ \vdots & \vdots & & \vdots \\ 0 & 0 & \cdots & a_{nn} \end{vmatrix} = a_{11}a_{22}\cdots a_{nn}$$

解 将该行列式按列的自然顺序直接展开

$$\begin{vmatrix} a_{11} & a_{12} & \cdots & a_{1n} \\ 0 & a_{22} & \cdots & a_{2n} \\ \vdots & \vdots & & \vdots \\ 0 & 0 & \cdots & a_{nn} \end{vmatrix} = \sum_{i_1 i_2 \cdots i_n} (-1)^{\tau(i_1 \cdots i_n)} a_{i_1 1} a_{i_2 2} \cdots a_{j_n n} \tag{1.4}$$

$$= (-1)^{\tau(12\cdots n)} a_{11}a_{22}\cdots a_{nn} + 0 + \cdots + 0 \quad = a_{11}a_{22}\cdots a_{nn}$$

同样

$$\begin{vmatrix} a_{11} & 0 & \cdots & 0 \\ a_{21} & a_{22} & \cdots & 0 \\ \vdots & \vdots & & \vdots \\ a_{n1} & a_{n2} & \cdots & a_{nn} \end{vmatrix} = a_{11}a_{22}\cdots a_{nn} \tag{1.5}$$

形如(1.4)、(1.5)行列式分别称为**上三角形行列式**和**下三角形行列式**.

上、下三角行列式统称**三角形行列式**.行列式中从左上角到右下角这条对角线称为行列式的**主对角线**,从右上角到左下角这条对角线称为行列式的**副对角线**.

本例表明,上(下)三角形行列式都等于其主对角线上元素的乘积.

1.5.4　行列式的性质

当行列式的阶数 n 较大时，直接由定义展开计算行列式是很繁杂的. 为了简化行列式的计算，需要探讨行列式的有关性质. 下面将介绍行列式的基本性质，这些性质不仅可以用于行列式的计算，而且对行列式的理论也是十分重要的.

性质 1　方阵 $\boldsymbol{A}=(a_{ij})$ 与其转置矩阵 $\boldsymbol{A}^{\mathrm{T}}=(a_{ji})$ 的行列式相同，即

$$\begin{vmatrix} a_{11} & a_{12} & \cdots & a_{1n} \\ a_{21} & a_{22} & \cdots & a_{2n} \\ \vdots & \vdots & & \vdots \\ a_{n1} & a_{n2} & \cdots & a_{nn} \end{vmatrix} = \begin{vmatrix} a_{11} & a_{21} & \cdots & a_{n1} \\ a_{12} & a_{22} & \cdots & a_{n2} \\ \vdots & \vdots & & \vdots \\ a_{1n} & a_{2n} & \cdots & a_{nn} \end{vmatrix}$$

注　上式即为 $|\boldsymbol{A}|=|\boldsymbol{A}^{\mathrm{T}}|$，并称行列式 $|\boldsymbol{A}^{\mathrm{T}}|$ 为行列式 $|\boldsymbol{A}|$ 的转置行列式.

证明　注意到，元素 a_{ij} 位于等式右边行列式的第 j 行第 i 列，将右边的行列式按列的自然顺序直接展开，即得

$$|\boldsymbol{A}| = \sum_{j_1 j_2 \cdots j_n} (-1)^{\tau(j_1 \cdots j_n)} a_{1j_1} a_{2j_2} \cdots a_{nj_n} = |\boldsymbol{A}^{\mathrm{T}}|$$

此性质说明在行列式中行与列的地位是对称的. 因此，行列式关于行成立的性质对于列也同样成立.

性质 2　互换行列式的任意两行(列)，行列式改变符号，即

$$\begin{vmatrix} \vdots & \vdots & & \vdots \\ a_{s1} & a_{s2} & \cdots & a_{sn} \\ \vdots & \vdots & & \vdots \\ a_{t1} & a_{t2} & \cdots & a_{tn} \\ \vdots & \vdots & & \vdots \end{vmatrix} = - \begin{vmatrix} \vdots & \vdots & & \vdots \\ a_{t1} & a_{t2} & \cdots & a_{tn} \\ \vdots & \vdots & & \vdots \\ a_{s1} & a_{s1} & \cdots & a_{s1} \\ \vdots & \vdots & & \vdots \end{vmatrix}$$

证明　对等式两边的行列式按行的自然顺序直接展开：

$$\begin{aligned} \text{左边} &= \sum_{\cdots j_s \cdots j_t \cdots} (-1)^{\tau(\cdots j_s \cdots j_t \cdots)} \cdots a_{sj_s} \cdots a_{tj_t} \cdots \\ \text{右边} &= -\sum_{\cdots j_s \cdots j_t \cdots} (-1)^{\tau(\cdots j_t \cdots j_s \cdots)} \cdots a_{tj_t} \cdots a_{sj_s} \cdots \\ &= -\sum_{\cdots j_s \cdots j_t \cdots} (-1) \times (-1)^{\tau(\cdots j_s \cdots j_t \cdots)} \cdots a_{sj_s} \cdots a_{tj_t} \cdots \\ &= \sum_{\cdots j_s \cdots j_t \cdots} (-1)^{\tau(\cdots j_s \cdots j_t \cdots)} \cdots a_{sj_s} \cdots a_{tj_t} \cdots . \end{aligned}$$

即命题成立.

推论 1　若行列式存在两行(列)元素完全相同，则该行列式等于 0.

证明　记此行列式为 D，交换 D 中元素完全相同的这两行(列). 一方面，交换的两行(列)完全相同，故交换后行列式不变. 另一方面，由性质 2 可知交换后行列

式变号,从而有 $D=-D$,即 $D=0$.

性质 3 若行列式的某行(列)的所有元素都有公因数 k,则可把 k 提出行列式外,即

$$\begin{vmatrix} a_{11} & a_{12} & \cdots & a_{1n} \\ \vdots & \vdots & & \vdots \\ ka_{i1} & ka_{i2} & \cdots & ka_{in} \\ \vdots & \vdots & & \vdots \\ a_{n1} & a_{n2} & \cdots & a_{nn} \end{vmatrix} = k\begin{vmatrix} a_{11} & a_{12} & \cdots & a_{1n} \\ \vdots & \vdots & & \vdots \\ a_{i1} & a_{i2} & \cdots & a_{in} \\ \vdots & \vdots & & \vdots \\ a_{n1} & a_{n2} & \cdots & a_{nn} \end{vmatrix}.$$

证明
$$\begin{aligned} 左边 &= \sum_{j_1j_2\cdots j_n}(-1)^{\tau(j_1j_2\cdots j_n)}a_{1j_1}\cdots(ka_{ij_i})\cdots a_{nj_n} \\ &= k\sum_{j_1j_2\cdots j_n}(-1)^{\tau(j_1j_2\cdots j_n)}a_{1j_1}\cdots a_{ij_i}\cdots a_{nj_n} \\ &= 右边 \end{aligned}$$

推论 2 若行列式的某行(列)元素全为 0,则该行列式为 0.

推论 3 若行列式存在两行(列)元素成比例,则该行列式为 0.

性质 4 行列式具有分行(列)可加性,即

$$\begin{vmatrix} a_{11} & a_{12} & \cdots & a_{1n} \\ \vdots & \vdots & & \vdots \\ b_{i1}+c_{i1} & b_{i2}+c_{i2} & \cdots & b_{in}+c_{in} \\ \vdots & \vdots & & \vdots \\ a_{n1} & a_{n2} & \cdots & a_{nn} \end{vmatrix} = \begin{vmatrix} a_{11} & a_{12} & \cdots & a_{1n} \\ \vdots & \vdots & & \vdots \\ b_{i1} & b_{i2} & \cdots & b_{in} \\ \vdots & \vdots & & \vdots \\ a_{n1} & a_{n2} & \cdots & a_{nn} \end{vmatrix} + \begin{vmatrix} a_{11} & a_{12} & \cdots & a_{1n} \\ \vdots & \vdots & & \vdots \\ c_{i1} & c_{i2} & \cdots & c_{in} \\ \vdots & \vdots & & \vdots \\ a_{n1} & a_{n2} & \cdots & a_{nn} \end{vmatrix}$$

证明
$$\begin{aligned} 左边 &= \sum_{j_1j_2\cdots j_n}(-1)^{\tau(j_1j_2\cdots j_n)}a_{1j_1}\cdots(b_{ij_i}+c_{ij_i})\cdots a_{nj_n} \\ &= \sum_{j_1j_2\cdots j_n}(-1)^{\tau(j_1j_2\cdots j_n)}\left[a_{1j_1}\cdots b_{ij_i}\cdots a_{nj_n}+a_{1j_1}\cdots c_{ij_i}\cdots a_{nj_n}\right] \\ &= \sum_{j_1j_2\cdots j_n}(-1)^{\tau(j_1j_2\cdots j_n)}a_{1j_1}\cdots b_{ij_i}\cdots a_{nj_n} \\ &\quad + \sum_{j_1j_2\cdots j_n}(-1)^{\tau(j_1j_2\cdots j_n)}a_{1j_1}\cdots c_{ij_i}\cdots a_{nj_n} \\ &= 右边. \end{aligned}$$

性质 5 把行列式某一行(列)元素的 k 倍加到另一行(列)对应元素上所得到的行列式与原行列式相等. 即

$$\begin{vmatrix} \vdots & \vdots & & \vdots \\ a_{i1} & a_{i2} & \cdots & a_{in} \\ \vdots & \vdots & & \vdots \\ a_{j1} & a_{j2} & \cdots & a_{jn} \\ \vdots & \vdots & & \vdots \end{vmatrix} = \begin{vmatrix} \vdots & \vdots & & \vdots \\ a_{i1} & a_{i2} & \cdots & a_{in} \\ \vdots & \vdots & & \vdots \\ a_{j1}+ka_{i1} & a_{j2}+ka_{i2} & \cdots & a_{jn}+ka_{in} \\ \vdots & \vdots & & \vdots \end{vmatrix}$$

证明　由推论 3 和性质 4 立即可得.

计算行列式时,我们常常利用性质 2 和性质 5 把行列式化为上(下)三角形行列式来进行计算. 为方便明了,在本书中我们通常用记号 $r_i \leftrightarrow r_j$ ($c_i \leftrightarrow c_j$)表示互换行列式的第 i 行(列)和第 j 行(列);用记号 kr_i(kc_i)表示用不等于零的常数 k 乘以行列式的第 i 行(列);用 r_j+kr_i(c_j+kc_i)表示把第 i 行(列)元素的 k 倍加到第 j 行(列)对应的元素上.

例 1.12　计算 $D=\begin{vmatrix} 1 & 2 & 3 & 4 \\ 2 & 3 & 4 & 1 \\ 3 & 4 & 1 & 2 \\ 4 & 1 & 2 & 3 \end{vmatrix}$.

解

$$D \xlongequal[\substack{r_3-3r_1 \\ r_4-4r_1}]{r_2-2r_1} \begin{vmatrix} 1 & 2 & 3 & 4 \\ 0 & -1 & -2 & -7 \\ 0 & -2 & -8 & -10 \\ 0 & -7 & -10 & -13 \end{vmatrix} \xlongequal[r_4-7r_2]{r_3-2r_2} \begin{vmatrix} 1 & 2 & 3 & 4 \\ 0 & -1 & -2 & -7 \\ 0 & 0 & -4 & 4 \\ 0 & 0 & 4 & 36 \end{vmatrix}$$

$$\xlongequal{r_4+r_3} \begin{vmatrix} 1 & 2 & 3 & 4 \\ 0 & -1 & -2 & -7 \\ 0 & 0 & -4 & 4 \\ 0 & 0 & 0 & 40 \end{vmatrix} = 160$$

例 1.13　计算 5 阶行列式 $D=\begin{vmatrix} 0 & 1 & 1 & 1 & 1 \\ 1 & 0 & 1 & 1 & 1 \\ 1 & 1 & 0 & 1 & 1 \\ 1 & 1 & 1 & 0 & 1 \\ 1 & 1 & 1 & 1 & 0 \end{vmatrix}$.

解　将行列式的所有列都加到第一列

$$D \xlongequal[\substack{c_1+c_4 \\ c_1+c_5}]{\substack{c_1+c_2 \\ c_1+c_3}} \begin{vmatrix} 4 & 1 & 1 & 1 & 1 \\ 4 & 0 & 1 & 1 & 1 \\ 4 & 1 & 0 & 1 & 1 \\ 4 & 1 & 1 & 0 & 1 \\ 4 & 1 & 1 & 1 & 0 \end{vmatrix} = 4 \times \begin{vmatrix} 1 & 1 & 1 & 1 & 1 \\ 1 & 0 & 1 & 1 & 1 \\ 1 & 1 & 0 & 1 & 1 \\ 1 & 1 & 1 & 0 & 1 \\ 1 & 1 & 1 & 1 & 0 \end{vmatrix}$$

$$\xlongequal[\substack{r_4-r_1 \\ r_5-r_1}]{\substack{r_2-r_1 \\ r_3-r_1}} 4 \times \begin{vmatrix} 1 & 1 & 1 & 1 & 1 \\ 0 & -1 & 0 & 0 & 0 \\ 0 & 0 & -1 & 0 & 0 \\ 0 & 0 & 0 & -1 & 0 \\ 0 & 0 & 0 & 0 & -1 \end{vmatrix} = 4$$

完全类似，对 n 阶行列式 $D=\begin{vmatrix} 0 & 1 & 1 & \cdots & 1 \\ 1 & 0 & 1 & \cdots & 1 \\ 1 & 1 & 0 & \cdots & 1 \\ \vdots & \vdots & \vdots & & \vdots \\ 1 & 1 & 1 & \cdots & 0 \end{vmatrix}$ 有

$$D=(-1)^{n-1}(n-1)$$

请读者自行完成.

例 1.14 计算四阶行列式 $D=\begin{vmatrix} a^2 & b^2 & c^2 & d^2 \\ (a+1)^2 & (b+1)^2 & (c+1)^2 & (d+1)^2 \\ (a+2)^2 & (b+2)^2 & (c+2)^2 & (d+2)^2 \\ (a+3)^2 & (b+3)^2 & (c+3)^2 & (d+3)^2 \end{vmatrix}$.

解

$$D=\begin{vmatrix} a^2 & b^2 & c^2 & d^2 \\ (a+1)^2 & (b+1)^2 & (c+1)^2 & (d+1)^2 \\ (a+2)^2 & (b+2)^2 & (c+2)^2 & (d+2)^2 \\ (a+3)^2 & (b+3)^2 & (c+3)^2 & (d+3)^2 \end{vmatrix} \xlongequal[\substack{r_3-r_2 \\ r_2-r_1}]{r_4-r_3} \begin{vmatrix} a^2 & b^2 & c^2 & d^2 \\ 2a+1 & 2b+1 & 2c+1 & 2d+1 \\ 2a+3 & 2b+3 & 2c+3 & 2d+3 \\ 2a+5 & 2b+5 & 2c+5 & 2d+5 \end{vmatrix}$$

$$\xlongequal[r_3-r_2]{r_4-r_3} \begin{vmatrix} a^2 & b^2 & c^2 & d^2 \\ 2a+1 & 2b+1 & 2c+1 & 2d+1 \\ 2 & 2 & 2 & 2 \\ 2 & 2 & 2 & 2 \end{vmatrix}=0$$

例 1.15 证明 $\begin{vmatrix} a_1+b_1 & b_1+c_1 & c_1+a_1 \\ a_2+b_2 & b_2+c_2 & c_2+a_2 \\ a_3+b_3 & b_3+c_3 & c_3+a_3 \end{vmatrix}=2\begin{vmatrix} a_1 & b_1 & c_1 \\ a_2 & b_2 & c_2 \\ a_3 & b_3 & c_3 \end{vmatrix}$.

证明 利用性质 4 对等式左边逐列分解

$$左边=\begin{vmatrix} a_1+b_1 & b_1+c_1 & c_1+a_1 \\ a_2+b_2 & b_2+c_2 & c_2+a_2 \\ a_3+b_3 & b_3+c_3 & c_3+a_3 \end{vmatrix}=\begin{vmatrix} a_1 & b_1+c_1 & c_1+a_1 \\ a_2 & b_2+c_2 & c_2+a_2 \\ a_3 & b_3+c_3 & c_3+a_3 \end{vmatrix}+\begin{vmatrix} b_1 & b_1+c_1 & c_1+a_1 \\ b_2 & b_2+c_2 & c_2+a_2 \\ b_3 & b_3+c_3 & c_3+a_3 \end{vmatrix}$$

$$=\begin{vmatrix} a_1 & b_1 & c_1+a_1 \\ a_2 & b_2 & c_2+a_2 \\ a_3 & b_3 & c_3+a_3 \end{vmatrix}+\begin{vmatrix} a_1 & c_1 & c_1+a_1 \\ a_2 & c_2 & c_2+a_2 \\ a_3 & c_3 & c_3+a_3 \end{vmatrix}+0+\begin{vmatrix} b_1 & c_1 & c_1+a_1 \\ b_2 & c_2 & c_2+a_2 \\ b_3 & c_3 & c_3+a_3 \end{vmatrix}$$

$$=\begin{vmatrix} a_1 & b_1 & c_1 \\ a_2 & b_2 & c_2 \\ a_3 & b_3 & c_3 \end{vmatrix}+0+0+0+0+0+\begin{vmatrix} b_1 & c_1 & a_1 \\ b_2 & c_2 & a_2 \\ b_3 & c_3 & a_3 \end{vmatrix}=2\begin{vmatrix} a_1 & b_1 & c_1 \\ a_2 & b_2 & c_2 \\ a_3 & b_3 & c_3 \end{vmatrix}$$

例 1.16(重要例子)　设

$$D=\begin{vmatrix} a_{11} & \cdots & a_{1m} & 0 & \cdots & 0 \\ \vdots & & \vdots & \vdots & & \vdots \\ a_{m1} & \cdots & a_{mm} & 0 & \cdots & 0 \\ c_{11} & \cdots & c_{1m} & b_{11} & \cdots & b_{1n} \\ \vdots & & \vdots & \vdots & & \vdots \\ c_{n1} & \cdots & c_{nm} & b_{n1} & \cdots & b_{nn} \end{vmatrix},\quad D_1=\begin{vmatrix} a_{11} & \cdots & a_{1m} \\ \vdots & & \vdots \\ a_{m1} & \cdots & a_{mm} \end{vmatrix},\quad D_2=\begin{vmatrix} b_{11} & \cdots & b_{1n} \\ \vdots & & \vdots \\ b_{n1} & \cdots & b_{nn} \end{vmatrix}$$

证明 $D=D_1D_2$.

证明　对 D_1 作 $r_i\leftrightarrow r_j, r_i+kr_j$ 这两类运算,把 D_1 化为下三角行列式,设为

$$D_1=\begin{vmatrix} p_{11} & & 0 \\ \vdots & \ddots & \\ p_{m1} & \cdots & p_{mm} \end{vmatrix}=p_{11}\cdots p_{mm}$$

对 D_2 作 $c_i\leftrightarrow c_j, c_i+kc_j$ 这两类运算,把 D_2 化为下三角行列式,设为

$$D_2=\begin{vmatrix} q_{11} & & 0 \\ \vdots & \ddots & \\ q_{n1} & \cdots & q_{nn} \end{vmatrix}=q_{11}\cdots q_{nn}$$

于是,对 D 的前 m 行作与上述相同运算 $r_i\leftrightarrow r_j, r_i+kr_j$,再对后 n 列作与上述相同运算 $c_i\leftrightarrow c_j, c_i+kc_j$,则把 D 化为下三角行列式

$$D=\begin{vmatrix} p_{11} & & & & & 0 \\ \vdots & \ddots & & & & \\ p_{m1} & \cdots & p_{mm} & & & \\ c_{11} & \cdots & c_{1m} & q_{11} & & \\ \vdots & & \vdots & \vdots & \ddots & \\ c_{n1} & \cdots & c_{nm} & q_{n1} & \cdots & q_{nn} \end{vmatrix}=p_{11}\cdots p_{mm}q_{11}\cdots q_{nn}=D_1D_2$$

n 阶方阵及其行列式是完全不同的两个数学概念. 方阵表示的是一个表格,而行列式是一个数. 但方阵乘积的行列式与其行列式的乘积却有下述重要联系.

定理 1.2　设方阵 $\boldsymbol{A},\boldsymbol{B}$ 都是 n 阶方阵,则有 $|\boldsymbol{AB}|=|\boldsymbol{A}|\,|\boldsymbol{B}|$.

证明　设 $\boldsymbol{A}=(a_{ij}),\boldsymbol{B}=(b_{ij})$. 构造 $2n$ 阶行列式

$$D=\begin{vmatrix} a_{11} & \cdots & a_{1n} & 0 & \cdots & 0 \\ \vdots & & \vdots & \vdots & & \vdots \\ a_{n1} & \cdots & a_{nn} & 0 & \cdots & 0 \\ -1 & \cdots & 0 & b_{11} & \cdots & b_{1n} \\ \vdots & \ddots & \vdots & \vdots & & \vdots \\ 0 & \cdots & -1 & b_{n1} & \cdots & b_{nn} \end{vmatrix}=\begin{vmatrix} \boldsymbol{A} & \boldsymbol{O} \\ -\boldsymbol{E} & \boldsymbol{B} \end{vmatrix}$$

由例1.16知 $D=|\boldsymbol{A}|\,|\boldsymbol{B}|$. 而在 D 中以 b_{1j} 乘第1列，以 b_{2j} 乘第2列……以 b_{nj} 乘第 n 列，都分别加到第 $n+j$ 列上($j=1,2,\cdots,n$)，有

$$D=\begin{vmatrix} \boldsymbol{A} & \boldsymbol{C} \\ -\boldsymbol{E} & \boldsymbol{O} \end{vmatrix}$$

其中 $\boldsymbol{C}=(c_{ij})$，$c_{ij}=b_{1j}a_{i1}+b_{2j}a_{i2}+\cdots+b_{nj}a_{in}=\sum\limits_{k=1}^{n}a_{ik}b_{kj}$，故 $\boldsymbol{C}=\boldsymbol{AB}$.

再对 D 的作行对换 $r_i \longleftrightarrow r_{n+i}(i=1,2,\cdots,n)$，有

$$D=(-1)^n\begin{vmatrix} -\boldsymbol{E} & \boldsymbol{O} \\ -\boldsymbol{A} & \boldsymbol{C} \end{vmatrix},$$

从而

$$D=(-1)^n\,|-\boldsymbol{E}|\,|\boldsymbol{C}|=(-1)^n(-1)^n|\boldsymbol{C}|=|\boldsymbol{C}|=|\boldsymbol{AB}|$$

注　作为特例，由定理1.2显然有 $|k\boldsymbol{A}|=k^n|\boldsymbol{A}|$ 其中 k 是常数.

1.5.5　行列式按一行(列)展开定理

对行列式的计算，除了将行列式化成三角形行列式进行计算外，还可以把高阶行列式通过“降阶”转化为较低阶的行列式来计算. 本节将介绍 n 阶行列式的按一行(列)展开定理，利用该定理可对行列式进行降阶处理. 为此，首先介绍余子式和代数余子式的概念.

定义1.12　在 n 阶行列式 $D=|a_{ij}|$ 中，划去元素 a_{ij} 所在行和列的所有元素，剩下的 $(n-1)^2$ 个元素按原来的顺序构成的 $n-1$ 阶行列式，称为**元素 a_{ij} 的余子式**，记为 M_{ij}；称 $A_{ij}=(-1)^{i+j}M_{ij}$ 为**元素 a_{ij} 的代数余子式**.

例如，在行列式 $\begin{vmatrix} 1 & 0 & 0 \\ 1 & 3 & 2 \\ 4 & 2 & 1 \end{vmatrix}$ 中，$M_{23}=\begin{vmatrix} 1 & 0 \\ 4 & 2 \end{vmatrix}=2$，$A_{23}=(-1)^{2+3}\begin{vmatrix} 1 & 0 \\ 4 & 2 \end{vmatrix}=-2$.

又如，在 $D=\begin{vmatrix} 1 & 2 & 1 & 0 \\ 1 & 0 & -2 & 1 \\ 2 & 3 & 1 & 1 \\ -1 & 2 & 0 & 0 \end{vmatrix}$ 中，$M_{13}=\begin{vmatrix} 1 & 0 & 1 \\ 2 & 3 & 1 \\ -1 & 2 & 0 \end{vmatrix}=5$，$A_{13}=(-1)^{1+3}M_{13}=5$.

定理1.3　设 n 阶行列式 $D=\begin{vmatrix} a_{11} & a_{12} & \cdots & a_{1n} \\ a_{21} & a_{22} & \cdots & a_{2n} \\ \vdots & \vdots & & \vdots \\ a_{n1} & a_{n2} & \cdots & a_{nn} \end{vmatrix}$，则有

$$a_{i1}A_{j1}+a_{i2}A_{j2}+\cdots+a_{in}A_{jn}=\begin{cases}D, & i=j\\0, & i\neq j\end{cases}\quad (i,j=1,2,\cdots,n) \tag{1.6}$$

$$a_{1i}A_{1j}+a_{2i}A_{2j}+\cdots+a_{ni}A_{nj}=\begin{cases}D, & i=j\\0, & i\neq j\end{cases}\quad (i,j=1,2,\cdots,n) \tag{1.7}$$

通常称定理 1.3 为行列式的按行(列)展开定理.

* **证明** 仅证(1.6)式,由性质 1,(1.7)式即得证.

情形 1(若 $i=j$)

(1) 首先看两种特殊情况:

(i) 若 n 阶行列式 D 的第一行除了 a_{11} 外其余元素都为零,即

$$D=\begin{vmatrix} a_{11} & 0 & \cdots & 0\\ a_{21} & a_{22} & \cdots & a_{2n}\\ \vdots & \vdots & & \vdots\\ a_{n1} & a_{n2} & \cdots & a_{nn}\end{vmatrix}$$

由例 1.16 立即得到 $D=a_{11}A_{11}$.

(ii) 若 n 阶行列式 D 的第 i 行除了 a_{ij} 外其余元素都为零,即

$$D=\begin{vmatrix} a_{11} & \cdots & a_{1j-1} & a_{1j} & a_{1j+1} & \cdots & a_{1n}\\ \vdots & & \vdots & \vdots & \vdots & & \vdots\\ a_{i-11} & \cdots & a_{i-1j-1} & a_{i-1j} & a_{i-1j+1} & \cdots & a_{i-1n}\\ 0 & \cdots & 0 & a_{i1} & 0 & \cdots & 0\\ a_{i+11} & \cdots & a_{i+1j-1} & a_{i+1j} & a_{i+1j+1} & \cdots & a_{i+1n}\\ \vdots & & \vdots & \vdots & \vdots & & \vdots\\ a_{n1} & \cdots & a_{nj-1} & a_{nj} & a_{nj+1} & \cdots & a_{nn}\end{vmatrix}$$

为了利用(i)的结果,将 D 的行列作如下调换:把 D 的第 i 行依次与第 $i-1$ 行、第 $i-2$ 行、…、第 1 行对换后,再把它的第 j 列依次与第 $j-1$ 列、第 $j-2$ 列、……、第 1 列进行对换,由性质 2 可得

$$D=\begin{vmatrix} a_{11} & \cdots & a_{1j-1} & a_{1j} & a_{1j+1} & \cdots & a_{1n}\\ \vdots & & \vdots & \vdots & \vdots & & \vdots\\ a_{i-11} & \cdots & a_{i-1j-1} & a_{i-1j} & a_{i-1j+1} & \cdots & a_{i-1n}\\ 0 & \cdots & 0 & a_{ij} & 0 & \cdots & 0\\ a_{i+11} & \cdots & a_{i+1j-1} & a_{i+1j} & a_{i+1j+1} & \cdots & a_{i+1n}\\ \vdots & & \vdots & \vdots & \vdots & & \vdots\\ a_{n1} & \cdots & a_{nj-1} & a_{nj} & a_{nj+1} & \cdots & a_{nn}\end{vmatrix}$$

$$
\xlongequal[\substack{\cdots \\ r_2\leftrightarrow r_1}]{\substack{r_i\leftrightarrow r_{i-1} \\ r_{i-1}\leftrightarrow r_{i-2}}}(-1)^{i-1}\begin{vmatrix}
0 & \cdots & 0 & a_{ij} & 0 & \cdots & 0 \\
a_{11} & \cdots & a_{1j-1} & \cdots & a_{1j+1} & \cdots & a_{1n} \\
\vdots & & \vdots & & \vdots & & \vdots \\
a_{i-11} & \cdots & a_{i-1j-1} & a_{i-1j} & a_{i-1j+1} & \cdots & a_{i-1n} \\
a_{i+11} & \cdots & a_{i+1j-1} & a_{i+1j} & a_{i+1j+1} & \cdots & a_{i+11} \\
\vdots & & \vdots & \vdots & \vdots & & \vdots \\
a_{n1} & \cdots & a_{nj-1} & a_{nj} & a_{nj+1} & \cdots & a_{nn}
\end{vmatrix}
$$

$$
\xlongequal[\substack{\cdots \\ c_2\leftrightarrow c_1}]{\substack{c_j\leftrightarrow c_{j-1} \\ c_{j-1}\leftrightarrow c_{j-2}}}(-1)^{(i-1)+(j-1)}\begin{vmatrix}
a_{ij} & 0 & \cdots & 0 & 0 & \cdots & 0 \\
a_{1j} & a_{11} & \cdots & a_{1j-1} & a_{1j+1} & \cdots & a_{1n} \\
\vdots & \vdots & & \vdots & \vdots & & \vdots \\
a_{i-1j} & a_{i-11} & \cdots & a_{i-1j-1} & a_{i-1j+1} & \cdots & a_{i-1n} \\
a_{i+1j} & a_{i+11} & \cdots & a_{i+1j-1} & a_{i+1j+1} & \cdots & a_{i+1n} \\
\vdots & \vdots & & \vdots & \vdots & & \vdots \\
a_{nj} & a_{n1} & \cdots & a_{nj-1} & a_{nj+1} & \cdots & a_{nn}
\end{vmatrix}
$$

故由(i)得

$$
D=a_{ij}(-1)^{i+j}\begin{vmatrix}
a_{11} & \cdots & a_{1j-1} & a_{1j+1} & \cdots & a_{1n} \\
\vdots & & \vdots & \vdots & & \vdots \\
a_{i-11} & \cdots & a_{i-1j-1} & a_{i-1j+1} & \cdots & a_{i-1n} \\
a_{i+11} & \cdots & a_{i+1j-1} & a_{i+1j+1} & \cdots & a_{i+1n} \\
\vdots & & \vdots & \vdots & & \vdots \\
a_{n1} & \cdots & a_{nj-1} & a_{nj+1} & \cdots & a_{nn}
\end{vmatrix}=a_{ij}A_{ij}
$$

(2) 一般地

$$
D=\begin{vmatrix}
a_{11} & \cdots & a_{1j-1} & a_{1j} & a_{1j+1} & \cdots & a_{1n} \\
\vdots & & \vdots & \vdots & \vdots & & \vdots \\
a_{i-11} & \cdots & a_{i-1j-1} & a_{i-1j} & a_{i-1j+1} & \cdots & a_{i-1n} \\
a_{i1} & \cdots & a_{ij-1} & a_{ij} & a_{ij+1} & \cdots & a_{in} \\
a_{i+11} & \cdots & a_{i+1j-1} & a_{i+1j} & a_{i+1j+1} & \cdots & a_{i+1n} \\
\vdots & & \vdots & \vdots & \vdots & & \vdots \\
a_{n1} & \cdots & a_{nj-1} & a_{nj} & a_{nj+1} & \cdots & a_{nn}
\end{vmatrix}
$$

由性质 4 可得

$$
D=\begin{vmatrix}
a_{11} & a_{12} & \cdots & a_{1n} \\
\vdots & \vdots & & \vdots \\
a_{i-11} & a_{i-12} & \cdots & a_{i-1n} \\
a_{i1} & 0 & \cdots & 0 \\
a_{i+11} & a_{i+12} & \cdots & a_{i+1n} \\
\vdots & \vdots & & \vdots \\
a_{n1} & a_{n2} & \cdots & a_{nn}
\end{vmatrix}+\begin{vmatrix}
a_{11} & a_{12} & \cdots & a_{1n} \\
\vdots & \vdots & & \vdots \\
a_{i-11} & a_{i-12} & \cdots & a_{i-1n} \\
0 & a_{i2} & \cdots & 0 \\
a_{i+11} & a_{i+12} & \cdots & a_{i+1n} \\
\vdots & \vdots & & \vdots \\
a_{n1} & a_{n2} & \cdots & a_{nn}
\end{vmatrix}+\cdots+\begin{vmatrix}
a_{11} & a_{12} & \cdots & a_{1n} \\
\vdots & \vdots & & \vdots \\
a_{i-11} & a_{i-12} & \cdots & a_{i-1n} \\
0 & 0 & \cdots & a_{in} \\
a_{i+11} & a_{i+12} & \cdots & a_{i+1n} \\
\vdots & \vdots & & \vdots \\
a_{n1} & a_{n2} & \cdots & a_{nn}
\end{vmatrix}
$$

又由(ii)得

$$D=a_{i1}A_{i1}+a_{i2}A_{i2}+\cdots+a_{in}A_{in}$$

情形 2(若 $i\neq j$)

由情形 1 知

$$\begin{vmatrix} a_{11} & \cdots & a_{1j-1} & a_{1j} & a_{1j+1} & \cdots & a_{1n} \\ \vdots & & \vdots & \vdots & \vdots & & \vdots \\ a_{i-11} & \cdots & a_{i-1j-1} & a_{i-1j} & a_{i-1j+1} & \cdots & a_{i-1n} \\ b_1 & \cdots & b_{j-1} & b_j & b_{j+1} & \cdots & b_n \\ a_{i+11} & \cdots & a_{i+1j-1} & a_{i+1j} & a_{i+1j+1} & \cdots & a_{i+1n} \\ \vdots & & \vdots & \vdots & \vdots & & \vdots \\ a_{n1} & \cdots & a_{nj-1} & a_{nj} & a_{nj+1} & \cdots & a_{nn} \end{vmatrix}=b_1A_{i1}+b_2A_{i2}+\cdots+b_nA_{in} \quad (1.8)$$

故有

$$a_{i1}A_{j1}+\cdots+a_{in}A_{jn}=\begin{vmatrix} \vdots & \vdots & & \vdots \\ a_{i1} & a_{i2} & \cdots & a_{in} \\ \vdots & \vdots & & \vdots \\ a_{i1} & a_{i2} & \cdots & a_{in} \\ \vdots & \vdots & & \vdots \end{vmatrix}=0$$

应用行列式按行(列)展开定理,可对行列式进行降阶处理. 但在具体计算行列式时,应结合行列式的性质灵活运用.

例 1.17　计算 $D=\begin{vmatrix} 2 & 1 & -1 & 0 \\ 1 & 7 & 2 & 2 \\ 0 & 4 & 1 & 0 \\ 0 & 2 & 3 & 0 \end{vmatrix}$.

解　将行列式按第 4 列展开

$$D=\begin{vmatrix} 2 & 1 & -1 & 0 \\ 1 & 7 & 2 & 2 \\ 0 & 4 & 1 & 0 \\ 0 & 2 & 3 & 0 \end{vmatrix}=0+2\times(-1)^{2+4}\begin{vmatrix} 2 & 1 & -1 \\ 0 & 4 & 1 \\ 0 & 2 & 3 \end{vmatrix}+0+0=2\times\begin{vmatrix} 2 & 1 & -1 \\ 0 & 4 & 1 \\ 0 & 2 & 3 \end{vmatrix}$$

$$=2\times2\times(-1)^{1+1}\begin{vmatrix} 4 & 1 \\ 2 & 3 \end{vmatrix}=4\times(4\times3-1\times2)=40$$

例 1.18　设 $D=\begin{vmatrix} 1 & 2 & 1 & 0 \\ 2 & 0 & 5 & 2 \\ -1 & 2 & 1 & 4 \\ 1 & 2 & 3 & 0 \end{vmatrix}$,求:

(1) $A_{13}+2A_{23}-A_{33}+A_{43}$;　(2) $3A_{13}+7A_{23}-5A_{33}+5A_{43}$.

解 (1) 由于所求式子中的代数余子式是第3列的,由(1.8)式有

$$A_{13}+2A_{23}-A_{33}+A_{43}=\begin{vmatrix}1&2&1&0\\2&0&2&2\\-1&2&-1&4\\1&2&1&0\end{vmatrix}=0$$

(2) 同样地

$$3A_{13}+7A_{23}-5A_{33}+5A_{43}=\begin{vmatrix}1&2&3&0\\2&0&7&2\\-1&2&-5&4\\1&2&5&0\end{vmatrix}\xlongequal{r_4-r_1}\begin{vmatrix}1&2&3&0\\2&0&7&2\\-1&2&-5&4\\0&0&2&0\end{vmatrix}$$

$$=2\times(-1)^{4+3}\begin{vmatrix}1&2&0\\2&0&2\\-1&2&4\end{vmatrix}$$

$$\xlongequal{r_3-2r_2}(-2)\times\begin{vmatrix}1&2&0\\2&0&2\\-5&2&0\end{vmatrix}=4\times\begin{vmatrix}1&2\\-5&2\end{vmatrix}=48$$

例 1.19 计算 $D=\begin{vmatrix}1&1&1&1\\x_1&x_2&x_3&x_4\\x_1^2&x_2^2&x_3^2&x_4^2\\x_1^3&x_2^3&x_3^3&x_4^3\end{vmatrix}$.

解 从第二行起依次用前一行乘以 $-x_1$ 加到后一行上,再按第一列展开得

$$D=\begin{vmatrix}1&1&1&1\\x_1&x_2&x_3&x_4\\x_1^2&x_2^2&x_3^2&x_4^2\\x_1^3&x_2^3&x_3^3&x_4^3\end{vmatrix}=\begin{vmatrix}1&1&1&1\\0&x_2-x_1&x_3-x_1&x_4-x_1\\0&x_2(x_2-x_1)&x_3(x_3-x_1)&x_4(x_4-x_1)\\0&x_2^2(x_2-x_1)&x_3^2(x_3-x_1)&x_4^2(x_4-x_1)\end{vmatrix}$$

$$=(x_4-x_1)(x_3-x_1)(x_2-x_1)\begin{vmatrix}1&1&1\\x_2&x_3&x_4\\x_2^2&x_3^2&x_4^2\end{vmatrix}$$

对 $\begin{vmatrix}1&1&1\\x_2&x_3&x_4\\x_2^2&x_3^2&x_4^2\end{vmatrix}$ 作类似地处理,可得

$$\begin{vmatrix}1&1&1\\x_2&x_3&x_4\\x_2^2&x_3^2&x_4^2\end{vmatrix}=(x_4-x_2)(x_3-x_2)(x_4-x_3)$$

故

$$D=(x_4-x_1)(x_3-x_1)(x_2-x_1)(x_4-x_2)(x_3-x_2)(x_4-x_3)$$

利用数学归纳法可将例 1.19 的结果推广到 n 阶行列式:

$$\begin{vmatrix} 1 & 1 & \cdots & 1 \\ x_1 & x_2 & \cdots & x_n \\ \vdots & \vdots & & \vdots \\ x_1^{n-1} & x_2^{n-1} & \cdots & x_n^{n-1} \end{vmatrix} = \prod_{1\leqslant i<j\leqslant n}(x_j-x_i) \tag{1.9}$$

形如(1.9)的行列式称为范德蒙德(Vandermonde)行列式.

例 1.20 计算

$$D_n=\begin{vmatrix} a & b & 0 & \cdots & 0 & 0 \\ 0 & a & b & \cdots & 0 & 0 \\ 0 & 0 & a & \cdots & 0 & 0 \\ \vdots & \vdots & \vdots & & \vdots & \vdots \\ 0 & 0 & 0 & \cdots & a & b \\ b & 0 & 0 & \cdots & 0 & a \end{vmatrix}$$

解 将行列式按第 n 行展开,得

$$D_n=b(-1)^{n+1}\begin{vmatrix} b & 0 & \cdots & 0 & 0 \\ a & b & \cdots & 0 & 0 \\ \vdots & \vdots & & \vdots & \vdots \\ 0 & 0 & \cdots & b & 0 \\ 0 & 0 & \cdots & a & b \end{vmatrix}+a\begin{vmatrix} a & b & \cdots & 0 & 0 \\ 0 & a & \cdots & 0 & 0 \\ \vdots & \vdots & & \vdots & \vdots \\ 0 & 0 & \cdots & a & b \\ 0 & 0 & \cdots & 0 & a \end{vmatrix}$$

$$=b(-1)^{n+1}\cdot b^{n-1}+a\cdot a^{n-1}$$

$$=(-1)^{n+1}\cdot b^n+a^n$$

习 题 1.5

1. 计算下列排列的逆序数:

(1) 132564; (2) $n(n-1)\cdots 21$.

2. 选择自然数 k 和 m,使得:

(1) $14k56m2$ 成奇排列;

(2) $2k51m4$ 为偶排列.

3. 在 5 阶行列式 D 的展开式中,下列各项应取什么符号?

(1) $a_{14}a_{23}a_{35}a_{41}a_{52}$;

(2) $a_{54}a_{13}a_{45}a_{21}a_{32}$.

4. 计算行列式：

(1) $\begin{vmatrix} 4 & 0 & -2 \\ -1 & 3 & 1 \\ 2 & 2 & -4 \end{vmatrix}$；　　(2) $\begin{vmatrix} 4 & 1 & 2 & 4 \\ 1 & 2 & 0 & 2 \\ 10 & 5 & 2 & 0 \\ 0 & 1 & 1 & 7 \end{vmatrix}$；

(3) $\begin{vmatrix} -1 & 1 & 1 & 1 \\ 1 & -1 & 1 & 1 \\ 1 & 1 & -1 & 1 \\ 1 & 1 & 1 & -1 \end{vmatrix}$；　　(4) $\begin{vmatrix} a & 1 & 0 & 0 \\ -1 & b & 1 & 0 \\ 0 & -1 & c & 1 \\ 0 & 0 & -1 & d \end{vmatrix}$.

5. 设 4 阶行列式 $\begin{vmatrix} 1 & 2x & 1 & 0 \\ 1 & 0 & -2 & 2x \\ 0 & 0 & x & 0 \\ 0 & 2 & 0 & 1 \end{vmatrix}=-24$，求解 x.

6. 设

$$D=\begin{vmatrix} 1 & 2 & 1 & 0 \\ 1 & 0 & -2 & 1 \\ 2 & 3 & 1 & 1 \\ -1 & 2 & 0 & 0 \end{vmatrix},$$求：

(1) $2A_{21}+3A_{22}+A_{23}+A_{24}$；

(2) $2A_{12}+A_{22}+A_{32}+A_{42}$.

7. 证明：

(1) $\begin{vmatrix} a & b & c \\ a^2 & b^2 & c^2 \\ b+c & a+c & a+b \end{vmatrix}=(a+b+c)(c-a)(b-a)(c-b)$；

(2) $\begin{vmatrix} 1 & 1 & 1 \\ a^2 & ab & b^2 \\ 2a & a+b & 2b \end{vmatrix}=(a-b)^3$.

8. 计算 n 阶行列式：

(1) $\begin{vmatrix} 1 & 2 & 2 & \cdots & 2 \\ 2 & 2 & 2 & \cdots & 2 \\ 2 & 2 & 3 & \cdots & 2 \\ \vdots & \vdots & \vdots & & \vdots \\ 2 & 2 & 2 & \cdots & n \end{vmatrix}$；

(2) $\begin{vmatrix} 2+a_1 & 2 & \cdots & 2 \\ 2 & 2+a_2 & \cdots & 2 \\ \vdots & \vdots & & \vdots \\ 2 & 2 & \cdots & 2+a_n \end{vmatrix}$ $(a_1a_2\cdots a_n\neq 0)$.

习 题 一

1. 设矩阵 $\boldsymbol{A}=\begin{pmatrix} 1 & 1 & 1 \\ 1 & 1 & -1 \\ 1 & -1 & 1 \end{pmatrix}$,$\boldsymbol{B}=\begin{pmatrix} 1 & 2 & 3 \\ -1 & -2 & 4 \\ 0 & 5 & 1 \end{pmatrix}$求:$3\boldsymbol{AB}-2\boldsymbol{A}$ 及 $\boldsymbol{A}^{\mathrm{T}}\boldsymbol{B}$.

2. 设矩阵 $\boldsymbol{A}=\begin{pmatrix} 1 & 2 \\ 1 & 3 \end{pmatrix}$,$\boldsymbol{B}=\begin{pmatrix} 1 & 0 \\ 1 & 2 \end{pmatrix}$,下列等式是否成立:

(1) $\boldsymbol{AB}=\boldsymbol{BA}$;

(2) $(\boldsymbol{A}+\boldsymbol{B})^2=\boldsymbol{A}^2+2\boldsymbol{AB}+\boldsymbol{B}^2$;

(3) $(\boldsymbol{A}+\boldsymbol{B})(\boldsymbol{A}-\boldsymbol{B})=\boldsymbol{A}^2-\boldsymbol{B}^2$.

3. 设矩阵 $\boldsymbol{A}=\begin{pmatrix} 3 & 4 & 0 & 0 \\ 4 & -3 & 0 & 0 \\ 0 & 0 & 2 & 0 \\ 0 & 0 & 2 & 2 \end{pmatrix}$,求 $\boldsymbol{A}^4$.

4. 计算下列三阶行列式:

(1) $\begin{vmatrix} a & b & c \\ b & c & a \\ c & a & b \end{vmatrix}$;　　(2) $\begin{vmatrix} x & y & x+y \\ y & x+y & x \\ x+y & x & y \end{vmatrix}$.

5. 计算由行列式定义的多项式 $f(x)=\begin{vmatrix} 2x & x & 1 & 2 \\ 1 & x & 1 & 1 \\ 3 & 2 & x & 1 \\ 1 & 1 & 1 & x \end{vmatrix}$中 x^4 与 x^3 的系数.

6. 证明:n 阶行列式$\begin{vmatrix} 0 & 1 & 1 & \cdots & 1 \\ 1 & 0 & 1 & \cdots & 1 \\ 1 & 1 & 0 & \cdots & 1 \\ \vdots & \vdots & \vdots & & \vdots \\ 1 & 1 & 1 & \cdots & 0 \end{vmatrix}=(-1)^{n-1}(n-1)$.

7. 设 $A=\begin{vmatrix} a_1 & a_2 & a_3 & 2 \\ b_1 & b_2 & b_3 & 2 \\ c_1 & c_2 & c_3 & 2 \\ d_1 & d_2 & d_3 & 2 \end{vmatrix}$,求此行列式第一列各元素的代数余子式之和.

8. 计算下列行列式：

(1) $\begin{vmatrix} x & -1 & 0 & \cdots & 0 & 0 \\ 0 & x & -1 & \cdots & 0 & 0 \\ \vdots & \vdots & \vdots & & \vdots & \vdots \\ 0 & 0 & 0 & \cdots & x & -1 \\ a_n & a_{n-1} & a_{n-2} & \cdots & a_2 & x+a_1 \end{vmatrix}$；

(2) $\begin{vmatrix} a_1^n & a_1^{n-1}b_1 & \cdots & a_1b_1^{n-1} & b_1^n \\ a_2^n & a_2^{n-1}b_2 & \cdots & a_2b_2^{n-1} & b_2^n \\ \vdots & \vdots & & \vdots & \vdots \\ a_{n+1}^n & a_{n+1}^{n-1}b_{n+1} & \cdots & a_{n+1}b_{n+1}^{n-1} & b_{n+1}^n \end{vmatrix}$.

第 1 章自检题(A)

1. 设矩阵 $\boldsymbol{C}=(c_{ij})_{m\times n}$，矩阵 $\boldsymbol{A},\boldsymbol{B}$ 满足 $\boldsymbol{AC}=\boldsymbol{CB}$，则 $\boldsymbol{A}$ 与 $\boldsymbol{B}$ 分别是(　　).

(A) $m\times n$ 阵，$m\times n$ 阵　　(B) $n\times m$ 阵，$m\times n$ 阵

(C) $m\times m$ 阵，$n\times n$ 阵　　(D) $n\times n$ 阵，$m\times m$ 阵

2. 若 $\boldsymbol{P}\begin{pmatrix} a_{11} & a_{12} & a_{13} \\ a_{21} & a_{22} & a_{23} \\ a_{31} & a_{32} & a_{33} \end{pmatrix}=\begin{pmatrix} a_{11}+2a_{31} & a_{12}+2a_{32} & a_{13}+2a_{33} \\ a_{21} & a_{22} & a_{23} \\ a_{31} & a_{32} & a_{33} \end{pmatrix}$，则 $\boldsymbol{P}=$(　　).

(A) $\begin{pmatrix} 1 & 0 & 2 \\ 0 & 1 & 0 \\ 0 & 0 & 1 \end{pmatrix}$　(B) $\begin{pmatrix} 1 & 0 & 0 \\ 0 & 1 & 0 \\ 2 & 0 & 1 \end{pmatrix}$　(C) $\begin{pmatrix} 2 & 0 & 1 \\ 0 & 1 & 0 \\ 0 & 0 & 1 \end{pmatrix}$　(D) $\begin{pmatrix} 2 & 0 & 0 \\ 0 & 1 & 0 \\ 1 & 0 & 1 \end{pmatrix}$

3. 对于矩阵 $\boldsymbol{A},\boldsymbol{B},\boldsymbol{C}$，下列表达式正确的是(　　).

(A) $\boldsymbol{AC}+\boldsymbol{BC}=\boldsymbol{C}(\boldsymbol{A}+\boldsymbol{B})$　　(B) $\boldsymbol{A}(\boldsymbol{B}+\boldsymbol{C})=\boldsymbol{AB}+\boldsymbol{AC}$

(C) $\boldsymbol{ABAB}=\boldsymbol{A}^2\boldsymbol{B}^2$　　(D) $(\boldsymbol{AB})^{\mathrm{T}}=\boldsymbol{A}^{\mathrm{T}}\boldsymbol{B}^{\mathrm{T}}$

4. 排列 32514 的逆序数为(　　).

(A) 7　　(B) 1　　(C) 3　　(D) 5

5. 若 $D=\begin{vmatrix} a_{11} & a_{12} & a_{13} \\ a_{21} & a_{22} & a_{23} \\ a_{31} & a_{32} & a_{33} \end{vmatrix}$，$D_1=\begin{vmatrix} 2a_{11} & 4a_{12} & 2a_{13} \\ a_{21} & 2a_{22} & a_{23} \\ a_{31} & 2a_{32} & a_{33} \end{vmatrix}$，则 $D_1=$(　　).

(A) $2D$　　(B) $4D$　　(C) $8D$　　(D) D

6. 若 $\begin{vmatrix} a_{11} & a_{12} \\ a_{21} & a_{22} \end{vmatrix}=2$，则 $\begin{vmatrix} a_{11} & 2a_{12} & 0 \\ a_{21} & 2a_{22} & 0 \\ 0 & -2 & -3 \end{vmatrix}=$(　　).

(A) 6　　(B) 12　　(C) -6　　(D) -12

7. 设 $\boldsymbol{A}$ 是 n 阶方阵，$\boldsymbol{B}$ 是由 $\boldsymbol{A}$ 交换第 1,2 列后得到的方阵，若 $|\boldsymbol{A}|\neq|\boldsymbol{B}|$，则(　　).

(A) $|\boldsymbol{A}|\neq 0$　(B) $|\boldsymbol{A}|=0$　(C) $|\boldsymbol{A}-\boldsymbol{B}|\neq 0$　(D) $|\boldsymbol{A}+\boldsymbol{B}|\neq 0$

8. 行列式 $\begin{vmatrix} 1+x & 1 & 1 & 1 \\ 1 & 1-x & 1 & 1 \\ 1 & 1 & 1+y & 1 \\ 1 & 1 & 1 & 1-y \end{vmatrix}$ 为(　　).

(A) x^2y　(B) xy^2　(C) x^2y^2　(D) xy

9. 行列式 $\begin{vmatrix} a_1 & & & b_1 \\ & a_2 & b_2 & \\ & b_3 & a_3 & \\ b_4 & & & a_4 \end{vmatrix}$ 为(　　).

(A) $a_1a_2a_3a_4-b_1b_2b_3b_4$　(B) $a_1a_2a_3a_4+b_1b_2b_3b_4$

(C) $(a_1a_2-b_1b_2)(a_3a_4-b_3b_4)$　(D) $(a_1a_4-b_1b_4)(a_2a_3-b_2b_3)$

10. 已知是 n 阶方阵

$$\boldsymbol{A}=\begin{pmatrix} 1 & 1 & \cdots & 1 \\ 0 & 1 & \cdots & 1 \\ \vdots & \vdots & & \vdots \\ 0 & 0 & \cdots & 1 \end{pmatrix}$$

则 $|\boldsymbol{A}|$ 的第 1 行所有元素的代数余子式之和为(　　).

(A) 2　(B) 1　(C) -1　(D) 0

第 1 章自检题(B)

1. 设已知 $\boldsymbol{\alpha}=(3,2,1)$，$\boldsymbol{\beta}=\left(\frac{1}{3},\frac{1}{2},1\right)$，$\boldsymbol{A}=\boldsymbol{\alpha}^{\mathrm{T}}\boldsymbol{\beta}$，求 $\boldsymbol{A}^3$.

2. 设 $\boldsymbol{A}=\begin{pmatrix} 2 & 0 & 3 \\ 0 & 3 & 0 \\ 0 & 0 & 1 \end{pmatrix}$，$\boldsymbol{B}=\begin{pmatrix} 2 & 0 & 0 \\ -1 & 4 & 0 \\ 0 & 0 & 1 \end{pmatrix}$，求 $2\boldsymbol{AB}-\boldsymbol{A}$ 和 $\boldsymbol{AB}^{\mathrm{T}}-3\boldsymbol{A}^{\mathrm{T}}$.

3. 设 $\boldsymbol{A}$ 是 n 阶实方阵，且 $\boldsymbol{A}^{\mathrm{T}}\boldsymbol{A}=\boldsymbol{O}$. 证明 $\boldsymbol{A}=\boldsymbol{O}$.

4. 设 $\boldsymbol{A}=\boldsymbol{E}-\boldsymbol{\alpha}\boldsymbol{\alpha}^{\mathrm{T}}$，其中 $\boldsymbol{\alpha}$ 是 $n\times 1$ 非零矩阵. 证明：$\boldsymbol{A}^2=\boldsymbol{A}$ 的充分必要条件是 $\boldsymbol{\alpha}^{\mathrm{T}}\boldsymbol{\alpha}=1$.

5. 求方程 $f(x)=\begin{vmatrix} 1 & x & 1 & 0 \\ 2 & 0 & -2 & 2x \\ 0 & 0 & x-1 & 0 \\ 0 & 2 & 0 & 1 \end{vmatrix}=0$ 的根.

6. 设 $D=\begin{vmatrix} 1 & 0 & 2 & 1 \\ 0 & 0 & 1 & -2 \\ -1 & 3 & 0 & 0 \\ 0 & 0 & 3 & -2 \end{vmatrix}$，求：

(1) $M_{11}+2M_{12}+M_{13}+M_{14}$；

(2) $A_{21}-A_{22}+2A_{23}+A_{24}$.

其中 M_{ij} 与 A_{ij} 分别是 D 中元 a_{ij} 的余子式与代数余子式.

7. 计算：

(1) $D=\begin{vmatrix} 1-a & a & 0 & 0 \\ -1 & 1-a & a & 0 \\ 0 & -1 & 1-a & a \\ 0 & 0 & -1 & 1-a \end{vmatrix}$；

(2) $\begin{vmatrix} a_1-b & a_2 & a_3 & \cdots & a_n \\ a_1 & a_2-b & a_3 & \cdots & a_n \\ a_1 & a_2 & a_3-b & \cdots & a_n \\ \vdots & \vdots & \vdots & & \vdots \\ a_1 & a_2 & a_3 & \cdots & a_n-b \end{vmatrix}$.

8. 假设 $a\neq b$，试证

$$D_n=\begin{vmatrix} a+b & ab & 0 & \cdots & 0 & 0 \\ 1 & a+b & ab & \cdots & 0 & 0 \\ \vdots & \vdots & \vdots & & \vdots & \vdots \\ 0 & 0 & 0 & \cdots & a+b & ab \\ 0 & 0 & 0 & \cdots & 1 & a+b \end{vmatrix}=\frac{a^{n+1}-b^{n+1}}{a-b}.$$

第 2 章　可逆矩阵及矩阵的秩

可逆矩阵和矩阵的秩是矩阵理论中的两个重要概念，它们有着十分广泛的应用. 本章在引入矩阵的初等变换的基础上，着重介绍上述两个概念，并给出利用矩阵的初等变换寻求方阵的逆矩阵以及计算矩阵的秩的方法.

2.1　矩阵的初等变换

2.1.1　矩阵的初等变换

引例　用消元法求解线性方程组

$$\begin{cases} 2x_1-x_2+2x_3=4 & ① \\ x_1+x_2+2x_3=1 & ② \\ 4x_1+x_2+4x_3=2 & ③ \end{cases} \tag{1}$$

解

$$(1)\xrightarrow{r_1\leftrightarrow r_2}\begin{cases} x_1+x_2+2x_3=1 & ① \\ 2x_1-x_2+2x_3=4 & ② \\ 4x_1+x_2+4x_3=2 & ③ \end{cases} \tag{B1}$$

$$(\text{B}1)\xrightarrow[r_3-4r_1]{r_2-2r_1}\begin{cases} x_1+x_2+2x_3=1 & ① \\ -3x_2-2x_3=2 & ② \\ -3x_2-4x_3=-2 & ③ \end{cases} \tag{B2}$$

$$(\text{B}2)\xrightarrow{r_3-r_2}\begin{cases} x_1+x_2+2x_3=1 & ① \\ -3x_2-2x_3=2 & ② \\ -2x_3=-4 & ③ \end{cases} \tag{B3}$$

$$(\text{B}3)\xrightarrow{r_3\times\left(-\frac{1}{2}\right)}\begin{cases} x_1+x_2+2x_3=1 & ① \\ -3x_2-2x_3=2 & ② \\ x_3=2 & ③ \end{cases} \tag{B4}$$

$$(\text{B}4)\xrightarrow[r_1-2r_3]{r_2+2r_3}\begin{cases} x_1+x_2=-3 & ① \\ -3x_2=6 & ② \\ x_3=2 & ③ \end{cases} \tag{B5}$$

$$(\text{B}5)\xrightarrow{r_2\times\left(-\frac{1}{3}\right)}\begin{cases} x_1+x_2=-3 & ① \\ x_2=-2 & ② \\ x_3=2 & ③ \end{cases} \tag{B6}$$

$$
(B6)\xrightarrow{r_1-r_2}\begin{cases}x_1=-1 & ①\\ x_2=-2 & ②\\ x_3=2 & ③\end{cases} \tag{B7}
$$

类似于行列式，我们仍用记号 $r_i \leftrightarrow r_j$ 表示第 i 个方程与第 j 个方程互换；用 r_j+kr_i 表示把第 i 个方程的 k 倍加到第 j 个方程上；用 kr_i 表示用不等于零的数 k 乘以第 i 个方程. 以上过程中(1)→(B1)是为消去 x_1 作准备；(B1)→(B2)是保留①中的 x_1，消去②、③中的 x_1；(B2)→(B3)是保留②中的 x_2，消去③中的 x_2；(B3)→(B4)是将③中 x_3 的系数变为 1，得到了 x_3 的解. 接下来用"回消"的方法便能求出该方程组(1)的解：

$$
\begin{cases}x_1=-1\\ x_2=-2\\ x_3=2\end{cases} \tag{2}
$$

在上述消元过程中，我们始终把方程组看作一个整体，对它施行了三种变换：

(1) 交换两个方程的位置；

(2) 用一个不等于零的数乘以某个方程；

(3) 用一个数乘以某个方程后加到另一个方程上.

我们称这三种变换为线性方程组的初等变换.

由初等代数的理论可知：对方程组施行上述三种初等变换，变换前的方程组与变换后的方程组是同解的，因此(2)便是方程组(1)的全部解.

从本质上来看，上述变换过程只对方程组的系数和常数进行了运算，未知数并未参与运算. 因此，如果记

$$
\boldsymbol{B}=\begin{pmatrix}2 & -1 & 2 & 4\\ 1 & 1 & 2 & 1\\ 4 & 1 & 4 & 2\end{pmatrix}
$$

那么上述对方程组的变换完全可以转换为对矩阵 $\boldsymbol{B}$ 的变换. 为此，我们引入矩阵的初等变换的概念.

定义 2.1　称矩阵的下面三种变换分别为第一、第二、第三种**初等行变换**

(1) 交换矩阵的两行(交换矩阵的第 i,j 两行，记为 $r_i \leftrightarrow r_j$)；

(2) 用一个不等于零的数乘以矩阵的某一行(用数 $k(k\neq 0)$ 乘以矩阵第 i 行，记为 kr_i)；

(3) 将矩阵某一行各元素的 k 倍加到另一行的各对应元素上(将矩阵第 i 行的 k 倍加到第 j 行，记为 r_j+kr_i).

以上定义中，将"行"换成"列"即得矩阵的三种**初等列变换**的定义(所用记号是把"r"换成"c").

矩阵的初等行变换和初等列变换统称为矩阵的**初等变换**.

若一个矩阵 $\boldsymbol{A}$ 经过初等变换后可得到一个矩阵 $\boldsymbol{B}$,则记为 $\boldsymbol{A}\to\boldsymbol{B}$.

例如,对于矩阵

$$\boldsymbol{A}=\begin{pmatrix}2&-1&-1\\3&0&-2\\4&-6&2\end{pmatrix}$$

将它的第 1 行各元素的 -2 倍加到第 3 行的对应元素上,可得矩阵

$$\boldsymbol{B}=\begin{pmatrix}2&-1&-1\\3&0&-2\\0&-4&4\end{pmatrix}$$

此运算可记为

$$\boldsymbol{A}=\begin{pmatrix}2&-1&-1\\3&0&-2\\4&-6&2\end{pmatrix}\xrightarrow{r_3-2r_1}\begin{pmatrix}2&-1&-1\\3&0&-2\\0&-4&4\end{pmatrix}=\boldsymbol{B}$$

又如,对于矩阵

$$\boldsymbol{A}=\begin{pmatrix}2&-1&-1\\3&0&-2\\4&-6&2\end{pmatrix}$$

将它的第 2 列各元素的 -1 倍加到第 3 列的对应元素上,可得矩阵

$$\boldsymbol{C}=\begin{pmatrix}2&-1&0\\3&0&-2\\4&-6&8\end{pmatrix}$$

此运算可记为

$$\boldsymbol{A}=\begin{pmatrix}2&-1&-1\\3&0&-2\\4&-6&2\end{pmatrix}\xrightarrow{c_3-c_2}\begin{pmatrix}2&-1&0\\3&0&-2\\4&-6&8\end{pmatrix}=\boldsymbol{C}$$

定义 2.2　若矩阵 $\boldsymbol{A}$ 经过有限次初等变换变成 $\boldsymbol{B}$,则称**矩阵 $\boldsymbol{A}$ 与 $\boldsymbol{B}$ 等价**,记为 $\boldsymbol{A}\cong\boldsymbol{B}$.

事实上,矩阵的初等变换都是可逆的,且其逆变换也是同类型的初等变换;即

(1) 若 $\boldsymbol{A}\xrightarrow{r_i\leftrightarrow r_j}\boldsymbol{B}$,则 $\boldsymbol{B}\xrightarrow{r_i\leftrightarrow r_j}\boldsymbol{A}$;

(2) 若 $\boldsymbol{A}\xrightarrow{r_i\times k}\boldsymbol{B}$,则 $\boldsymbol{B}\xrightarrow{r_i\times \frac{1}{k}}\boldsymbol{A}$;

(3) 若 $\boldsymbol{A}\xrightarrow{r_j+kr_i}\boldsymbol{B}$,则 $\boldsymbol{B}\xrightarrow{r_j-kr_i}\boldsymbol{A}$.

由此可知,矩阵间的等价关系具有以下性质:

(1) 反身性：$\boldsymbol{A}\cong\boldsymbol{A}$；

(2) 对称性：若 $\boldsymbol{A}\cong\boldsymbol{B}$，则 $\boldsymbol{B}\cong\boldsymbol{A}$；

(3) 传递性：若 $\boldsymbol{A}\cong\boldsymbol{B}$，$\boldsymbol{B}\cong\boldsymbol{C}$，则 $\boldsymbol{A}\cong\boldsymbol{C}$.

定义 2.3　若一个矩阵满足下列条件，则把它称为**行阶梯形矩阵**：

(1) 如果零行(元素全为零的行)存在，那么零行都位于矩阵的下方；

(2) 非零行的首个非零元(即位于每行左起的第一个非零元)下方的元素全为零；

(3) 非零行的首个非零元的列下标随其行下标的递增加而递增.

形象地说，对于行阶梯形矩阵而言，可以在该矩阵中画出一条阶梯线，阶梯线下方的元素全为 0，每个阶梯只有一行，阶梯线的竖线后面的第一个元素不等于 0，阶梯数即是非零行的行数.

例如，矩阵

$$\begin{pmatrix}1&4&-1&2\\0&0&2&0\\0&0&0&3\end{pmatrix},\quad\begin{pmatrix}2&-1&1\\0&0&-2\\0&0&0\end{pmatrix},\quad\begin{pmatrix}0&0&-1&0\\0&0&0&1\\0&0&0&0\end{pmatrix}$$

均为行阶梯形矩阵.

定义 2.4　若行阶梯形矩阵满足下列条件，则把它称为**行最简形矩阵**：

(1) 各非零行首个非零元均为 1；

(2) 非零行的首个非零元所在列的其余元素均为 0.

例如，矩阵

$$\begin{pmatrix}1&0&0&2\\0&1&0&-1\\0&0&1&0\end{pmatrix},\quad\begin{pmatrix}1&0&0&2&0\\0&0&1&5&0\\0&0&0&0&1\end{pmatrix},\quad\begin{pmatrix}0&0&1&0\\0&0&0&1\\0&0&0&0\end{pmatrix}$$

均为行最简形矩阵.

定理 2.1　任意一个矩阵 $\boldsymbol{A}_{m\times n}$ 都可以经过有限次的初等变换，化为形如

$$\begin{pmatrix}\boldsymbol{E}_r&\boldsymbol{O}\\\boldsymbol{O}&\boldsymbol{O}\end{pmatrix}，其中\ 0\leqslant r\leqslant\min\{m,n\}$$

的矩阵，此矩阵称为 $\boldsymbol{A}$ 的**等价标准形矩阵**(简称**等价标准形**).

证明　若 $\boldsymbol{A}_{m\times n}$ 是零矩阵，则 $\boldsymbol{A}$ 已经是等价标准形.

若矩阵 $\boldsymbol{A}_{m\times n}$ 至少有一个元素不为零，不妨设 $a_{11}\neq0$(若 $a_{11}=0$，总可通过对 $\boldsymbol{A}_{m\times n}$ 施行第一种初等变换，使得左上角元素不为 0). 对 $\boldsymbol{A}_{m\times n}$ 施行初等变换：第 1 行乘以 $-\dfrac{a_{i1}}{a_{11}}$ 加至第 i 行($i=2,3,\cdots,m$)，第 1 列乘以 $-\dfrac{a_{1j}}{a_{11}}$ 加至第 j 列($j=2,3,\cdots,n$)，然后以 $\dfrac{1}{a_{11}}$ 乘以第一行，于是矩阵 $\boldsymbol{A}_{m\times n}$ 可化为

$$\begin{pmatrix} \boldsymbol{E}_1 & \boldsymbol{O} \\ \boldsymbol{O} & \boldsymbol{A}_1 \end{pmatrix} = \begin{pmatrix} 1 & 0 & \cdots & 0 \\ 0 & a'_{22} & \cdots & a'_{2n} \\ \vdots & \vdots & & \vdots \\ 0 & a'_{m2} & \cdots & a'_{mn} \end{pmatrix}$$

其中 $\boldsymbol{A}_1$ 是一个$(m-1)\times(n-1)$矩阵. 若 $\boldsymbol{A}_1=\boldsymbol{O}$,则 $\boldsymbol{A}$ 已经是等价标准形,否则按以上方法继续对 $\boldsymbol{A}_1$ 施行相应的初等变换,最后就能将 $\boldsymbol{A}_{m\times n}$ 化为其等价标准形.

由定理 2.1 的证明过程可得以下推论.

推论 1　任一矩阵 $\boldsymbol{A}$ 可经过有限次初等行变换化为行阶梯形矩阵,进而化为行最简形矩阵.

例 2.1　求矩阵 $\boldsymbol{A}=\begin{pmatrix} 1 & 1 & 1 & -2 \\ 2 & 0 & 0 & -2 \\ 1 & 3 & 3 & -4 \end{pmatrix}$的等价标准形.

解

$$\boldsymbol{A}=\begin{pmatrix} 1 & 1 & 1 & -2 \\ 2 & 0 & 0 & -2 \\ 1 & 3 & 3 & -4 \end{pmatrix} \xrightarrow[r_3-r_1]{r_2-2r_1} \begin{pmatrix} 1 & 1 & 1 & -2 \\ 0 & -2 & -2 & 2 \\ 0 & 2 & 2 & -2 \end{pmatrix} \xrightarrow{r_3+r_2} \begin{pmatrix} 1 & 1 & 1 & -2 \\ 0 & -2 & -2 & 2 \\ 0 & 0 & 0 & 0 \end{pmatrix} = \boldsymbol{A}_1$$

$$\boldsymbol{A}_1 \xrightarrow{r_2\times\left(-\frac{1}{2}\right)} \begin{pmatrix} 1 & 1 & 1 & -2 \\ 0 & 1 & 1 & -1 \\ 0 & 0 & 0 & 0 \end{pmatrix} \xrightarrow{r_1-r_2} \begin{pmatrix} 1 & 0 & 0 & -1 \\ 0 & 1 & 1 & -1 \\ 0 & 0 & 0 & 0 \end{pmatrix} = \boldsymbol{A}_2$$

$$\boldsymbol{A}_2 \xrightarrow[\substack{c_3-c_2 \\ c_4+c_2}]{c_4+c_1} \begin{pmatrix} 1 & 0 & 0 & 0 \\ 0 & 1 & 0 & 0 \\ 0 & 0 & 0 & 0 \end{pmatrix} = \boldsymbol{B}$$

我们利用初等变换将矩阵化为等价标准形的过程中,既用到了初等行变换,又用到初等列变换. 例 2.1 具体地说明了,对任何 $m\times n$ 矩阵 $\boldsymbol{A}$,总可经过有限次初等行变换将其依次化为行阶梯形(如例 2.1 中的 $\boldsymbol{A}_1$)及行最简形(如例 2.1 中的 $\boldsymbol{A}_2$),再经过适当的初等列变换,最终可化为等价标准形. 当然也可同时使用初等行变换和初等列变换,将 $\boldsymbol{A}$ 化为等价标准形(如定理 2.1 的证明所示).

2.1.2　初等矩阵

定义 2.5　对单位矩阵 $\boldsymbol{E}$ 施行一次初等变换后得到的矩阵称为一个**初等矩阵**. 初等矩阵有以下三种类型:

(1) 交换 $\boldsymbol{E}$ 的 i,j 两行(列)所得的矩阵

$$
\boldsymbol{E}(i,j)=\begin{pmatrix}
1 & & & & & & & & \\
& \ddots & & & & & & & \\
& & 0 & 0 & \cdots & 0 & 1 & & \\
& & 0 & 1 & \cdots & 0 & 0 & & \\
& & & & \ddots & & & & \\
& & 0 & 0 & \cdots & 1 & 0 & & \\
& & 1 & 0 & \cdots & 0 & 0 & & \\
& & & & & & & \ddots & \\
& & & & & & & & 1
\end{pmatrix}\begin{matrix} \\ \\ i\text{ 行} \\ \\ \\ \\ j\text{ 行} \\ \\ \\ \end{matrix}
$$

i 列　　　　j 列

(2) 以常数 k 乘以 $\boldsymbol{E}$ 的第 i 行(列)所得的矩阵

$$
\boldsymbol{E}(i(k))=\begin{pmatrix}
1 & & & & & & \\
& \ddots & & & & & \\
& & 1 & & & & \\
& & & k & & & \\
& & & & 1 & & \\
& & & & & \ddots & \\
& & & & & & 1
\end{pmatrix}\begin{matrix} \\ \\ \\ i\text{ 行} \\ \\ \\ \\ \end{matrix}
$$

i 列

(3) 将 $\boldsymbol{E}$ 的第 j 行的 k 倍加到第 i 行，或将 $\boldsymbol{E}$ 的第 i 列的 k 倍加到第 j 列所得的矩阵

$$
\boldsymbol{E}(i,j(k))=\begin{pmatrix}
1 & & & & & & \\
& \ddots & & & & & \\
& & 1 & & k & & \\
& & & \ddots & & & \\
& & & & 1 & & \\
& & & & & \ddots & \\
& & & & & & 1
\end{pmatrix}\begin{matrix} \\ \\ i\text{ 行} \\ \\ j\text{ 行} \\ \\ \\ \end{matrix}
$$

i 列　　j 列

例 2.2　设 $\boldsymbol{A}=\begin{pmatrix} a_{11} & a_{12} & a_{13} & a_{14} \\ a_{21} & a_{22} & a_{23} & a_{24} \\ a_{31} & a_{32} & a_{33} & a_{34} \end{pmatrix}$，试求 $\boldsymbol{E}(1,3)\boldsymbol{A}$，$\boldsymbol{E}(3(-2))\boldsymbol{A}$，$\boldsymbol{E}(2,3(-1))\boldsymbol{A}$ 及 $\boldsymbol{A}\boldsymbol{E}(2,3(-1))$.

解

$$\boldsymbol{E}(1,3)\boldsymbol{A}=\begin{pmatrix}0&0&1\\0&1&0\\1&0&0\end{pmatrix}\begin{pmatrix}a_{11}&a_{12}&a_{13}&a_{14}\\a_{21}&a_{22}&a_{23}&a_{24}\\a_{31}&a_{32}&a_{33}&a_{34}\end{pmatrix}=\begin{pmatrix}a_{31}&a_{32}&a_{33}&a_{34}\\a_{21}&a_{22}&a_{23}&a_{24}\\a_{11}&a_{12}&a_{13}&a_{14}\end{pmatrix}$$

$$\boldsymbol{E}(3(-2))\boldsymbol{A}=\begin{pmatrix}1&0&0\\0&1&0\\0&0&-2\end{pmatrix}\begin{pmatrix}a_{11}&a_{12}&a_{13}&a_{14}\\a_{21}&a_{22}&a_{23}&a_{24}\\a_{31}&a_{32}&a_{33}&a_{34}\end{pmatrix}=\begin{pmatrix}a_{11}&a_{12}&a_{13}&a_{14}\\a_{21}&a_{22}&a_{23}&a_{24}\\-2a_{31}&-2a_{32}&-2a_{33}&-2a_{34}\end{pmatrix}$$

$$\boldsymbol{E}(2,3(-1))\boldsymbol{A}=\begin{pmatrix}1&0&0\\0&1&-1\\0&0&1\end{pmatrix}\begin{pmatrix}a_{11}&a_{12}&a_{13}&a_{14}\\a_{21}&a_{22}&a_{23}&a_{24}\\a_{31}&a_{32}&a_{33}&a_{34}\end{pmatrix}$$

$$=\begin{pmatrix}a_{11}&a_{12}&a_{13}&a_{14}\\a_{21}-a_{31}&a_{22}-a_{32}&a_{23}-a_{33}&a_{24}-a_{34}\\a_{31}&a_{32}&a_{33}&a_{34}\end{pmatrix}$$

$$\boldsymbol{A}\boldsymbol{E}(2,3(-1))=\begin{pmatrix}a_{11}&a_{12}&a_{13}&a_{14}\\a_{21}&a_{22}&a_{23}&a_{24}\\a_{31}&a_{32}&a_{33}&a_{34}\end{pmatrix}\begin{pmatrix}1&0&0&0\\0&1&-1&0\\0&0&1&0\\0&0&0&1\end{pmatrix}=\begin{pmatrix}a_{11}&a_{12}&a_{13}-a_{12}&a_{14}\\a_{21}&a_{22}&a_{23}-a_{22}&a_{24}\\a_{31}&a_{32}&a_{33}-a_{32}&a_{34}\end{pmatrix}$$

从例 2.2 中发现：

(1) 用初等矩阵 $\boldsymbol{E}(1,3)$左乘矩阵 $\boldsymbol{A}$,其结果是互换矩阵 $\boldsymbol{A}$ 的第 1,3 两行；

(2) 用初等矩阵 $\boldsymbol{E}(3(-2))$左乘矩阵 $\boldsymbol{A}$,其结果是矩阵 $\boldsymbol{A}$ 的第 3 行各元素乘以-2；

(3) 用初等矩阵 $\boldsymbol{E}(2,3(-1))$左乘矩阵 $\boldsymbol{A}$,其结果是 $\boldsymbol{A}$ 的第 3 行的-1 倍加至第 2 行；

(4) 用初等矩阵 $\boldsymbol{E}(2,3(-1))$右乘矩阵 $\boldsymbol{A}$,其结果是 $\boldsymbol{A}$ 的第 2 列的-1 倍加至第 3 列.

通过对上述结论进行归纳,可得以下定理：

定理 2.2　设 $\boldsymbol{A}$ 是一个 $m\times n$ 矩阵,则

(1) 对 $\boldsymbol{A}$ 施行一次初等行变换,相当于用对应的 m 阶初等矩阵左乘矩阵 $\boldsymbol{A}$；

(2) 对 $\boldsymbol{A}$ 施行一次初等列变换,相当于用对应的 n 阶初等矩阵右乘矩阵 $\boldsymbol{A}$.

具体地说，

若 $\boldsymbol{A}\xrightarrow{r_i\leftrightarrow r_j}\boldsymbol{B}$,则 $\boldsymbol{B}=\boldsymbol{E}(i,j)\boldsymbol{A}$；

若 $\boldsymbol{A}\xrightarrow{r_i\times k}\boldsymbol{B}$,则 $\boldsymbol{B}=\boldsymbol{E}(i(k))\boldsymbol{A}$；

若 $\boldsymbol{A}\xrightarrow{r_i+kr_j}\boldsymbol{B}$,则 $\boldsymbol{B}=\boldsymbol{E}(i,j(k))\boldsymbol{A}$.

同样地,若施行的变换是初等列变换,则用对应的 n 阶初等矩阵右乘矩阵 $\boldsymbol{A}$

即可(证明作为习题,请读者自行完成).

结合定理 2.1 与定理 2.2,可以得到以下定理:

定理 2.3　对任意 $m\times n$ 矩阵 $\boldsymbol{A}$,都存在着 m 阶初等矩阵 $\boldsymbol{P}_1,\boldsymbol{P}_2,\cdots,\boldsymbol{P}_k$ 和 n 阶初等矩阵 $\boldsymbol{Q}_1,\boldsymbol{Q}_2,\cdots,\boldsymbol{Q}_l$,使得

$$\boldsymbol{P}_k\cdots\boldsymbol{P}_2\boldsymbol{P}_1\boldsymbol{A}\boldsymbol{Q}_1\boldsymbol{Q}_2\cdots\boldsymbol{Q}_l=\begin{pmatrix}\boldsymbol{E}_r & \boldsymbol{O}\\ \boldsymbol{O} & \boldsymbol{O}\end{pmatrix},\quad \text{其中 } 0\leqslant r\leqslant\min\{m,n\}$$

习　题　2.1

1. 将下列矩阵先化为行阶梯形矩阵,进而化为行最简形矩阵:

(1) $\begin{pmatrix}1&0&1\\2&4&5\\1&2&3\end{pmatrix}$;　(2) $\begin{pmatrix}2&0&3&1\\-1&0&-2&1\\3&0&4&3\end{pmatrix}$;　(3) $\begin{pmatrix}1&-1&3&-4&3\\3&-3&5&-4&1\\2&-2&3&-2&0\\3&-3&4&-2&-1\end{pmatrix}$.

2. 求下列矩阵的等价标准形:

(1) $\begin{pmatrix}1&0&1\\2&4&5\\1&2&3\end{pmatrix}$;　(2) $\begin{pmatrix}2&1&2&3\\4&1&3&5\\2&0&1&2\end{pmatrix}$.

3. 选择题

(1) 设矩阵

$$\boldsymbol{A}=\begin{pmatrix}a_{11}&a_{12}&a_{13}\\a_{21}&a_{22}&a_{23}\\a_{31}&a_{32}&a_{33}\end{pmatrix},\boldsymbol{B}=\begin{pmatrix}a_{13}&a_{12}&a_{11}\\a_{23}&a_{22}&a_{21}\\ka_{33}&ka_{32}&ka_{31}\end{pmatrix},\boldsymbol{C}_1=\begin{pmatrix}0&0&1\\0&1&0\\1&0&0\end{pmatrix},\boldsymbol{C}_2=\begin{pmatrix}1&0&0\\0&1&0\\0&0&k\end{pmatrix}$$

则 $\boldsymbol{B}=$(　　).

(A) $\boldsymbol{C}_1\boldsymbol{C}_2\boldsymbol{A}$　　(B) $\boldsymbol{A}\boldsymbol{C}_2\boldsymbol{C}_1$　　(C) $\boldsymbol{C}_1\boldsymbol{A}\boldsymbol{C}_2$　　(D) $\boldsymbol{C}_2\boldsymbol{A}\boldsymbol{C}_1$

(2) 设矩阵

$$\boldsymbol{A}=\begin{pmatrix}a_{11}&a_{12}&a_{13}\\a_{21}&a_{22}&a_{23}\\a_{31}&a_{32}&a_{33}\end{pmatrix},\boldsymbol{B}=\begin{pmatrix}a_{21}+ka_{23}&a_{22}&a_{23}\\a_{11}+ka_{13}&a_{12}&a_{13}\\a_{31}+ka_{33}&a_{32}&a_{33}\end{pmatrix},\boldsymbol{C}_1=\begin{pmatrix}0&1&0\\1&0&0\\0&0&1\end{pmatrix},\boldsymbol{C}_2=\begin{pmatrix}1&0&k\\0&1&0\\0&0&1\end{pmatrix}$$

则 $\boldsymbol{B}=$(　　).

(A) $\boldsymbol{C}_1\boldsymbol{C}_2\boldsymbol{A}$　　(B) $\boldsymbol{A}\boldsymbol{C}_1\boldsymbol{C}_2$　　(C) $\boldsymbol{C}_1\boldsymbol{A}\boldsymbol{C}_2$　　(D) $\boldsymbol{C}_2\boldsymbol{A}\boldsymbol{C}_1$

4. 设矩阵 $\boldsymbol{A}=\begin{pmatrix}1&2&3\\4&5&6\\7&8&9\end{pmatrix},\boldsymbol{C}_1=\begin{pmatrix}0&0&1\\0&1&0\\1&0&0\end{pmatrix},\boldsymbol{C}_2=\begin{pmatrix}1&0&0\\0&0&1\\0&1&0\end{pmatrix}$,求 $\boldsymbol{C}_1^{100}\boldsymbol{A}\boldsymbol{C}_2^{101}$.

5. 验证定理 2.2.

2.2 可逆矩阵的概念与性质

在数的运算中,当数 $a\neq0$ 时,一定存在数 $b=\dfrac{1}{a}$(a 的倒数),使得 $ab=ba=1$. 我们已经知道,在矩阵的乘法运算中,单位矩阵 $\boldsymbol{E}$ 就相当于数的乘法运算中数"1"的地位,于是自然会问:对于一个矩阵 $\boldsymbol{A}$,是否存在一个矩阵 $\boldsymbol{B}$,使得 $\boldsymbol{AB}=\boldsymbol{BA}=\boldsymbol{E}$ 呢? 其次,如果上述猜想成立,那么矩阵 $\boldsymbol{A}$ 应该具有什么样的性质? 如果这样的 $\boldsymbol{B}$ 存在的话,又怎样把它求出来呢? 本节从这一问题出发,引进可逆矩阵的概念.

2.2.1 可逆矩阵的概念

定义 2.6 设 $\boldsymbol{A}$ 是一个 n 阶方阵,若存在 n 阶方阵 $\boldsymbol{B}$,使得

$$\boldsymbol{AB}=\boldsymbol{BA}=\boldsymbol{E}$$

则称 $\boldsymbol{A}$ 为**可逆矩阵**,简称 $\boldsymbol{A}$ 可逆,并称 $\boldsymbol{B}$ 为 $\boldsymbol{A}$ 的**逆矩阵**,简称 $\boldsymbol{A}$ 的**逆**.

注 可逆矩阵是对方阵而言的,若矩阵 $\boldsymbol{A}$ 不是方阵,由矩阵乘法知,它是不可逆的. 其次,若 n 阶方阵 $\boldsymbol{A}$ 可逆,则 $\boldsymbol{A}$ 的逆矩阵仍然是一个 n 阶方阵.

例如,对于矩阵

$$\boldsymbol{A}=\begin{pmatrix}1 & & \\ & 2 & \\ & & -3\end{pmatrix}$$

显然有矩阵 $\boldsymbol{B}$,使得 $\boldsymbol{AB}=\boldsymbol{BA}=\boldsymbol{E}$. 其中

$$\boldsymbol{B}=\begin{pmatrix}1 & & \\ & \dfrac{1}{2} & \\ & & -\dfrac{1}{3}\end{pmatrix}$$

因此,$\boldsymbol{A}$ 是可逆矩阵,且 $\boldsymbol{B}$ 就是 $\boldsymbol{A}$ 的逆矩阵.

例 2.3 已知矩阵 $\boldsymbol{A}=\begin{pmatrix}2 & 1\\ -1 & 0\end{pmatrix}$ 可逆,试求 $\boldsymbol{A}$ 的逆矩阵.

解 (待定系数法)设 $\boldsymbol{B}=\begin{pmatrix}a & b\\ c & d\end{pmatrix}$ 是 $\boldsymbol{A}$ 的逆矩阵,则

$$\boldsymbol{AB}=\begin{pmatrix}2 & 1\\ -1 & 0\end{pmatrix}\begin{pmatrix}a & b\\ c & d\end{pmatrix}=\boldsymbol{E}$$

即

$$\begin{pmatrix} 2a+c & 2b+d \\ -a & -b \end{pmatrix}=\begin{pmatrix} 1 & 0 \\ 0 & 1 \end{pmatrix}$$

由矩阵相等的定义,有

$$\begin{cases} 2a+c=1 \\ 2b+d=0 \\ -a=0 \\ -b=1 \end{cases}$$

解得 $a=0,b=-1,c=1,d=2$. 于是

$$\boldsymbol{AB}=\begin{pmatrix} 2 & 1 \\ -1 & 0 \end{pmatrix}\begin{pmatrix} 0 & -1 \\ 1 & 2 \end{pmatrix}=\boldsymbol{E}$$

又

$$\boldsymbol{BA}=\begin{pmatrix} 0 & -1 \\ 1 & 2 \end{pmatrix}\begin{pmatrix} 2 & 1 \\ -1 & 0 \end{pmatrix}=\begin{pmatrix} 1 & 0 \\ 0 & 1 \end{pmatrix}=\boldsymbol{E}$$

因此,$\begin{pmatrix} 0 & -1 \\ 1 & 2 \end{pmatrix}$是 $\boldsymbol{A}$ 的逆矩阵.

例 2.4　试证明:矩阵 $\boldsymbol{A}=\begin{pmatrix} 1 & 0 \\ 0 & 0 \end{pmatrix}$不可逆.

证明　假设 $\boldsymbol{A}$ 是可逆的,$\boldsymbol{B}=\begin{pmatrix} a & b \\ c & d \end{pmatrix}$为 $\boldsymbol{A}$ 的逆矩阵,则

$$\boldsymbol{AB}=\begin{pmatrix} 1 & 0 \\ 0 & 0 \end{pmatrix}\begin{pmatrix} a & b \\ c & d \end{pmatrix}=\begin{pmatrix} a & b \\ 0 & 0 \end{pmatrix},\quad \boldsymbol{BA}=\begin{pmatrix} a & b \\ c & d \end{pmatrix}\begin{pmatrix} 1 & 0 \\ 0 & 0 \end{pmatrix}=\begin{pmatrix} a & 0 \\ c & 0 \end{pmatrix}$$

显然等式 $\boldsymbol{AB}=\boldsymbol{BA}=\boldsymbol{E}$ 不可能成立,故 $\boldsymbol{A}$ 是不可逆的.

由定义 2.6 不难验证:初等矩阵都是可逆的;并且 $\boldsymbol{E}(i,j)$的逆矩阵就是 $\boldsymbol{E}(i,j)$其本身,$\boldsymbol{E}(i(k))$的逆矩阵是 $\boldsymbol{E}\left(i\left(\frac{1}{k}\right)\right)$,$\boldsymbol{E}(i,j(k))$的逆矩阵是 $\boldsymbol{E}(i,j(-k))$(证明作为习题,请读者自行完成).

2.2.2　可逆矩阵的性质

性质 1　若 $\boldsymbol{A}$ 是可逆矩阵,则 $\boldsymbol{A}$ 的逆矩阵是唯一确定的.

证明　设 $\boldsymbol{B}_1,\boldsymbol{B}_2$ 均为 $\boldsymbol{A}$ 的逆矩阵,则

$$\boldsymbol{AB}_1=\boldsymbol{B}_1\boldsymbol{A}=\boldsymbol{E},\quad \boldsymbol{AB}_2=\boldsymbol{B}_2\boldsymbol{A}=\boldsymbol{E}$$

于是

$$\boldsymbol{B}_1=\boldsymbol{B}_1\boldsymbol{E}=\boldsymbol{B}_1(\boldsymbol{AB}_2)=(\boldsymbol{B}_1\boldsymbol{A})\boldsymbol{B}_2=\boldsymbol{EB}_2=\boldsymbol{B}_2$$

故 $\boldsymbol{A}$ 的逆矩阵唯一.

由于一个矩阵的逆矩阵是唯一的,因此将矩阵 $\boldsymbol{A}$ 的逆矩阵记为 $\boldsymbol{A}^{-1}$.

性质 2　若 $\boldsymbol{A}$ 是可逆矩阵,则 $\boldsymbol{A}^{-1}$,$k\boldsymbol{A}$(其中 k 是非零常数)和 $\boldsymbol{A}^{\mathrm{T}}$ 也可逆,且

$$(\boldsymbol{A}^{-1})^{-1}=\boldsymbol{A},(k\boldsymbol{A})^{-1}=\frac{1}{k}\boldsymbol{A}^{-1},(\boldsymbol{A}^{\mathrm{T}})^{-1}=(\boldsymbol{A}^{-1})^{\mathrm{T}}$$

证明　仅证 $k\boldsymbol{A}$ 的情况,$\boldsymbol{A}^{-1}$和 $\boldsymbol{A}^{\mathrm{T}}$ 的情况类似可证. 假设矩阵 $\boldsymbol{A}$ 可逆,则存在 $\boldsymbol{A}^{-1}$,使得

$$\boldsymbol{A}\boldsymbol{A}^{-1}=\boldsymbol{A}^{-1}\boldsymbol{A}=\boldsymbol{E}$$

于是

$$(k\boldsymbol{A})\left(\frac{1}{k}\boldsymbol{A}^{-1}\right)=\left(\frac{1}{k}k\right)\boldsymbol{A}\boldsymbol{A}^{-1}=\boldsymbol{A}\boldsymbol{A}^{-1}=\boldsymbol{E}$$

$$\left(\frac{1}{k}\boldsymbol{A}^{-1}\right)(k\boldsymbol{A})=\left(\frac{1}{k}k\right)\boldsymbol{A}^{-1}\boldsymbol{A}=\boldsymbol{A}^{-1}\boldsymbol{A}=\boldsymbol{E}$$

故由定义 2.6 知,$k\boldsymbol{A}$ 可逆,且

$$(k\boldsymbol{A})^{-1}=\frac{1}{k}\boldsymbol{A}^{-1}$$

性质 3　若 $\boldsymbol{A},\boldsymbol{B}$ 为 n 阶可逆矩阵,则 $\boldsymbol{A}\boldsymbol{B}$ 也是可逆矩阵,且$(\boldsymbol{A}\boldsymbol{B})^{-1}=\boldsymbol{B}^{-1}\boldsymbol{A}^{-1}$.

证明　由于 $\boldsymbol{A},\boldsymbol{B}$ 可逆,所以存在 $\boldsymbol{A}^{-1},\boldsymbol{B}^{-1}$,使得

$$\boldsymbol{A}\boldsymbol{A}^{-1}=\boldsymbol{A}^{-1}\boldsymbol{A}=\boldsymbol{E},\boldsymbol{B}\boldsymbol{B}^{-1}=\boldsymbol{B}^{-1}\boldsymbol{B}=\boldsymbol{E}$$

于是

$$(\boldsymbol{A}\boldsymbol{B})(\boldsymbol{B}^{-1}\boldsymbol{A}^{-1})=\boldsymbol{A}(\boldsymbol{B}\boldsymbol{B}^{-1})\boldsymbol{A}^{-1}=\boldsymbol{A}\boldsymbol{E}\boldsymbol{A}^{-1}=\boldsymbol{A}\boldsymbol{A}^{-1}=\boldsymbol{E}$$

$$(\boldsymbol{B}^{-1}\boldsymbol{A}^{-1})(\boldsymbol{A}\boldsymbol{B})=\boldsymbol{B}^{-1}(\boldsymbol{A}\boldsymbol{A}^{-1})\boldsymbol{B}=\boldsymbol{B}^{-1}\boldsymbol{E}\boldsymbol{B}=\boldsymbol{B}^{-1}\boldsymbol{B}=\boldsymbol{E}$$

故由定义 2.6 知,$\boldsymbol{A}\boldsymbol{B}$ 可逆,且$(\boldsymbol{A}\boldsymbol{B})^{-1}=\boldsymbol{B}^{-1}\boldsymbol{A}^{-1}$.

此性质可推广到多个矩阵相乘的情形.

推论 2　若 $\boldsymbol{A}_1,\boldsymbol{A}_2,\cdots,\boldsymbol{A}_n$ 为同阶可逆矩阵,则 $\boldsymbol{A}_1\boldsymbol{A}_2\cdots\boldsymbol{A}_n$ 也是可逆矩阵,且

$$(\boldsymbol{A}_1\boldsymbol{A}_2\cdots\boldsymbol{A}_n)^{-1}=\boldsymbol{A}_n{}^{-1}\boldsymbol{A}_{n-1}{}^{-1}\cdots\boldsymbol{A}_2{}^{-1}\boldsymbol{A}_1{}^{-1}$$

习　题　2.2

1. 设矩阵 $\boldsymbol{A}=\begin{pmatrix}a & b\\0 & c\end{pmatrix}$,其中 $ac\neq0$,用待定系数法证明:$\boldsymbol{A}$ 是可逆矩阵,求其逆矩阵 $\boldsymbol{A}^{-1}$.

2. 试证明:

(1) $\boldsymbol{E}(i,j)^{-1}=\boldsymbol{E}(i,j)$;

(2) $\boldsymbol{E}(i(k))^{-1}=\boldsymbol{E}\left(i\left(\frac{1}{k}\right)\right)$;

(3) $\boldsymbol{E}(i,j(k))^{-1}=\boldsymbol{E}(i,j(-k))$.

3. 证明:若 n 阶对称矩阵 $\boldsymbol{A}$ 是可逆的,则 $\boldsymbol{A}^{-1}$ 仍是对称矩阵.

4. 设矩阵 $\boldsymbol{A}$ 满足 $\boldsymbol{A}^2+2\boldsymbol{A}=\boldsymbol{O}$,证明:$\boldsymbol{A}+\boldsymbol{E}$ 是可逆的,并求其逆矩阵.

2.3　方阵可逆的充要条件与逆矩阵的计算

现在我们知道,并不是任意方阵都可逆. 那么自然会有这样的问题:一个 n 阶方阵 $\boldsymbol{A}$ 在什么样的条件下才可逆? 如果 $\boldsymbol{A}$ 可逆,又怎样求它的逆? 本节针对这些问题展开讨论. 首先引入伴随矩阵的概念.

定义 2.7　设 $\boldsymbol{A}=(a_{ij})$ 为 n 阶方阵,A_{ij} 是行列式 $|\boldsymbol{A}|$ 中的元素 a_{ij} 的代数余子式,则矩阵

$$\boldsymbol{A}^*=\begin{pmatrix} A_{11} & A_{21} & \cdots & A_{n1} \\ A_{12} & A_{22} & \cdots & A_{n2} \\ \vdots & \vdots & & \vdots \\ A_{1n} & A_{2n} & \cdots & A_{nn} \end{pmatrix}$$

称为方阵 $\boldsymbol{A}$ 的**伴随矩阵**.

可以验证:若 $\boldsymbol{A}^*$ 是 $\boldsymbol{A}$ 的伴随矩阵,则有

$$\boldsymbol{A}\boldsymbol{A}^*=\boldsymbol{A}^*\boldsymbol{A}=|\boldsymbol{A}|\boldsymbol{E}$$

实际上,由行列式的展开定理有

$$\boldsymbol{A}\boldsymbol{A}^*=\begin{pmatrix} a_{11} & a_{12} & \cdots & a_{1n} \\ a_{21} & a_{22} & \cdots & a_{21} \\ \vdots & \vdots & & \vdots \\ a_{n1} & a_{n2} & \cdots & a_{nn} \end{pmatrix}\begin{pmatrix} A_{11} & A_{21} & \cdots & A_{n1} \\ A_{12} & A_{22} & \cdots & A_{n2} \\ \vdots & \vdots & & \vdots \\ A_{1n} & A_{21} & \cdots & A_{nn} \end{pmatrix}=\begin{pmatrix} |\boldsymbol{A}| & & & \\ & |\boldsymbol{A}| & & \\ & & \ddots & \\ & & & |\boldsymbol{A}| \end{pmatrix}=|\boldsymbol{A}|\boldsymbol{E}$$

同样 $\boldsymbol{A}^*\boldsymbol{A}=|\boldsymbol{A}|\boldsymbol{E}$ 也成立.

例 2.5　设矩阵 $\boldsymbol{A}=\begin{pmatrix} 1 & -1 & 1 \\ 2 & 2 & 1 \\ 1 & -2 & 2 \end{pmatrix}$,求 $\boldsymbol{A}$ 的伴随矩阵 $\boldsymbol{A}^*$.

解　因为

$$A_{11}=6,\quad A_{12}=-3,\quad A_{13}=-6,\quad A_{21}=0,\quad A_{22}=1$$
$$A_{23}=1,\quad A_{31}=-3,\quad A_{32}=1,\quad A_{33}=4$$

所以

$$\boldsymbol{A}^*=\begin{pmatrix} 6 & 0 & -3 \\ -3 & 1 & 1 \\ -6 & 1 & 4 \end{pmatrix}$$

定理 2.4　n 阶方阵 $\boldsymbol{A}$ 可逆的充分必要条件是 $|\boldsymbol{A}|\neq 0$,且当 $\boldsymbol{A}$ 可逆时,有

$$\boldsymbol{A}^{-1}=\frac{1}{|\boldsymbol{A}|}\boldsymbol{A}^{*}$$

其中 $\boldsymbol{A}^{*}$ 为 $\boldsymbol{A}$ 的伴随矩阵.

证明　必要性　设 $\boldsymbol{A}$ 可逆,则存在 $\boldsymbol{A}^{-1}$,使得 $\boldsymbol{A}\boldsymbol{A}^{-1}=\boldsymbol{A}^{-1}\boldsymbol{A}=\boldsymbol{E}$,于是

$$|\boldsymbol{A}\boldsymbol{A}^{-1}|=|\boldsymbol{A}|\,|\boldsymbol{A}^{-1}|=|\boldsymbol{E}|=1$$

因此,$|\boldsymbol{A}|\neq 0$.

充分性　设 $|\boldsymbol{A}|\neq 0$,则由 $\boldsymbol{A}\boldsymbol{A}^{*}=\boldsymbol{A}^{*}\boldsymbol{A}=|\boldsymbol{A}|\boldsymbol{E}$ 可得

$$\boldsymbol{A}\left(\frac{1}{|\boldsymbol{A}|}\boldsymbol{A}^{*}\right)=\frac{1}{|\boldsymbol{A}|}\boldsymbol{A}\boldsymbol{A}^{*}=\boldsymbol{E},\quad \left(\frac{1}{|\boldsymbol{A}|}\boldsymbol{A}^{*}\right)\boldsymbol{A}=\frac{1}{|\boldsymbol{A}|}\boldsymbol{A}^{*}\boldsymbol{A}=\boldsymbol{E}$$

故 $\boldsymbol{A}$ 是可逆矩阵,且 $\boldsymbol{A}^{-1}=\frac{1}{|\boldsymbol{A}|}\boldsymbol{A}^{*}$.

例 2.6　判断例 2.5 中的矩阵 $\boldsymbol{A}$ 是否可逆. 若可逆,求 $\boldsymbol{A}$ 的逆矩阵.

解　首先,由于

$$|\boldsymbol{A}|=\begin{vmatrix}1&-1&1\\2&2&1\\1&-2&2\end{vmatrix}=3\neq 0$$

故 $\boldsymbol{A}$ 可逆. 其次,在例 2.5 中已求得 $\boldsymbol{A}^{*}=\begin{pmatrix}6&0&-3\\-3&1&1\\-6&1&4\end{pmatrix}$,根据定理 2.4,有

$$\boldsymbol{A}^{-1}=\frac{1}{|\boldsymbol{A}|}\boldsymbol{A}^{*}=\frac{1}{3}\begin{pmatrix}6&0&-3\\-3&1&1\\-6&1&4\end{pmatrix}=\begin{pmatrix}2&0&-1\\-1&1/3&1/3\\-2&1/3&4/3\end{pmatrix}$$

推论 3　设 $\boldsymbol{A},\boldsymbol{B}$ 为 n 阶方阵,若 $\boldsymbol{A}\boldsymbol{B}=\boldsymbol{E}$,则 $\boldsymbol{A},\boldsymbol{B}$ 都可逆,且 $\boldsymbol{A}^{-1}=\boldsymbol{B},\boldsymbol{B}^{-1}=\boldsymbol{A}$.

证明　若 $\boldsymbol{A}\boldsymbol{B}=\boldsymbol{E}$,则 $|\boldsymbol{A}\boldsymbol{B}|=|\boldsymbol{A}|\,|\boldsymbol{B}|=|\boldsymbol{E}|=1\neq 0$,于是

$$|\boldsymbol{A}|\neq 0,\ |\boldsymbol{B}|\neq 0$$

故 $\boldsymbol{A},\boldsymbol{B}$ 都可逆. 此外,假设 $\boldsymbol{A}^{-1},\boldsymbol{B}^{-1}$ 分别是 $\boldsymbol{A},\boldsymbol{B}$ 的逆矩阵,则有

$$\boldsymbol{A}=\boldsymbol{A}\boldsymbol{E}=\boldsymbol{A}(\boldsymbol{B}\boldsymbol{B}^{-1})=(\boldsymbol{A}\boldsymbol{B})\boldsymbol{B}^{-1}=\boldsymbol{E}\boldsymbol{B}^{-1}=\boldsymbol{B}^{-1}$$

$$\boldsymbol{B}=\boldsymbol{E}\boldsymbol{B}=(\boldsymbol{A}^{-1}\boldsymbol{A})\boldsymbol{B}=\boldsymbol{A}^{-1}(\boldsymbol{A}\boldsymbol{B})=\boldsymbol{A}^{-1}\boldsymbol{E}=\boldsymbol{A}^{-1}$$

例 2.7　设方阵 $\boldsymbol{A}$ 满足方程 $\boldsymbol{A}^2-\boldsymbol{A}+\boldsymbol{E}=\boldsymbol{O}$. 证明 $\boldsymbol{A}-3\boldsymbol{E}$ 可逆,并求其逆矩阵.

证明　由方程 $\boldsymbol{A}^2-\boldsymbol{A}+\boldsymbol{E}=\boldsymbol{O}$ 可得 $(\boldsymbol{A}-3\boldsymbol{E})(\boldsymbol{A}+2\boldsymbol{E})+7\boldsymbol{E}=\boldsymbol{O}$. 于是有

$$(\boldsymbol{A}-3\boldsymbol{E})(\boldsymbol{A}+2\boldsymbol{E})=-7\boldsymbol{E}$$

即

$$(\boldsymbol{A}-3\boldsymbol{E})\left[-\frac{1}{7}(\boldsymbol{A}+2\boldsymbol{E})\right]=\boldsymbol{E}$$

由推论 3 知,$\boldsymbol{A}-3\boldsymbol{E}$ 可逆,且

$$(\boldsymbol{A}-3\boldsymbol{E})^{-1}=-\frac{1}{7}(\boldsymbol{A}+2\boldsymbol{E})$$

对于(分块)对角形矩阵

$$\boldsymbol{A}=\begin{pmatrix}\boldsymbol{A}_1 & & & \\ & \boldsymbol{A}_2 & & \\ & & \ddots & \\ & & & \boldsymbol{A}_m\end{pmatrix}$$

显然有 $|\boldsymbol{A}|=|\boldsymbol{A}_1||\boldsymbol{A}_2|\cdots|\boldsymbol{A}_m|$. 由此可知, $|\boldsymbol{A}|\neq 0$ 当且仅当 $|\boldsymbol{A}_i|\neq 0(i=1,2,\cdots,m)$.

因此,(分块)对角形矩阵 $\boldsymbol{A}$ 可逆的充分必要条件是 $\boldsymbol{A}_i(i=1,2,\cdots,m)$ 都可逆,并且当 $\boldsymbol{A}$ 可逆时,有

$$\boldsymbol{A}^{-1}=\begin{pmatrix}\boldsymbol{A}_1^{-1} & & & \\ & \boldsymbol{A}_2^{-1} & & \\ & & \ddots & \\ & & & \boldsymbol{A}_m^{-1}\end{pmatrix}$$

例 2.8　求矩阵 $\boldsymbol{A}=\begin{pmatrix}-2 & 0 & 0\\ 0 & 1 & -1\\ 0 & 2 & 3\end{pmatrix}$ 的逆矩阵 $\boldsymbol{A}^{-1}$.

解　记 $\boldsymbol{A}_1=(-2)$, $\boldsymbol{A}_2=\begin{pmatrix}1 & -1\\ 2 & 3\end{pmatrix}$,于是可将 $\boldsymbol{A}$ 化为分块对角形矩阵

$$\boldsymbol{A}=\begin{pmatrix}\boldsymbol{A}_1 & \\ & \boldsymbol{A}_2\end{pmatrix}$$

由于 $|\boldsymbol{A}_1|=-2$, $|\boldsymbol{A}_2|=5$, 故 $\boldsymbol{A}$ 可逆. 其次,易求得 $\boldsymbol{A}_1^{-1}=\left(-\frac{1}{2}\right)$, $\boldsymbol{A}_2^{-1}=\frac{1}{5}\begin{pmatrix}3 & 1\\ -2 & 1\end{pmatrix}$,因此

$$\boldsymbol{A}^{-1}=\begin{pmatrix}-1/2 & 0 & 0\\ 0 & \frac{3}{5} & \frac{1}{5}\\ 0 & \frac{-2}{5} & \frac{1}{5}\end{pmatrix}$$

定理 2.4 给出了方阵可逆的一个充分必要条件,同时也提供了一种利用伴随矩阵求逆矩阵的方法,我们将这一方法称为求逆矩阵的**伴随矩阵法**. 但对于较高阶的矩阵,利用伴随矩阵法求其逆矩阵计算量太大. 在接下来的讨论中,我们将给出方阵可逆的其他等价条件,并在此基础上介绍一种求逆矩阵的简便方法——**初等**

变换法.

定理 2.5 n 阶方阵 $\boldsymbol{A}$ 可逆的充分必要条件是 $\boldsymbol{A}$ 可经过有限次初等变换化为单位矩阵 $\boldsymbol{E}$(即 $\boldsymbol{A}$ 可逆当且仅当 $\boldsymbol{A}\cong\boldsymbol{E}$)

证明 设 $\boldsymbol{A}$ 为 n 阶方阵,根据定理 2.1,$\boldsymbol{A}$ 可经过有限次初等变换化为等价标准形矩阵 $\boldsymbol{B}$,由定理 2.2 知,存在初等矩阵 $\boldsymbol{P}_1,\boldsymbol{P}_2,\cdots,\boldsymbol{P}_k,\boldsymbol{Q}_1,\boldsymbol{Q}_2,\cdots,\boldsymbol{Q}_l$,使得

$$\boldsymbol{P}_1\boldsymbol{P}_2\cdots\boldsymbol{P}_k\boldsymbol{A}\boldsymbol{Q}_1\boldsymbol{Q}_2\cdots\boldsymbol{Q}_l=\begin{pmatrix}\boldsymbol{E}_r & \boldsymbol{O}\\ \boldsymbol{O} & \boldsymbol{O}\end{pmatrix}=B,\quad 0\leqslant r\leqslant n \tag{1}$$

由于初等矩阵可逆,(1)式可化为

$$\boldsymbol{A}=\boldsymbol{P}_k^{-1}\boldsymbol{P}_{k-1}^{-1}\cdots\boldsymbol{P}_1^{-1}\boldsymbol{B}\boldsymbol{Q}_l^{-1}\boldsymbol{Q}_{l-1}^{-1}\cdots\boldsymbol{Q}_1^{-1} \tag{2}$$

必要性 若 $\boldsymbol{A}$ 可逆,则 $|\boldsymbol{A}|\neq0$. 对(2)两端取行列式,并注意到可逆阵的行列式不等于零,得 $|\boldsymbol{B}|\neq0$,故 $\boldsymbol{B}$ 只能是单位矩阵 $\boldsymbol{E}_n$,即 $\boldsymbol{A}\cong\boldsymbol{E}$.

充分性 若 $\boldsymbol{A}\cong\boldsymbol{E}$,即 $\boldsymbol{B}=\boldsymbol{E}$,则对(1)式两端取行列式,得

$$|\boldsymbol{P}_1||\boldsymbol{P}_2|\cdots|\boldsymbol{P}_m||\boldsymbol{A}||\boldsymbol{Q}_1||\boldsymbol{Q}_2|\cdots|\boldsymbol{Q}_n|=|\boldsymbol{E}|=1$$

从而 $|\boldsymbol{A}|\neq0$,因此 $\boldsymbol{A}$ 可逆.

由推论 1 及定理 2.5 的证明过程可得如下两个推论:

推论 4 n 阶方阵 $\boldsymbol{A}$ 可逆的充分必要条件是 $\boldsymbol{A}$ 可表示为有限个初等矩阵的乘积.

推论 5 设 $\boldsymbol{A}$ 为 n 阶方阵,则 $\boldsymbol{A}$ 可逆的充分必要条件是 $\boldsymbol{A}$ 可经过有限多次初等行变换化为单位矩阵 $\boldsymbol{E}$.

例 2.9 证明:$\boldsymbol{A}\cong\boldsymbol{B}$ 的充分必要条件是存在可逆矩阵 $\boldsymbol{P},\boldsymbol{Q}$,使得 $\boldsymbol{PAQ}=\boldsymbol{B}$.

证明 由本节推论 4 知,$\boldsymbol{A}\cong\boldsymbol{B}\Leftrightarrow\boldsymbol{A}$ 可经过有限次初等变换化为 $\boldsymbol{B}\Leftrightarrow$存在有限个初等矩阵 $\boldsymbol{P}_1,\boldsymbol{P}_2,\cdots,\boldsymbol{P}_k,\boldsymbol{Q}_1,\boldsymbol{Q}_2,\cdots,\boldsymbol{Q}_l$,使得 $\boldsymbol{P}_1\boldsymbol{P}_2\cdots\boldsymbol{P}_k\boldsymbol{A}\boldsymbol{Q}_1\boldsymbol{Q}_2\cdots\boldsymbol{Q}_l=\boldsymbol{B}\Leftrightarrow$存在可逆矩阵矩阵 $\boldsymbol{P},\boldsymbol{Q}$(记 $\boldsymbol{P}=\boldsymbol{P}_1\boldsymbol{P}_2\cdots\boldsymbol{P}_m,\boldsymbol{Q}=\boldsymbol{Q}_1\boldsymbol{Q}_2\cdots\boldsymbol{Q}_n$),使得 $\boldsymbol{PAQ}=\boldsymbol{B}$.

根据定理 2.2 和本节推论 5 可知:

若 $\boldsymbol{A}$ 是可逆矩阵,则存在初等矩阵 $\boldsymbol{C}_1,\boldsymbol{C}_2,\cdots,\boldsymbol{C}_m$,使得 $\boldsymbol{C}_1\boldsymbol{C}_2\cdots\boldsymbol{C}_m\boldsymbol{A}=\boldsymbol{E}$. 两端同时右乘 $\boldsymbol{A}^{-1}$,即得到 $\boldsymbol{C}_1\boldsymbol{C}_2\cdots\boldsymbol{C}_m\boldsymbol{E}=\boldsymbol{A}^{-1}$.

上述等式表明,对可逆矩阵 $\boldsymbol{A}$ 施行若干初等行变换将其化为单位矩阵 $\boldsymbol{E}$ 时,对单位矩阵 $\boldsymbol{E}$ 施行同样的初等行变换则可将其化为 $\boldsymbol{A}^{-1}$. 由此,利用矩阵的分块思想可得求逆矩阵的方法:

若 n 阶方阵 $\boldsymbol{A}$ 可逆,构造 $n\times2n$ 矩阵$(\boldsymbol{A},\boldsymbol{E})$,对$(\boldsymbol{A},\boldsymbol{E})$仅施行初等行变换,当子块 $\boldsymbol{A}$ 化为单位矩阵 $\boldsymbol{E}$,此时子块 $\boldsymbol{E}$ 就被化为了 $\boldsymbol{A}^{-1}$. 即

$$(\boldsymbol{A},\boldsymbol{E})\xrightarrow{\text{初等行变换}}\cdots\rightarrow(\boldsymbol{E},\boldsymbol{A}^{-1})$$

类似地,在求 n 阶方阵 $\boldsymbol{A}$ 的逆矩阵时,也可采用初等列变换的方法. 即

$$\begin{pmatrix} A \\ E \end{pmatrix} \xrightarrow{\text{初等列变换}} \cdots \longrightarrow \begin{pmatrix} E \\ A^{-1} \end{pmatrix}$$

以上利用初等变换求逆矩阵的方法称为**求逆矩阵的初等变换法**.

例 2.10　用初等变换法求矩阵 $A=\begin{pmatrix} 4 & 1 & -2 \\ 2 & 2 & 1 \\ 3 & 1 & -1 \end{pmatrix}$ 的逆矩阵.

解

$$(A,E)=\begin{pmatrix} 4 & 1 & -2 & 1 & 0 & 0 \\ 2 & 2 & 1 & 0 & 1 & 0 \\ 3 & 1 & -1 & 0 & 0 & 1 \end{pmatrix} \xrightarrow{r_1-r_3} \begin{pmatrix} 1 & 0 & -1 & 1 & 0 & -1 \\ 2 & 2 & 1 & 0 & 1 & 0 \\ 3 & 1 & -1 & 0 & 0 & 1 \end{pmatrix}$$

$$\xrightarrow[r_3-3r_1]{r_2-2r_1} \begin{pmatrix} 1 & 0 & -1 & 1 & 0 & -1 \\ 0 & 2 & 3 & -2 & 1 & 2 \\ 0 & 1 & 2 & -3 & 0 & 4 \end{pmatrix} \xrightarrow{r_3 \leftrightarrow r_2} \begin{pmatrix} 1 & 0 & -1 & 1 & 0 & -1 \\ 0 & 1 & 2 & -3 & 0 & 4 \\ 0 & 2 & 3 & -2 & 1 & 2 \end{pmatrix}$$

$$\xrightarrow{r_3-2r_2} \begin{pmatrix} 1 & 0 & -1 & 1 & 0 & -1 \\ 0 & 1 & 2 & -3 & 0 & 4 \\ 0 & 0 & -1 & 4 & 1 & -6 \end{pmatrix} \xrightarrow[r_2+2r_3]{r_1-r_3} \begin{pmatrix} 1 & 0 & 0 & -3 & -1 & 5 \\ 0 & 1 & 0 & 5 & 2 & -8 \\ 0 & 0 & -1 & 4 & 1 & -6 \end{pmatrix}$$

$$\xrightarrow{r_3\times(-1)} \begin{pmatrix} 1 & 0 & 0 & -3 & -1 & 5 \\ 0 & 1 & 0 & 5 & 2 & -8 \\ 0 & 0 & 1 & -4 & -1 & 6 \end{pmatrix}$$

故

$$A^{-1}=\begin{pmatrix} -3 & -1 & 5 \\ 5 & 2 & -8 \\ -4 & -1 & 6 \end{pmatrix}$$

例 2.11　设 $A=\begin{pmatrix} 1 & -1 & -1 \\ 1 & -1 & 1 \\ 2 & 1 & 2 \end{pmatrix}$，$B=\begin{pmatrix} 2 \\ 1 \\ 0 \end{pmatrix}$，求解矩阵方程 $AX=B$.

解　由于

$$|A|=\begin{vmatrix} 1 & -1 & -1 \\ 1 & -1 & 1 \\ 2 & 1 & 2 \end{vmatrix}=-6\neq 0$$

所以 A 可逆. 由方程 $AX=B$ 两边左乘 A^{-1} 得 $X=A^{-1}B$. 又

$$(A,E)=\begin{pmatrix} 1 & -1 & -1 & 1 & 0 & 0 \\ 1 & -1 & 1 & 0 & 1 & 0 \\ 2 & 1 & 2 & 0 & 0 & 1 \end{pmatrix} \xrightarrow[r_3-2r_1]{r_2-r_1} \begin{pmatrix} 1 & -1 & -1 & 1 & 0 & 0 \\ 0 & 0 & 2 & -1 & 1 & 0 \\ 0 & 3 & 4 & -2 & 0 & 1 \end{pmatrix}$$

$$\xrightarrow{r_3-2r_2}\begin{pmatrix}1 & -1 & -1 & 1 & 0 & 0\\0 & 0 & 2 & -1 & 1 & 0\\0 & 3 & 0 & 0 & -2 & 1\end{pmatrix}$$

$$\xrightarrow[r_3\left(\frac{1}{3}\right)]{r_2\left(\frac{1}{2}\right)}\begin{pmatrix}1 & -1 & -1 & 1 & 0 & 0\\0 & 0 & 1 & -1/2 & 1/2 & 0\\0 & 1 & 0 & 0 & -2/3 & 1/3\end{pmatrix}$$

$$\xrightarrow{r_3\leftrightarrow r_2}\begin{pmatrix}1 & -1 & -1 & 1 & 0 & 0\\0 & 1 & 0 & 0 & -2/3 & 1/3\\0 & 0 & 1 & -1/2 & 1/2 & 0\end{pmatrix}$$

$$\xrightarrow[r_1+r_3]{r_1+r_2}\begin{pmatrix}1 & 0 & 0 & 1/2 & -1/6 & 1/3\\0 & 1 & 0 & 0 & -2/3 & 1/3\\0 & 0 & 1 & -1/2 & 1/2 & 0\end{pmatrix}$$

故

$$\boldsymbol{A}^{-1}=\begin{pmatrix}1/2 & -1/6 & 1/3\\0 & -2/3 & 1/3\\-1/2 & 1/2 & 0\end{pmatrix}$$

从而，

$$\boldsymbol{X}=\boldsymbol{A}^{-1}\boldsymbol{B}=\begin{pmatrix}5/6\\-2/3\\-1/2\end{pmatrix}$$

最后我们指出，与例 2.11 一样，利用逆矩阵的知识，可以解决一些矩阵方程的求解问题：

(1) 对矩阵方程 $\boldsymbol{AX}=\boldsymbol{B}$(其中 $\boldsymbol{A}$ 为 n 阶可逆方阵，$\boldsymbol{B}$ 为 $n\times m$ 矩阵)，若 $\boldsymbol{A}$ 可逆，在 $\boldsymbol{AX}=\boldsymbol{B}$ 的两边左乘 $\boldsymbol{A}^{-1}$，得到其解为 $\boldsymbol{X}=\boldsymbol{A}^{-1}\boldsymbol{B}$；

(2) 对矩阵方程 $\boldsymbol{XA}=\boldsymbol{B}$(其中 $\boldsymbol{A}$ 为 n 阶可逆方阵，$\boldsymbol{B}$ 为 $s\times n$ 矩阵)，若 $\boldsymbol{A}$ 可逆，在 $\boldsymbol{XA}=\boldsymbol{B}$ 的两边右乘 $\boldsymbol{A}^{-1}$，得到其解为 $\boldsymbol{X}=\boldsymbol{BA}^{-1}$.

然而，对于这类问题，我们也可利用初等变换来直接进行求解.

实际上，若 $\boldsymbol{A}$ 可逆，则存在初等矩阵 $\boldsymbol{C}_1,\boldsymbol{C}_2,\cdots,\boldsymbol{C}_m$，使得 $\boldsymbol{A}^{-1}=\boldsymbol{C}_1\boldsymbol{C}_2\cdots\boldsymbol{C}_m$. 构造分块矩阵 $(\boldsymbol{A},\boldsymbol{B})$，则 $\boldsymbol{C}_1\boldsymbol{C}_2\cdots\boldsymbol{C}_m(\boldsymbol{A},\boldsymbol{B})=\boldsymbol{A}^{-1}(\boldsymbol{A},\boldsymbol{B})=(\boldsymbol{A}^{-1}\boldsymbol{A},\boldsymbol{A}^{-1}\boldsymbol{B})=(\boldsymbol{E},\boldsymbol{A}^{-1}\boldsymbol{B})$.

由此得求解矩阵方程 $\boldsymbol{AX}=\boldsymbol{B}$ 的方法：

若 $\boldsymbol{A}$ 可逆，构造分块矩阵 $(\boldsymbol{A},\boldsymbol{B})$，对 $(\boldsymbol{A},\boldsymbol{B})$ 施行适当的初等行变换，将左边的子块 $\boldsymbol{A}$ 化为单位矩阵 $\boldsymbol{E}$ 时，右边的子块即为 $\boldsymbol{A}^{-1}\boldsymbol{B}$；即 $(\boldsymbol{A},\boldsymbol{B})\xrightarrow{\text{初等行变换}}\cdots\longrightarrow(\boldsymbol{E},\boldsymbol{A}^{-1}\boldsymbol{B})$.

同样地，有求解矩阵方程 $\boldsymbol{XA}=\boldsymbol{B}$ 的方法：

若 $\boldsymbol{A}$ 可逆，构造分块矩阵 $\begin{pmatrix}\boldsymbol{A}\\\boldsymbol{B}\end{pmatrix}$，对 $\begin{pmatrix}\boldsymbol{A}\\\boldsymbol{B}\end{pmatrix}$ 施行适当的初等列变换，将上方的子块

$\boldsymbol{A}$ 化为单位矩阵 $\boldsymbol{E}$ 时，下方的子块即为 $\boldsymbol{BA}^{-1}$；即 $\begin{pmatrix}\boldsymbol{A}\\ \boldsymbol{B}\end{pmatrix}\xrightarrow{\text{初等列变换}}\cdots\rightarrow\begin{pmatrix}\boldsymbol{E}\\ \boldsymbol{BA}^{-1}\end{pmatrix}$.

例 2.12 求解矩阵方程 $\boldsymbol{AX}=2\boldsymbol{A}+\boldsymbol{X}$，其中 $\boldsymbol{A}=\begin{pmatrix}0&1&1\\-1&1&1\\0&-1&0\end{pmatrix}$.

解 对原矩阵方程进行恒等变形，得 $(\boldsymbol{A}-\boldsymbol{E})\boldsymbol{X}=2\boldsymbol{A}$. 由于

$$|\boldsymbol{A}-\boldsymbol{E}|=\begin{vmatrix}-1&1&1\\-1&0&1\\0&-1&-1\end{vmatrix}=-1\neq 0$$

所以 $\boldsymbol{A}-\boldsymbol{E}$ 可逆. 又因为

$$(\boldsymbol{A}-\boldsymbol{E},2\boldsymbol{A})=\begin{pmatrix}-1&1&1&0&2&2\\-1&0&1&-2&2&2\\0&-1&-1&0&-2&0\end{pmatrix}\xrightarrow{r_2-r_1}\begin{pmatrix}-1&1&1&0&2&2\\0&-1&0&-2&0&0\\0&-1&-1&0&-2&0\end{pmatrix}$$

$$\xrightarrow{r_3-r_2}\begin{pmatrix}-1&1&1&0&2&2\\0&-1&0&-2&0&0\\0&0&-1&2&-2&0\end{pmatrix}\xrightarrow[r_1+r_3]{r_1+r_2}\begin{pmatrix}-1&0&0&0&0&2\\0&-1&0&-2&0&0\\0&0&-1&2&-2&0\end{pmatrix}$$

$$\xrightarrow[r_3\times(-1)]{\substack{r_1\times(-1)\\ r_2\times(-1)}}\begin{pmatrix}1&0&0&0&0&-2\\0&1&0&2&0&0\\0&0&1&-2&2&0\end{pmatrix}$$

故

$$\boldsymbol{X}=(\boldsymbol{A}-\boldsymbol{E})^{-1}2\boldsymbol{A}=\begin{pmatrix}0&0&-2\\2&0&0\\-2&2&0\end{pmatrix}$$

习 题 2.3

1. 求下列矩阵的逆矩阵：

(1) $\begin{pmatrix}1&3\\2&4\end{pmatrix}$；　　(2) $\begin{pmatrix}1&1&-2\\-3&-2&4\\1&2&-2\end{pmatrix}$；

(3) $\begin{pmatrix}1&0&0&0\\2&1&0&0\\1&2&1&0\\2&1&2&1\end{pmatrix}$；　　(4) $\begin{pmatrix}-1&-2&0&0\\2&1&0&0\\0&0&1&3\\0&0&2&4\end{pmatrix}$.

2. 解下列矩阵方程:

(1) $\begin{pmatrix}0 & 1 & -1\\2 & 1 & 0\\1 & -1 & 1\end{pmatrix}\boldsymbol{X}=\begin{pmatrix}1 & 4\\-1 & 3\\3 & 3\end{pmatrix}$; (2) $\boldsymbol{X}\begin{pmatrix}1 & 3\\2 & 4\end{pmatrix}=\begin{pmatrix}1 & -1\\2 & 0\\5 & -3\end{pmatrix}$.

3. 已知 $\boldsymbol{A},\boldsymbol{B}$ 为可逆矩阵,且 $\boldsymbol{C}=\begin{pmatrix}\boldsymbol{O} & \boldsymbol{B}\\\boldsymbol{A} & \boldsymbol{O}\end{pmatrix}$,求 $\boldsymbol{C}^{-1}$.

4. 设 n 阶矩阵 $\boldsymbol{A}$,且 $\boldsymbol{A}^k=\boldsymbol{O}(k\geqslant 2)$. 试证 $\boldsymbol{E}-\boldsymbol{A}$ 可逆,并求其逆矩阵.

5. 设 $\boldsymbol{AB}=\boldsymbol{A}+2\boldsymbol{B}$,且 $\boldsymbol{A}=\begin{pmatrix}3 & 0 & 1\\1 & 1 & 0\\0 & 1 & 4\end{pmatrix}$,求矩阵 $\boldsymbol{B}$.

6. 设 $\boldsymbol{A},\boldsymbol{B}$ 都是 3 阶方阵,其中 $\boldsymbol{B}=\begin{pmatrix}0 & 0 & 0\\1 & 0 & 3\\0 & 1 & -2\end{pmatrix}$,若存在 3 阶可逆方阵 $\boldsymbol{C}$,使得 $\boldsymbol{AC}=\boldsymbol{CB}$,求行列式 $|\boldsymbol{A}+\boldsymbol{E}|$.

7. 证明:矩阵 $\boldsymbol{A}$ 可逆的充分必要条件是 $\boldsymbol{A}$ 的伴随矩阵 $\boldsymbol{A}^*$ 可逆.

2.4 矩阵的秩

我们知道,任一矩阵都可经过初等变换化为行阶梯形矩阵,而行阶梯形矩阵中非零行的行数是确定的,这个行数实际上就是本节要讨论内容——矩阵的秩. 矩阵的秩是矩阵的一个重要的数字特征,它对研究矩阵的性质有着重要的作用,同时它也是今后讨论向量组的线性相关性以及线性方程组解的存在性的重要工具.

定义 2.8 在 $m\times n$ 矩阵 $\boldsymbol{A}$ 中,任取 k 行 k 列($1\leqslant k\leqslant \min\{n,m\}$),位于这些行和列交叉处的 k^2 个元素(不改变它们在矩阵 $\boldsymbol{A}$ 中的位置和次序)构成的行列式,称为矩阵 $\boldsymbol{A}$ 的一个 k 阶子式.

由定义易知,$m\times n$ 矩阵 $\boldsymbol{A}$ 的 k 阶子式共有 $C_m^k C_n^k$ 个.

定义 2.9 设 $\boldsymbol{A}$ 为 $m\times n$ 矩阵,若 $\boldsymbol{A}$ 有一个 k 阶子式不为零,而所有的 $k+1$ 阶的子式全为零(如果存在的话),则称 k 为**矩阵 $\boldsymbol{A}$ 的秩**,记为 $r(\boldsymbol{A})$. 并规定零矩阵的秩为 0.

由行列式的性质知:若矩阵 $\boldsymbol{A}$ 的所有 $k+1$ 阶的子式全为零,则 $\boldsymbol{A}$ 的所有阶数高于 $k+1$ 的子式必然也全为零.

因此,非零矩阵 $\boldsymbol{A}$ 的秩 $r(\boldsymbol{A})$ 就是 $\boldsymbol{A}$ 的最高阶非零子式的阶数.

例 2.13 求矩阵 $\boldsymbol{A}=\begin{pmatrix}1 & 1\\2 & 1\end{pmatrix}$,$\boldsymbol{B}=\begin{pmatrix}1 & -1 & 2 & -2\\-2 & 2 & -4 & 4\\2 & 3 & 1 & 1\end{pmatrix}$ 的秩.

解　(1) 因为 $|\boldsymbol{A}|=\begin{vmatrix}1&1\\2&1\end{vmatrix}=-1\neq0$，且 $\boldsymbol{A}$ 没有 3 阶子式，故 $r(\boldsymbol{A})=2$.

(2) 在矩阵 $\boldsymbol{B}$ 中，因为存在 2 阶子式 $\begin{vmatrix}1&-1\\2&3\end{vmatrix}=5\neq0$，可知 $r(\boldsymbol{B})\geqslant2$.
其次，$\boldsymbol{B}$ 的全部 3 阶子式为

$$\begin{vmatrix}1&-1&2\\-2&2&-4\\2&3&1\end{vmatrix},\quad\begin{vmatrix}1&-1&-2\\-2&2&4\\2&3&1\end{vmatrix},\quad\begin{vmatrix}1&2&-2\\-2&-4&4\\2&1&1\end{vmatrix},\quad\begin{vmatrix}-1&2&-2\\2&-4&4\\3&1&1\end{vmatrix}$$

经计算，矩阵 $\boldsymbol{B}$ 的全部 3 阶子式都为零，故 $r(\boldsymbol{B})<3$.

综上可得，$r(\boldsymbol{B})=2$.

由矩阵秩的定义和由行列式的性质易知，矩阵的秩具有以下性质：

(1) 若 $\boldsymbol{A}$ 为 $m\times n$ 矩阵，则 $0\leqslant r(\boldsymbol{A})\leqslant\min\{n,m\}$，且 $r(\boldsymbol{A})=0$ 当且仅当 $\boldsymbol{A}$ 是零矩阵；

(2) 若矩阵 $\boldsymbol{A}$ 有一个 k 阶子式不等于零，则 $r(\boldsymbol{A})\geqslant k$；

(3) 若矩阵 $\boldsymbol{A}$ 的所有 l 阶子式都等于零，则 $r(\boldsymbol{A})<l$；

(4) $r(\boldsymbol{A})=r(\boldsymbol{A}^{\mathrm{T}})$；

(5) 若 $\boldsymbol{A}$ 为 n 阶方阵，则 $|\boldsymbol{A}|\neq0$ 当且仅当 $r(\boldsymbol{A})=n$；

(6) 若 $\boldsymbol{A}_k$ 是矩阵 $\boldsymbol{A}$ 的任意子块，则 $r(\boldsymbol{A}_k)\leqslant r(\boldsymbol{A})$.

设 $\boldsymbol{A}$ 为 $m\times n$ 矩阵，当 $r(\boldsymbol{A})=m$ 时，称 $\boldsymbol{A}$ 为**行满秩矩阵**；当 $r(\boldsymbol{A})=n$ 时，称 $\boldsymbol{A}$ 为**列满秩矩阵**；行满秩矩阵和列满秩矩阵统称为**满秩矩阵**.

显然，n 阶方阵 $\boldsymbol{A}$ 满秩的充分必要条件是 $|\boldsymbol{A}|\neq0$. 因此，可逆矩阵又称满秩矩阵.

例 2.14　求矩阵 $\boldsymbol{A}=\begin{pmatrix}1&1&0&2\\0&0&4&2\\0&0&0&3\end{pmatrix}$ 的秩.

解　由于 $\boldsymbol{A}$ 的行数为 3，故 $r(\boldsymbol{A})\leqslant3$. 其次由其 3 阶子式

$$\begin{vmatrix}1&0&2\\0&4&2\\0&0&3\end{vmatrix}=12\neq0$$

可得，$r(\boldsymbol{A})\geqslant3$. 因此，$r(\boldsymbol{A})=3$，故 $\boldsymbol{A}$ 为行满秩矩阵.

对例 2.14 进行总结可得：**行阶梯形矩阵的秩就等于它的非零行的行数.**

实际上，在非零行的行数为 r 的行阶梯形矩阵中，由它的非零行的所有首个非零元所在的行与列构成的 r 阶子式是不为零的，但其任意的 $r+1$ 阶子式(如果有的话)必为零(这是因为此行列式中必有全为零的行).

现在已经看到：直接用定义来计算矩阵的秩，当矩阵的行数与列数较多时，由

于所需考虑的子式较多,其阶数也较高,求矩阵的秩是非常麻烦的. 但由于任一矩阵都可经过初等行变换化为行阶梯形矩阵,而行阶梯形矩阵的秩又十分容易看出,因此,可考虑利用初等变换的方法来求矩阵的秩.

容易验证:三种初等变换都不改变矩阵的秩,为此得到:

定理 2.6　任意 $m\times n$ 矩阵 $\boldsymbol{A}$ 经过有限次初等变换后其秩不变.

(证明请读者自行完成)

结合两个矩阵等价的定义,可得以下推论.

推论 6　若 $\boldsymbol{A}\cong\boldsymbol{B}$,则 $r(\boldsymbol{A})=r(\boldsymbol{B})$.

推论 7　设 $\boldsymbol{A}$ 为 $m\times n$ 矩阵,$\boldsymbol{P}$ 为 m 阶可逆矩阵,$\boldsymbol{Q}$ 为 n 阶可逆矩阵,则

$$r(\boldsymbol{PAQ})=r(\boldsymbol{PA})=r(\boldsymbol{AQ})=r(\boldsymbol{A})$$

推论 7 表明,矩阵 $\boldsymbol{A}$ 左乘或右乘一个可逆矩阵后其秩不变.

根据定理 2.6,可得出计算矩阵 $\boldsymbol{A}$ 的秩的一种较简捷的方法:

用矩阵的初等变换将矩阵 $\boldsymbol{A}$ 化为行阶梯形矩阵 $\boldsymbol{B}$,由这个行阶梯形矩阵中非零行的行数立即得到该矩阵 $\boldsymbol{B}$ 的秩,进而得到矩阵 $\boldsymbol{A}$ 的秩.

例 2.15　求矩阵 $\boldsymbol{A}=\begin{pmatrix}1&2&3&-1\\1&4&4&3\\2&4&6&4\\-1&-2&-3&4\end{pmatrix}$ 的秩,并求 $\boldsymbol{A}$ 的一个最高阶非零子式.

解　对 $\boldsymbol{A}$ 施行初等行变换,将其化为行阶梯形矩阵

$$\boldsymbol{A}=\begin{pmatrix}1&2&3&-1\\1&4&4&3\\2&4&6&4\\-1&-2&-3&4\end{pmatrix}\xrightarrow[r_4+r_1]{\substack{r_2-r_1\\r_3-2r_1}}\begin{pmatrix}1&2&3&-1\\0&2&1&4\\0&0&0&6\\0&0&0&3\end{pmatrix}\xrightarrow{r_4-\frac{1}{2}r_3}\begin{pmatrix}1&2&3&-1\\0&2&1&4\\0&0&0&6\\0&0&0&0\end{pmatrix}=\boldsymbol{B}$$

故 $r(\boldsymbol{A})=3$.

其次,我们再来求 $\boldsymbol{A}$ 的一个最高阶非零子式. 由 $r(\boldsymbol{A})=3$ 知,$\boldsymbol{A}$ 的最高阶非零子式阶数为 3. 但 $\boldsymbol{A}$ 的 3 阶子式共有 $\mathrm{C}_4^3\times\mathrm{C}_4^3=16$ 个,要从 16 个子式中找到非零子式是比较烦琐的. 为此,对矩阵 $\boldsymbol{A}$ 与其相应行阶梯形矩阵 $\boldsymbol{B}$ 按列进行分块,并分别记 $\boldsymbol{A}=(\boldsymbol{A}_1,\boldsymbol{A}_2,\boldsymbol{A}_3,\boldsymbol{A}_4)$ 及 $\boldsymbol{B}=(\boldsymbol{B}_1,\boldsymbol{B}_2,\boldsymbol{B}_3,\boldsymbol{B}_4)$. 不难发现,子块 $(\boldsymbol{A}_1,\boldsymbol{A}_2,\boldsymbol{A}_4)$ 对应的行阶梯形矩阵的子块 $(\boldsymbol{B}_1,\boldsymbol{B}_2,\boldsymbol{B}_4)$ 为

$$(\boldsymbol{B}_1,\boldsymbol{B}_2,\boldsymbol{B}_4)=\begin{pmatrix}1&2&-1\\0&2&4\\0&0&6\\0&0&0\end{pmatrix}$$

显然,$r(\boldsymbol{B}_1,\boldsymbol{B}_2,\boldsymbol{B}_4)=3$,由分块矩阵的乘法知,$r(\boldsymbol{A}_1,\boldsymbol{A}_2,\boldsymbol{A}_4)=3$.

故$(\boldsymbol{A}_1,\boldsymbol{A}_2,\boldsymbol{A}_4)$中必有非零的 3 阶子式，$(\boldsymbol{A}_1,\boldsymbol{A}_2,\boldsymbol{A}_4)$共有 4 个 3 阶子式(这比 $\boldsymbol{A}$ 的 3 阶子式要少许多)．经计算，$(\boldsymbol{A}_1,\boldsymbol{A}_2,\boldsymbol{A}_4)$的前三行构成的子式

$$\begin{vmatrix}1&2&-1\\1&4&3\\2&4&4\end{vmatrix}=\begin{vmatrix}1&2&-1\\0&2&4\\0&0&6\end{vmatrix}=12\neq0$$

因此，该子式即为 $\boldsymbol{A}$ 的一个最高阶非零子式.

本例表明，要求矩阵 $\boldsymbol{A}$ 的一个最高阶非零子式，只需利用初等行变换将其化为行阶梯形矩阵 $\boldsymbol{B}$，在 $\boldsymbol{B}$ 找出它的一个最高阶非零子式所处的列，与之对应 $\boldsymbol{A}$ 所在的列中一定有 $\boldsymbol{A}$ 的同阶非零子式，该子式即为 $\boldsymbol{A}$ 的一个最高阶非零子式.

关于行满秩、列满秩矩阵，有如下定理：

***定理 2.7**　若 $\boldsymbol{A}$ 为 $m\times n$ 行满秩矩阵，则存在 $n\times m$ 列满秩矩阵 $\boldsymbol{B}$，使得 $\boldsymbol{AB}=\boldsymbol{E}_m$.

证明　当 $m=n$ 时，定理显然成立．不失一般性，不妨假设 $m<n$．由 $r(\boldsymbol{A})=m$ 知，$\boldsymbol{A}$ 中有 m 列可构成 m 阶非零子式 $|\boldsymbol{A}_1|$．因此，可对 $\boldsymbol{A}$ 施行适当的初等列变换，使得 $\boldsymbol{A}_1$ 位于矩阵 $\boldsymbol{A}$ 的前 m 列．由定理 2.2，有

$$\boldsymbol{AP}=(\boldsymbol{A}_1,\boldsymbol{A}_2)$$

其中 $\boldsymbol{A}_1$ 为可逆矩阵，令

$$\boldsymbol{B}=\boldsymbol{P}\begin{pmatrix}\boldsymbol{A}_1^{-1}\\\boldsymbol{O}\end{pmatrix}$$

则 $\boldsymbol{B}$ 为 $n\times m$ 矩阵，由推论 7 知，$r(\boldsymbol{B})=r(\boldsymbol{A}_1^{-1})=m$，即 $\boldsymbol{B}$ 为列满秩矩阵，且

$$\boldsymbol{AB}=\boldsymbol{AP}\begin{pmatrix}\boldsymbol{A}_1^{-1}\\\boldsymbol{O}\end{pmatrix}=(\boldsymbol{A}_1,\boldsymbol{A}_2)\begin{pmatrix}\boldsymbol{A}_1^{-1}\\\boldsymbol{O}\end{pmatrix}=\boldsymbol{E}_m$$

关于矩阵的秩还有一些常用的性质，下面通过例子来加以说明：

例 2.16　设 $\boldsymbol{A}$ 为 $m\times n$ 矩阵，$\boldsymbol{B}$ 为 $m\times l$ 矩阵．证明：

$$\max\{r(\boldsymbol{A}),r(\boldsymbol{B})\}\leqslant r(\boldsymbol{A},\boldsymbol{B})\leqslant r(\boldsymbol{A})+r(\boldsymbol{B})$$

证明　显然，由性质(6)知：

$$r(\boldsymbol{A})\leqslant r(\boldsymbol{A},\boldsymbol{B}),\quad r(\boldsymbol{B})\leqslant r(\boldsymbol{A},\boldsymbol{B})$$

故

$$\max\{r(\boldsymbol{A}),r(\boldsymbol{B})\}\leqslant r(\boldsymbol{A},\boldsymbol{B})$$

注意到

$$r\begin{pmatrix}\boldsymbol{A}&\boldsymbol{O}\\\boldsymbol{O}&\boldsymbol{B}\end{pmatrix}=r(\boldsymbol{A})+r(\boldsymbol{B})$$　(本章自检题(B)第六题，请读者自行证明)

又将矩阵$\begin{pmatrix}\boldsymbol{A}&\boldsymbol{O}\\\boldsymbol{O}&\boldsymbol{B}\end{pmatrix}$后 m 行依次加到前 m 行上，得$\begin{pmatrix}\boldsymbol{A}&\boldsymbol{B}\\\boldsymbol{O}&\boldsymbol{B}\end{pmatrix}$

这样由定理 2.6 知

$$r\begin{pmatrix} \boldsymbol{A} & \boldsymbol{B} \\ \boldsymbol{O} & \boldsymbol{B} \end{pmatrix}=r\begin{pmatrix} \boldsymbol{A} & \boldsymbol{O} \\ \boldsymbol{O} & \boldsymbol{B} \end{pmatrix}=r(\boldsymbol{A})+r(\boldsymbol{B})$$

故

$$r(\boldsymbol{A},\boldsymbol{B})\leqslant r(\boldsymbol{A})+r(\boldsymbol{B})$$

例 2.17 设 $\boldsymbol{A}$ 为 $m\times n$ 矩阵,$\boldsymbol{B}$ 为 $m\times n$ 矩阵. 证明 $r(\boldsymbol{A}+\boldsymbol{B})\leqslant r(\boldsymbol{A})+r(\boldsymbol{B})$.

证明 将矩阵$\begin{pmatrix} \boldsymbol{A} & \boldsymbol{O} \\ \boldsymbol{O} & \boldsymbol{B} \end{pmatrix}$后 m 行分别依次加到前 m 行上,得

$$\begin{pmatrix} \boldsymbol{A} & \boldsymbol{B} \\ \boldsymbol{O} & \boldsymbol{B} \end{pmatrix}$$

再将矩阵$\begin{pmatrix} \boldsymbol{A} & \boldsymbol{B} \\ \boldsymbol{O} & \boldsymbol{B} \end{pmatrix}$后 n 列分别依次加到前 n 列上,得

$$\begin{pmatrix} \boldsymbol{A}+\boldsymbol{B} & \boldsymbol{B} \\ \boldsymbol{B} & \boldsymbol{B} \end{pmatrix}$$

由性质(6)及定理 2.6 知

$$r(\boldsymbol{A}+\boldsymbol{B})\leqslant r\begin{pmatrix} \boldsymbol{A}+\boldsymbol{B} & \boldsymbol{B} \\ \boldsymbol{B} & \boldsymbol{B} \end{pmatrix}=r\begin{pmatrix} \boldsymbol{A} & \boldsymbol{O} \\ \boldsymbol{O} & \boldsymbol{B} \end{pmatrix}=r(\boldsymbol{A})+r(\boldsymbol{B})$$

例 2.18 设 $\boldsymbol{A},\boldsymbol{B}$ 为 n 阶矩阵,证明 $r(\boldsymbol{AB})\leqslant\min\{r(\boldsymbol{A}),r(\boldsymbol{B})\}$.

证明 如同定理 1.2 的证明一样,考虑矩阵$\begin{pmatrix} \boldsymbol{A} & \boldsymbol{O} \\ -\boldsymbol{E} & \boldsymbol{B} \end{pmatrix}$,将其经过初等列变换化为$\begin{pmatrix} \boldsymbol{A} & \boldsymbol{AB} \\ -\boldsymbol{E} & \boldsymbol{O} \end{pmatrix}$,则

$$r\begin{pmatrix} \boldsymbol{A} & \boldsymbol{AB} \\ -\boldsymbol{E} & \boldsymbol{O} \end{pmatrix}=r\begin{pmatrix} \boldsymbol{A} & \boldsymbol{O} \\ -\boldsymbol{E} & \boldsymbol{B} \end{pmatrix}$$

即

$$r(\boldsymbol{A},\boldsymbol{AB})+n=r(\boldsymbol{A},\boldsymbol{O})+n=r(\boldsymbol{A})+n$$

故有

$$r(\boldsymbol{A},\boldsymbol{AB})=r(\boldsymbol{A})$$

于是

$$r(\boldsymbol{AB})\leqslant r(\boldsymbol{A},\boldsymbol{AB})=r(\boldsymbol{A})$$

同理 $r(\boldsymbol{AB})\leqslant r(\boldsymbol{B})$,故

$$r(\boldsymbol{AB})\leqslant\min\{r(\boldsymbol{A}),r(\boldsymbol{B})\}$$

注 一般地,若 $\boldsymbol{A}$ 为 $m\times n$ 矩阵,$\boldsymbol{B}$ 为 $n\times l$ 矩阵,$r(\boldsymbol{AB})\leqslant\min\{r(\boldsymbol{A}),r(\boldsymbol{B})\}$也成立(其证明将在第 3 章完成).

例 2.19 设 $\boldsymbol{A}$ 为 $m\times n$ 矩阵,$\boldsymbol{B}$ 为 $n\times l$ 矩阵. 证明:$r(\boldsymbol{A})+r(\boldsymbol{B})\leqslant r(\boldsymbol{AB})+n$.

证明　假设 $r(\boldsymbol{A})=k$，存在 m 阶可逆矩阵 $\boldsymbol{P}$ 和 n 阶可逆矩阵 $\boldsymbol{Q}$，使

$$\boldsymbol{PAQ}=\begin{pmatrix}\boldsymbol{E}_k & \boldsymbol{O}\\ \boldsymbol{O} & \boldsymbol{O}\end{pmatrix}$$

将矩阵 $\boldsymbol{Q}^{-1}\boldsymbol{B}$ 进行分块

$$\boldsymbol{Q}^{-1}\boldsymbol{B}=\begin{pmatrix}\boldsymbol{B}_1\\ \boldsymbol{B}_2\end{pmatrix}$$

其中，$\boldsymbol{B}_1$ 是 $k\times l$ 矩阵，$\boldsymbol{B}_2$ 是 $(n-k)\times l$ 矩阵. 由

$$\boldsymbol{PAB}=\boldsymbol{PAQQ}^{-1}\boldsymbol{B}=\begin{pmatrix}\boldsymbol{E}_k & \boldsymbol{O}\\ \boldsymbol{O} & \boldsymbol{O}\end{pmatrix}\begin{pmatrix}\boldsymbol{B}_1\\ \boldsymbol{B}_2\end{pmatrix}=\begin{pmatrix}\boldsymbol{B}_1\\ \boldsymbol{O}\end{pmatrix}$$

可得

$$r(\boldsymbol{AB})=r(\boldsymbol{PAB})=r(\boldsymbol{B}_1)$$

因为矩阵每去掉一行，其秩将减少 1 或者不变，而 $\boldsymbol{B}_1$ 是 $\boldsymbol{Q}^{-1}\boldsymbol{B}$ 去掉 $(n-k)$ 行所得的矩阵.

于是

$$r(\boldsymbol{B}_1)\geqslant r(\boldsymbol{Q}^{-1}\boldsymbol{B})-(n-k)=r(\boldsymbol{B})-(n-k)$$

将 $r(\boldsymbol{A})=k$ 代入，整理即得

$$r(\boldsymbol{A})+r(\boldsymbol{B})\leqslant r(\boldsymbol{AB})+n$$

注　在例 2.19 中，当 $\boldsymbol{AB}=\boldsymbol{O}$ 时，有 $r(\boldsymbol{A})+r(\boldsymbol{B})\leqslant n$.

例 2.20　$\boldsymbol{A}$ 为 n 阶方阵($n\geqslant 2$)，$\boldsymbol{A}^*$ 是 $\boldsymbol{A}$ 的伴随矩阵. 试证明：

$$r(\boldsymbol{A}^*)=\begin{cases}n, & 若\ r(\boldsymbol{A})=n\\ 1, & 若\ r(\boldsymbol{A})=n-1\\ 0, & 若\ r(\boldsymbol{A})<n-1\end{cases}$$

证明　首先，由 $\boldsymbol{AA}^*=|\boldsymbol{A}|\boldsymbol{E}$，有 $|\boldsymbol{A}|\,|\boldsymbol{A}^*|=|\boldsymbol{A}|^n$. 进而可得 $|\boldsymbol{A}^*|=|\boldsymbol{A}|^{n-1}$.

当 $r(\boldsymbol{A})=n$ 时，$\boldsymbol{A}$ 为满秩矩阵，因此 $|\boldsymbol{A}|\neq 0$，于是 $|\boldsymbol{A}^*|\neq 0$，从而 $\boldsymbol{A}^*$ 也是满秩矩阵，故有 $r(\boldsymbol{A}^*)=n$；

当 $r(\boldsymbol{A})=n-1$ 时，有 $|\boldsymbol{A}|=0$，故 $\boldsymbol{AA}^*=|\boldsymbol{A}|\boldsymbol{E}=\boldsymbol{O}$，由例 2.16 注知 $r(\boldsymbol{A})+r(\boldsymbol{A}^*)\leqslant n$ 于是 $r(\boldsymbol{A}^*)\leqslant 1$；又 $\boldsymbol{A}^*$ 的全体元素均为 $\boldsymbol{A}$ 的所有 $n-1$ 阶子式，若 $r(\boldsymbol{A}^*)=0$，则 $\boldsymbol{A}$ 的所有 $n-1$ 阶子式都为零，这与 $r(\boldsymbol{A})=n-1$ 矛盾. 故 $r(\boldsymbol{A}^*)=1$；

当 $r(\boldsymbol{A})<n-1$ 时，由 $\boldsymbol{A}$ 的所有 $n-1$ 阶子式都为零，故 $\boldsymbol{A}^*=\boldsymbol{O}$，进而 $r(\boldsymbol{A}^*)=0$.

习　题　2.4

1. 求下列矩阵的秩，并求它的一个最高阶非零子式：

(1) $\begin{pmatrix}-1&1&1\\2&-3&2\\-3&0&0\end{pmatrix}$;(2) $\begin{pmatrix}3&2&2\\6&4&4\\5&4&6\\10&7&8\end{pmatrix}$;(3) $\begin{pmatrix}1&-1&2&1&0\\2&-2&4&2&0\\3&0&6&-1&1\\0&3&0&0&1\end{pmatrix}$.

2. 设矩阵 $\boldsymbol{A}$ 添加一列后得到矩阵 $\boldsymbol{B}$,试说明 $\boldsymbol{A}$ 与 $\boldsymbol{B}$ 的秩的关系.

3. 设矩阵 $\boldsymbol{A}=\begin{pmatrix}1&-2&3k\\-1&2k&-3\\k&-2&3\end{pmatrix}$,且 $r(\boldsymbol{A})=2$,求 k.

4. 求矩阵 $\boldsymbol{A}=\begin{pmatrix}1&1&-2&3\\2&1&-6&4\\3&2&\lambda&7\end{pmatrix}$ 的秩.

5. 设矩阵 $\boldsymbol{A}=\begin{pmatrix}a&1&1\\1&a&1\\1&1&a\end{pmatrix}$,若 $r(\boldsymbol{A}^*)=0$,则求数 a.

习 题 二

1. 若对任意矩阵 $\boldsymbol{B}$ 均有 $\boldsymbol{AB}=\boldsymbol{B}$,则 $\boldsymbol{A}=$________;

2. 设矩阵 $\boldsymbol{A}=\begin{pmatrix}9&5&1\\-3&-2&0\\2&0&1\end{pmatrix}$,则 $\boldsymbol{A}^{-1}=$________.

3. 设 $\boldsymbol{A}=\begin{pmatrix}1&0&0\\2&2&0\\3&4&5\end{pmatrix}$,则 $(\boldsymbol{A}^*)^{-1}=$________.

4. 设 3 阶矩阵 $\boldsymbol{A},\boldsymbol{B}$ 满足关系式 $\boldsymbol{A}^{-1}\boldsymbol{BA}=6\boldsymbol{A}+\boldsymbol{BA}$,且 $\boldsymbol{A}=\begin{pmatrix}\frac{1}{3}&0&0\\0&\frac{1}{4}&0\\0&0&\frac{1}{7}\end{pmatrix}$,求 $\boldsymbol{B}$.

5. 设 $\boldsymbol{A}=\begin{pmatrix}1&0&1\\0&2&0\\1&0&1\end{pmatrix}$,且 $\boldsymbol{AB}+\boldsymbol{E}=\boldsymbol{A}^2+\boldsymbol{B}$,求 $\boldsymbol{B}$.

6. 若 $\boldsymbol{A},\boldsymbol{B}$ 都是 n 阶非零矩阵,且 $\boldsymbol{AB}=\boldsymbol{O}$. 证明:$\boldsymbol{A}$ 和 $\boldsymbol{B}$ 都是不可逆的.

7. 设 $\boldsymbol{A},\boldsymbol{B},\boldsymbol{C}$ 为同阶矩阵,其中 $\boldsymbol{C}$ 可逆,且 $\boldsymbol{B}=\boldsymbol{C}^{-1}\boldsymbol{AC}$,证明:对任意整数

$k\geqslant 1$,有$\boldsymbol{B}^k=\boldsymbol{C}^{-1}\boldsymbol{A}^k\boldsymbol{C}$.

8. 设$\boldsymbol{A}$为$n\geqslant 2$阶方阵,证明:$(\boldsymbol{A}^*)^*=|\boldsymbol{A}|^{n-2}\boldsymbol{A}$.

第 2 章自检题(A)

1. 设$\boldsymbol{A}$为 3 阶方阵,且$\boldsymbol{A}\begin{pmatrix}a_{11}&a_{12}&a_{13}\\a_{21}&a_{22}&a_{23}\\a_{31}&a_{32}&a_{33}\end{pmatrix}=\begin{pmatrix}a_{11}-2a_{31}&a_{12}-2a_{32}&a_{13}-2a_{33}\\a_{21}&a_{22}&a_{23}\\a_{31}&a_{32}&a_{33}\end{pmatrix}$,则$\boldsymbol{A}=($　　$)$.

(A) $\begin{pmatrix}1&0&0\\0&1&0\\-2&0&1\end{pmatrix}$　(B) $\begin{pmatrix}1&0&-2\\0&1&0\\0&0&1\end{pmatrix}$

(C) $\begin{pmatrix}0&0&-2\\0&1&0\\1&0&1\end{pmatrix}$　(D) $\begin{pmatrix}1&0&0\\0&1&0\\0&-2&1\end{pmatrix}$

2. 设矩阵

$$\boldsymbol{A}=\begin{pmatrix}a_{11}&a_{12}&a_{13}\\a_{21}&a_{22}&a_{23}\\a_{31}&a_{32}&a_{33}\end{pmatrix},\boldsymbol{B}=\begin{pmatrix}a_{31}&a_{32}+ka_{33}&a_{33}\\a_{21}&a_{22}+ka_{23}&a_{23}\\a_{11}&a_{12}+ka_{13}&a_{13}\end{pmatrix},\boldsymbol{C}_1=\begin{pmatrix}0&0&1\\0&1&0\\1&0&0\end{pmatrix},\boldsymbol{C}_2=\begin{pmatrix}1&0&0\\0&1&0\\0&k&1\end{pmatrix}$$

则$\boldsymbol{B}=($　　$)$.

(A) $\boldsymbol{C}_1\boldsymbol{C}_2\boldsymbol{A}$　(B) $\boldsymbol{A}\boldsymbol{C}_1\boldsymbol{C}_2$　(C) $\boldsymbol{C}_1\boldsymbol{A}\boldsymbol{C}_2$　(D) $\boldsymbol{C}_2\boldsymbol{A}\boldsymbol{C}_1$

3. 设$\boldsymbol{A},\boldsymbol{B}$为$n$阶方阵,若$\boldsymbol{AB}=\boldsymbol{B}^2$,则(　　).

(A) $\boldsymbol{A}=\boldsymbol{B}$　(B) 当$\boldsymbol{B}\neq\boldsymbol{O}$时,$\boldsymbol{A}=\boldsymbol{B}$

(C) $\boldsymbol{A}^{-1}=\boldsymbol{B}^{-1}$　(D) 当$|\boldsymbol{B}|\neq 0$时,$\boldsymbol{A}=\boldsymbol{B}$

4. 设$\boldsymbol{A}$是$n(n>1)$阶矩阵,$\boldsymbol{A}^*$是$\boldsymbol{A}$的伴随矩阵,若$|\boldsymbol{A}|=2$,则$|3\boldsymbol{A}^*|=($　　$)$.

(A) 3^n2^{n-1}　(B) $3\cdot 2^{n-1}$　(C) $\dfrac{3^n}{2}$　(D) $3\cdot 2^{n-2}$

5. 设$r(\boldsymbol{A}_{4\times 3})=3$,$\boldsymbol{B}=\begin{pmatrix}1&2&3\\0&1&2\\0&0&0\end{pmatrix}$,则$r(\boldsymbol{AB})=($　　$)$.

(A) 0　(B) 1　(C) 2　(D) 3

6. $\boldsymbol{A}$是$m\times n$矩阵,$\boldsymbol{B}$是n阶可逆矩阵,矩阵$\boldsymbol{A}$的秩为r,矩阵$\boldsymbol{C}=\boldsymbol{AB}$的秩为$r_1$,则(　　).

(A) $r>r_1$　(B) $r<r_1$

(C) $r=r_1$　(D) r与r_1的关系依$\boldsymbol{B}$而定

7. 设方阵 $\boldsymbol{A},\boldsymbol{B}$ 的秩分别为 r_1,r_2，则分块矩阵 $(\boldsymbol{A},\boldsymbol{B})$ 的秩 r 与 r_1,r_2 的关系是(　　).

(A) $r\leqslant r_1+r_2$　(B) $r\geqslant r_1+r_2$　(C) $r=r_1+r_2$　(D) 不能确定

8. 设 $\boldsymbol{A},\boldsymbol{B}$ 都是 n 阶非零矩阵，且 $\boldsymbol{AB}=\boldsymbol{O}$，则 $\boldsymbol{A}$ 和 $\boldsymbol{B}$ 的秩(　　).

(A) 必有一个等于零　(B) 都小于 n

(C) 一个小于 n，一个等于 n　(D) 都等于 n

9. 若 $\boldsymbol{A},\boldsymbol{B}$ 为 n 阶非零矩阵，且 $\boldsymbol{AB}=\boldsymbol{O}$. 则(　　).

(A) $\boldsymbol{A},\boldsymbol{B}$ 都可逆　(B) $\boldsymbol{A}$ 可逆，$\boldsymbol{B}$ 不可逆

(C) $\boldsymbol{A}$ 不可逆，$\boldsymbol{B}$ 可逆　(D) $\boldsymbol{A},\boldsymbol{B}$ 都不可逆

10. 已知三阶方阵 $\boldsymbol{A}=\begin{pmatrix}1&1&1\\0&1&1\\0&0&1\end{pmatrix}$，则 $\boldsymbol{A}$ 的逆矩阵 $\boldsymbol{A}^{-1}=$(　　).

(A) $\begin{pmatrix}1&0&-1\\0&1&0\\0&0&1\end{pmatrix}$　(B) $\begin{pmatrix}1&0&0\\0&1&0\\-1&0&1\end{pmatrix}$

(C) $\begin{pmatrix}1&-1&0\\0&1&-1\\0&0&1\end{pmatrix}$　(D) $\begin{pmatrix}1&0&0\\-1&1&0\\0&-1&1\end{pmatrix}$

11. 若 $\boldsymbol{A}$ 为 n 阶方阵，且 $\boldsymbol{A}$ 的伴随矩阵 $\boldsymbol{A}^*=\boldsymbol{O}$. 则(　　).

(A) $r(\boldsymbol{A})=0$　(B) $r(\boldsymbol{A})<n-1$　(C) $r(\boldsymbol{A})=n-1$　(D) $r(\boldsymbol{A})=n$

12. 已知矩阵 $\boldsymbol{A}=\begin{pmatrix}1&-2&3&-4\\-2&4&5&6\\-3&6&2&10\end{pmatrix}$，则 $\boldsymbol{A}$ 的 3 阶非零子式共有(　　).

(A) 0 个　(B) 1 个　(C) 2 个　(D) 3 个

13. 设 $\boldsymbol{A}=\begin{pmatrix}4&0&0\\0&5&0\\0&0&3\end{pmatrix}$，则 $(\boldsymbol{A}-2\boldsymbol{E})^{-1}=$________.

14. 设 $\boldsymbol{A},\boldsymbol{B}$ 为 n 阶方阵，且 $|\boldsymbol{A}|=2$，$|\boldsymbol{B}|=-3$，则 $|2\boldsymbol{AB}^{-1}|=$________.

第 2 章自检题(B)

1. 求矩阵 $\boldsymbol{A}=\begin{pmatrix}2&4&-1&3\\1&2&0&1\\2&3&2&4\\3&0&1&2\end{pmatrix}$ 的等价标准形.

2. 解矩阵方程 $\boldsymbol{X}=\boldsymbol{AX}+\boldsymbol{B}$，其中 $\boldsymbol{A}=\begin{pmatrix}0&1&0\\-1&1&1\\-1&0&-1\end{pmatrix}$，$\boldsymbol{B}=\begin{pmatrix}1&-1\\2&0\\5&-3\end{pmatrix}$.

3. 设 $\boldsymbol{A}^2-\boldsymbol{AB}=\boldsymbol{E}$，且 $\boldsymbol{A}=\begin{pmatrix}1&1&-1\\0&1&1\\0&0&-1\end{pmatrix}$，求矩阵 $\boldsymbol{B}$.

4. 设 $\begin{pmatrix}0&1&0\\1&0&0\\0&0&1\end{pmatrix}\boldsymbol{X}\begin{pmatrix}1&0&0\\0&0&1\\0&1&0\end{pmatrix}=\begin{pmatrix}2&8&5\\1&7&4\\3&9&6\end{pmatrix}$，求矩阵 $\boldsymbol{X}$.

5. 设 $\boldsymbol{A}$ 为 n 阶可逆阵，$\boldsymbol{A}^2=|\boldsymbol{A}|\boldsymbol{E}$，证明 $\boldsymbol{A}$ 的伴随阵 $\boldsymbol{A}^*=\boldsymbol{A}$.

6. 设 $\boldsymbol{A},\boldsymbol{B}$ 分别为 m 阶、n 阶方阵，$\boldsymbol{C}=\begin{pmatrix}\boldsymbol{A}&\boldsymbol{O}\\\boldsymbol{O}&\boldsymbol{B}\end{pmatrix}$. 证明：$r(\boldsymbol{C})=r(\boldsymbol{A})+r(\boldsymbol{B})$.

7. 设矩阵 $\begin{pmatrix}1&1&-6&10\\2&5&k&-1\\1&2&-1&k\end{pmatrix}$ 的秩为 2，求 k.

*8. 设 n 阶矩阵 $\boldsymbol{A}$ 满足 $\boldsymbol{A}^2=\boldsymbol{A}$，$\boldsymbol{E}$ 为 n 阶单位矩阵，求证 $r(\boldsymbol{A})+r(\boldsymbol{A}-\boldsymbol{E})=n$.

第 3 章　线性方程组与向量组的线性相关性

本章包括线性方程组理论与向量组的线性相关性理论两个部分. 线性方程组理论是线性代数的主要内容之一,它在科学技术的许多分支如网络理论、结构分析、最优化理论等方面都有重要的应用,许多问题往往归结为解一个线性方程组. 本章将讨论线性方程组有解的充分必要条件、有解时解的求法以及解的结构. 为了在理论上深入讨论上述问题,我们引入向量的概念. 利用向量组的线性相关性理论,简洁又清晰地解决这些问题.

3.1　线性方程组的概念与克拉默法则

3.1.1　线性方程组的概念

一般地,含 n 个未知量的 m 个方程所形成的线性方程组可以表示为

$$\begin{cases} a_{11}x_1+a_{12}x_2+\cdots+a_{1n}x_n=b_1 \\ a_{21}x_1+a_{22}x_2+\cdots+a_{2n}x_n=b_2 \\ \qquad\cdots\cdots \\ a_{m1}x_1+a_{m2}x_2+\cdots+a_{mn}x_n=b_m \end{cases} \tag{3.1}$$

其中 $x_1,x_2\cdots,x_n$ 是方程组的 n 个未知量,$a_{ij}(i=1,2,\cdots,m;j=1,2,\cdots,n)$是第 i 个方程中第 j 个未知量的系数,$b_i(i=1,2,\cdots,m)$是第 i 个方程的常数项.

将形如(3.1)含有 n 个未知量的线性方程组称为 n **元线性方程组**.

线性方程组(3.1)的矩阵形式为

$$\boldsymbol{AX}=\boldsymbol{B}$$

其中

$$\boldsymbol{A}\begin{pmatrix} a_{11} & a_{12} & \cdots & a_{1n} \\ a_{21} & a_{22} & \cdots & a_{2n} \\ \vdots & \vdots & & \vdots \\ a_{m1} & a_{m2} & \cdots & a_{mn} \end{pmatrix},\quad \boldsymbol{X}=\begin{pmatrix} x_1 \\ x_2 \\ \vdots \\ x_n \end{pmatrix},\quad \boldsymbol{B}=\begin{pmatrix} b_1 \\ b_2 \\ \vdots \\ b_m \end{pmatrix}$$

$m\times n$ 矩阵 $\boldsymbol{A}$ 称为线性方程组(3.1)的**系数矩阵**. $\boldsymbol{X}$ 称为线性方程组(3.1)的**未知量矩阵**. $\boldsymbol{B}$ 称为线性方程组(3.1)的**常数列矩阵**. 系数矩阵添加上常数列矩阵得到的$m\times(n+1)$矩阵

$$(\boldsymbol{A},\boldsymbol{B})=\begin{pmatrix} a_{11} & a_{12} & \cdots & a_{1n} & b_1 \\ a_{21} & a_{22} & \cdots & a_{2n} & b_2 \\ \vdots & \vdots & & \vdots & \vdots \\ a_{m1} & a_{m2} & \cdots & a_{mn} & b_m \end{pmatrix}$$

称为方程组的(3.1)的**增广矩阵.**

显然,线性方程组和它的增广矩阵之间是一一对应的.

当 $b_1,b_2,\cdots,b_m$ 不全为零时,方程组(3.1)称为**非齐次线性方程组**. 当 $b_1,b_2,\cdots,b_m$ 全为零时,方程组(3.1)称为**齐次线性方程组**,即 $\boldsymbol{AX}=\boldsymbol{0}$.

如果将 $x_1=k_1,x_2=k_2,\cdots,x_n=k_n$ 代入(3.1)后每个方程都变成恒等式,则称 $x_1=k_1,x_2=k_2,\cdots,x_n=k_n$ 是该方程组的一个**解.**

当线性方程组有解时,就称该线性方程组是**相容的**. 否则称为**不相容的.**

显然,齐次线性方程组 $\boldsymbol{AX}=\boldsymbol{0}$ 总是有解的(它总有零解),即 $\boldsymbol{AX}=\boldsymbol{0}$ 总是相容的.

一个线性方程组的解的全体称为它的**解集合**. **解线性方程组**就是求它的解集合.

如果两个线性方程组有相同的解集合,就称它们是**同解方程组.**

3.1.2　克拉默法则

一个齐次线性方程组,何时有非零解?一个非齐次线性方程组,它在什么条件下有解呢?

先考虑一种特殊情形:线性方程组(3.1)中 $m=n$ 的情形,即未知量的个数和方程的个数相同的线性方程组.

对于 n 个方程 n 个未知量的线性方程组

$$\begin{cases} a_{11}x_1+a_{12}x_2+\cdots+a_{1n}x_n=b_1 \\ a_{21}x_1+a_{22}x_2+\cdots+a_{2n}x_n=b_2 \\ \quad\cdots\cdots \\ a_{m1}x_1+a_{m2}x_2+\cdots+a_{mn}x_n=b_n \end{cases} \tag{3.2}$$

其矩阵形式为

$$\boldsymbol{AX}=\boldsymbol{B} \tag{3.3}$$

这时 $\boldsymbol{A}$ 是 n 阶方阵.

定理 3.1(克拉默(Cramer)法则)　如果 n 个方程的 n 元线性方程组(3.2)的系数矩阵行列式 $d=|A|\neq 0$,那么方程组有唯一解,且

$$x_1=\frac{d_1}{d},\quad x_2=\frac{d_2}{d},\quad \cdots,\quad x_n=\frac{d_n}{d} \tag{3.4}$$

其中 d_j 是把行列式 d 中第 j 列换成常数列 $b_1,b_2,\cdots,b_n$ 所得到的行列式,即

$$d_j=\begin{vmatrix} a_{11} & \cdots & a_{1,j-1} & b_1 & a_{1,j+1} & \cdots & a_{1n} \\ a_{21} & \cdots & a_{2,j-1} & b_2 & a_{2,j+1} & \cdots & a_{2n} \\ \vdots & & \vdots & \vdots & \vdots & & \vdots \\ a_{n1} & \cdots & a_{n,j-1} & b_n & a_{n,j+1} & \cdots & a_{nn} \end{vmatrix},\quad j=1,2,\cdots,n$$

证明 因为 $|\boldsymbol{A}|\neq 0$,所以 $\boldsymbol{A}$ 可逆. 用 $\boldsymbol{A}^{-1}$ 左乘方程组(3.3)两边,得方程组(3.3)的解 $\boldsymbol{X}=\boldsymbol{A}^{-1}\boldsymbol{B}$. 由逆矩阵的唯一性得,方程组(3.3)的解是唯一的,即方程组(3.2)的解是唯一的. 又

$$\boldsymbol{A}^{-1}=\frac{1}{|\boldsymbol{A}|}\boldsymbol{A}^*=\frac{1}{d}\boldsymbol{A}^*$$

可将 $\boldsymbol{X}=\boldsymbol{A}^{-1}\boldsymbol{B}$ 表示成

$$\begin{pmatrix} x_1 \\ x_2 \\ \vdots \\ x_n \end{pmatrix}=\frac{1}{|\boldsymbol{A}|}\begin{pmatrix} A_{11} & A_{21} & \cdots & A_{n1} \\ A_{12} & A_{22} & \cdots & A_{n2} \\ \vdots & \vdots & & \vdots \\ A_{1n} & A_{2n} & \cdots & A_{nn} \end{pmatrix}\begin{pmatrix} b_1 \\ b_2 \\ \vdots \\ b_n \end{pmatrix}=\frac{1}{d}\begin{pmatrix} b_1A_{11}+b_2A_{21}+\cdots+b_nA_{n1} \\ b_1A_{21}+b_2A_{22}+\cdots+b_nA_{n2} \\ \vdots \\ b_1A_{n1}+b_2A_{n2}+\cdots+b_nA_{nn} \end{pmatrix}$$

由于 b_i 在行列式 d_j 中的代数余子式仍是 A_{ij},将 d_j 按第 j 列的展开式为

$$d_j=b_1A_{1j}+b_2A_{2j}+\cdots+b_nA_{nj},\quad j=1,2,\cdots,n$$

于是得

$$\begin{pmatrix} x_1 \\ x_2 \\ \vdots \\ x_n \end{pmatrix}=\frac{1}{d}\begin{pmatrix} d_1 \\ d_2 \\ \vdots \\ d_n \end{pmatrix}$$

即

$$x_1=\frac{d_1}{d},\quad x_2=\frac{d_2}{d},\quad \cdots,\quad x_n=\frac{d_n}{d}$$

注 定理中包含着三个结论:①方程组有解;②解是唯一的;③解可由式(3.4)给出.

例 3.1 解线性方程组

$$\begin{cases} 2x_1+x_2-5x_3+x_4=8 \\ x_1-3x_2-6x_4=9 \\ 2x_2-x_3+2x_4=-5 \\ x_1+4x_2-7x_3+6x_4=0 \end{cases}$$

解法 1 其系数矩阵的行列式

$$d=\begin{vmatrix}2&1&-5&1\\1&-3&0&-6\\0&2&-1&2\\1&4&-7&6\end{vmatrix}=27\neq 0$$

因此,由克拉默法则知方程组有唯一解.由于

$$d_1=\begin{vmatrix}8&1&-5&1\\9&-3&0&-6\\-5&2&-1&2\\0&4&-7&6\end{vmatrix}=81,\quad d_2=\begin{vmatrix}2&8&-5&1\\1&9&0&-6\\0&-5&-1&2\\1&0&-7&6\end{vmatrix}=-108$$

$$d_3=\begin{vmatrix}2&1&8&1\\1&-3&9&-6\\0&2&-5&2\\1&4&0&6\end{vmatrix}=-27,\quad d_4=\begin{vmatrix}2&1&-5&8\\1&-3&0&9\\0&2&-1&-5\\1&4&-7&0\end{vmatrix}=27$$

所以方程组的唯一解为

$$x_1=\frac{d_1}{d}=3,\quad x_2=\frac{d_2}{d}=-4,\quad x_3=\frac{d_3}{d}=-1,\quad x_4=\frac{d_4}{d}=1.$$

解法 2　因为

$$d=\begin{vmatrix}2&1&-5&1\\1&-3&0&-6\\0&2&-1&2\\1&4&-7&6\end{vmatrix}=27\neq 0$$

由克拉默法则知方程组有唯一解,且系数矩阵 $\boldsymbol{A}$ 可逆,则

$$\boldsymbol{X}=\boldsymbol{A}^{-1}\boldsymbol{B}$$

由

$$(\boldsymbol{A},\boldsymbol{B})=\left(\begin{array}{cccc:c}2&1&-5&1&8\\1&-3&0&-6&9\\0&2&-1&2&-5\\1&4&-7&6&0\end{array}\right)\xrightarrow{\text{初等行变换}}\left(\begin{array}{cccc:c}1&0&0&0&3\\0&1&0&0&-4\\0&0&1&0&-1\\0&0&0&1&1\end{array}\right)=(\boldsymbol{E},\boldsymbol{A}^{-1}\boldsymbol{B})$$

得方程组的解

$$x_1=3,\quad x_2=-4,\quad x_3=-1,\quad x_4=1$$

对于方程个数与未知量个数相同的齐次线性方程组,应用克拉默法则可得下述推论.

推论 1　如果 n 个方程的 n 元齐次线性方程组

$$\begin{cases}a_{11}x_1+a_{12}x_2+\cdots+a_{1n}x_n=0\\a_{21}x_1+a_{22}x_2+\cdots+a_{2n}x_n=0\\\cdots\cdots\\a_{n1}x_1+a_{n2}x_2+\cdots+a_{nn}x_n=0\end{cases}\tag{3.5}$$

系数矩阵的行列式$|\boldsymbol{A}|\neq0$,那么方程组只有零解.

也就是说,如果方程组(3.5)有非零解,那么必有$|\boldsymbol{A}|=0$.

例 3.2 λ为何值时,齐次线性方程组

$$\begin{cases}\lambda x_1+x_2=0\\x_1+\lambda x_2=0\end{cases}$$

有非零解.

解 由定理 3.1 的推论知,该方程组的系数矩阵的行列式必为零,即

$$\begin{vmatrix}\lambda & 1\\1 & \lambda\end{vmatrix}=\lambda^2-1=(\lambda-1)(\lambda+1)=0$$

即得$\lambda=\pm1$,容易验证当$\lambda=\pm1$时方程组确实有非零解(如当$\lambda=1$时$x_1=1$, $x_2=-1$是一个非零解).

克拉默法则对于线性方程组的求解有重要的理论意义,主要在于它给出了解与系数的明显关系,但是克拉默法则只能用于求解未知量个数与方程个数相同、且系数矩阵的行列式不为零的线性方程组.一方面,随着未知量的个数的增加,用克拉默法则求解线性方程组的计算量非常大;另一方面,线性方程组不只仅限于未知量个数与方程个数相同的方程组,在后面我们将探讨一般线性方程组的解法.

习 题 3.1

1. 用克拉默法则解下列线性方程组:

(1) $\begin{cases}2x_1-3x_2+x_3+2x_4=1\\x_1-3x_3+x_4=1\\x_1+6x_2+2x_3+4x_4=0\\2x_1-2x_3+3x_4=1\end{cases}$;

(2) $\begin{cases}x_1+x_2+x_3+x_4=0\\x_2+x_3+x_4+x_5=0\\x_1+2x_2+3x_3=2\\x_2+2x_3+3x_4=-2\\x_3+2x_4+3x_5=2\end{cases}$.

2. 设a_1,a_2,a_3,a_4互不相同,证明线性方程组

$$\begin{cases} x_1+x_2+x_3+x_4=1 \\ a_1x_1+a_2x_2+a_3x_3+a_4x_4=b \\ a_1^2x_1+a_2^2x_2+a_3^2x_3+a_4^2x_4=b^2 \\ a_1^3x_1+a_2^3x_2+a_3^3x_3+a_4^3x_4=b^3 \end{cases}$$

有唯一解，并且求出这个解.

3. λ 为何值时，齐次线性方程组

$$\begin{cases} (5-\lambda)x_1+2x_2+2x_3=0 \\ 2x_1+(6-\lambda)x_2=0 \\ 2x_1+(4-\lambda)x_3=0 \end{cases}$$

有非零解？

3.2　矩阵消元法与线性方程解的判别定理

3.2.1　矩阵消元法

在初等代数中，我们曾利用加减消元法来求解二元、三元线性方程组. 下面我们从中学所熟知的消元法出发，讨论线性方程的解.

引例　解方程组

$$\begin{cases} 2x_1-x_2+3x_3=1 & (1) \\ 4x_1+2x_2+5x_3=4 & (2) \\ 2x_1+x_2+4x_3=5 & (3) \end{cases}$$

解　在方程组中，将方程(1)的 -2 倍和 -1 倍分别加到方程(2)和方程(3)上，消去这两个方程中的未知量 x_1，得

$$\begin{cases} 2x_1-x_2+3x_3=1 & (4) \\ 4x_2-x_3=2 & (5) \\ 2x_2+x_3=4 & (6) \end{cases}$$

交换方程(6)和方程(7)的位置，得

$$\begin{cases} 2x_1-x_2+3x_3=1 & (7) \\ 2x_2+x_3=4 & (8) \\ 4x_2-x_3=2 & (9) \end{cases}$$

把方程(8)的 -2 倍加到方程(9)上，消去方程(9)中的未知量 x_2，得一个阶梯形方程组

$$\begin{cases} 2x_1-x_2+3x_3=1 & (10) \\ 2x_2-x_3=4 & (11) \\ -3x_3=-6 & (12) \end{cases}$$

把方程(12)乘以$-\frac{1}{3}$,得

$$\begin{cases}2x_1-x_2+3x_3=1 & (13)\\ 2x_2-x_3=4 & (14)\\ x_3=2 & (15)\end{cases}$$

这样,容易求出方程组的解为 $x_1=-2,x_2=1,x_3=2$.

由第 2 章的引例知,对方程组施行一次初等变换,相当于对它的增广矩阵施行一次相应的初等行变换.换言之,用线性方程组的初等变换化简线性方程组,就相当于对它的增广矩阵施行相应的初等行变换;我们的问题是:对线性方程组的增广矩阵施行初等行变换后所对应的线性方程组是否与原方程组同解呢?下面说明结论是肯定的.

定理 3.2　对线性方程组 $\boldsymbol{AX}=\boldsymbol{B}$,若将其增广矩阵$(\boldsymbol{A},\boldsymbol{B})$施行初等行变换化为$(\boldsymbol{M},\boldsymbol{N})$,则 $\boldsymbol{AX}=\boldsymbol{B}$ 与 $\boldsymbol{MX}=\boldsymbol{N}$ 是同解方程组.

证明　对矩阵作一次初等行变换相当于左乘一个相应的初等矩阵,故存在初等矩阵 $\boldsymbol{P}_1,\boldsymbol{P}_2,\cdots,\boldsymbol{P}_t$,使

$$\boldsymbol{P}_t\cdots\boldsymbol{P}_2\boldsymbol{P}_1(\boldsymbol{A},\boldsymbol{B})=(\boldsymbol{M},\boldsymbol{N})$$

即

$$\boldsymbol{P}_t\cdots\boldsymbol{P}_2\boldsymbol{P}_1\boldsymbol{A}=\boldsymbol{M},\quad \boldsymbol{P}_t\cdots\boldsymbol{P}_2\boldsymbol{P}_1\boldsymbol{B}=\boldsymbol{N}$$

令 $\boldsymbol{P}_t\cdots\boldsymbol{P}_2\boldsymbol{P}_1=\boldsymbol{P}$,则 $\boldsymbol{P}$ 是可逆,且

$$\boldsymbol{PA}=\boldsymbol{M},\quad \boldsymbol{PB}=\boldsymbol{N}$$

设 $\boldsymbol{X}_1$ 为 $\boldsymbol{AX}=\boldsymbol{B}$ 的任意一个解,即有 $\boldsymbol{AX}_1=\boldsymbol{B}$,两边左乘 $\boldsymbol{P}$ 得 $\boldsymbol{PAX}_1=\boldsymbol{PB}$,即 $\boldsymbol{MX}_1=\boldsymbol{N}$,
故 $\boldsymbol{X}_1$ 为 $\boldsymbol{MX}=\boldsymbol{N}$ 的一个解.

反之,$\boldsymbol{X}_2$ 为 $\boldsymbol{MX}=\boldsymbol{N}$ 的任意一个解,即 $\boldsymbol{MX}_2=\boldsymbol{N}$,两边左乘 $\boldsymbol{P}^{-1}$得 $\boldsymbol{P}^{-1}\boldsymbol{MX}_2=\boldsymbol{P}^{-1}\boldsymbol{N}$,
即 $\boldsymbol{AX}_2=\boldsymbol{B}$,故 $\boldsymbol{X}_2$ 为 $\boldsymbol{AX}=\boldsymbol{B}$ 的一个解.

因此 $\boldsymbol{AX}=\boldsymbol{B}$ 与 $\boldsymbol{MX}=\boldsymbol{N}$ 是同解方程组.

定理 3.2 等价的说法如下:

定理 3.3　线性方程组的初等变换把一个线性方程组变成一个与它同解的线性方程组.

这样,对给定的线性方程组反复施行初等变换,可得到一串与原方程组同解的方程组,它们中的某些未知量在方程组中出现的次数逐渐减少,把这种求解线性方程组的方法称为消元法.换句话说,消元法就是用初等变换化简方程组,其实质是对方程组的增广矩阵施行一系列初等行变换化为行阶梯形矩阵或行最简形矩阵.我们正是利用这一特点来求方程组的解.

利用矩阵的初等行变换,引例的求解过程可改写为

$$(\boldsymbol{A},\boldsymbol{B})=\begin{pmatrix}2&-1&3&1\\4&2&5&4\\2&1&4&5\end{pmatrix}\xrightarrow[r_3-r_1]{r_2-2r_1}\begin{pmatrix}2&-1&3&1\\0&4&-1&2\\0&2&1&4\end{pmatrix}\xrightarrow{r_2\leftrightarrow r_3}\begin{pmatrix}2&-1&3&1\\0&2&1&4\\0&4&-1&2\end{pmatrix}$$

$$\xrightarrow{r_3-2r_2}\begin{pmatrix}2&-1&3&1\\0&2&1&4\\0&0&-3&-6\end{pmatrix}\xrightarrow{-\frac{1}{3}r_3}\begin{pmatrix}2&-1&3&1\\0&2&1&4\\0&0&1&2\end{pmatrix}\xrightarrow[r_2-r_3]{r_1-3r_3}\begin{pmatrix}2&-1&0&-5\\0&2&0&2\\0&0&1&2\end{pmatrix}$$

$$\xrightarrow{\frac{1}{2}r_2}\begin{pmatrix}2&-1&0&-5\\0&1&0&1\\0&0&1&2\end{pmatrix}\xrightarrow{r_1+r_2}\begin{pmatrix}1&0&0&-2\\0&1&0&1\\0&0&1&2\end{pmatrix}$$

方程组有唯一解,解为

$$x_1=-2,\quad x_2=1,\quad x_3=2$$

以后将这种方法称为**矩阵消元法**.

下面用消元法来讨论线性方程组(3.1)的解.

为了讨论方便,不妨设线性方程组(3.1)的增广矩阵经过一系列初等行变换后化为如下的行阶梯形矩阵

$$(\boldsymbol{A},\boldsymbol{B})\xrightarrow{\text{行变换}}\begin{pmatrix}c_{11}&c_{12}&\cdots&c_{1r}&\cdots&c_{1n}&d_1\\0&c_{22}&\cdots&c_{2r}&\cdots&c_{2n}&d_2\\\vdots&\vdots&&\vdots&&\vdots&\vdots\\0&0&\cdots&c_{rr}&\cdots&c_{rn}&d_r\\0&0&\cdots&0&\cdots&0&d_{r+1}\\0&0&\cdots&0&\cdots&0&0\\\vdots&\vdots&&\vdots&&\vdots&\vdots\\0&0&\cdots&0&\cdots&0&0\end{pmatrix}\tag{3.6}$$

其中 $c_{ii}\neq0,i=1,2,\cdots,r$.

由此得到:与方程组(3.1)同解的阶梯形方程组

$$\begin{cases}c_{11}x_1+c_{12}x_2+\cdots+c_{1r}x_r+\cdots+c_{1n}x_n=d_1\\\qquad c_{22}x_2+\cdots+c_{2r}x_r+\cdots+c_{2n}x_n=d_2\\\qquad\qquad\cdots\cdots\\\qquad\qquad c_{rr}x_r+\cdots+c_{rn}x_n=d_r\\\qquad\qquad\qquad 0=d_{r+1}\\\qquad\qquad\qquad 0=0\\\qquad\qquad\cdots\cdots\\\qquad\qquad\qquad 0=0\end{cases}\tag{3.7}$$

方程组(3.7)中的"0=0"这样一些恒等式可能不出现,也可能出现,去掉它们也不

会影响方程组(3.7)的解.

因为方程组(3.1)与方程组(3.7)同解的.所以要求解方程组(3.1),只需求解方程组(3.7)即可.

现在考虑线性方程组(3.7)解的情况:

情形1　如果方程组(3.7)中有方程 $0=d_{r+1}$,而 $d_{r+1}\neq 0$.这时不管 $x_1,x_2,\cdots,x_n$ 取什么值都不能使它成为等式.故方程组(3.7)无解,从而方程组(3.1)无解.

情形2　当 $d_{r+1}=0$ 或者在(3.7)中根本就没有"$0=0$"的方程时,又分两种情况:

(1) $r=n$.这时阶梯形方程组(3.7)为

$$\begin{cases} c_{11}x_1+c_{12}x_2+\cdots+c_{1n}x_n=d_1 \\ \qquad\quad c_{22}x_2+\cdots+c_{2n}x_n=d_2 \\ \qquad\qquad \cdots\cdots \\ \qquad\qquad\qquad c_{nn}x_n=d_n \end{cases}$$

其中 $c_{ii}\neq 0, i=1,2,\cdots,n$.由最后一个方程开始,$x_n,x_{n-1},\cdots,x_1$ 的值就可以逐个地唯一确定了.
此时,方程组(3.7)有唯一解,即方程组(3.1)有唯一解.

(2) $r<n$.这时阶梯形方程组(3.7)为

$$\begin{cases} c_{11}x_1+c_{12}x_2+\cdots+c_{1r}x_r+c_{1,r+1}x_{r+1}+\cdots+c_{1n}x_n=d_1 \\ \qquad\quad c_{22}x_2+\cdots+c_{2r}x_r+c_{2,r+1}x_{r+1}+\cdots+c_{2n}x_n=d_2 \\ \qquad\qquad \cdots\cdots \\ \qquad\qquad\qquad c_{rr}x_r+c_{r,r+1}x_{r+1}+\cdots+c_{rn}x_n=d_r \end{cases}$$

其中 $c_{ii}\neq 0, i=1,2,\cdots,r$.把它改写成同解方程组

$$\begin{cases} c_{11}x_1+c_{12}x_2+\cdots+c_{1r}x_r=d_1-c_{1,r+1}x_{r+1}-\cdots-c_{1n}x_n \\ \qquad\quad c_{22}x_2+\cdots+c_{2r}x_r=d_2-c_{2,r+1}x_{r+1}-\cdots-c_{2n}x_n \\ \qquad\qquad \cdots\cdots \\ \qquad\qquad\qquad c_{rr}x_r=d_r-c_{r,r+1}x_{r+1}-\cdots-c_{rn}x_n \end{cases} \tag{3.8}$$

由此可见,任给 $x_{r+1},\cdots,x_n$ 一组值,就唯一地确定 $x_1,x_2,\cdots,x_r$ 的值,也就是确定了方程组(3.8)的一个解.由 $x_{r+1},\cdots,x_n$ 取值的任意性可知方程组(3.8)有无穷多个解.即方程组(3.1)有无穷多个解.

一般地,由(3.8)我们可以把 $x_1,x_2,\cdots,x_r$ 通过 $x_{r+1},\cdots,x_n$ 表示出来,这样的一组表达式称为方程组(3.1)的**一般解**,其中 $x_{r+1},\cdots,x_n$ 称为**自由未知量**.把自由未知量 $x_{r+1},\cdots,x_n$ 取一组特殊值得到的解,称为方程组(3.1)的**特解**;把自由未知量 $x_{r+1},\cdots,x_n$ 分别取为任意常数 $c_1,c_2,\cdots,c_{n-r}$,代入一般解后得到的表达式称为方程组(3.1)的**通解**.将在后面证明:方程组的通解即为方程组的全部解.

3.2.2　线性方程组解的判别定理

线性方程组(3.1)与(3.7)同解. 而方程组(3.7)的增广矩阵是(3.6). 利用矩阵秩的观点,将其表述为:当 $d_{r+1}\neq 0$ 时,有 $r(\boldsymbol{A})=r<r(\boldsymbol{A},\boldsymbol{B})=r+1$,原方程组(3.1)无解;当 $d_{r+1}=0$ 时,有 $r(\boldsymbol{A})=r(\boldsymbol{A},\boldsymbol{B})=r$,原方程组(3.1)有解. 这样得到如下几个重要结论.

定理 3.4　对于 n 元线性方程组(3.1) $\boldsymbol{AX}=\boldsymbol{B}$,有

(1) $\boldsymbol{AX}=\boldsymbol{B}$ 有解的充分必要条件为 $r(\boldsymbol{A})=r(\boldsymbol{A},\boldsymbol{B})$.

(2) $\boldsymbol{AX}=\boldsymbol{B}$ 有无穷多解的充分必要条件是 $r(\boldsymbol{A})=r(\boldsymbol{A},\boldsymbol{B})=r<n$,且有 $n-r$ 个自由未知量.

(3) $\boldsymbol{AX}=\boldsymbol{B}$ 有唯一解的充分必要条件是 $r(\boldsymbol{A})=r(\boldsymbol{A},\boldsymbol{B})=r=n$.

注　当线性方程组(3.1)有无穷多个解时,自由未知量的个数是确定的,但自由未知量的选取是不唯一的. 因此,通解的表达式也不是唯一的.

上述对 n 元线性方程组(3.1)的讨论,并未涉及方程组中常数项 $b_1,b_2,\cdots,b_m$ 的取值,因而对齐次线性方程组,上述结论仍然成立. 即有下述定理.

定理 3.5　n 元齐次线性方程组 $\boldsymbol{AX}=\boldsymbol{0}$ 有非零解的充分必要条件为 $r(\boldsymbol{A})<n$,并且自由未知量有 $n-r$ 个;或者说,n 元齐次线性方程组 $\boldsymbol{AX}=\boldsymbol{B}$ 只有零解的充分必要条件为 $r(\boldsymbol{A})=n$.

推论 2　n 个方程的 n 元齐次线性方程组 $\boldsymbol{AX}=\boldsymbol{0}$ 有非零解的充分必要条件为 $|\boldsymbol{A}|=0$;或者说,$\boldsymbol{AX}=\boldsymbol{0}$ 只有零解的充分必要条件为 $|\boldsymbol{A}|\neq 0$.

定理 3.6　在 n 元齐次线性方程组

$$\begin{cases}a_{11}x_1+a_{12}x_2+\cdots+a_{1n}x_n=0\\ a_{21}x_1+a_{22}x_2+\cdots+a_{2n}x_n=0\\ \qquad\cdots\cdots\\ a_{s1}x_1+a_{s2}x_2+\cdots+a_{sn}x_n=0\end{cases}$$

中,如果方程的个数 $s<n$,那么它必有非零解.

证明　因为矩阵 $\boldsymbol{A}$ 的秩 $r(\boldsymbol{A})\leqslant s<n$,由定理 3.5 可得该齐次线性方程组有非零解.

上述几个定理及推论统称为线性方程组解的判别定理.

用消元法求解线性方程组的步骤可总结如下:

(1) 对 n 元(非齐次或齐次)线性方程组的增广矩阵施行初等行变换,将其化为行阶梯形矩阵,即可看出 $r(\boldsymbol{A})$ 与 $r(\boldsymbol{A},\boldsymbol{B})$ 的值.

(2) 由线性方程组解的判别定理判断方程组是否有解,解是否唯一吗?

若 $r(\boldsymbol{A})\neq r(\boldsymbol{A},\boldsymbol{B})$,则方程组无解;

若 $r(\boldsymbol{A})=r(\boldsymbol{A},\boldsymbol{B})$,则方程组有解,这时将行阶梯形矩阵进一步化为行最简形矩阵.

(3) 若 $r(\boldsymbol{A})=r(\boldsymbol{A},\boldsymbol{B})=r=n$,方程组有唯一解,直接从行最简形矩阵“读出”方程组的唯一解;若 $r(\boldsymbol{A})=r(\boldsymbol{A},\boldsymbol{B})=r<n$,方程组有无穷多个解,把行最简形矩阵中 r 个非零行的除非零首元所对应的未知量外其余 $n-r$ 个未知量取作自由未知量,得出方程组的一般解. 再把自由未知量分别取为任意常数 $c_1,c_2,\cdots,c_{n-r}$ 代入一般解得出方程组的通解.

例 3.3 判断下列线性方程组是否有解. 若有解,求出其解. 在有无穷多个解时求出其通解.

$$(1)\begin{cases}2x_1-x_2+3x_3=1\\4x_1-x_2+5x_3=4\\2x_1-2x_2+4x_3=-1\end{cases};\qquad (2)\begin{cases}x_1+x_2+x_3+x_4=0\\2x_1+2x_2+3x_3+4x_4=0\\3x_1+3x_2+4x_3+5x_4=0\\-x_1-x_2+x_4=0\end{cases}.$$

解 (1) 用初等行变换将其增广矩阵化为行阶梯形矩阵,即

$$(\boldsymbol{A},\boldsymbol{B})=\begin{pmatrix}2&-1&3&1\\4&-1&5&4\\2&-2&4&-1\end{pmatrix}\xrightarrow[r_3-r_1]{r_2-2r_1}\begin{pmatrix}2&-1&3&1\\0&1&-1&2\\0&-1&1&-2\end{pmatrix}\xrightarrow{r_3+r_2}\begin{pmatrix}2&-1&3&1\\0&1&-1&2\\0&0&0&0\end{pmatrix}$$

可见 $r(\boldsymbol{A})=2,r(\boldsymbol{A},\boldsymbol{B})=2$,又未知量的个数是 3,故原方程组有无穷多个解.

进一步把上面的行阶梯形矩阵化为行最简形矩阵

$$\begin{pmatrix}2&-1&3&1\\0&1&-1&2\\0&0&0&0\end{pmatrix}\xrightarrow{r_1+r_2}\begin{pmatrix}2&0&2&3\\0&1&-1&2\\0&0&0&0\end{pmatrix}\xrightarrow{\frac{1}{2}r_1}\begin{pmatrix}1&0&1&\frac{3}{2}\\0&1&-1&2\\0&0&0&0\end{pmatrix}$$

可读出方程组的一般解

$$\begin{cases}x_1=\dfrac{3}{2}-x_3\\x_2=2+x_3\end{cases}\quad (x_3\text{ 是自由未知量})$$

取 $x_3=c$,c 为任意常数,得方程组的通解

$$\begin{cases}x_1=\dfrac{3}{2}-c\\x_2=2+c\\x_3=c\end{cases}$$

(2) 此方程组是齐次线性方程组,同样用初等行变换将其增广矩阵化为行最简形矩阵

$$(\boldsymbol{A},\boldsymbol{0})=\begin{pmatrix}1&1&1&1&0\\2&2&3&4&0\\3&3&4&5&0\\-1&-1&0&1&0\end{pmatrix}\xrightarrow[\substack{r_3-3r_1\\r_4+r_1}]{r_2-2r_1}\begin{pmatrix}1&1&1&1&0\\0&0&1&2&0\\0&0&1&2&0\\0&0&1&2&0\end{pmatrix}\xrightarrow[\substack{r_3-r_1\\r_4-r_1}]{r_1-r_2}\begin{pmatrix}1&1&0&-1&0\\0&0&1&2&0\\0&0&0&0&0\\0&0&0&0&0\end{pmatrix}$$

可读出方程组的一般解

$$\begin{cases}x_1=-x_2+x_4\\x_3=-2x_4\end{cases}\quad (x_2,x_4\text{ 是自由未知量})$$

取 $x_2=c_1$，$x_4=c_2$，其中 c_1，c_2 为任意常数，得到方程组的通解

$$\begin{cases}x_1=-c_1+c_2\\x_2=c_1\\x_3=-2c_2\\x_4=c_2\end{cases}$$

例 3.4　λ 为何值时，线性方程组

$$\begin{cases}\lambda x_1+x_2+x_3=1\\x_1+\lambda x_2+x_3=\lambda\\x_1+x_2+\lambda x_3=\lambda^2\end{cases}$$

无解，有唯一解，有无穷多解？并在有解时，求出它的通解.

解法 1　由于系数矩阵是方阵，故可用克拉默法则求解. 因为

$$\begin{vmatrix}\lambda&1&1\\1&\lambda&1\\1&1&\lambda\end{vmatrix}=\lambda^3+2-3\lambda=(\lambda-1)^2(\lambda+2)$$

(1) 当 $\lambda\neq1$ 且 $\lambda\neq-2$ 时，由克拉默法则知，原方程组有唯一解，其解为

$$x_1=-\frac{\lambda+1}{\lambda+2},\quad x_2=\frac{1}{\lambda+2},\quad x_3=\frac{\lambda^2+2\lambda+1}{\lambda+2}$$

(2) 当 $\lambda=1$ 时，用初等行变换将其增广矩阵化为行阶梯形矩阵

$$(\boldsymbol{A},\boldsymbol{B})=\begin{pmatrix}1&1&1&1\\1&1&1&1\\1&1&1&1\end{pmatrix}\to\begin{pmatrix}1&1&1&1\\0&0&0&0\\0&0&0&0\end{pmatrix}$$

可见 $r(\boldsymbol{A})=1$，$r(\boldsymbol{A},\boldsymbol{B})=1$，又因未知量的个数是 3，从而原方程组有无穷多个解. 其一般解为

$$x_1=1-x_2-x_3\quad (x_2,x_3\text{ 是自由未知量})$$

其通解为

$$\begin{cases}x_1=1-c_1-c_2\\x_2=c_1\\x_3=c_2\end{cases}\quad (c_1,c_2\text{ 为任意常数})$$

(3) 当 $\lambda=-2$ 时，用初等行变换将其增广矩阵化为行阶梯形矩阵

$$(\boldsymbol{A},\boldsymbol{B})=\begin{pmatrix}-2&1&1&1\\1&-2&1&-2\\1&1&-2&4\end{pmatrix}\xrightarrow{r_1\leftrightarrow r_3}\begin{pmatrix}1&1&-2&4\\1&-2&1&-2\\-2&1&1&1\end{pmatrix}$$

$$\xrightarrow[r_3+2r_1]{r_2-r_1}\begin{pmatrix}1 & 1 & -2 & 4\\ 0 & -3 & 3 & -6\\ 0 & 3 & -3 & 9\end{pmatrix}\xrightarrow{r_3+r_2}\begin{pmatrix}1 & 1 & -2 & 4\\ 0 & -3 & 3 & -6\\ 0 & 0 & 0 & 3\end{pmatrix}$$

可见 $r(\boldsymbol{A})=2,r(\boldsymbol{A},\boldsymbol{B})=3$,从而原方程组无解.

解法 2　用初等行变换将其增广矩阵化为行阶梯形矩阵,即

$$(\boldsymbol{A},\boldsymbol{B})=\begin{pmatrix}\lambda & 1 & 1 & 1\\ 1 & \lambda & 1 & \lambda\\ 1 & 1 & \lambda & \lambda^2\end{pmatrix}\xrightarrow{r_1\leftrightarrow r_3}\begin{pmatrix}1 & 1 & \lambda & \lambda^2\\ 1 & \lambda & 1 & \lambda\\ \lambda & 1 & 1 & 1\end{pmatrix}\xrightarrow[r_3-\lambda r_1]{r_2-r_1}\begin{pmatrix}1 & 1 & \lambda & \lambda^2\\ 0 & \lambda-1 & 1-\lambda & \lambda-\lambda^2\\ 0 & 1-\lambda & 1-\lambda^2 & 1-\lambda^3\end{pmatrix}$$

$$\xrightarrow{r_3+r_2}\begin{pmatrix}1 & 1 & \lambda & \lambda^2\\ 0 & \lambda-1 & 1-\lambda & \lambda-\lambda^2\\ 0 & 0 & -(\lambda-1)(\lambda+2) & 1+\lambda-\lambda^2-\lambda^3\end{pmatrix}$$

(1) 当 $\lambda\neq1$ 且 $\lambda\neq-2$ 时,$r(\boldsymbol{A})=3,r(\boldsymbol{A},\boldsymbol{B})=3$,未知量的个数也是 3,方程组有唯一解. 其解为

$$x_1=-\frac{\lambda+1}{\lambda+2},\quad x_2=\frac{1}{\lambda+2},\quad x_3=\frac{\lambda^2+2\lambda+1}{\lambda+2}.$$

(2) 当 $\lambda=1$ 时,$r(\boldsymbol{A})=1,r(\boldsymbol{A},\boldsymbol{B})=1$,方程组有无穷多个解. 由

$$(\boldsymbol{A},\boldsymbol{B})\to\begin{pmatrix}1 & 1 & 1 & 1\\ 0 & 0 & 0 & 0\\ 0 & 0 & 0 & 0\end{pmatrix}$$

得,其一般解为

$$x_1=1-x_2-x_3\quad(x_2,x_3\text{ 是自由未知量}).$$

其通解为

$$\begin{cases}x_1=1-c_1-c_2\\ x_2=c_1\\ x_3=c_2\end{cases}\quad(c_1,c_2\text{ 为任意常数})$$

(3) 当 $\lambda=-2$ 时,$r(\boldsymbol{A})=2,r(\boldsymbol{A},\boldsymbol{B})=3$,从而原方程组无解.

在例 3.4 中,解法 1 较简单,但解法 1 的方法只适用于系数矩阵是方阵的情形. 解法 2 虽然看似复杂,但适用范围更广. 另外,对含参数的矩阵作初等行变换要特别小心,如果含参数的式子出现在分母,或用一个含参数的式子乘矩阵的某一行,则需要对这个式子为零的情形另作讨论.

利用矩阵的分块思想,可将定理 3.4 的结论推广到矩阵方程,有如下定理:

定理 3.7　矩阵方程 $\boldsymbol{A}_{m\times n}\boldsymbol{X}_{n\times s}=\boldsymbol{B}_{m\times s}$ 有解的充分必要条件是 $r(\boldsymbol{A})=r(\boldsymbol{A},\boldsymbol{B})$.

习　题　3.2

1. 判断下列线性方程组是否有解？若有解，求解. 在有无穷多个解时求出其通解.

(1) $\begin{cases} x_1+2x_2+3x_3+x_4=5 \\ 2x_1+4x_2-x_4=-3 \\ -x_1-2x_2+3x_3+2x_4=8 \\ x_1+2x_2-9x_3-5x_4=-21 \end{cases}$;　(2) $\begin{cases} 2x_1-x_2+3x_3=3 \\ 3x_1+x_2-5x_3=0 \\ 4x_1-x_2+x_3=3 \\ x_1+3x_2-13x_3=-6 \end{cases}$;

(3) $\begin{cases} x_1+3x_2+5x_3-4x_4=1 \\ x_1+3x_2+2x_3-2x_4+x_5=-1 \\ x_1-2x_2+x_3-x_4-x_5=3 \\ x_1-4x_2+x_3+x_4-x_5=3 \\ x_1+2x_2+x_3-x_4+x_5=-1 \end{cases}$;　(4) $\begin{cases} x_1+x_2+x_3+x_4=4 \\ 2x_1+3x_2+x_3+x_4=9 \\ -3x_1+2x_2-8x_3-8x_4=-4 \end{cases}$.

2. 解下列齐次线性方程组：

(1) $\begin{cases} -x_1-2x_2+x_3+4x_4=0 \\ 2x_1+3x_2-4x_3-5x_4=0 \\ x_1-4x_2-13x_3+14x_4=0 \\ x_1-x_2-7x_3+5x_4=0 \end{cases}$;　(2) $\begin{cases} x_1+3x_2-x_3=0 \\ 3x_1-x_2+2x_3=0 \\ -2x_1+5x_2+x_3=0 \\ 3x_1+10x_2+x_3=0 \end{cases}$;

(3) $\begin{cases} x_1-3x_2+x_3-2x_4=0 \\ -3x_1+9x_2-3x_3+6x_4=0 \\ 2x_1-6x_2+2x_3-4x_4=0 \\ 5x_1-15x_2+5x_3-10x_4=0 \end{cases}$.

3. 当 a,b 为何值时，线性方程组

$$\begin{cases} x_1-x_3-x_4=0 \\ x_1+x_2+x_3+x_4=a \\ x_2+2x_3+2x_4=3 \\ 5x_1+3x_2+x_3+x_4=b \end{cases}$$

有解？并求解.

4. 证明：线性方程组

$$\begin{cases} x_1+x_2=-a_1 \\ x_2+x_3=a_2 \\ x_3+x_4=-a_3 \\ x_1+x_4=a_4 \end{cases}$$

有解的充分必要条件是 $a_1+a_2+a_3+a_4=0$.

3.3 n 维向量及其线性运算

已经知道,建立坐标系后平面上的点和向量都可用二元有序数组(x,y)来表示.空间内的点和向量可用三元有序数组(x,y,z)来表示.为了描述空间中球的位置和大小,需要用它的球心坐标和半径,即要用 4 元有序数组(x,y,z,r)来表示.在实际中,大量的问题需要更多的量才能描述.例如,一个学生有 6 门课程考试,就需要用 6 元有序数组来描述他的成绩.又如,要描述导弹在空中的飞行状态,需要知道它在空中的位置(x,y,z),它的速度 v_x,v_y,v_z,以及它的质量 m,即导弹的飞行状态需要用 7 元有序数组(x,y,z,v_x,v_y,v_z,m)来描述,我们称它为 7 维向量,这样的向量不再具有直观的几何意义,但仍有明确的现实意义.下面给出 n 维向量的概念.

定义 3.1 由 n 个数 $a_1,a_2,\cdots,a_n$ 组成的一个有序数组称为一个 n **维向量**,a_i $(i=1,2,\cdots,n)$称为该向量的第 i 个分量或坐标.记为

$$(a_1,a_2,\cdots,a_n) \quad 或 \quad \begin{pmatrix} a_1 \\ a_2 \\ \vdots \\ a_n \end{pmatrix}$$

前者称为 n **维行向量**,后者称为 n **维列向量**.

向量通常用小写黑体希腊字母 $\boldsymbol{\alpha},\boldsymbol{\beta},\boldsymbol{\gamma},\cdots$表示,其分量用小写英文字母 $a_i,b_i,c_i\cdots$表示.

由向量的定义知,向量的本质是有序数组,所以行向量与列向量只是写法上不同而本质是一致的.

从矩阵的观点来看,n 维行向量是 $1\times n$ 矩阵,n 维列向量是 $n\times 1$ 矩阵.反之亦然.仍用矩阵的转置记号有:若 $\boldsymbol{\alpha}$ 是行向量,则 $\boldsymbol{\alpha}^{\mathrm{T}}$ 表示列向量;若 $\boldsymbol{\alpha}$ 是列向量,则 $\boldsymbol{\alpha}^{\mathrm{T}}$ 是行向量.

定义 3.2 分量全为零的向量称为零向量,记为 $\mathbf{0}$,即 $\mathbf{0}=(0,0,\cdots,0)$. n 维向量$(-a_1,-a_2,\cdots,-a_n)$称为 n 维向量 $\boldsymbol{\alpha}=(a_1,a_2,\cdots,a_n)$的负向量,记为$-\boldsymbol{\alpha}$,即

$$-\boldsymbol{\alpha}=(-a_1,-a_2,\cdots,-a_n)$$

定义 3.3 如果 n 维向量 $\boldsymbol{\alpha}=(a_1,a_2,\cdots,a_n)$与 $\boldsymbol{\beta}=(b_1,b_2,\cdots,b_n)$的对应分量都相等,即 $a_i=b_i(i=1,2,\cdots,n)$,则称这两个向量是相等的,记为 $\boldsymbol{\alpha}=\boldsymbol{\beta}$.

定义 3.4 向量 $\boldsymbol{\gamma}=(a_1+b_1,a_2+b_2,\cdots,a_n+b_n)$称为向量 $\boldsymbol{\alpha}=(a_1,a_2,\cdots,a_n)$,$\boldsymbol{\beta}=(b_1,b_2,\cdots,b_n)$的和,记为 $\boldsymbol{\gamma}=\boldsymbol{\alpha}+\boldsymbol{\beta}$.

同样,利用向量的加法和负向量的定义,还可以定义向量的减法:

$$\boldsymbol{\alpha}-\boldsymbol{\beta}=\boldsymbol{\alpha}+(-\boldsymbol{\beta})=(a_1-b_1,a_2-b_2,\cdots,a_n-b_n)$$

并称其为 $\boldsymbol{\alpha}$ 与 $\boldsymbol{\beta}$ 的差.

定义 3.5　设 k 为常数,向量 $(ka_1,ka_2,\cdots,ka_n)$ 称为向量 $\boldsymbol{\alpha}=(a_1,a_2,\cdots,a_n)$ 与数 k 的数量乘积(简称为数乘),记为 $k\boldsymbol{\alpha}$,即 $k\boldsymbol{\alpha}=(ka_1,ka_2,\cdots,ka_n)$.

向量的加法和数乘运算,统称为向量的线性运算.

用上述定义不难验证,向量的线性运算满足下面的八条运算规律:

(1) 加法交换律:$\boldsymbol{\alpha}+\boldsymbol{\beta}=\boldsymbol{\beta}+\boldsymbol{\alpha}$;

(2) 加法结合律:$\boldsymbol{\alpha}+(\boldsymbol{\beta}+\boldsymbol{\gamma})=(\boldsymbol{\alpha}+\boldsymbol{\beta})+\boldsymbol{\gamma}$;

(3) $\boldsymbol{\alpha}+\mathbf{0}=\boldsymbol{\alpha}$;

(4) $\boldsymbol{\alpha}+(-\boldsymbol{\alpha})=\mathbf{0}$;

(5) 数对向量加法的分配律:$k(\boldsymbol{\alpha}+\boldsymbol{\beta})=k\boldsymbol{\alpha}+k\boldsymbol{\beta}$;

(6) 向量对数的加法的分配律:$(k+l)\boldsymbol{\alpha}=k\boldsymbol{\alpha}+l\boldsymbol{\alpha}$;

(7) 关于数因子的结合律:$k(l\boldsymbol{\alpha})=(kl)\boldsymbol{\alpha}$;

(8) $1\boldsymbol{\alpha}=\boldsymbol{\alpha}$,

其中 $\boldsymbol{\alpha},\boldsymbol{\beta},\boldsymbol{\gamma}$ 是 n 维向量,$\mathbf{0}$ 是 n 维零向量,k,l 是任意常数.

以后,我们将按上述定义了加法与数量乘积的所有实数集 $\mathbf{R}$ 上 n 维向量构成的集合称为 n 维实向量空间,记作 $\mathbf{R}^n$.

例 3.5　设向量 $\boldsymbol{\alpha}=(2,3,4,5)^{\mathrm{T}},\boldsymbol{\beta}=(2,1,3,-1)^{\mathrm{T}},\boldsymbol{\gamma}=(1,-1,2,0)^{\mathrm{T}},\boldsymbol{\delta}$ 满足:$2(\boldsymbol{\alpha}-\boldsymbol{\delta})+3(\boldsymbol{\beta}+\boldsymbol{\delta})=5(\boldsymbol{\gamma}+\boldsymbol{\delta})$,求向量 $\boldsymbol{\delta}$.

解　因

$$\begin{aligned}4\boldsymbol{\delta}&=2\boldsymbol{\alpha}+3\boldsymbol{\beta}-5\boldsymbol{\gamma}\\&=2\begin{pmatrix}2\\3\\4\\5\end{pmatrix}+3\begin{pmatrix}2\\1\\3\\-1\end{pmatrix}-5\begin{pmatrix}1\\-1\\2\\0\end{pmatrix}=\begin{pmatrix}4\\6\\8\\10\end{pmatrix}+\begin{pmatrix}6\\3\\9\\-3\end{pmatrix}-\begin{pmatrix}5\\-5\\10\\0\end{pmatrix}=\begin{pmatrix}5\\14\\7\\7\end{pmatrix}\end{aligned}$$

于是

$$\boldsymbol{\delta}=\frac{1}{4}(5,14,7,7)^{\mathrm{T}}=\left(\frac{5}{4},\frac{7}{2},\frac{7}{4},\frac{7}{4}\right)^{\mathrm{T}}$$

为了以后叙述与应用的方便,下面我们先说明向量(组)与矩阵及线性方程组的关系.

1. 向量组与矩阵的关系

从矩阵分块的角度来看,矩阵

$$\boldsymbol{A}=\begin{pmatrix} a_{11} & a_{12} & \cdots & a_{1n} \\ a_{21} & a_{22} & \cdots & a_{2n} \\ \vdots & \vdots & & \vdots \\ a_{m1} & a_{m2} & \cdots & a_{mn} \end{pmatrix}$$

的每一列可视为一个列向量,共有 n 个 m 维列向量

$$\boldsymbol{\alpha}_1=\begin{pmatrix} a_{11} \\ a_{21} \\ \vdots \\ a_{m1} \end{pmatrix},\quad \boldsymbol{\alpha}_2=\begin{pmatrix} a_{12} \\ a_{22} \\ \vdots \\ a_{m2} \end{pmatrix},\quad \cdots,\quad \boldsymbol{\alpha}_n=\begin{pmatrix} a_{1n} \\ a_{2n} \\ \vdots \\ a_{mn} \end{pmatrix}$$

这 n 个 m 维列向量 $\boldsymbol{\alpha}_1,\boldsymbol{\alpha}_2,\cdots,\boldsymbol{\alpha}_n$ 称为矩阵 $\boldsymbol{A}$ 的列向量组. 这样可将矩阵 $\boldsymbol{A}$ 表示为 $\boldsymbol{A}=(\boldsymbol{\alpha}_1,\boldsymbol{\alpha}_2,\cdots,\boldsymbol{\alpha}_n)$.

同样地,矩阵 $\boldsymbol{A}$ 的每一行可视为一个行向量,共有 m 个 n 维行向量

$$\boldsymbol{\beta}_1=(a_{11},a_{12},\cdots,a_{1n}),\quad \boldsymbol{\beta}_2=(a_{21},a_{22},\cdots,a_{2n}),\quad \cdots,\quad \boldsymbol{\beta}_m=(a_{m1},a_{m2},\cdots,a_{mn})$$

这 m 个 n 维行向量 $\boldsymbol{\beta}_1,\boldsymbol{\beta}_2,\cdots,\boldsymbol{\beta}_n$ 称为矩阵 $\boldsymbol{A}$ 的行向量组. 矩阵 $\boldsymbol{A}$ 也表示为 $\boldsymbol{A}=(\boldsymbol{\beta}_1,\boldsymbol{\beta}_2,\cdots,\boldsymbol{\beta}_m)^{\mathrm{T}}$.

反之,n 个 m 维列向量组

$$\boldsymbol{\alpha}_1=\begin{pmatrix} a_{11} \\ a_{21} \\ \vdots \\ a_{m1} \end{pmatrix},\quad \boldsymbol{\alpha}_2=\begin{pmatrix} a_{12} \\ a_{22} \\ \vdots \\ a_{m2} \end{pmatrix},\quad \cdots,\quad \boldsymbol{\alpha}_n=\begin{pmatrix} a_{1n} \\ a_{2n} \\ \vdots \\ a_{mn} \end{pmatrix}$$

可构成一个 $m\times n$ 矩阵

$$\boldsymbol{A}=(\boldsymbol{\alpha}_1,\boldsymbol{\alpha}_2,\cdots,\boldsymbol{\alpha}_n)=\begin{pmatrix} a_{11} & a_{12} & \cdots & a_{1n} \\ a_{21} & a_{22} & \cdots & a_{2n} \\ \vdots & \vdots & & \vdots \\ a_{m1} & a_{m2} & \cdots & a_{mn} \end{pmatrix}$$

同样,m 个 n 维行向量组

$$\boldsymbol{\beta}_1=(a_{11},a_{12},\cdots,a_{1n}),\quad \boldsymbol{\beta}_2=(a_{21},a_{22},\cdots,a_{2n}),\quad \cdots,\quad \boldsymbol{\beta}_m=(a_{m1},a_{m2},\cdots,a_{mn})$$

也可组成一个 $m\times n$ 矩阵

$$\boldsymbol{A}=\begin{pmatrix} \boldsymbol{\beta}_1 \\ \boldsymbol{\beta}_2 \\ \vdots \\ \boldsymbol{\beta}_m \end{pmatrix}=\begin{pmatrix} a_{11} & a_{12} & \cdots & a_{1n} \\ a_{21} & a_{22} & \cdots & a_{2n} \\ \vdots & \vdots & & \vdots \\ a_{m1} & a_{m2} & \cdots & a_{mn} \end{pmatrix}$$

总之,由有限个维数相同的向量构成向量组的可构造一个矩阵;反之,一个矩阵也可得出一个列向量组(或行向量组).

2. 向量与线性方程组的关系

对于线性方程组(3.1),取

$$\boldsymbol{\alpha}_1=\begin{pmatrix}a_{11}\\a_{21}\\\vdots\\a_{m1}\end{pmatrix},\quad \boldsymbol{\alpha}_2=\begin{pmatrix}a_{12}\\a_{22}\\\vdots\\a_{m2}\end{pmatrix},\quad \cdots,\quad \boldsymbol{\alpha}_n=\begin{pmatrix}a_{1n}\\a_{2n}\\\vdots\\a_{mn}\end{pmatrix},\quad \boldsymbol{\beta}=\begin{pmatrix}b_1\\b_2\\\vdots\\b_m\end{pmatrix} \tag{3.9}$$

则方程式组(3.1)可用向量表示成

$$x_1\boldsymbol{\alpha}_1+x_2\boldsymbol{\alpha}_2+\cdots+x_n\boldsymbol{\alpha}_n=\boldsymbol{\beta} \tag{3.10}$$

反之,给定了向量组(3.9),作向量方程(3.10),可得到线性方程组(3.1). 以后将向量方程(3.10)称为线性方程组(3.1)的向量形式.

这样我们既可用向量来研究线性方程组,也可以用线性方程组来研究向量.

注意:无论 $\boldsymbol{\alpha}_1,\boldsymbol{\alpha}_2,\cdots,\boldsymbol{\alpha}_n$ 是行向量组还是列向量组,等式 $x_1\boldsymbol{\alpha}_1+x_2\boldsymbol{\alpha}_2+\cdots+x_n\boldsymbol{\alpha}_n=\boldsymbol{\beta}$ 都是一个线性方程组. 但在实际应用中,当 $\boldsymbol{\alpha}_1,\boldsymbol{\alpha}_2,\cdots,\boldsymbol{\alpha}_s$ 是行向量组时,往往转化为列向量组 $\boldsymbol{\alpha}_1^{\mathrm{T}},\boldsymbol{\alpha}_2^{\mathrm{T}},\cdots,\boldsymbol{\alpha}_2^{\mathrm{T}}$ 来处理. 为便于观察与叙述,对于线性方程组的向量形式 $x_1\boldsymbol{\alpha}_1+x_2\boldsymbol{\alpha}_2+\cdots+x_n\boldsymbol{\alpha}_n=\boldsymbol{\beta}$,若无特别说明在本书中约定向量组 $\boldsymbol{\alpha}_1,\boldsymbol{\alpha}_2,\cdots,\boldsymbol{\alpha}_n,\boldsymbol{\beta}$ 是指列向量组.

习　题　3.3

1. 计算

(1) 已知 $\boldsymbol{\alpha}_1=(1,-2,0),\boldsymbol{\alpha}_2=(2,1,0),\boldsymbol{\alpha}_3=(1,-3,-4),\boldsymbol{\alpha}_4=(1,-1,3)$,求 $5\boldsymbol{\alpha}_1-2\boldsymbol{\alpha}_2+3\boldsymbol{\alpha}_3+\boldsymbol{\alpha}_4$.

(2) 已知 $\boldsymbol{\alpha}_1=(1,-2,3)^{\mathrm{T}},\boldsymbol{\alpha}_2=(2,1,0)^{\mathrm{T}},\boldsymbol{\alpha}_3=(1,-7,9)^{\mathrm{T}}$,求 $\boldsymbol{\alpha}_1-2\boldsymbol{\alpha}_2+3\boldsymbol{\alpha}_3$.

2. 证明:如果 $a(2,1,3)+b(0,1,2)+c(1,-1,4)=(0,0,0)$,那么 $a=b=c=0$.

3. 设向量 $\boldsymbol{\alpha}_1=(2,5,1,3)^{\mathrm{T}},\boldsymbol{\alpha}_2=(10,1,5,10)^{\mathrm{T}},\boldsymbol{\alpha}_3=(4,1,-1,1)^{\mathrm{T}}$,$\boldsymbol{\beta}$ 满足 $3(\boldsymbol{\alpha}_1-\boldsymbol{\beta})+2(\boldsymbol{\alpha}_2-\boldsymbol{\beta})=5\boldsymbol{\alpha}_3+\boldsymbol{\beta}$,求向量 $\boldsymbol{\beta}$.

3.4　向量组的线性相关性

3.4.1　向量组的线性组合

定义 3.6　设 $\boldsymbol{\alpha}_1,\boldsymbol{\alpha}_2,\cdots,\boldsymbol{\alpha}_s,\boldsymbol{\beta}$ 是 n 维向量,若存在一组数 $k_1,k_2,\cdots,k_s$ 使得

$$\boldsymbol{\beta}=k_1\boldsymbol{\alpha}_1+k_2\boldsymbol{\alpha}_2+\cdots+k_s\boldsymbol{\alpha}_s$$

则称向量 $\boldsymbol{\beta}$ 是向量组 $\boldsymbol{\alpha}_1,\boldsymbol{\alpha}_2,\cdots,\boldsymbol{\alpha}_s$ 的一个线性组合,同时称向量 $\boldsymbol{\beta}$ 可由向量组 $\boldsymbol{\alpha}_1$,

$\boldsymbol{\alpha}_2,\cdots,\boldsymbol{\alpha}_s$ 线性表示(或线性表出). 数 $k_1,k_2,\cdots,k_s$ 称为此线性组合的系数.

例 3.6 n 维零向量 $\mathbf{0}$ 是任意 n 维向量组 $\boldsymbol{\alpha}_1,\boldsymbol{\alpha}_2,\cdots,\boldsymbol{\alpha}_s$ 的线性组合.

事实上, $\mathbf{0}=0\cdot\boldsymbol{\alpha}_1+0\cdot\boldsymbol{\alpha}_2+\cdots+0\cdot\boldsymbol{\alpha}_s$.

例 3.7 证明: 向量组 $\boldsymbol{\alpha}_1,\boldsymbol{\alpha}_2,\cdots,\boldsymbol{\alpha}_s$ 中任一向量 $\boldsymbol{\alpha}_i$ 可以由这个向量组线性表示.

证明 因为 $\boldsymbol{\alpha}_i=0\cdot\boldsymbol{\alpha}_1+0\cdot\boldsymbol{\alpha}_2+\cdots+0\cdot\boldsymbol{\alpha}_{i-1}+1\cdot\boldsymbol{\alpha}_i+0\cdot\boldsymbol{\alpha}_{i+1}+\cdots+0\cdot\boldsymbol{\alpha}_s$, 所以 $\boldsymbol{\alpha}_i\,(i=1,2,\cdots s)$ 可以由量组 $\boldsymbol{\alpha}_1,\boldsymbol{\alpha}_2,\cdots,\boldsymbol{\alpha}_s$ 线性表示.

由定义 3.6 及定理 3.4 知, 显然下述定理是成立的.

定理 3.8 n 维(列)向量 $\boldsymbol{\beta}$ 可由 n 维(列)向量组 $\boldsymbol{\alpha}_1,\boldsymbol{\alpha}_2,\cdots,\boldsymbol{\alpha}_s$ 线性表示 $\Leftrightarrow$ 线性方程组

$$x_1\boldsymbol{\alpha}_1+x_2\boldsymbol{\alpha}_2+\cdots+x_s\boldsymbol{\alpha}_s=\boldsymbol{\beta}$$

有解 $\Leftrightarrow r(\boldsymbol{A})=r(\boldsymbol{B})$. 其中 $\boldsymbol{A}=(\boldsymbol{\alpha}_1,\boldsymbol{\alpha}_2,\cdots,\boldsymbol{\alpha}_s)$, $\boldsymbol{B}=(\boldsymbol{\alpha}_1,\boldsymbol{\alpha}_2,\cdots,\boldsymbol{\alpha}_s,\boldsymbol{\beta})$.

推论 3 n 维(列)向量 $\boldsymbol{\beta}$ 可由 n 维(列)向量组 $\boldsymbol{\alpha}_1,\boldsymbol{\alpha}_2,\cdots,\boldsymbol{\alpha}_s$ 线性表示, 且表达式唯一 $\Leftrightarrow$ 线性方程组

$$x_1\boldsymbol{\alpha}_1+x_2\boldsymbol{\alpha}_2+\cdots+x_s\boldsymbol{\alpha}_s=\boldsymbol{\beta}$$

有唯一解 $\Leftrightarrow r(\boldsymbol{A})=r(\boldsymbol{B})=s$. 其中 $\boldsymbol{A}=(\boldsymbol{\alpha}_1,\boldsymbol{\alpha}_2,\cdots,\boldsymbol{\alpha}_s)$, $\boldsymbol{B}=(\boldsymbol{\alpha}_1,\boldsymbol{\alpha}_2,\cdots,\boldsymbol{\alpha}_s,\boldsymbol{\beta})$.

例 3.8 证明: 任一个 n 维向量 $\boldsymbol{\alpha}=(a_1,a_2,\cdots,a_n)^{\mathrm{T}}$ 都可由向量组 $\boldsymbol{\varepsilon}_1,\boldsymbol{\varepsilon}_2,\cdots,\boldsymbol{\varepsilon}_n$ 线性表示, 并且表达式唯一. 其中 n 维向量组

$$\boldsymbol{\varepsilon}_1=\begin{pmatrix}1\\0\\\vdots\\0\end{pmatrix},\quad \boldsymbol{\varepsilon}_2=\begin{pmatrix}0\\1\\\vdots\\0\end{pmatrix},\quad \cdots,\quad \boldsymbol{\varepsilon}_n=\begin{pmatrix}0\\0\\\vdots\\1\end{pmatrix}$$

称为 n 维基本单位向量组.

证明 显然, 线性方程组

$$x_1\boldsymbol{\varepsilon}_1+x_2\boldsymbol{\varepsilon}_2+\cdots+x_n\boldsymbol{\varepsilon}_n=\boldsymbol{\alpha}$$

有唯一解 $(x_1,x_2,\cdots,x_n)^{\mathrm{T}}=(a_1,a_2,\cdots,a_n)^{\mathrm{T}}$, 所以 $\boldsymbol{\alpha}$ 可由向量组 $\boldsymbol{\varepsilon}_1,\boldsymbol{\varepsilon}_2,\cdots,\boldsymbol{\varepsilon}_n$ 线性表示, 并且表达式唯一.

例 3.9 已知向量

$$\boldsymbol{\alpha}_1=\begin{pmatrix}2\\1\\2\end{pmatrix},\quad \boldsymbol{\alpha}_2=\begin{pmatrix}1\\1\\1\end{pmatrix},\quad \boldsymbol{\alpha}_3=\begin{pmatrix}1\\1\\2\end{pmatrix},\quad \boldsymbol{\beta}=\begin{pmatrix}0\\1\\1\end{pmatrix}$$

判断向量 $\boldsymbol{\beta}$ 是否可由向量组 $\boldsymbol{\alpha}_1,\boldsymbol{\alpha}_2,\boldsymbol{\alpha}_3$ 线性表示, 若能, 表达式是否唯一? 并写出它的表达式.

解 设 $\boldsymbol{\beta}=x_1\boldsymbol{\alpha}_1+x_2\boldsymbol{\alpha}_2+x_3\boldsymbol{\alpha}_3$ 即

$$\begin{cases}2x_1+x_2+x_3=0\\x_1+x_2+x_3=1\\2x_1+x_2+2x_3=1\end{cases}$$

由

$$(\boldsymbol{\alpha}_1,\boldsymbol{\alpha}_2,\boldsymbol{\alpha}_3,\boldsymbol{\beta})=\begin{pmatrix}2&1&1&0\\1&1&1&1\\2&1&2&1\end{pmatrix}\xrightarrow{\text{初等行变换}}\cdots\rightarrow\begin{pmatrix}1&0&0&-1\\0&1&0&1\\0&0&1&1\end{pmatrix}$$

线性方程组有唯一解：$x_1=-1,x_2=1,x_3=1$.

所以 $\boldsymbol{\beta}$ 可由向量组 $\boldsymbol{\alpha}_1,\boldsymbol{\alpha}_2,\boldsymbol{\alpha}_3$ 线性表示，且表达式唯一，并有 $\boldsymbol{\beta}=-\boldsymbol{\alpha}_1+\boldsymbol{\alpha}_2+\boldsymbol{\alpha}_3$.

例 3.10　设 3 维向量

$$\boldsymbol{\alpha}_1=(1,1,2)^{\mathrm{T}},\quad \boldsymbol{\alpha}_2=(2,k,4)^{\mathrm{T}},\quad \boldsymbol{\alpha}_3=(k,3,6)^{\mathrm{T}},\quad \boldsymbol{\beta}=(-1,5,5k)^{\mathrm{T}}$$

k 为何值时，(1) $\boldsymbol{\beta}$ 可由向量组 $\boldsymbol{\alpha}_1,\boldsymbol{\alpha}_2,\boldsymbol{\alpha}_3$ 线性表示，且表达式唯一；(2) $\boldsymbol{\beta}$ 可由向量组 $\boldsymbol{\alpha}_1,\boldsymbol{\alpha}_2,\boldsymbol{\alpha}_3$ 线性表示，且表达式不唯一；(3) $\boldsymbol{\beta}$ 不能由向量组 $\boldsymbol{\alpha}_1,\boldsymbol{\alpha}_2,\boldsymbol{\alpha}_3$ 线性表示.

解　设 $\boldsymbol{\beta}=x_1\boldsymbol{\alpha}_1+x_2\boldsymbol{\alpha}_2+x_3\boldsymbol{\alpha}_3$ 即

$$\begin{cases}x_1+2x_2+kx_3=-1\\x_1+kx_2+3x_3=5\\2x_1+4x_2+6x_3=5k\end{cases}$$

其系数矩阵的行列式

$$|\boldsymbol{A}|=\begin{vmatrix}1&2&k\\1&k&3\\2&4&6\end{vmatrix}=-2(k-2)(k-3)$$

(1) 当 $k\neq2$ 且 $k\neq3$ 时，$|\boldsymbol{A}|\neq0$，方程组有唯一解. $\boldsymbol{\beta}$ 可由向量组 $\boldsymbol{\alpha}_1,\boldsymbol{\alpha}_2,\boldsymbol{\alpha}_3$ 线性表示，且表达式唯一；

(2) 当 $k=2$，对方程组的增广矩阵施行初等行变换，化为行最简形矩阵

$$\begin{pmatrix}1&2&2&-1\\1&2&3&5\\2&4&6&10\end{pmatrix}\rightarrow\begin{pmatrix}1&2&0&-13\\0&0&1&6\\0&0&0&0\end{pmatrix}$$

可见 $r(\boldsymbol{A})=2,r(\boldsymbol{A},\boldsymbol{\beta})=2$，方程组无穷多个解. 所以 $\boldsymbol{\beta}$ 可由向量组 $\boldsymbol{\alpha}_1,\boldsymbol{\alpha}_2,\boldsymbol{\alpha}_3$ 线性表示，且表达式不唯一；

(3) 当 $k=3$，对方程组的增广矩阵施行初等行变换，化为行阶梯形矩阵

$$(\boldsymbol{A},\boldsymbol{\beta})=\begin{pmatrix}1&2&3&-1\\1&3&3&5\\2&4&6&15\end{pmatrix}\rightarrow\begin{pmatrix}1&2&3&-1\\0&1&0&6\\0&0&0&17\end{pmatrix}$$

可见 $r(\boldsymbol{A})=2,r(\boldsymbol{A},\boldsymbol{\beta})=3$，方程组无解，$\boldsymbol{\beta}$ 不能由向量组 $\boldsymbol{\alpha}_1,\boldsymbol{\alpha}_2,\boldsymbol{\alpha}_3$ 线性表示.

定义 3.7　如果向量组 $\boldsymbol{\alpha}_1,\boldsymbol{\alpha}_2,\cdots,\boldsymbol{\alpha}_t$ 中每一个向量 $\boldsymbol{\alpha}_i(i=1,2,\cdots,t)$ 都可以由向量组 $\boldsymbol{\beta}_1,\boldsymbol{\beta}_2,\cdots,\boldsymbol{\beta}_s$ 线性表示，则称向量组 $\boldsymbol{\alpha}_1,\boldsymbol{\alpha}_2,\cdots,\boldsymbol{\alpha}_t$ 可以由向量组 $\boldsymbol{\beta}_1,\boldsymbol{\beta}_2,\cdots,\boldsymbol{\beta}_s$ 线性表示. 如果两个向量组互相可以线性表示，则称这两个向量组等价.

由定义 3.7,不难证明向量组的等价具有以下性质:

(1) 反身性. 每一个向量组都与它自身等价.

(2) 对称性. 如果 $\boldsymbol{\alpha}_1,\boldsymbol{\alpha}_2,\cdots,\boldsymbol{\alpha}_t$ 与 $\boldsymbol{\beta}_1,\boldsymbol{\beta}_2,\cdots,\boldsymbol{\beta}_s$ 等价,那么 $\boldsymbol{\beta}_1,\boldsymbol{\beta}_2,\cdots,\boldsymbol{\beta}_s$ 与 $\boldsymbol{\alpha}_1,\boldsymbol{\alpha}_2,\cdots,\boldsymbol{\alpha}_t$ 等价.

(3) 传递性. 如果向量组 $\boldsymbol{\alpha}_1,\boldsymbol{\alpha}_2,\cdots,\boldsymbol{\alpha}_t$ 与 $\boldsymbol{\beta}_1,\boldsymbol{\beta}_2,\cdots,\boldsymbol{\beta}_s$ 等价,向量组 $\boldsymbol{\beta}_1,\boldsymbol{\beta}_2,\cdots,\boldsymbol{\beta}_s$ 与 $\boldsymbol{\gamma}_1,\boldsymbol{\gamma}_2,\cdots,\boldsymbol{\gamma}_p$ 等价,那么向量组 $\boldsymbol{\alpha}_1,\boldsymbol{\alpha}_2,\cdots,\boldsymbol{\alpha}_t$ 与 $\boldsymbol{\gamma}_1,\boldsymbol{\gamma}_2,\cdots,\boldsymbol{\gamma}_p$ 等价.
(证明留给读者完成)

3.4.2 向量组的线性相关与线性无关

定义 3.8 对于向量组 $\boldsymbol{\alpha}_1,\boldsymbol{\alpha}_2,\cdots,\boldsymbol{\alpha}_s(s\geqslant1)$,如果存在一组不全为零的数 $k_1,k_2,\cdots,k_s$,使得

$$k_1\boldsymbol{\alpha}_1+k_2\boldsymbol{\alpha}_2+\cdots+k_s\boldsymbol{\alpha}_s=\mathbf{0} \tag{3.11}$$

则称向量组 $\boldsymbol{\alpha}_1,\boldsymbol{\alpha}_2,\cdots,\boldsymbol{\alpha}_s$ 线性相关;否则,称向量组 $\boldsymbol{\alpha}_1,\boldsymbol{\alpha}_2,\cdots,\boldsymbol{\alpha}_s$ 线性无关. 即当且仅当 $k_1,k_2,\cdots,k_s$ 全等于零时,(3.11)式才成立;或者说,由(3.11)式成立,可以推出$k_1=k_2=\cdots=k_s=0$.

显然有,含有零向量的任一向量组必线性相关.

事实上,对向量组 $\mathbf{0},\boldsymbol{\alpha}_1,\boldsymbol{\alpha}_2,\cdots,\boldsymbol{\alpha}_s$,任取 $k\neq0$,即存在一组不全为零的数 $k,0,0,\cdots,0$,使得

$$k\cdot\mathbf{0}+0\cdot\boldsymbol{\alpha}_1+0\cdot\boldsymbol{\alpha}_2+\cdots+0\cdot\boldsymbol{\alpha}_s=\mathbf{0}$$

例 3.11 由两个 n 维向量构成的向量组线性相关的充分必要条件是它们的对应分量成比例.

证明 充分性 设向量组 $\boldsymbol{\alpha}=(a_1,a_2,\cdots,a_n)$,$\boldsymbol{\beta}=(b_1,b_2,\cdots,b_n)$线性相关,则存在不全为零的数 k_1,k_2,使得 $k_1\boldsymbol{\alpha}+k_2\boldsymbol{\beta}=\mathbf{0}$. 不妨设 $k_1\neq0$,则有

$$\boldsymbol{\alpha}=-\frac{k_2}{k_1}\boldsymbol{\beta}$$

即
$$a_1=-\frac{k_2}{k_1}b_1,\quad a_2=-\frac{k_2}{k_1}b_2,\quad \cdots,\quad a_n=-\frac{k_2}{k_1}b_n$$

必要性 向量 $\boldsymbol{\alpha}=(a_1,a_2,\cdots,a_n)$,$\boldsymbol{\beta}=(b_1,b_2,\cdots,b_n)$的对应分量成比例,则有

$$a_1=kb_1,\quad a_2=kb_2,\quad \cdots,\quad a_n=kb_n$$

即 $1\cdot\boldsymbol{\alpha}+(-k)\boldsymbol{\beta}=\mathbf{0}$,故向量组 $\boldsymbol{\alpha},\boldsymbol{\beta}$ 线性相关.

例 3.12 n 维基本单位向量组

$$\boldsymbol{\varepsilon}_1=\begin{pmatrix}1\\0\\\vdots\\0\end{pmatrix},\quad \boldsymbol{\varepsilon}_2=\begin{pmatrix}0\\1\\\vdots\\0\end{pmatrix},\quad \cdots,\quad \boldsymbol{\varepsilon}_n=\begin{pmatrix}0\\0\\\vdots\\1\end{pmatrix}$$

是线性无关的.

证明　若 $k_1\boldsymbol{\varepsilon}_1+k_2\boldsymbol{\varepsilon}_2+\cdots+k_n\boldsymbol{\varepsilon}_n=\mathbf{0}$,则有 $k_1=k_2=\cdots=k_n=0$,所以 $\boldsymbol{\varepsilon}_1,\boldsymbol{\varepsilon}_2,\cdots,\boldsymbol{\varepsilon}_n$ 线性无关.

例 3.13　若 $\boldsymbol{\alpha}_1,\boldsymbol{\alpha}_2,\boldsymbol{\alpha}_3$ 线性无关,证明 $\boldsymbol{\alpha}_1,\boldsymbol{\alpha}_1+\boldsymbol{\alpha}_2,\boldsymbol{\alpha}_1+\boldsymbol{\alpha}_2+\boldsymbol{\alpha}_3$ 也线性无关.

证明　设存在一组数 k_1,k_2,k_3,使得

$$k_1\boldsymbol{\alpha}_1+k_2(\boldsymbol{\alpha}_1+\boldsymbol{\alpha}_2)+k_3(\boldsymbol{\alpha}_1+\boldsymbol{\alpha}_2+\boldsymbol{\alpha}_3)=\mathbf{0}$$

即

$$(k_1+k_2+k_3)\boldsymbol{\alpha}_1+(k_2+k_3)\boldsymbol{\alpha}_2+k_3\boldsymbol{\alpha}_3=\mathbf{0}$$

又因为 $\boldsymbol{\alpha}_1,\boldsymbol{\alpha}_2,\boldsymbol{\alpha}_3$ 线性无关,所以有

$$\begin{cases}k_1+k_2+k_3=0\\ \quad\ \ k_2+k_3=0\\ \qquad\quad\ k_3=0\end{cases}$$

而该齐次线性方程组只有零解:$k_1=k_2=k_3=0$,从而 $\boldsymbol{\alpha}_1,\boldsymbol{\alpha}_1+\boldsymbol{\alpha}_2,\boldsymbol{\alpha}_1+\boldsymbol{\alpha}_2+\boldsymbol{\alpha}_3$ 线性无关.

要判断一组向量是线性相关还是线性无关,关键是看零向量被它们线性表示的方式是否唯一? 若唯一,则线性无关,若不唯一,则线性相关. 所以由定义 3.8、定理 3.5 及其推论可以得到:

定理 3.9　(1) n 维(列)向量组 $\boldsymbol{\alpha}_1,\boldsymbol{\alpha}_2,\cdots,\boldsymbol{\alpha}_s$ 是线性相关的⇔齐次线性方程组

$$x_1\boldsymbol{\alpha}_1+x_2\boldsymbol{\alpha}_2+\cdots+x_s\boldsymbol{\alpha}_s=\mathbf{0}$$

有非零解⇔$r(\boldsymbol{A})<s$. 其中 $\boldsymbol{A}=(\boldsymbol{\alpha}_1,\boldsymbol{\alpha}_2,\cdots,\boldsymbol{\alpha}_s)$.

(2) n 维(列)向量组 $\boldsymbol{\alpha}_1,\boldsymbol{\alpha}_2,\cdots,\boldsymbol{\alpha}_s$ 是线性无关的⇔齐次线性方程组

$$x_1\boldsymbol{\alpha}_1+x_2\boldsymbol{\alpha}_2+\cdots+x_s\boldsymbol{\alpha}_s=\mathbf{0}$$

只有零解⇔$r(\boldsymbol{A})=s$. 其中 $\boldsymbol{A}=(\boldsymbol{\alpha}_1,\boldsymbol{\alpha}_2,\cdots,\boldsymbol{\alpha}_s)$.

推论 4　对 n 个 n 维向量 $\boldsymbol{\alpha}_1=\begin{pmatrix}a_{11}\\a_{21}\\\vdots\\a_{n1}\end{pmatrix},\boldsymbol{\alpha}_2=\begin{pmatrix}a_{12}\\a_{22}\\\vdots\\a_{n2}\end{pmatrix},\cdots,\boldsymbol{\alpha}_n=\begin{pmatrix}a_{1n}\\a_{2n}\\\vdots\\a_{nn}\end{pmatrix}$,则

(1) $\boldsymbol{\alpha}_1,\boldsymbol{\alpha}_2,\cdots,\boldsymbol{\alpha}_n$ 线性相关⇔$|\boldsymbol{A}|=0$,其中 $\boldsymbol{A}=(a_1,a_2,\cdots,a_n)$;

(2) $\boldsymbol{\alpha}_1,\boldsymbol{\alpha}_2,\cdots,\boldsymbol{\alpha}_n$ 线性无关⇔$|\boldsymbol{A}|\neq 0$,其中 $\boldsymbol{A}=(a_1,a_2,\cdots,a_n)$.

推论 5　若 $m>n$,则有 m 个 n 维向量一定线性相关.

特别地,$n+1$ 个 n 维向量组一定线性相关.

推论 6　n 元齐次线性方程组 $\boldsymbol{AX}=\mathbf{0}$ 有非零解⇔它的系数矩阵 $\boldsymbol{A}$ 的列向量组线性相关;

n 元齐次线性方程组 $\boldsymbol{AX}=\mathbf{0}$ 只有零解⇔它的系数矩阵 $\boldsymbol{A}$ 的列向量组线性无关.

3.4.3 向量组线性相关性的一些结论

定理 3.10 向量组 $\boldsymbol{\alpha}_1,\boldsymbol{\alpha}_2,\cdots,\boldsymbol{\alpha}_s(s\geqslant 2)$线性相关$\Leftrightarrow$此向量组中至少有一个向量可以由其余的向量的线性表示.

证明 必要性 由于向量组 $\boldsymbol{\alpha}_1,\boldsymbol{\alpha}_2,\cdots,\boldsymbol{\alpha}_s$ 线性相关,所以存在一组不全为零的数 $k_1,k_2,\cdots,k_s$,使得

$$k_1\boldsymbol{\alpha}_1+k_2\boldsymbol{\alpha}_2+\cdots+k_s\boldsymbol{\alpha}_s=\mathbf{0}$$

不妨设 $k_1\neq 0$,将上式改写为

$$k_1\boldsymbol{\alpha}_1=-k_2\boldsymbol{\alpha}_2-k_3\boldsymbol{\alpha}_3-\cdots-k_s\boldsymbol{\alpha}_s$$

两端除以 k_1,得

$$\boldsymbol{\alpha}_1=-\frac{k_2}{k_1}\boldsymbol{\alpha}_2-\frac{k_3}{k_1}\boldsymbol{\alpha}_3-\cdots-\frac{k_s}{k_1}\boldsymbol{\alpha}_s$$

即 $\boldsymbol{\alpha}_1$ 可由其余 $s-1$ 个向量 $\boldsymbol{\alpha}_2,\boldsymbol{\alpha}_3,\cdots,\boldsymbol{\alpha}_s$ 线性表示.

充分性 因为 $\boldsymbol{\alpha}_1,\boldsymbol{\alpha}_2,\cdots,\boldsymbol{\alpha}_s$ 中至少有一个向量可由其余 $s-1$ 个向量线性表示,不妨设

$$\boldsymbol{\alpha}_1=k_2\boldsymbol{\alpha}_2+k_3\boldsymbol{\alpha}_3+\cdots+k_s\boldsymbol{\alpha}_s$$

则有

$$(-1)\boldsymbol{\alpha}_1+k_2\boldsymbol{\alpha}_2+k_3\boldsymbol{\alpha}_3+\cdots+k_s\boldsymbol{\alpha}_s=\mathbf{0}$$

$-1,k_2,k_3,\cdots,k_s$ 是一组不全为零的数,因此 $\boldsymbol{\alpha}_1,\boldsymbol{\alpha}_2,\cdots,\boldsymbol{\alpha}_s$ 线性相关.

定理 3.11 向量组 $\boldsymbol{\alpha}_1,\boldsymbol{\alpha}_2,\cdots,\boldsymbol{\alpha}_s$ 线性无关,而向量组 $\boldsymbol{\alpha}_1,\boldsymbol{\alpha}_2,\cdots,\boldsymbol{\alpha}_s,\boldsymbol{\beta}$ 线性相关,则向量 $\boldsymbol{\beta}$ 可以由向量组 $\boldsymbol{\alpha}_1,\boldsymbol{\alpha}_2,\cdots,\boldsymbol{\alpha}_s$ 线性表示,且表达式唯一.

证明 由于向量组 $\boldsymbol{\alpha}_1,\boldsymbol{\alpha}_2,\cdots,\boldsymbol{\alpha}_s,\boldsymbol{\beta}$ 线性相关,所以存在一组不全为零的数 $k_1,k_2,\cdots,k_s,k$,使得

$$k_1\boldsymbol{\alpha}_1+k_2\boldsymbol{\alpha}_2+\cdots+k_s\boldsymbol{\alpha}_s+k\boldsymbol{\beta}=\mathbf{0}$$

倘若 $k=0$,则有 $k_1\boldsymbol{\alpha}_1+k_2\boldsymbol{\alpha}_2+\cdots+k_s\boldsymbol{\alpha}_s=\mathbf{0}$,由于 $k_1,k_2,\cdots,k_s$ 不全为零,与向量组 $\boldsymbol{\alpha}_1,\boldsymbol{\alpha}_2,\cdots,\boldsymbol{\alpha}_s$ 线性无关相矛盾. 因此 $k\neq 0$. 于是有

$$\boldsymbol{\beta}=-\frac{k_1}{k}\boldsymbol{\alpha}_1-\frac{k_2}{k}\boldsymbol{\alpha}_2-\cdots-\frac{k_s}{k}\boldsymbol{\alpha}_s$$

即向量 $\boldsymbol{\beta}$ 可以由向量组 $\boldsymbol{\alpha}_1,\boldsymbol{\alpha}_2,\cdots,\boldsymbol{\alpha}_s$ 线性表示.

下面证明表达式是唯一的.

设

$$\boldsymbol{\beta}=l_1\boldsymbol{\alpha}_1+l_2\boldsymbol{\alpha}_2+\cdots+l_s\boldsymbol{\alpha}_s,\quad \boldsymbol{\beta}=m_1\boldsymbol{\alpha}_1+m_2\boldsymbol{\alpha}_2+\cdots+m_s\boldsymbol{\alpha}_s$$

两式相减,得

$$(l_1-m_1)\boldsymbol{\alpha}_1+(l_2-m_2)\boldsymbol{\alpha}_2+\cdots+(l_s-m_s)\boldsymbol{\alpha}_s=\mathbf{0}$$

由向量组 $\boldsymbol{\alpha}_1,\boldsymbol{\alpha}_2,\cdots,\boldsymbol{\alpha}_s$ 线性无关,得

$$l_1-m_1=0,\quad l_2-m_2=0,\quad \cdots,\quad l_s-m_s=0$$

即 $l_1=m_1,l_2=m_2,\cdots,l_s=m_s$,所以表达式唯一.

定理 3.12　若一个向量组的部分组线性相关,则整个向量组也线性相关.

证明　设向量组 $\boldsymbol{\alpha}_1,\boldsymbol{\alpha}_2,\cdots,\boldsymbol{\alpha}_s$ 中有 $r(r<s)$ 个向量线性相关,不妨设它的前 r 个向量 $\boldsymbol{\alpha}_1,\boldsymbol{\alpha}_2,\cdots,\boldsymbol{\alpha}_r$ 线性相关,则存在一组不全为零的 $k_1,k_2,\cdots,k_r$,使得

$$k_1\boldsymbol{\alpha}_1+k_2\boldsymbol{\alpha}_2+\cdots+k_r\boldsymbol{\alpha}_r=\boldsymbol{0}$$

则有

$$k_1\boldsymbol{\alpha}_1+k_2\boldsymbol{\alpha}_2+\cdots+k_r\boldsymbol{\alpha}_r+0\boldsymbol{\alpha}_{r+1}+0\boldsymbol{\alpha}_{r+2}+\cdots+0\boldsymbol{\alpha}_s=\boldsymbol{0}$$

因为 $k_1,k_2,\cdots,k_r,0,\cdots,0$ 不全为零,所以向量组 $\boldsymbol{\alpha}_1,\boldsymbol{\alpha}_2,\cdots,\boldsymbol{\alpha}_s$ 线性相关.

注　由定理 3.12 可知,若向量组 $\boldsymbol{\alpha}_1,\boldsymbol{\alpha}_2,\cdots,\boldsymbol{\alpha}_s$ 线性无关,则它的任何一个部分组也线性无关.

因此,线性无关的向量组中一定不包含零向量.

定理 3.13　如果 m 维向量组

$$\boldsymbol{\alpha}_1=\begin{pmatrix}a_{11}\\a_{21}\\\vdots\\a_{m1}\end{pmatrix},\quad \boldsymbol{\alpha}_2=\begin{pmatrix}a_{12}\\a_{22}\\\vdots\\a_{m2}\end{pmatrix},\quad \cdots,\quad \boldsymbol{\alpha}_s=\begin{pmatrix}a_{1s}\\a_{2s}\\\vdots\\a_{ms}\end{pmatrix}$$

线性无关,在每个向量上再添加上 $n-m$ 个分量得到的 n 维向量组

$$\boldsymbol{\beta}_1=\begin{pmatrix}a_{11}\\a_{12}\\\vdots\\a_{m1}\\a_{m+1,1}\\\vdots\\a_{n1}\end{pmatrix},\quad \boldsymbol{\beta}_2=\begin{pmatrix}a_{12}\\a_{22}\\\vdots\\a_{m2}\\a_{m+1,2}\\\vdots\\a_{n2}\end{pmatrix},\quad \cdots,\quad \boldsymbol{\beta}_s=\begin{pmatrix}a_{1s}\\a_{2s}\\\vdots\\a_{ms}\\a_{m+1,s}\\\vdots\\a_{ns}\end{pmatrix}$$

也线性无关.反之,如果向量组 $\boldsymbol{\beta}_1,\boldsymbol{\beta}_2,\cdots,\boldsymbol{\beta}_s$ 线性相关,则向量组 $\boldsymbol{\alpha}_1,\boldsymbol{\alpha}_2,\cdots,\boldsymbol{\alpha}_s$ 也线性相关.

证明　记 $\boldsymbol{A}=(\boldsymbol{\alpha}_1,\boldsymbol{\alpha}_2,\cdots,\boldsymbol{\alpha}_s)$,$\boldsymbol{B}=(\boldsymbol{\beta}_1,\boldsymbol{\beta}_2,\cdots,\boldsymbol{\beta}_s)$,$\boldsymbol{C}=(\boldsymbol{\gamma}_1,\boldsymbol{\gamma}_2,\cdots,\boldsymbol{\gamma}_s)$,其中,

$$\boldsymbol{\gamma}_1=\begin{pmatrix}a_{m+1,1}\\a_{m+2,1}\\\vdots\\a_{n1}\end{pmatrix},\quad \boldsymbol{\gamma}_2=\begin{pmatrix}a_{m+1,2}\\a_{m+2,2}\\\vdots\\a_{n2}\end{pmatrix},\quad \cdots,\quad \boldsymbol{\gamma}_s=\begin{pmatrix}a_{m+1,s}\\a_{m+2,s}\\\vdots\\a_{ns}\end{pmatrix}$$

则有

$$\boldsymbol{B}=\begin{pmatrix}\boldsymbol{A}\\\boldsymbol{C}\end{pmatrix}$$

若向量组 $\boldsymbol{\alpha}_1,\boldsymbol{\alpha}_2,\cdots,\boldsymbol{\alpha}_s$ 线性无关，由定理 3.9 知 $r(\boldsymbol{A})=s$，即矩阵 $\boldsymbol{A}$ 中存在一个 s 阶子式不为零，而 $\boldsymbol{A}$ 的子式必是 $\boldsymbol{B}$ 的子式，从而 $\boldsymbol{B}$ 中存在一个 s 阶子式不为零，故 $r(\boldsymbol{B})\geqslant s$，注意到 $\boldsymbol{B}$ 只有 s 列，所以 $r(\boldsymbol{B})\leqslant s$，故有 $r((\boldsymbol{B})=s$，于是 向量组 $\boldsymbol{\beta}_1,\boldsymbol{\beta}_2,\cdots,\boldsymbol{\beta}_s$ 线性无关.

反之，向量组 $\boldsymbol{\beta}_1,\boldsymbol{\beta}_2,\cdots,\boldsymbol{\beta}_s$ 线性相关，则 $r(\boldsymbol{B})<s$，更有 $r(\boldsymbol{A})<s$ ，所以 向量组 $\boldsymbol{\alpha}_1,\boldsymbol{\alpha}_2,\cdots,\boldsymbol{\alpha}_s$ 线性相关.

习　题　3.4

1. 判别下列命题是否成立，并说明理由

(1) 因为当 $k_1=k_2=\cdots=k_s=0$ 时，$k_1\boldsymbol{\alpha}_1+k_2\boldsymbol{\alpha}_2+\cdots+k_s\boldsymbol{\alpha}_s=\boldsymbol{0}$，所以向量组 $\boldsymbol{\alpha}_1,\boldsymbol{\alpha}_2,\cdots,\boldsymbol{\alpha}_s$ 线性无关；

(2) 如果对任何一组不全为零的数 $k_1,k_2,\cdots,k_s$，总有 $k_1\boldsymbol{\alpha}_1+k_2\boldsymbol{\alpha}_2+\cdots+k_s\boldsymbol{\alpha}_s\neq\boldsymbol{0}$，那么向量组 $\boldsymbol{\alpha}_1,\boldsymbol{\alpha}_2,\cdots,\boldsymbol{\alpha}_s$ 线性无关；

(3) 如果向量组 $\boldsymbol{\alpha}_1,\boldsymbol{\alpha}_2,\cdots,\boldsymbol{\alpha}_s$ 线性无关，且向量 $\boldsymbol{\alpha}_{s+1}$ 不能由 $\boldsymbol{\alpha}_1,\boldsymbol{\alpha}_2,\cdots,\boldsymbol{\alpha}_s$ 线性表示，那么 $\boldsymbol{\alpha}_1,\boldsymbol{\alpha}_2,\cdots,\boldsymbol{\alpha}_s,\boldsymbol{\alpha}_{s+1}$ 线性无关；

(4) 如果向量组 $\boldsymbol{\alpha}_1,\boldsymbol{\alpha}_2,\cdots,\boldsymbol{\alpha}_s$ 线性无关，那么其中每一个向量都不是其余向量的线性组合；

(5) 如果向量组 $\boldsymbol{\alpha}_1,\boldsymbol{\alpha}_2,\cdots,\boldsymbol{\alpha}_s$ 线性相关，那么其中每一个向量都是其余向量的线性组合.

2. 下列向量组中，向量 $\boldsymbol{\beta}$ 是否可由向量组 $\boldsymbol{\alpha}_1,\boldsymbol{\alpha}_2,\boldsymbol{\alpha}_3$ 线性表示？如果可以，表达式是否唯一？并求出一个表达式.

(1) $\boldsymbol{\beta}=(1,1,2,2),\boldsymbol{\alpha}_1=(1,1,1,1),\boldsymbol{\alpha}_2=(1,1,-1,-1),\boldsymbol{\alpha}_3=(1,-1,-1,1)$；

(2) $\boldsymbol{\beta}=(1,1,1)^{\mathrm{T}},\boldsymbol{\alpha}_1=(2,0,3)^{\mathrm{T}},\boldsymbol{\alpha}_2=(1,0,-1)^{\mathrm{T}},\boldsymbol{\alpha}_3=(7,0,5)^{\mathrm{T}}$.

3. 设三维向量

$$\boldsymbol{\alpha}_1=(1,1,2),\quad \boldsymbol{\alpha}_2=(1,k,1),\quad \boldsymbol{\alpha}_3=(k,1,1+k),\quad \boldsymbol{\beta}=(0,k,k^2)$$

问 k 为何值时，

(1) $\boldsymbol{\beta}$ 可由向量组 $\boldsymbol{\alpha}_1,\boldsymbol{\alpha}_2,\boldsymbol{\alpha}_3$ 线性表示，且表达式唯一；

(2) $\boldsymbol{\beta}$ 可由向量组 $\boldsymbol{\alpha}_1,\boldsymbol{\alpha}_2,\boldsymbol{\alpha}_3$ 线性表示，且表达式不唯一；

(3) $\boldsymbol{\beta}$ 不能由向量组 $\boldsymbol{\alpha}_1,\boldsymbol{\alpha}_2,\boldsymbol{\alpha}_3$ 线性表示.

4. 判断下列向量组的线性相关性：

(1) $\boldsymbol{\alpha}_1=(2,6,3),\boldsymbol{\alpha}_2=(5,0,2),\boldsymbol{\alpha}_3=(7,6,5)$；

(2) $\boldsymbol{\alpha}_1=(3,1,6)^{\mathrm{T}},\boldsymbol{\alpha}_2=(2,0,5)^{\mathrm{T}},\boldsymbol{\alpha}_3=(-1,1,4)^{\mathrm{T}}$；

(3) $\boldsymbol{\alpha}_1=(1,4,3,-2)^{\mathrm{T}},\boldsymbol{\alpha}_2=(2,3,1,-1)^{\mathrm{T}},\boldsymbol{\alpha}_3=(3,2,-1,0)^{\mathrm{T}}$；

(4) $\boldsymbol{\alpha}_1=(a,b,c),\boldsymbol{\alpha}_2=(b,c,d),\boldsymbol{\alpha}_3=(c,d,e),\boldsymbol{\alpha}_4=(d,e,f)$.

5. 证明：如果向量$\boldsymbol{\beta}$是向量组$\boldsymbol{\alpha}_1,\boldsymbol{\alpha}_2,\cdots,\boldsymbol{\alpha}_s$的线性组合，那么向量$\boldsymbol{\beta}$是向量组$\boldsymbol{\alpha}_1,\boldsymbol{\alpha}_2,\cdots,\boldsymbol{\alpha}_s,\boldsymbol{\alpha}_{s+1},\cdots,\boldsymbol{\alpha}_t$的线性组合.

3.5 向量组的秩 矩阵的行秩和列秩

3.5.1 极大线性无关组 向量组的秩

定义 3.9 设向量组T的一个部分组$\boldsymbol{\alpha}_1,\boldsymbol{\alpha}_2,\cdots,\boldsymbol{\alpha}_r$满足：

(1) $\boldsymbol{\alpha}_1,\boldsymbol{\alpha}_2,\cdots,\boldsymbol{\alpha}_r$线性无关；

(2) 向量组T中每一个向量都可以由$\boldsymbol{\alpha}_1,\boldsymbol{\alpha}_2,\cdots,\boldsymbol{\alpha}_r$线性表示，

则称$\boldsymbol{\alpha}_1,\boldsymbol{\alpha}_2,\cdots,\boldsymbol{\alpha}_r$是向量组$T$的一个极大线性无关组，简称极大无关组.

显然，任一个含有非零向量的向量组一定有极大线性无关组；一个线性无关向量组的极大线性无关组就是这个向量组本身.

由定义 3.9 即得以下定理：

定理 3.14 向量组T的任意一个极大线性无关组都与向量组T本身等价.

由向量组的等价的传递性，得其推论.

推论 7 一个向量组的任意两个极大线性无关组等价.

例 3.14 向量组

$$\boldsymbol{\alpha}_1=(1,0,0),\quad \boldsymbol{\alpha}_2=(0,1,0),\quad \boldsymbol{\alpha}_3=(1,1,0)$$

其中$\boldsymbol{\alpha}_1,\boldsymbol{\alpha}_2$线性无关，而$\boldsymbol{\alpha}_3=\boldsymbol{\alpha}_1+\boldsymbol{\alpha}_2$，所以$\boldsymbol{\alpha}_1,\boldsymbol{\alpha}_2$是一个极大线性无关组.

类似可得到，$\boldsymbol{\alpha}_1,\boldsymbol{\alpha}_3$与$\boldsymbol{\alpha}_2,\boldsymbol{\alpha}_3$也都是向量组$\boldsymbol{\alpha}_1,\boldsymbol{\alpha}_2,\boldsymbol{\alpha}_3$的极大线性无关组.

由上面的例子可以看出，一个向量组的极大线性无关组一般不是唯一的. 但是每一个极大线性无关组所包含的向量个数却是相同的，这个结果并非偶然，下面将证明这个结果具有一般性.

定理 3.15 设$\boldsymbol{\alpha}_1,\boldsymbol{\alpha}_2,\cdots,\boldsymbol{\alpha}_s$与$\boldsymbol{\beta}_1,\boldsymbol{\beta}_2,\cdots,\boldsymbol{\beta}_t$是两个向量组. 如果

(1) 向量组$\boldsymbol{\alpha}_1,\boldsymbol{\alpha}_2,\cdots,\boldsymbol{\alpha}_s$可以由$\boldsymbol{\beta}_1,\boldsymbol{\beta}_2,\cdots,\boldsymbol{\beta}_t$线性表示；

(2) $s>t$，

那么，向量组$\boldsymbol{\alpha}_1,\boldsymbol{\alpha}_2,\cdots,\boldsymbol{\alpha}_s$必线性相关.

证明 设$\boldsymbol{\alpha}_i=a_{1i}\boldsymbol{\beta}_1+a_{2i}\boldsymbol{\beta}_2+\cdots+a_{ti}\boldsymbol{\beta}_t\,(i=1,2,\cdots,s)$，则

$$\begin{aligned}
&k_1\boldsymbol{\alpha}_1+k_2\boldsymbol{\alpha}_2+\cdots+k_s\boldsymbol{\alpha}_s\\
=&k_1(a_{11}\boldsymbol{\beta}_1+a_{21}\boldsymbol{\beta}_2+\cdots+a_{t1}\boldsymbol{\beta}_t)+k_2(a_{12}\boldsymbol{\beta}_1+a_{22}\boldsymbol{\beta}_2+\cdots+a_{t2}\boldsymbol{\beta}_t)+\cdots\\
&+k_s(a_{1s}\boldsymbol{\beta}_1+a_{2s}\boldsymbol{\beta}_2+\cdots+a_{ts}\boldsymbol{\beta}_t)\\
=&(k_1a_{11}+k_2a_{12}+\cdots+k_sa_{1s})\boldsymbol{\beta}_1+(k_1a_{21}+k_2a_{22}+\cdots+k_sa_{2s})\boldsymbol{\beta}_2+\cdots\\
&+(k_1a_{t1}+k_2a_{t2}+\cdots+k_sa_{ts})\boldsymbol{\beta}_t
\end{aligned}$$

此时，只要$k_1,k_2,\cdots,k_s$满足齐次线性方程组

$$\begin{cases} k_1a_{11}+k_2a_{12}+\cdots+k_sa_{1s}=0 \\ k_1a_{21}+k_2a_{22}+\cdots+k_sa_{2s}=0 \\ \cdots\cdots \\ k_1a_{t1}+k_2a_{t2}+\cdots+k_sa_{ts}=0 \end{cases}$$

就有 $k_1\boldsymbol{\alpha}_1+k_2\boldsymbol{\alpha}_2+\cdots+k_s\boldsymbol{\alpha}_s=\mathbf{0}$ 成立. 由于 $t<s$,由定理 3.6 得,该齐次线性方程组一定有非零解.

因此,只要取它的一个非零解 $c_1,c_2,\cdots,c_s$,就有 $c_1\boldsymbol{\alpha}_1+c_2\boldsymbol{\alpha}_2+\cdots+c_s\boldsymbol{\alpha}_s=\mathbf{0}$ 成立,所以向量组 $\boldsymbol{\alpha}_1,\boldsymbol{\alpha}_2,\cdots,\boldsymbol{\alpha}_s$ 必线性相关.

推论 8　如果向量组 $\boldsymbol{\alpha}_1,\boldsymbol{\alpha}_2,\cdots,\boldsymbol{\alpha}_s$ 线性无关,且可由向量组 $\boldsymbol{\beta}_1,\boldsymbol{\beta}_2,\cdots,\boldsymbol{\beta}_t$ 线性表示,则 $s\leqslant t$.

证明　用反证法,假设 $s>t$,由定理 3.15 得:向量组 $\boldsymbol{\alpha}_1,\boldsymbol{\alpha}_2,\cdots,\boldsymbol{\alpha}_s$ 线性相关(矛盾). 所以 $s\leqslant t$.

由推论 8 立即有以下推论:

推论 9　两个线性无关的等价的向量组,必含有相同个数的向量.

推论 10　向量组的每一个极大线性无关组都含有相同个数的向量.

推论 10 表明,极大线性无关组所含向量的个数与极大线性无关组的选择无关,它直接反映了向量组本身的性质. 因此,我们对向量组的极大线性无关组所含向量的个数这一数量化特征进行定义.

定义 3.10　向量组 $\boldsymbol{\alpha}_1,\boldsymbol{\alpha}_2,\cdots,\boldsymbol{\alpha}_s$ 的极大线性无关组所含向量的个数称为这个向量组的秩. 记为 $r(\boldsymbol{\alpha}_1,\boldsymbol{\alpha}_2,\cdots,\boldsymbol{\alpha}_s)$.

仅由零向量组成的向量组没有极大线性无关组. 规定这样的向量组的秩为零.

例如,n 维基本单位向量组 $\boldsymbol{\varepsilon}_1,\boldsymbol{\varepsilon}_2,\cdots\boldsymbol{\varepsilon}_n$ 的秩是 n;例 3.14 中向量组 $\boldsymbol{\alpha}_1,\boldsymbol{\alpha}_2,\boldsymbol{\alpha}_3$ 的秩 $r(\boldsymbol{\alpha}_1,\boldsymbol{\alpha}_2,\boldsymbol{\alpha}_3)=2$.

由于线性无关的向量组就是它自身的极大线性无关组,于是有以下定理:

定理 3.16　向量组 $\boldsymbol{\alpha}_1,\boldsymbol{\alpha}_2,\cdots,\boldsymbol{\alpha}_s$ 线性无关$\Leftrightarrow r(\boldsymbol{\alpha}_1,\boldsymbol{\alpha}_2,\cdots,\boldsymbol{\alpha}_s)=s$;或者说,向量组 $\boldsymbol{\alpha}_1,\boldsymbol{\alpha}_2,\cdots,\boldsymbol{\alpha}_s$ 线性相关$\Leftrightarrow r(\boldsymbol{\alpha}_1,\boldsymbol{\alpha}_2,\cdots,\boldsymbol{\alpha}_s)<s$.

定理 3.17　向量组 $\boldsymbol{\alpha}_1,\boldsymbol{\alpha}_2,\cdots,\boldsymbol{\alpha}_s$ 可由 $\boldsymbol{\beta}_1,\boldsymbol{\beta}_2,\cdots,\boldsymbol{\beta}_t$ 线性表示,则 $r(\boldsymbol{\alpha}_1,\boldsymbol{\alpha}_2,\cdots,\boldsymbol{\alpha}_s)\leqslant r(\boldsymbol{\beta}_1,\boldsymbol{\beta}_2,\cdots,\boldsymbol{\beta}_t)$.

证明　设 $r(\boldsymbol{\alpha}_1,\boldsymbol{\alpha}_2,\cdots,\boldsymbol{\alpha}_s)=m$,$r(\boldsymbol{\beta}_1,\boldsymbol{\beta}_2,\cdots,\boldsymbol{\beta}_t)=k$. 设 $\boldsymbol{\alpha}_{i_1},\boldsymbol{\alpha}_{i_2},\cdots,\boldsymbol{\alpha}_{i_m}$ 是 $\boldsymbol{\alpha}_1,\boldsymbol{\alpha}_2,\cdots,\boldsymbol{\alpha}_s$ 的极大线性无关组,$\boldsymbol{\beta}_{j_1},\boldsymbol{\beta}_{j_2},\cdots,\boldsymbol{\beta}_{j_k}$ 是 $\boldsymbol{\beta}_1,\boldsymbol{\beta}_2,\cdots,\boldsymbol{\beta}_t$ 的极大线性无关组. 因为 $\boldsymbol{\alpha}_{i_1},\boldsymbol{\alpha}_{i_2},\cdots,\boldsymbol{\alpha}_{i_m}$ 可由 $\boldsymbol{\beta}_1,\boldsymbol{\beta}_2,\cdots,\boldsymbol{\beta}_t$ 线性表示,而 $\boldsymbol{\beta}_1,\boldsymbol{\beta}_2,\cdots,\boldsymbol{\beta}_t$ 与 $\boldsymbol{\beta}_{j_1},\boldsymbol{\beta}_{j_2},\cdots,\boldsymbol{\beta}_{j_k}$ 等价,所以 $\boldsymbol{\alpha}_{i_1},\boldsymbol{\alpha}_{i_2},\cdots,\boldsymbol{\alpha}_{i_m}$ 可由 $\boldsymbol{\beta}_{j_1},\boldsymbol{\beta}_{j_2},\cdots,\boldsymbol{\beta}_{j_k}$ 线性表示,又 $\boldsymbol{\alpha}_{i_1},\boldsymbol{\alpha}_{i_2},\cdots,\boldsymbol{\alpha}_{i_m}$ 线性无关,由推论 8,得 $m\leqslant k$.

推论 11　等价的向量组必有相同的秩.

现在一个自然的问题是：给定一 n 维向量组，怎样求它的极大线性无关组和秩呢？为此建立下述定理：

定理 3.18　设 $\boldsymbol{A}$ 是一个 $m\times n$ 阶矩阵，对 $\boldsymbol{A}$ 施行初等行变换不改变 $\boldsymbol{A}$ 的列向量的线性关系. 具体来说就是：若对 $\boldsymbol{A}$ 施行初等行变换得到矩阵 $\boldsymbol{B}$，设 $\boldsymbol{A}$，$\boldsymbol{B}$ 的列向量分别是 $\boldsymbol{\alpha}_1,\boldsymbol{\alpha}_2,\cdots,\boldsymbol{\alpha}_n$ 和 $\boldsymbol{\beta}_1,\boldsymbol{\beta}_2,\cdots,\boldsymbol{\beta}_n$，那么

(1) 存在数 $k_1,k_2,\cdots,k_n$，使得 $k_1\boldsymbol{\alpha}_1+k_2\boldsymbol{\alpha}_2+\cdots+k_n\boldsymbol{\alpha}_n=\boldsymbol{0}$，当且仅当 $k_1\boldsymbol{\beta}_1+k_2\boldsymbol{\beta}_2+\cdots+k_n\boldsymbol{\beta}_n=\boldsymbol{0}$；

(2) $\boldsymbol{\alpha}_1,\boldsymbol{\alpha}_2,\cdots,\boldsymbol{\alpha}_n$ 线性相关当且仅当 $\boldsymbol{\beta}_1,\boldsymbol{\beta}_2,\cdots,\boldsymbol{\beta}_n$ 线性相关；

(3) $\boldsymbol{\alpha}_1,\boldsymbol{\alpha}_2,\cdots,\boldsymbol{\alpha}_n$ 线性无关当且仅当 $\boldsymbol{\beta}_1,\boldsymbol{\beta}_2,\cdots,\boldsymbol{\beta}_n$ 线性无关.

类似地，对 $\boldsymbol{A}$ 施行初等列变换不改变 $\boldsymbol{A}$ 的行向量的线性关系.

证明　(2)和(3)是(1)的结果，只证明(1). 对(1)只就第三种初等行变换进行证明，其余情形证明方法类似. 把 $\boldsymbol{A}$ 的第 i 行的 k 倍加到第 j 行对应元素上得矩阵 $\boldsymbol{B}$，于是由

$$\boldsymbol{\alpha}_1=\begin{pmatrix}a_{11}\\a_{21}\\\vdots\\a_{m1}\end{pmatrix},\quad \boldsymbol{\alpha}_2=\begin{pmatrix}a_{12}\\a_{22}\\\vdots\\a_{m2}\end{pmatrix},\quad \cdots,\quad \boldsymbol{\alpha}_n=\begin{pmatrix}a_{1n}\\a_{2n}\\\vdots\\a_{mn}\end{pmatrix}$$

得

$$\boldsymbol{\beta}_1=\begin{pmatrix}a_{11}\\\vdots\\a_{j1}+ka_{i1}\\\vdots\\a_{m1}\end{pmatrix},\quad \boldsymbol{\beta}_2=\begin{pmatrix}a_{12}\\\vdots\\a_{j2}+ka_{i2}\\\vdots\\a_{m2}\end{pmatrix},\quad \cdots,\quad \boldsymbol{\beta}_n=\begin{pmatrix}a_{1n}\\\vdots\\a_{jn}+ka_{in}\\\vdots\\a_{mn}\end{pmatrix}$$

把向量方程 $k_1\boldsymbol{\alpha}_1+k_2\boldsymbol{\alpha}_2+\cdots+k_n\boldsymbol{\alpha}_n=\boldsymbol{0}$，改写成

$$\begin{cases}k_1a_{11}+k_2a_{12}+\cdots+k_na_{1n}=0\\k_1a_{21}+k_2a_{22}+\cdots+k_na_{2n}=0\\\qquad\cdots\cdots\\k_1a_{m1}+k_2a_{m2}+\cdots+k_na_{mn}=0\end{cases}$$

把上面的第 i 个方程的 k 倍加到第 j 个方程上，得

$$\begin{cases}k_1a_{11}+k_2a_{12}+\cdots+k_na_{1n}=0\\\qquad\cdots\cdots\\k_1(a_{j1}+ka_{i1})+k_2(a_{j2}+ka_{i2})+\cdots+k_n(a_{jn}+ka_{jn})=0\\\qquad\cdots\cdots\\k_1a_{m1}+k_2a_{m2}+\cdots+k_na_{mn}=0\end{cases}$$

因此

$$k_1\boldsymbol{\beta}_1+k_2\boldsymbol{\beta}_2+\cdots+k_n\boldsymbol{\beta}_n=\mathbf{0}$$

反之,当 $k_1\boldsymbol{\beta}_1+k_2\boldsymbol{\beta}_2+\cdots+k_n\boldsymbol{\beta}_n=\mathbf{0}$ 时,也必有

$$k_1\boldsymbol{\alpha}_1+k_2\boldsymbol{\alpha}_2+\cdots+k_n\boldsymbol{\alpha}_n=\mathbf{0}$$

此定理实际上提供了求 n 维向量组 $\boldsymbol{\alpha}_1,\boldsymbol{\alpha}_2,\cdots,\boldsymbol{\alpha}_m$ 的极大线性无关组和秩的方法:

以这组 n 维向量的分量为列构造一个矩阵 $\boldsymbol{A}=(\boldsymbol{\alpha}_1,\boldsymbol{\alpha}_2,\cdots,\boldsymbol{\alpha}_m)$,对 $\boldsymbol{A}$ 施行初等行变换化为行最简形矩阵 $\boldsymbol{B}=(\boldsymbol{\beta}_1,\boldsymbol{\beta}_2,\cdots,\boldsymbol{\beta}_m)$,而向量组 $\boldsymbol{\beta}_1,\boldsymbol{\beta}_2,\cdots,\boldsymbol{\beta}_m$ 中必然有一部分向量是 n 维基本单位向量组中的向量,容易看出向量组 $\boldsymbol{\beta}_1,\boldsymbol{\beta}_2,\cdots,\boldsymbol{\beta}_m$ 的向量间的线性关系,从而得向量组 $\boldsymbol{\alpha}_1,\boldsymbol{\alpha}_2,\cdots,\boldsymbol{\alpha}_n$ 的向量间的线性关系. 另外,此定理同时还提供了判断两个 n 维向量组是否等价的方法.

例 3.15　求向量组 $\boldsymbol{\alpha}_1=(1,0,-1,1,)^{\mathrm{T}}$, $\boldsymbol{\alpha}_2=(2,1,-2,0)^{\mathrm{T}}$, $\boldsymbol{\alpha}_3=(-2,-1,0,1)^{\mathrm{T}}$,$\boldsymbol{\alpha}_4=(0,-1,2,1)^{\mathrm{T}}$ 的一个极大线性无关组和秩,并把其余向量表示成极大线性无关组的线性组合.

解　以 $\boldsymbol{\alpha}_1,\boldsymbol{\alpha}_2,\boldsymbol{\alpha}_3,\boldsymbol{\alpha}_4$ 分量为列构造一个矩阵 $\boldsymbol{A}$,对 $\boldsymbol{A}$ 施行初等行变换化为行最简形矩阵 $\boldsymbol{B}$.

$$\boldsymbol{A}=\begin{pmatrix}1&2&-2&0\\0&1&-1&-1\\-1&-2&0&2\\1&0&1&1\end{pmatrix}\to\begin{pmatrix}1&0&0&2\\0&1&0&-2\\0&0&1&-1\\0&0&0&0\end{pmatrix}=\boldsymbol{B}$$

设 $\boldsymbol{\beta}_1,\boldsymbol{\beta}_2,\boldsymbol{\beta}_3,\boldsymbol{\beta}_4$ 是行最简形矩阵 $\boldsymbol{B}$ 的列向量,显然 $\boldsymbol{\beta}_1,\boldsymbol{\beta}_2,\boldsymbol{\beta}_3$ 是向量组 $\boldsymbol{\beta}_1,\boldsymbol{\beta}_2,\boldsymbol{\beta}_3,\boldsymbol{\beta}_4$ 的一个极大线性无关组,并且

$$\boldsymbol{\beta}_4=2\boldsymbol{\beta}_1-2\boldsymbol{\beta}_2-\boldsymbol{\beta}_3$$

由定理 3.18 知:$\boldsymbol{\alpha}_1,\boldsymbol{\alpha}_2,\boldsymbol{\alpha}_3$ 是向量组 $\boldsymbol{\alpha}_1,\boldsymbol{\alpha}_2,\boldsymbol{\alpha}_3,\boldsymbol{\alpha}_4$ 的一个极大线性无关组,向量组 $\boldsymbol{\alpha}_1,\boldsymbol{\alpha}_2,\boldsymbol{\alpha}_3,\boldsymbol{\alpha}_4$ 的秩是 3. 且有

$$\boldsymbol{\alpha}_4=2\boldsymbol{\alpha}_1-2\boldsymbol{\alpha}_2-\boldsymbol{\alpha}_3$$

例 3.16　已知两个向量组

$$\boldsymbol{\alpha}_1=\begin{pmatrix}1\\2\\3\end{pmatrix},\quad \boldsymbol{\alpha}_2=\begin{pmatrix}1\\0\\2\end{pmatrix}\quad 和\quad \boldsymbol{\beta}_1=\begin{pmatrix}3\\4\\8\end{pmatrix},\quad \boldsymbol{\beta}_2=\begin{pmatrix}2\\2\\5\end{pmatrix},\quad \boldsymbol{\beta}_3=\begin{pmatrix}0\\2\\1\end{pmatrix}$$

证明:向量组 $\boldsymbol{\alpha}_1,\boldsymbol{\alpha}_2$ 和向量组 $\boldsymbol{\beta}_1,\boldsymbol{\beta}_2,\boldsymbol{\beta}_3$ 等价.

证明　以向量 $\boldsymbol{\alpha}_1,\boldsymbol{\alpha}_2,\boldsymbol{\beta}_1,\boldsymbol{\beta}_2,\boldsymbol{\beta}_3$ 的分量为列构造一个矩阵 $\boldsymbol{A}$,对 $\boldsymbol{A}$ 施行初等行变换化为行最简形矩阵

$$\boldsymbol{A}=\left(\begin{array}{cc:ccc}1&1&3&2&0\\2&0&4&2&2\\3&2&8&5&1\end{array}\right)\to\left(\begin{array}{cc:ccc}1&1&3&2&0\\0&-2&-2&-2&2\\0&-1&-1&-1&1\end{array}\right)\to\left(\begin{array}{cc:ccc}1&0&2&1&1\\0&1&1&1&-1\\0&0&0&0&0\end{array}\right)$$

可得

$$\boldsymbol{\beta}_1=2\boldsymbol{\alpha}_1+\boldsymbol{\alpha}_2,\quad \boldsymbol{\beta}_2=\boldsymbol{\alpha}_1+\boldsymbol{\alpha}_2,\quad \boldsymbol{\beta}_3=\boldsymbol{\alpha}_1-\boldsymbol{\alpha}_2$$

同样以 $\boldsymbol{\beta}_1,\boldsymbol{\beta}_2,\boldsymbol{\beta}_3,\boldsymbol{\alpha}_1,\boldsymbol{\alpha}_2$ 分量为列构造一个矩阵 $\boldsymbol{B}$，对 $\boldsymbol{B}$ 施行初等行变换化为行最简形矩阵

$$\boldsymbol{B}=\left(\begin{array}{ccc:cc}3&2&0&1&1\\4&2&2&2&0\\8&5&1&3&2\end{array}\right)\rightarrow\left(\begin{array}{ccc:cc}1&0&2&1&-1\\0&1&-3&-1&2\\0&0&0&0&0\end{array}\right)$$

可得

$$\boldsymbol{\alpha}_1=\boldsymbol{\beta}_1-\boldsymbol{\beta}_2,\quad \boldsymbol{\alpha}_2=-\boldsymbol{\beta}_1+2\boldsymbol{\beta}_2$$

所以，向量组 $\boldsymbol{\alpha}_1,\boldsymbol{\alpha}_2$ 和向量组 $\boldsymbol{\beta}_1,\boldsymbol{\beta}_2,\boldsymbol{\beta}_3$ 等价.

3.5.2　矩阵的行秩和列秩

如果把矩阵的每一行看成一个向量，那么这个矩阵就可以认为是由这些行向量组成的. 同样，如果把每一列看成一个向量，那么这个矩阵也可以认为是由列向量组成的.

定义 3.11　矩阵的行向量组的秩称为矩阵的**行秩**；矩阵的列向量组的秩称为矩阵的**列秩**.

例如，矩阵

$$\boldsymbol{A}=\begin{pmatrix}1&1&3&1\\0&2&-1&4\\0&0&0&5\\0&0&0&0\end{pmatrix}$$

的行向量组是

$$\boldsymbol{\alpha}_1=(1,1,3,1),\quad \boldsymbol{\alpha}_2=(0,2,-1,4),\quad \boldsymbol{\alpha}_3=(0,0,0,5),\quad \boldsymbol{\alpha}_4=(0,0,0,0)$$

以 $\boldsymbol{\alpha}_1,\boldsymbol{\alpha}_2,\boldsymbol{\alpha}_3,\boldsymbol{\alpha}_4$ 的分量为列构造一个矩阵 $\boldsymbol{B}$，对 $\boldsymbol{B}$ 施行初等行变换

$$\boldsymbol{B}=\begin{pmatrix}1&0&0&0\\1&2&0&0\\3&-1&0&0\\1&4&5&0\end{pmatrix}\rightarrow\begin{pmatrix}1&0&0&0\\0&1&0&0\\0&0&1&0\\0&0&0&0\end{pmatrix}$$

容易看出 $\boldsymbol{\alpha}_1,\boldsymbol{\alpha}_2,\boldsymbol{\alpha}_3$ 是 $\boldsymbol{\alpha}_1,\boldsymbol{\alpha}_2,\boldsymbol{\alpha}_3,\boldsymbol{\alpha}_4$ 的极大线性无关组，所以矩阵 $\boldsymbol{A}$ 的行秩是 3.

类似地，对 $\boldsymbol{A}$ 的列向量组

$$\boldsymbol{\beta}_1=\begin{pmatrix}1\\0\\0\\0\end{pmatrix},\quad \boldsymbol{\beta}_2=\begin{pmatrix}1\\2\\0\\0\end{pmatrix},\quad \boldsymbol{\beta}_3=\begin{pmatrix}3\\-1\\0\\0\end{pmatrix},\quad \boldsymbol{\beta}_4=\begin{pmatrix}1\\4\\5\\0\end{pmatrix}$$

对 $\boldsymbol{A}=(\boldsymbol{\beta}_1,\boldsymbol{\beta}_2,\boldsymbol{\beta}_3,\boldsymbol{\beta}_4)$施行初等行变换

$$\boldsymbol{A}=\begin{pmatrix}1&1&3&1\\0&2&-1&4\\0&0&0&5\\0&0&0&0\end{pmatrix}\to\cdots\to\begin{pmatrix}1&0&\frac{7}{2}&0\\0&1&-\frac{1}{2}&0\\0&0&0&1\\0&0&0&0\end{pmatrix}$$

容易看出 $\boldsymbol{\beta}_1,\boldsymbol{\beta}_2,\boldsymbol{\beta}_4$ 是 $\boldsymbol{\beta}_1,\boldsymbol{\beta}_2,\boldsymbol{\beta}_3,\boldsymbol{\beta}_4$ 的极大线性无关组,所以矩阵 $\boldsymbol{A}$ 的列秩是 3.

在本例中,矩阵 $\boldsymbol{A}$ 的行秩等于列秩,实际上这并非偶然的现象,一般地有:

定理 3.19　矩阵的行秩与列秩相等,并且都等于矩阵的秩.

证明　设矩阵 $\boldsymbol{A}=(a_{ij})_{m\times n}$的秩为 r,则矩阵 $\boldsymbol{A}$ 至少有一个 r 阶子式 $\boldsymbol{D}_r\neq\boldsymbol{O}$,由定理 3.9 的推论 4 和定理 3.13 知:$\boldsymbol{D}_r$ 所在的 r 个列向量线性无关,又由 $\boldsymbol{A}$ 的 $r+1$ 阶子式的值均为零知,$\boldsymbol{A}$ 的任意 $r+1$ 个列向量都线性相关(假设 $\boldsymbol{A}$ 有一个含 $r+1$ 个列向量的向量组线性无关,则 $\boldsymbol{A}$ 必有一个 $r+1$ 阶子式的值不为零,此与 $\boldsymbol{A}$ 的秩等于 r 相矛盾). 所以 $\boldsymbol{A}$ 的任意 $r+1$ 个列向量都线性相关,且 $\boldsymbol{D}_r$ 所在的 r 个列向量是矩阵 $\boldsymbol{A}$ 的列向量组的一个极大线性无关组,故矩阵 $\boldsymbol{A}$ 的列秩等于 r. 即矩阵 $\boldsymbol{A}$ 的列秩等于矩阵 $\boldsymbol{A}$ 的秩.

由 $r(\boldsymbol{A})=r(\boldsymbol{A}^{\mathrm{T}})$,而 $\boldsymbol{A}^{\mathrm{T}}$ 的列秩是 $\boldsymbol{A}$ 的行秩,由已得的结论有矩阵 $\boldsymbol{A}^{\mathrm{T}}$ 的列秩等于矩阵 $\boldsymbol{A}$ 的秩. 即矩阵 $\boldsymbol{A}$ 的行秩等于矩阵 $\boldsymbol{A}$ 的秩.

例 3.17　设矩阵 $\boldsymbol{A}=(a_{ij})_{m\times s}$,$\boldsymbol{B}=(b_{ij})_{s\times n}$,证明:$r(\boldsymbol{AB})\leqslant\min\{r(\boldsymbol{A}),r(\boldsymbol{B})\}$.

证明　设 $\boldsymbol{AB}=\boldsymbol{C}_{m\times n}=(\boldsymbol{\gamma}_1,\boldsymbol{\gamma}_2,\cdots,\boldsymbol{\gamma}_n)$,令 $\boldsymbol{A}=(\boldsymbol{\alpha}_1,\boldsymbol{\alpha}_2,\cdots,\boldsymbol{\alpha}_s)$,则由 $\boldsymbol{C}=\boldsymbol{AB}$,即

$$\boldsymbol{C}=(\boldsymbol{\gamma}_1,\boldsymbol{\gamma}_2,\cdots,\boldsymbol{\gamma}_n)=(\boldsymbol{\alpha}_1,\boldsymbol{\alpha}_2,\cdots,\boldsymbol{\alpha}_s)\begin{pmatrix}b_{11}&b_{12}&\cdots&b_{1n}\\b_{21}&b_{22}&\cdots&b_{2n}\\\vdots&\vdots&&\vdots\\b_{s1}&b_{s2}&\cdots&b_{sn}\end{pmatrix}$$

得

$$\boldsymbol{\gamma}_j=b_{1j}\boldsymbol{\alpha}_1+b_{2j}\boldsymbol{\alpha}_2+\cdots+b_{sj}\boldsymbol{\alpha}_s\quad(j=1,2,\cdots,n)$$

这表明矩阵 $\boldsymbol{C}$ 的列向量组可由矩阵 $\boldsymbol{A}$ 的列向量组线性表示. 由定理 3.17 知:$\boldsymbol{C}$ 的列秩$\leqslant\boldsymbol{A}$ 的列秩

即

$$r(\boldsymbol{AB})\leqslant r(\boldsymbol{A})$$

同理可得

$$r(\boldsymbol{AB})\leqslant r(\boldsymbol{B})$$

所以

$$r(\boldsymbol{AB})\leqslant\min\{r(\boldsymbol{A}),r(\boldsymbol{B})\}$$

习　题　3.5

1. 求下列向量组的一个极大线性无关组和秩，并把其余向量用此极大线性无关组线性表示.

(1) $\boldsymbol{\alpha}_1=(6,4,1,-1),\boldsymbol{\alpha}_2=(1,0,2,3),\boldsymbol{\alpha}_3=(1,4,-9,-16),\boldsymbol{\alpha}_4=(7,1,0,-1)$；

(2) $\boldsymbol{\alpha}_1=(1,0,1,0),\boldsymbol{\alpha}_2=(2,1,1,2),\boldsymbol{\alpha}_3=(-1,0,0,0),\boldsymbol{\alpha}_4=(3,1,1,2)$；

(3) $\boldsymbol{\alpha}_1=(2,-3,1)^{\mathrm{T}},\boldsymbol{\alpha}_2=(1,4,2)^{\mathrm{T}},\boldsymbol{\alpha}_3=(5,-2,4)^{\mathrm{T}}$；

(4) $\boldsymbol{\alpha}_1=(1,2,1,3)^{\mathrm{T}},\boldsymbol{\alpha}_2=(4,-1,-5,-6)^{\mathrm{T}},\boldsymbol{\alpha}_3=(1,-3,-4,-7)^{\mathrm{T}},\boldsymbol{\alpha}_4=(2,1,-1,0)^{\mathrm{T}}$.

2. 设 $\boldsymbol{\alpha}_1=(1,1,0,0),\boldsymbol{\alpha}_2=(1,0,1,1);\boldsymbol{\beta}_1=(2,-1,3,3),\boldsymbol{\beta}_2=(0,1,-1,-1)$，证明：向量组 $\boldsymbol{\alpha}_1,\boldsymbol{\alpha}_2$ 与 $\boldsymbol{\beta}_1,\boldsymbol{\beta}_2$ 等价.

3. 设一向量组的秩为 r，证明这个向量组中任意 r 个线性无关的向量组都是它的一个极大线性无关组.

4. 设 $\boldsymbol{\alpha}_1,\boldsymbol{\alpha}_2,\cdots,\boldsymbol{\alpha}_n$ 是一组 n 维向量组，n 维基本单位向量组 $\boldsymbol{\varepsilon}_1,\boldsymbol{\varepsilon}_2,\cdots,\boldsymbol{\varepsilon}_n$ 能由它们线性表示. 证明：$\boldsymbol{\alpha}_1,\boldsymbol{\alpha}_2,\cdots,\boldsymbol{\alpha}_n$ 线性无关.

5. 已知 $\boldsymbol{A},\boldsymbol{B}$ 都是 $m\times n$ 矩阵，利用向量组的秩证明：$r(\boldsymbol{A}+\boldsymbol{B})\leqslant r(\boldsymbol{A})+r(\boldsymbol{B})$.

6. 已知 $\boldsymbol{A},\boldsymbol{B}$ 都是 $n\times n$ 矩阵，利用向量组的秩证明：如果 $\boldsymbol{AB}=\boldsymbol{O}$，那么 $r(\boldsymbol{A})+r(\boldsymbol{B})\leqslant n$.

3.6　线性方程组解的结构

在解决了线性方程组解的判别条件和用消元法求解线性方程之后，进一步来讨论线性方程组解的结构. 如果一个非齐次线性方程组只有唯一解或齐次线性方程组只有零解，方程的解已完全清楚了. 下面主要讨论，在线性方程组有无穷多个解的情况下，这个线性方程组通解应如何表示？其结构如何？下面将利用向量组的线性相关性理论来给出线性方程组解的结构.

3.6.1　齐次线性方程组的解的结构

设 n 元齐次线性方程组

$$\begin{cases}a_{11}x_1+a_{12}x_2+\cdots+a_{1n}x_n=0\\a_{21}x_1+a_{22}x_2+\cdots+a_{2n}x_n=0\\\qquad\cdots\cdots\\a_{m1}x_1+a_{m2}x_2+\cdots+a_{mn}x_n=0\end{cases}\tag{3.12}$$

的矩阵形式是 $\boldsymbol{AX}=\boldsymbol{0}$,其系数矩阵 $\boldsymbol{A}=(a_{ij})_{m\times n}$.

齐次线性方程组 $\boldsymbol{AX}=\boldsymbol{0}$ 总是有解. 当 $r(\boldsymbol{A})=r<n$ 时有无穷多个解,它的解与解之间关系怎么样? 能否用它的有限个解把它的无穷多个解表示出来?

首先,我们给出齐次线性方程组 $\boldsymbol{AX}=\boldsymbol{0}$ 的解的两个重要性质:

性质 1 齐次线性方程组 $\boldsymbol{AX}=\boldsymbol{0}$ 两个解的和仍是该方程组的解.

证明 设 $\boldsymbol{\alpha},\boldsymbol{\beta}$ 是 $\boldsymbol{AX}=\boldsymbol{0}$ 的解,则有 $\boldsymbol{A\alpha}=\boldsymbol{0},\boldsymbol{A\beta}=\boldsymbol{0}$,于是 $\boldsymbol{A}(\boldsymbol{\alpha}+\boldsymbol{\beta})=\boldsymbol{A\alpha}+\boldsymbol{A\beta}=\boldsymbol{0}+\boldsymbol{0}=\boldsymbol{0}$,即 $\boldsymbol{\alpha}+\boldsymbol{\beta}$ 是 $\boldsymbol{AX}=\boldsymbol{0}$ 的解.

性质 2 齐次线性方程组 $\boldsymbol{AX}=\boldsymbol{0}$ 一个解的倍数仍是该方程组的解.

证明 设 $\boldsymbol{\alpha}$ 是 $\boldsymbol{AX}=\boldsymbol{0}$ 的解,则有 $\boldsymbol{A\alpha}=\boldsymbol{0}$. 对于任意常数 k,有 $\boldsymbol{A}(k\alpha)=k(\boldsymbol{A}\alpha)=k\boldsymbol{0}=\boldsymbol{0}$,即 $k\boldsymbol{\alpha}$ 是齐次线性方程组 $\boldsymbol{AX}=\boldsymbol{0}$ 的解.

这两条性质说明了:齐次线性方程组解的线性组合仍是它的解. 但如何给出齐次线性方程组通解的简洁表达式呢? 为此引入下述概念.

定义 3.12 设 $\boldsymbol{\eta}_1,\boldsymbol{\eta}_2,\cdots,\boldsymbol{\eta}_t$ 是齐次线性方程组 $\boldsymbol{AX}=\boldsymbol{0}$ 的一组解向量,若

(1) $\boldsymbol{\eta}_1,\boldsymbol{\eta}_2,\cdots,\boldsymbol{\eta}_t$ 线性无关;

(2) 方程组 $\boldsymbol{AX}=\boldsymbol{0}$ 的任一个解都能由 $\boldsymbol{\eta}_1,\boldsymbol{\eta}_2,\cdots,\boldsymbol{\eta}_t$ 线性表示,

则称 $\boldsymbol{\eta}_1,\boldsymbol{\eta}_2,\cdots,\boldsymbol{\eta}_t$ 为齐次线性方程组 $\boldsymbol{AX}=\boldsymbol{0}$ 的一个基础解系.

由定义 3.12 可知,基础解系 $\boldsymbol{\eta}_1,\boldsymbol{\eta}_2,\cdots,\boldsymbol{\eta}_t$ 实际上就是齐次线性方程组 $\boldsymbol{AX}=\boldsymbol{0}$ 全体解向量的一个极大线性无关组,由此可以得到下述定理.

定理 3.20 对 n 元齐次线性方程组 $\boldsymbol{AX}=\boldsymbol{0}$,设其系数矩阵的秩 $r(\boldsymbol{A})=r<n$. 则存在其基础解系,且基础解系所含解向量的个数为 $n-r$,它恰好是方程组(3.12)中自由未知量的个数.

证明 因为 $r(\boldsymbol{A})=r<n$,不妨设系数矩阵 $\boldsymbol{A}$ 的前 r 个列向量线性无关,对 $\boldsymbol{A}$ 施行初等行变换化为的行最简形矩阵为

$$\boldsymbol{C}=\begin{pmatrix} 1 & 0 & \cdots & 0 & c_{11} & \cdots & c_{1,n-r} \\ 0 & 1 & \cdots & 0 & c_{21} & \cdots & c_{2,n-r} \\ \vdots & \vdots & & \vdots & \vdots & & \vdots \\ 0 & 0 & \cdots & 1 & c_{r1} & \cdots & c_{r,n-r} \\ 0 & 0 & \cdots & 0 & 0 & \cdots & 0 \\ \vdots & \vdots & & \vdots & \vdots & & \vdots \\ 0 & 0 & \cdots & 0 & 0 & \cdots & 0 \end{pmatrix}$$

读出 n 元齐次线性方程组 $\boldsymbol{AX}=\boldsymbol{0}$ 的一般解为

$$\begin{cases} x_1=-c_{11}x_{r+1}-c_{12}x_{r+2}-\cdots-c_{1,n-r}x_n \\ x_2=-c_{21}x_{r+1}-c_{22}x_{r+2}-\cdots-c_{2,n-r}x_n \\ \cdots\cdots \\ x_r=-c_{r1}x_{r+1}-c_{r2}x_{r+2}-\cdots-c_{r,n-r}x_n \end{cases} \tag{3.13}$$

其中 $x_{r+1},x_{r+2},\cdots,x_n$ 是自由未知量.

令这 $n-r$ 个自由未知量分别取

$$\begin{pmatrix} x_{r+1} \\ x_{r+2} \\ \vdots \\ x_n \end{pmatrix} = \begin{pmatrix} 1 \\ 0 \\ \vdots \\ 0 \end{pmatrix}, \quad \begin{pmatrix} 0 \\ 1 \\ \vdots \\ 0 \end{pmatrix}, \quad \cdots, \quad \begin{pmatrix} 0 \\ 0 \\ \vdots \\ 1 \end{pmatrix} \tag{3.14}$$

可得到方程的 $n-r$ 个解向量

$$\boldsymbol{\eta}_1 = \begin{pmatrix} -c_{11} \\ -c_{21} \\ \vdots \\ -c_{r1} \\ 1 \\ 0 \\ \vdots \\ 0 \end{pmatrix}, \quad \boldsymbol{\eta}_2 = \begin{pmatrix} -c_{12} \\ -c_{22} \\ \vdots \\ -c_{r2} \\ 0 \\ 1 \\ \vdots \\ 0 \end{pmatrix}, \quad \cdots, \quad \boldsymbol{\eta}_{n-r} = \begin{pmatrix} -c_{1,n-r} \\ -c_{2,n-r} \\ \vdots \\ -c_{r,n-r} \\ 0 \\ 0 \\ \vdots \\ 1 \end{pmatrix} \tag{3.15}$$

下面证明向量组 $\boldsymbol{\eta}_1, \boldsymbol{\eta}_2, \cdots, \boldsymbol{\eta}_{n-r}$ 为齐次线性方程组 $\boldsymbol{AX}=\boldsymbol{0}$ 的一个基础解系.

首先,因为向量组(3.15)可以看成是向量组(3.14)的每一个向量中添加 r 个分量而得到的向量组,而向量组(3.14)是线性无关的,由定理 3.13 知,向量组 $\boldsymbol{\eta}_1$, $\boldsymbol{\eta}_2, \cdots, \boldsymbol{\eta}_{n-r}$ 是线性无关.

其次,证明 $\boldsymbol{AX}=\boldsymbol{0}$ 的任意一个解 $\boldsymbol{\eta}=(k_1, k_2, \cdots k_r, k_{r+1}, \cdots, k_n)^{\mathrm{T}}$ 可由 $\boldsymbol{\eta}_1$, $\boldsymbol{\eta}_2, \cdots, \boldsymbol{\eta}_{n-r}$ 线性表示.

因为方程组(3.12)的一般解为(3.13),所以 $\boldsymbol{\eta}$ 满足(3.13),即

$$\begin{cases} k_1 = -c_{11}k_{r+1} - c_{12}k_{r+2} - \cdots - c_{1,n-r}k_n \\ k_2 = -c_{21}k_{r+1} - c_{22}k_{r+2} - \cdots - c_{2,n-r}n \\ \cdots\cdots \\ k_r = -c_{r1}k_{r+1} - c_{r2}k_{r+2} - \cdots - c_{r,n-r}k_n \end{cases}$$

于是

$$\begin{pmatrix} k_1 \\ k_2 \\ \vdots \\ k_r \\ k_{r+1} \\ k_{r+2} \\ \vdots \\ k_n \end{pmatrix} = k_{r+1} \begin{pmatrix} -c_{11} \\ -c_{21} \\ \vdots \\ -c_{r1} \\ 1 \\ 0 \\ \vdots \\ 0 \end{pmatrix} + k_{r+2} \begin{pmatrix} -c_{12} \\ -c_{22} \\ \vdots \\ -c_{r2} \\ 0 \\ 1 \\ \vdots \\ 0 \end{pmatrix} + \cdots + k_n \begin{pmatrix} -c_{1,n-r} \\ -c_{2,n-r} \\ \vdots \\ -c_{r,n-r} \\ 0 \\ 0 \\ \vdots \\ 1 \end{pmatrix}$$

即

$$\boldsymbol{\eta}=k_{r+1}\boldsymbol{\eta}_1+k_{r+2}\boldsymbol{\eta}_2+\cdots+k_n\boldsymbol{\eta}_{n-r} \tag{3.16}$$

故向量组 $\boldsymbol{\eta}_1,\boldsymbol{\eta}_2,\cdots,\boldsymbol{\eta}_{n-r}$ 是齐次线性方程组 $\boldsymbol{AX}=\boldsymbol{0}$ 的一个基础解系.

定理 3.20 的证明过程给出了求一个齐次线性方程组 $\boldsymbol{AX}=\boldsymbol{0}$ 的基础解系的具体方法,又由解 $\boldsymbol{\eta}$ 的任意性知,形如(3.16)的 $\boldsymbol{\eta}$ 就是齐次线性方程组 $\boldsymbol{AX}=\boldsymbol{0}$ 的通解.

下面,我们给出求齐次线性方程组 $\boldsymbol{AX}=\boldsymbol{0}$ 通解的具体步骤:

(1) 用初等行变换将其增广矩阵 $(\boldsymbol{A},\boldsymbol{0})$ 化为行最简形矩阵,读出其同解方程(3.13),得到其一般解.

(2) 在一般解中,对 $n-r$ 个自由未知量依次取成 $n-r$ 维基本单位向量,代入一般解得到 $n-r$ 个线性无关的解向量 $\boldsymbol{\eta}_1,\boldsymbol{\eta}_2,\cdots,\boldsymbol{\eta}_{n-r}$,它们就是 $\boldsymbol{AX}=\boldsymbol{0}$ 的一个基础解系.

(3) 写出 $\boldsymbol{AX}=\boldsymbol{0}$ 的通解: $\boldsymbol{X}=k_1\boldsymbol{\eta}_1+k_2\boldsymbol{\eta}_2+\cdots+k_{n-r}\boldsymbol{\eta}_{n-r}$(其中 $k_1,k_2,\cdots,k_{n-r}$ 是任意常数)

注 由于自由未知量的选取是不唯一的,因此一个齐次线性方程组的基础解系也是不唯一的. 但由基础解系的定义容易看出:一个齐次线性方程组的所有基础解系是等价的;因此,$\boldsymbol{AX}=\boldsymbol{0}$ 的通解可能形式上不同,但本质上是一致的.

例 3.18 求齐次线性方程组

$$\begin{cases}x_1+x_2+x_3+x_4+x_5=0\\3x_1+2x_2+x_3+x_4+3x_5=0\\x_2+2x_3+2x_4+6x_5=0\\5x_1+4x_2+3x_3+3x_4-x_5=0\end{cases}$$

的一个基础解系及通解.

解 用初等行变换将其增广矩阵化为行阶梯形矩阵,进而化为行最简形矩阵. 即

$$(\boldsymbol{A},\boldsymbol{0})=\begin{pmatrix}1&1&1&1&1&0\\3&2&1&1&3&0\\0&1&2&2&6&0\\5&4&3&3&-1&0\end{pmatrix}\to\begin{pmatrix}1&1&1&1&1&0\\0&-1&-2&-2&0&0\\0&1&2&2&6&0\\0&-1&-2&-2&-6&0\end{pmatrix}\to\begin{pmatrix}1&1&1&1&1&0\\0&-1&-2&-2&0&0\\0&0&0&0&6&0\\0&0&0&0&-6&0\end{pmatrix}$$

$$\to\begin{pmatrix}1&1&1&1&1&0\\0&1&2&2&0&0\\0&0&0&0&1&0\\0&0&0&0&0&0\end{pmatrix}\to\begin{pmatrix}1&0&-1&-1&0&0\\0&1&2&2&0&0\\0&0&0&0&1&0\\0&0&0&0&0&0\end{pmatrix}$$

因为 $r(\boldsymbol{A})=3<5$,该齐次线性方程有基础解系,且其基础解系的向量个数为 2.

此方程组的一般解为

$$\begin{cases}x_1=x_3+x_4\\x_2=-2x_3-2x_4 \quad (x_3,x_4\text{ 是自由未知量})\\x_5=0\end{cases}$$

令 $x_3=1,x_4=0$ 得 $\boldsymbol{\eta}_1=(1,-2,1,0,0)^{\mathrm{T}}$;

令 $x_3=0,x_4=1$ 得 $\boldsymbol{\eta}_2=(1,-2,0,1,0)^{\mathrm{T}}$. 则 $\boldsymbol{\eta}_1,\boldsymbol{\eta}_2$ 是此方程组的一个基础解系.

故方程组的通解为

$$\begin{pmatrix}x_1\\x_2\\x_3\\x_4\\x_5\end{pmatrix}=c_1\boldsymbol{\eta}_1+kc_2\boldsymbol{\eta}_2=c_1\begin{pmatrix}1\\-2\\1\\0\\0\end{pmatrix}+c_2\begin{pmatrix}1\\-2\\0\\1\\0\end{pmatrix} \quad (c_1,c_2\text{ 为任意常数})$$

3.6.2　非齐次线性方程组的解的结构

n 元非齐次线性方程组

$$\begin{cases}a_{11}x_1+a_{12}x_2+\cdots+a_{1n}x_n=b_1\\a_{21}x_1+a_{22}x_2+\cdots+a_{2n}x_n=b_2\\\qquad\cdots\cdots\\a_{m1}x_1+a_{m2}x_2+\cdots+a_{mn}x_n=b_m\end{cases} \tag{3.17}$$

其矩阵形式为 $\boldsymbol{AX}=\boldsymbol{B}$,其中 $\boldsymbol{B}\neq\boldsymbol{0}$.

定义 3.13　非齐次线性方程组 $\boldsymbol{AX}=\boldsymbol{B}$ 中的常数项都换成零,得到的对应的齐次线性方程组 $\boldsymbol{AX}=\boldsymbol{0}$ 称为非齐次线性方程组 $\boldsymbol{AX}=\boldsymbol{B}$ 的**导出方程组**,简称为**导出组**. 即齐次线性方程组(3.12)是非齐次线性方程组(3.17)的导出组.

非齐次线性方程组 $\boldsymbol{AX}=\boldsymbol{B}$ 的解与它的导出组 $\boldsymbol{AX}=\boldsymbol{0}$ 的解具有以下关系:

定理 3.21　非齐次线性方程组 $\boldsymbol{AX}=\boldsymbol{B}$ 的两个解的差是它的导出组 $\boldsymbol{AX}=\boldsymbol{0}$ 的一个解.

证明　设 $\boldsymbol{\alpha},\boldsymbol{\beta}$ 是 $\boldsymbol{AX}=\boldsymbol{B}$ 的两个解,即 $\boldsymbol{A\alpha}=\boldsymbol{B},\boldsymbol{A\beta}=\boldsymbol{B}$. 则 $\boldsymbol{A}(\boldsymbol{\alpha}-\boldsymbol{\beta})=\boldsymbol{A\alpha}-\boldsymbol{A\beta}=\boldsymbol{B}-\boldsymbol{B}=\boldsymbol{0}$

即 $\boldsymbol{\alpha}-\boldsymbol{\beta}$ 是 $\boldsymbol{AX}=\boldsymbol{0}$ 的解.

定理 3.22　非齐次线性方程组 $\boldsymbol{AX}=\boldsymbol{B}$ 的一个解与它的导出组 $\boldsymbol{AX}=\boldsymbol{0}$ 的一个解之和是 $\boldsymbol{AX}=\boldsymbol{B}$ 的一个解.

证明　设 $\boldsymbol{\alpha}$ 是 $\boldsymbol{AX}=\boldsymbol{B}$ 的解,$\boldsymbol{\beta}$ 是 $\boldsymbol{AX}=\boldsymbol{0}$ 的解,即 $\boldsymbol{A\alpha}=\boldsymbol{B},\boldsymbol{A\beta}=\boldsymbol{0}$. 则

$$\boldsymbol{A}(\boldsymbol{\alpha}+\boldsymbol{\beta})=\boldsymbol{A\alpha}+\boldsymbol{A\beta}=\boldsymbol{B}+\boldsymbol{0}=\boldsymbol{B}$$

即 $\boldsymbol{\alpha}+\boldsymbol{\beta}$ 是 $\boldsymbol{AX}=\boldsymbol{B}$ 的解.

定理 3.23　如果 $\boldsymbol{\gamma}_0$ 是非齐次线性方程组 $\boldsymbol{AX}=\boldsymbol{B}$ 的一个特解，$\boldsymbol{\eta}_1,\boldsymbol{\eta}_2,\cdots,\boldsymbol{\eta}_{n-r}$ 是导出组 $\boldsymbol{AX}=\boldsymbol{0}$ 的一个基础解系，那么线性方程组 $\boldsymbol{AX}=\boldsymbol{B}$ 的通解为

$$\boldsymbol{\delta}=\boldsymbol{\gamma}_0+c_1\boldsymbol{\eta}_1+c_2\boldsymbol{\eta}_2+\cdots+c_{n-r}\boldsymbol{\eta}_{n-r} \tag{3.18}$$

其中 $c_1,c_2,\cdots,c_{n-r}$ 是任意常数.

证明　因为

$$\boldsymbol{A\gamma}_0=\boldsymbol{B},\quad \boldsymbol{A\eta}_i=\boldsymbol{0}(i=1,2,\cdots,n-r),$$

所以对于任意的 $\boldsymbol{\delta}=\gamma_0+c_1\boldsymbol{\eta}_1+c_2\boldsymbol{\eta}_2+\cdots+c_{n-r}\boldsymbol{\eta}_{n-r}$，有

$$\begin{aligned}\boldsymbol{A\delta}&=\boldsymbol{A}(\boldsymbol{\gamma}_0+c_1\boldsymbol{\eta}_1+c_2\boldsymbol{\eta}_2+\cdots+c_{n-r}\boldsymbol{\eta}_{n-r})\\&=\boldsymbol{A\gamma}_0+c_1\boldsymbol{A\eta}_1+c_2\boldsymbol{A\eta}_2+\cdots+c_{n-r}\boldsymbol{A\eta}_{n-r}=\boldsymbol{A\gamma}_0=\boldsymbol{B}\end{aligned}$$

即由(3.18)表示的任意向量都是非齐次线性方程组 $\boldsymbol{AX}=\boldsymbol{B}$ 的解.

反之，设 $\boldsymbol{\gamma}$ 是 $\boldsymbol{AX}=\boldsymbol{B}$ 的任意一个解，$\boldsymbol{\gamma}_0$ 是 $\boldsymbol{AX}=\boldsymbol{B}$ 的一个特解，则由定理 3.22 知：$\boldsymbol{\gamma}-\boldsymbol{\gamma}_0$ 是导出组 $\boldsymbol{AX}=\boldsymbol{0}$ 的一个解，又因为 $\boldsymbol{\eta}_1,\boldsymbol{\eta}_2,\cdots,\boldsymbol{\eta}_{n-r}$ 是导出组 $\boldsymbol{AX}=\boldsymbol{0}$ 的一个基础解系，则存在一组数 $m_1,m_2,\cdots m_{n-r}$，使得

$$\boldsymbol{\gamma}-\boldsymbol{\gamma}_0=m_1\boldsymbol{\eta}_1+m_2\boldsymbol{\eta}_2+\cdots+m_{n-r}\boldsymbol{\eta}_{n-r}$$

即

$$\boldsymbol{\gamma}=\boldsymbol{\gamma}_0+m_1\boldsymbol{\eta}_1+m_2\boldsymbol{\eta}_2+\cdots+m_{n-r}\boldsymbol{\eta}_{n-r}$$

故 $\boldsymbol{AX}=\boldsymbol{B}$ 的任意一个解都可表示成(3.18)的形式.

于是 $\boldsymbol{AX}=\boldsymbol{B}$ 的通解为

$$\boldsymbol{\delta}=\boldsymbol{\gamma}_0+c_1\boldsymbol{\eta}_1+c_2\boldsymbol{\eta}_2+\cdots+c_{n-r}\boldsymbol{\eta}_{n-r}$$

其中 $c_1,c_2,\cdots,c_{n-r}$ 是任意常数.

定理 3.23 表明：一个非齐次线性方程组的通解可表示为它的一个特解与它的导出方程组的通解的和. 同时，它给出了求非齐次线性方程组 $\boldsymbol{AX}=\boldsymbol{B}$ 的通解的步骤：

(1) 用初等行变换将其增广矩阵 $(\boldsymbol{A},\boldsymbol{B})$ 化为行最简形矩阵，读出其一般解.

(2) 在一般解中令自由未知量全为零，得 $\boldsymbol{AX}=\boldsymbol{B}$ 的一个特解 $\boldsymbol{\gamma}_0$.

(3) 求它的导出组 $\boldsymbol{AX}=\boldsymbol{0}$ 的一个基础解系 $\boldsymbol{\eta}_1,\boldsymbol{\eta}_2,\cdots,\boldsymbol{\eta}_{n-r}$(其中 r 是 $\boldsymbol{A}$ 的秩).

(4) $\boldsymbol{AX}=\boldsymbol{B}$ 的通解为 $\boldsymbol{\gamma}_0+c_1\boldsymbol{\eta}_1+c_2\boldsymbol{\eta}_2+\cdots+c_{n-r}\boldsymbol{\eta}_{n-r}$(其中 $c_1,c_2,\cdots,c_{n-r}$ 是任意常数).

例 3.19　求解线性方程组

$$\begin{cases}x_1-x_2-x_3+x_4=0\\x_1-x_2+x_3-3x_4=2\\x_1-x_2-2x_3+3x_4=-1\end{cases}$$

解　用初等行变换将其增广矩阵化为行最简形矩阵. 即

$$(\boldsymbol{A},\boldsymbol{B})=\begin{pmatrix}1&-1&-1&1&0\\1&-1&1&-3&2\\1&-1&-2&3&-1\end{pmatrix}\to\begin{pmatrix}1&-1&-1&1&0\\0&0&2&-4&2\\0&0&-1&2&-1\end{pmatrix}$$

$$\to\begin{pmatrix}1&-1&-1&1&0\\0&0&1&-2&1\\0&0&0&0&0\end{pmatrix}\to\begin{pmatrix}1&-1&0&-1&1\\0&0&1&-2&1\\0&0&0&0&0\end{pmatrix}$$

可见 $r(\boldsymbol{A})=r(\boldsymbol{A},\boldsymbol{B})=2<4$,故原方程组有无穷多个解,其一般解为

$$\begin{cases}x_1=x_2+x_4+1\\x_3=2x_4+1\end{cases}\quad(x_2,x_4\text{ 是自由未量})$$

令 $x_2=x_4=0$,则 $x_1=x_3=1$,得方程组的一个特解 $\boldsymbol{\gamma}_0=(1,0,1,0)^{\mathrm{T}}$.

把用初等行变换将$(\boldsymbol{A},\boldsymbol{B})$化成的行最简形矩阵中最后一列元素全部换成零,就是其导出组的增广矩阵$(\boldsymbol{A},\boldsymbol{0})$经过初等行变换化得的行最简形矩阵

$$(\boldsymbol{A},\boldsymbol{0})\to\begin{pmatrix}1&-1&0&-1&0\\0&0&1&-2&0\\0&0&0&0&0\end{pmatrix}$$

其导出组的一般解为

$$\begin{cases}x_1=x_2+x_4\\x_3=2x_4\end{cases}\quad(x_2,x_4\text{ 是自由未量})$$

令 $x_2=1,x_4=0$ 得 $\boldsymbol{\eta}_1=(1,1,0,0)^{\mathrm{T}}$,令 $x_2=0,x_4=1$ 得 $\boldsymbol{\eta}_2=(1,0,2,1)^{\mathrm{T}}$. $\boldsymbol{\eta}_1,\boldsymbol{\eta}_2$ 是导出组的一个基础解系.

故此非齐次线性方程组的通解为

$$\boldsymbol{\gamma}=\boldsymbol{\gamma}_0+k_1\boldsymbol{\eta}_1+k_2\boldsymbol{\eta}_2=\begin{pmatrix}1\\0\\1\\0\end{pmatrix}+k_1\begin{pmatrix}1\\1\\0\\0\end{pmatrix}+k_2\begin{pmatrix}1\\0\\2\\1\end{pmatrix}$$

其中 k_1,k_2 为任意常数.

习　题　3.6

1. 求下列齐次线性方程组的一个基础解系及其通解.

(1) $\begin{cases}x_1+x_2-x_3-x_4=0\\x_1-3x_2+x_3-x_4=0\\x_1+3x_2-2x_3-x_4=0\end{cases}$;　　(2) $\begin{cases}x_1+x_2+x_3+x_4=0\\2x_1+2x_2+3x_3+4x_4=0\\3x_1+3x_2+4x_3+5x_4=0\\-x_1-x_2+x_4=0\end{cases}$.

2. 用线性方程组的导出组的基础解系表示它的通解.

(1) $\begin{cases}x_1+3x_2+5x_3-4x_4=1\\x_1+3x_2+2x_3-2x_4+x_5=-1\\x_1-2x_2+x_3-x_4-x_5=3\\x_1-4x_2+x_3+x_4-x_5=3\\x_1+2x_2+x_3-x_4+x_5=-1\end{cases}$;　(2) $\begin{cases}x_1+2x_2+3x_3-x_4=1\\3x_1+2x_2+x_3-x_4=1\\2x_1+3x_2+x_3+x_4=1\\2x_1+2x_2+2x_3-x_4=1\\5x_1+5x_2+2x_3=2\end{cases}$.

习　题　三

1. 用克拉默法则解下列线性方程组:

(1) $\begin{cases}2x_1-x_2+3x_3+2x_4=6\\3x_1-3x_2+3x_3+2x_4=5\\3x_1-x_2-x_3+2x_4=3\\3x_1-x_2+3x_3-x_4=4\end{cases}$;

(2) $\begin{cases}x_1+x_2+x_3+x_4=5\\x_1+2x_2-x_3+4x_4=-2\\2x_1-3x_2-x_3-5x_4=-2\\3x_1+x_2+2x_3+11x_4=0\end{cases}$.

2. λ取何值时,齐次线性方程组

$$\begin{cases}(3-\lambda)x_1+x_2+x_3=0\\(2-\lambda)x_2-x_3=0\\4x_1-2x_2+(1-\lambda)x_3=0\end{cases}$$

有非零解?

3. 判断下列线性方程组是否有解,若有解,求其解. 有无穷多个解时,求其通解.

(1) $\begin{cases}2x_1-x_2+3x_3=1\\4x_1-x_2+5x_3=4\\2x_1-2x_2+4x_3=0\end{cases}$;　(2) $\begin{cases}x_1-2x_2+3x_3-4x_4=4\\x_2-x_3+x_4=-3\\x_1+3x_2+x_4=1\\-7x_2+3x_3+x_4=-3\end{cases}$;

(3) $\begin{cases}x_1+2x_2+3x_3+5x_4=-9\\x_1-x_2-x_3=8\\-x_1+x_2-x_3+2x_4=-4\end{cases}$;　(4) $\begin{cases}x_1-2x_2+3x_3-4x_4=0\\x_2-x_3+x_4=0\\x_1+3x_2-3x_4=0\\x_1-4x_2+3x_3-2x_4=0\end{cases}$.

4. 讨论下列线性方程组，当λ为何值时，(1) 有唯一解；(2) 无解；(3) 有无限多解？并在有无穷多个解时求出其通解.

(1) $\begin{cases}(1+\lambda)x_1+x_2+x_3=0\\ x_1+(1+\lambda)x_2+x_3=3;\\ x_1+x_2+(1+\lambda)x_3=\lambda\end{cases}$ (2) $\begin{cases}(\lambda+3)x_1+x_2+2x_3=\lambda\\ \lambda x_1+(\lambda-1)x_2+x_3=\lambda\\ 3(\lambda+1)x_1+\lambda x_2+(\lambda+3)x_3=3\end{cases}$.

5. 判断下列向量组的线性相关性：

(1) $\boldsymbol{\alpha}_1=(2,1,3),\boldsymbol{\alpha}_2=(0,0,0),\boldsymbol{\alpha}_3=(7,6,5)$；

(2) $\boldsymbol{\alpha}_1=(3,1,6)^{\mathrm{T}},\boldsymbol{\alpha}_2=(2,0,5)^{\mathrm{T}},\boldsymbol{\alpha}_3=(-1,1,4)^{\mathrm{T}},\boldsymbol{\alpha}_3=(-1,3,1)^{\mathrm{T}}$；

(3) $\boldsymbol{\alpha}_1=(1,1,1,1)^{\mathrm{T}},\boldsymbol{\alpha}_2=(1,1,1,0)^{\mathrm{T}},\boldsymbol{\alpha}_3=(1,1,0,0)^{\mathrm{T}}$；

(4) $\boldsymbol{\alpha}_1=(1,0,2,3),\boldsymbol{\alpha}_2=(1,1,3,0),\boldsymbol{\alpha}_3=(1,-1,1,1),\boldsymbol{\alpha}_4=(1,2,6,7)$.

6. 已知$\boldsymbol{\alpha}_1=(1,-1,1),\boldsymbol{\alpha}_2=(1,t,-1),\boldsymbol{\alpha}_3=(t,1,2),\boldsymbol{\beta}=(4,t^2,-4)$，若$\boldsymbol{\beta}$可以由$\boldsymbol{\alpha}_1,\boldsymbol{\alpha}_2,\boldsymbol{\alpha}_3$线性表示，且表达式不唯一，求$t$及$\boldsymbol{\beta}$的表达式.

7. 向量组$\boldsymbol{\alpha}_1=\begin{pmatrix}1\\0\\2\\1\end{pmatrix},\boldsymbol{\alpha}_2=\begin{pmatrix}1\\2\\0\\1\end{pmatrix},\boldsymbol{\alpha}_3=\begin{pmatrix}2\\1\\3\\0\end{pmatrix},\boldsymbol{\alpha}_4=\begin{pmatrix}2\\5\\-1\\4\end{pmatrix},\boldsymbol{\alpha}_5=\begin{pmatrix}1\\-1\\3\\-1\end{pmatrix}$求该向量组的秩及一个极大线性无关组，并把其余向量用该极大线性无关组线性表示

8. 向量组$\boldsymbol{\alpha}_1=(1,-1,2,4),\boldsymbol{\alpha}_2=(0,3,1,2),\boldsymbol{\alpha}_3=(3,0,7,14),\boldsymbol{\alpha}_4=(1,-1,2,0),\boldsymbol{\alpha}_5=(2,1,5,6)$. 求这个向量组的极大线性无关组和秩，并把其余向量用该极大线性无关组线性表示.

9. 设向量$\boldsymbol{\beta}$可由向量组$\boldsymbol{\alpha}_1,\boldsymbol{\alpha}_2,\cdots,\boldsymbol{\alpha}_r$线性表出，但不能由向量组$\boldsymbol{\alpha}_1,\boldsymbol{\alpha}_2,\cdots,\boldsymbol{\alpha}_{r-1}$线性表出. 证明：

(1) $\boldsymbol{\alpha}_r$不能由向量组$\boldsymbol{\alpha}_1,\boldsymbol{\alpha}_2,\cdots,\boldsymbol{\alpha}_{r-1}$线性表出；

(2) $\boldsymbol{\alpha}_r$能由向量组$\boldsymbol{\alpha}_1,\boldsymbol{\alpha}_2,\cdots,\boldsymbol{\alpha}_{r-1},\boldsymbol{\beta}$线性表出.

10. 已知线性方程组

$$\begin{cases}x_1+a_1x_2+a_1^2x_3=a_1^3\\ x_1+a_2x_2+a_2^2x_3=a_2^3\\ x_1+a_3x_2+a_3^2x_3=a_3^3\\ x_1+a_4x_2+a_4^2x_3=a_4^3\end{cases}$$

证明：若a_1,a_2,a_3,a_4互不相等，则方程组无解.

11. 求下列齐次线性方程组的基础解系和通解：

(1) $\begin{cases}2x_1+x_2-2x_3+x_4=0\\ x_1-2x_2+4x_3-7x_4=0;\\ 3x_1-x_2+2x_3-4x_4=0\end{cases}$ (2) $\begin{cases}x_1+2x_2+x_3-3x_4+2x_5=0\\ x_1+x_2+x_3+x_4-3x_5=0\\ x_1+x_2+2x_3+2x_4-2x_5=0\\ 2x_1+3x_2-5x_3-17x_4+10x_5=0\end{cases}$.

12. 证明:线性方程组

$$\begin{cases} x_1-x_2=a_1 \\ x_2-x_3=a_2 \\ x_3-x_4=a_3 \\ x_4-x_1=a_4 \end{cases}$$

有解充分必要条件是 $a_1+a_2+a_3+a_4=0$.

13. 用线性方程组的导出组的基础解系表示它的通解.

(1) $\begin{cases} x_1+x_2+x_3+x_4+x_5=1 \\ 2x_1+3x_2+x_3+x_4-3x_5=0 \\ x_1+2x_3+2x_4+6x_5=3 \\ 4x_1+5x_2+3x_3+3x_4-x_5=2 \end{cases}$;　(2) $\begin{cases} x_1-x_2+2x_3+x_4=1 \\ 2x_1-x_2+x_3+2x_4=3 \\ x_1-x_3+x_4=2 \\ 3x_1-x_2+3x_4=5 \end{cases}$.

*14. 设四元非齐次线性方程组的系数矩阵的秩为 3,$\boldsymbol{\eta}_1,\boldsymbol{\eta}_2,\boldsymbol{\eta}_3$ 是它的三个解向量,且

$$\boldsymbol{\eta}_1+\boldsymbol{\eta}_2=\begin{pmatrix}2\\4\\6\\8\end{pmatrix},\quad \boldsymbol{\eta}_2+\boldsymbol{\eta}_3=\begin{pmatrix}1\\2\\3\\4\end{pmatrix}$$

用导出组有基础解系表示该非齐次方程组的通解.

*15. 已知 $\boldsymbol{A}$ 是 n 阶方阵,证明:如果 $\boldsymbol{A}^2=\boldsymbol{E}$,那么

$$r(\boldsymbol{A}+\boldsymbol{E})+r(\boldsymbol{A}-\boldsymbol{E})=n$$

*16. 已知 $\boldsymbol{A}$ 是 n 阶方阵,证明:如果 $\boldsymbol{A}^2=\boldsymbol{A}$,那么

$$r(\boldsymbol{A})+r(\boldsymbol{A}-\boldsymbol{E})=n$$

第 3 章自检题(A)

1. 齐次线性方程组 $\boldsymbol{AX}=\boldsymbol{0}$ 有非零解的充分必要条件是(　　).

(A) $\boldsymbol{A}$ 的列向量组线性无关　(B) $\boldsymbol{A}$ 的列向量组线性相关

(C) $\boldsymbol{A}$ 的行向量组线性无关　(D) $\boldsymbol{A}$ 的行向量组线性相关

2. 非齐次线性方程组 $\boldsymbol{A}_{m\times n}\boldsymbol{X}_{n\times 1}=\boldsymbol{B}_{m\times 1}$,有解的充分必要条件是(　　).

(A) $r(\boldsymbol{A})=r(\boldsymbol{A},\boldsymbol{B})$　(B) $r(\boldsymbol{A})=m$

(C) $r(\boldsymbol{A})=n$　(D) $r(\boldsymbol{A})\neq r(\boldsymbol{A},\boldsymbol{B})$

*3. 非齐次线性方程组 $\boldsymbol{A}_{m\times n}\boldsymbol{X}_{n\times 1}=\boldsymbol{B}_{m\times 1}$,$r(\boldsymbol{A})=r$,则(　　).

(A) $r=m$ 时,该方程组有解　(B) $r=n$ 时,该方程组有唯一解

(C) $m=n$ 时,该方程组有唯一解　(D) $r<n$ 时,该方程组有无穷多个解

4. 齐次线性方程组 $\boldsymbol{A}_{m\times n}\boldsymbol{X}_{n\times 1}=\boldsymbol{0}$ 只有零解的充分必要条件是(　　).

(A) $r(\boldsymbol{A})=n$　　(B) $r(\boldsymbol{A})=m$

(C) $r(\boldsymbol{A})<m$　　(D) $r(\boldsymbol{A})<n$

5. 设 $\boldsymbol{A},\boldsymbol{B}$ 都是 n 阶非零矩阵,且 $\boldsymbol{AB}=\boldsymbol{O}$,则 $\boldsymbol{A}$ 和 $\boldsymbol{B}$ 的秩(　　).

(A) 必有一个等于零　　(B) 都小于 n

(C) 一个小于 n,一个等于 n　　(D) 都等于 n

*6. 设 $\boldsymbol{A},\boldsymbol{B}$ 是满足 $\boldsymbol{AB}=\boldsymbol{O}$ 的任意两个非零矩阵,则必有(　　).

(A) $\boldsymbol{A}$ 的列向量组线性相关,$\boldsymbol{B}$ 的列向量组线性相关

(B) $\boldsymbol{A}$ 的列向量组线性相关,$\boldsymbol{B}$ 的行向量组线性相关

(C) $\boldsymbol{A}$ 的行向量组线性相关,$\boldsymbol{B}$ 的行向量组线性相关

(D) $\boldsymbol{A}$ 的行向量组线性相关,$\boldsymbol{B}$ 的列向量组线性相关

7. 齐次线性方程组 $\boldsymbol{A}_{m\times n}\boldsymbol{X}_{n\times 1}=\boldsymbol{0}$ 有非零解的充分必要条件是(　　).

(A) $r(\boldsymbol{A})\leqslant n$　　(B) $r(\boldsymbol{A})=n$　　(C) $r(\boldsymbol{A})>n$　　(D) $r(\boldsymbol{A})<n$

8. 以下结论正确的是(　　).

(A) 方程的个数小于未知量的个数的线性方程组一定有无穷多个解

(B) 方程的个数等于未知量的个数的线性方程组一定有唯一解

(C) 方程的个数大于未知量的个数的线性方程组一定无解

(D) 一个线性方程组若有解,要么有唯一解,要么有无穷多个解,二者必居其一

9. 已知向量组 $\boldsymbol{\alpha}_1,\boldsymbol{\alpha}_2,\cdots,\boldsymbol{\alpha}_m,\boldsymbol{\beta}$ 线性相关,则(　　).

(A) $\boldsymbol{\beta}$ 可由 $\boldsymbol{\alpha}_1,\boldsymbol{\alpha}_2,\cdots,\boldsymbol{\alpha}_m$ 线性表示

(B) $\boldsymbol{\beta}$ 不可由 $\boldsymbol{\alpha}_1,\boldsymbol{\alpha}_2,\cdots,\boldsymbol{\alpha}_m$ 线性表示

(C) 若 $r(\boldsymbol{\alpha}_1,\boldsymbol{\alpha}_2,\cdots,\boldsymbol{\alpha}_m,\boldsymbol{\beta})=m$,则 $\boldsymbol{\beta}$ 可由 $\boldsymbol{\alpha}_1,\boldsymbol{\alpha}_2,\cdots,\boldsymbol{\alpha}_m$ 线性表示

(D) 若 $\boldsymbol{\alpha}_1,\boldsymbol{\alpha}_2,\cdots,\boldsymbol{\alpha}_m$ 线性无关,则 $\boldsymbol{\beta}$ 可由 $\boldsymbol{\alpha}_1,\boldsymbol{\alpha}_2,\cdots,\boldsymbol{\alpha}_m$ 线性表示

10. 设向量组 $\boldsymbol{\alpha}_1,\boldsymbol{\alpha}_2,\cdots,\boldsymbol{\alpha}_m$ 的秩为 3,则有(　　).

(A) 任意三个向量线性无关　　(B) $\boldsymbol{\alpha}_1,\boldsymbol{\alpha}_2,\cdots,\boldsymbol{\alpha}_m$ 中无零向量

(C) 任意四个向量线性相关　　(D) 任意两个向量线性无关

11. 设 $\boldsymbol{\alpha}_1,\boldsymbol{\alpha}_2,\cdots,\boldsymbol{\alpha}_m$ 均为 n 维向量,则下面结论正确的是(　　).

(A) 如果 $k_1\boldsymbol{\alpha}_1+k_2\boldsymbol{\alpha}_2+\cdots+k_m\boldsymbol{\alpha}_m=\boldsymbol{0}$,则 $\boldsymbol{\alpha}_1,\boldsymbol{\alpha}_2,\cdots,\boldsymbol{\alpha}_m$ 线性相关

(B) 若 $\boldsymbol{\alpha}_1,\boldsymbol{\alpha}_2,\cdots,\boldsymbol{\alpha}_m$ 线性相关,则对任意一组不全为零的数 $k_1,k_2,\cdots,k_m$,有 $k_1\boldsymbol{\alpha}_1+k_2\boldsymbol{\alpha}_2+\cdots+k_m\boldsymbol{\alpha}_m=\boldsymbol{0}$

(C) 若对任意一组不全为零的数 $k_1,k_2,\cdots,k_m$,有 $k_1\boldsymbol{\alpha}_1+k_2\boldsymbol{\alpha}_2+\cdots+k_m\boldsymbol{\alpha}_m\neq\boldsymbol{0}$,则 $\boldsymbol{\alpha}_1,\boldsymbol{\alpha}_2,\cdots,\boldsymbol{\alpha}_m$ 线性无关

(D) 如果 $\boldsymbol{0}\cdot\boldsymbol{\alpha}_1+\boldsymbol{0}\cdot\boldsymbol{\alpha}_2+\cdots+\boldsymbol{0}\cdot\boldsymbol{\alpha}_m=\boldsymbol{0}$,则 $\boldsymbol{\alpha}_1,\boldsymbol{\alpha}_2,\cdots,\boldsymbol{\alpha}_m$ 线性无关

*12. 以下命题正确的是(　　).

(A) 一个向量组的极大无关组唯一时,该向量组线性无关

(B) 一个向量组线性无关时,该向量组的极大无关组唯一

(C) 一个向量组线性相关时,该向量组的极大无关组不唯一

(D) 一个向量组线性相关时,该向量组的极大无关组唯一

13. 设向量组 $\boldsymbol{\alpha}_1,\boldsymbol{\alpha}_2,\boldsymbol{\alpha}_3$ 线性无关,则下列向量组中线性无关的是(　　).

(A) $\boldsymbol{\alpha}_1+\boldsymbol{\alpha}_2,\boldsymbol{\alpha}_2+\boldsymbol{\alpha}_3,\boldsymbol{\alpha}_3-\boldsymbol{\alpha}_1$

(B) $\boldsymbol{\alpha}_1+\boldsymbol{\alpha}_2,\boldsymbol{\alpha}_2+\boldsymbol{\alpha}_3,\boldsymbol{\alpha}_1+2\boldsymbol{\alpha}_2+\boldsymbol{\alpha}_3$

(C) $\boldsymbol{\alpha}_1+2\boldsymbol{\alpha}_2,2\boldsymbol{\alpha}_2+3\boldsymbol{\alpha}_3,3\boldsymbol{\alpha}_3+\boldsymbol{\alpha}_1$

(D) $\boldsymbol{\alpha}_1+\boldsymbol{\alpha}_2+\boldsymbol{\alpha}_3,2\boldsymbol{\alpha}_1-3\boldsymbol{\alpha}_2+22\boldsymbol{\alpha}_3,3\boldsymbol{\alpha}_1+5\boldsymbol{\alpha}_2-5\boldsymbol{\alpha}_3$

14. 设向量组 $T_1:\boldsymbol{\alpha}_1,\boldsymbol{\alpha}_2,\cdots,\boldsymbol{\alpha}_m$ 可由向量组 $T_2:\boldsymbol{\beta}_1,\boldsymbol{\beta}_2,\cdots,\boldsymbol{\beta}_s$ 线性表示,则(　　).

(A) 当 $m<s$ 时,向量组 T_2 必线性相关

(B) 当 $m>s$ 时,向量组 T_2 必线性相关

(C) 当 $m<s$ 时,向量组 T_1 必线性相关

(D) 当 $m>s$ 时,向量组 T_1 必线性相关

15. 若向量组 $\boldsymbol{\alpha}_1,\boldsymbol{\alpha}_2,\boldsymbol{\alpha}_3$ 线性无关,向量组 $\boldsymbol{\alpha}_1,\boldsymbol{\alpha}_2,\boldsymbol{\alpha}_4$ 线性相关,则(　　).

(A) $\boldsymbol{\alpha}_1$ 必可由 $\boldsymbol{\alpha}_2,\boldsymbol{\alpha}_3,\boldsymbol{\alpha}_4$ 线性表示

(B) $\boldsymbol{\alpha}_2$ 必不可由 $\boldsymbol{\alpha}_2,\boldsymbol{\alpha}_3,\boldsymbol{\alpha}_4$ 线性表示

(C) $\boldsymbol{\alpha}_4$ 必可由 $\boldsymbol{\alpha}_1,\boldsymbol{\alpha}_2,\boldsymbol{\alpha}_3$ 线性表示

(D) $\boldsymbol{\alpha}_4$ 必不可由 $\boldsymbol{\alpha}_1,\boldsymbol{\alpha}_2,\boldsymbol{\alpha}_3$ 线性表示

16. 设四维向量组 $\boldsymbol{\alpha}_1=\begin{pmatrix}1\\-1\\0\\0\end{pmatrix},\boldsymbol{\alpha}_2=\begin{pmatrix}-1\\2\\1\\-1\end{pmatrix},\boldsymbol{\alpha}_3=\begin{pmatrix}0\\1\\1\\-1\end{pmatrix},\boldsymbol{\alpha}_4=\begin{pmatrix}-1\\3\\2\\1\end{pmatrix}$,
$\boldsymbol{\alpha}_5=\begin{pmatrix}-2\\6\\4\\5\end{pmatrix}$,则不是该向量组的极大线性无关组是(　　).

(A) $\boldsymbol{\alpha}_1,\boldsymbol{\alpha}_3,\boldsymbol{\alpha}_4$　　(B) $\boldsymbol{\alpha}_1,\boldsymbol{\alpha}_3,\boldsymbol{\alpha}_5$　　(C) $\boldsymbol{\alpha}_1,\boldsymbol{\alpha}_2,\boldsymbol{\alpha}_4$　　(D) $\boldsymbol{\alpha}_1,\boldsymbol{\alpha}_2,\boldsymbol{\alpha}_3$

*17. 设 $\boldsymbol{\alpha}_1=\begin{pmatrix}a_1\\a_2\\a_3\end{pmatrix},\boldsymbol{\alpha}_2=\begin{pmatrix}b_1\\b_2\\b_3\end{pmatrix},\boldsymbol{\alpha}_3=\begin{pmatrix}c_1\\c_2\\c_3\end{pmatrix}$,则三条直线$\begin{cases}a_1x+b_1y+c_1=0\\a_2x+b_2y+c_2=0\\a_3x+b_3y+c_3=0\end{cases}$(其中 $a_i^2+b_i^2\neq0,i=1,2,3$)交于一点的充分必要条件是(　　).

(A) $\boldsymbol{\alpha}_1,\boldsymbol{\alpha}_2,\boldsymbol{\alpha}_3$ 线性无关

(B) $\boldsymbol{\alpha}_1,\boldsymbol{\alpha}_2,\boldsymbol{\alpha}_3$ 线性相关

(C) $r(\boldsymbol{\alpha}_1,\boldsymbol{\alpha}_2,\boldsymbol{\alpha}_3)=r(\boldsymbol{\alpha}_1,\boldsymbol{\alpha}_2)$

(D) $\boldsymbol{\alpha}_1,\boldsymbol{\alpha}_2,\boldsymbol{\alpha}_3$ 线性相关,$\boldsymbol{\alpha}_1,\boldsymbol{\alpha}_2$ 线性无关

*18. 若矩阵 $\boldsymbol{A}=\begin{pmatrix} a_1 & b_1 & c_1 \\ a_2 & b_2 & c_2 \\ a_3 & b_3 & c_3 \end{pmatrix}$ 的秩是 3,则直线 $\dfrac{x-a_3}{a_1-a_2}=\dfrac{y-b_3}{b_1-b_2}=\dfrac{z-c_3}{c_1-c_2}$ 与 $\dfrac{x-a_1}{a_2-a_3}=\dfrac{y-b_1}{b_2-b_3}=\dfrac{z-c_1}{c_2-c_3}$(　　).

(A) 相交于一点　　(B) 重合　　(C) 平行但不重合　　(D) 异面

第 3 章自检题(B)

1. 设 $\boldsymbol{A}=\begin{pmatrix} 1 & 2 & -2 \\ 4 & t & 3 \\ 3 & -1 & 1 \end{pmatrix}$,$\boldsymbol{B}$ 是 3 阶非零矩阵,且 $\boldsymbol{AB}=\boldsymbol{O}$,则 $t=$__________.

2. 设向量组 $\boldsymbol{\alpha}_1=(a,0,c)$,$\boldsymbol{\alpha}_2=(b,c,0)$,$\boldsymbol{\alpha}_3=(0,a,b)$线性无关,则 a,b,c 应满足的条件是__________.

3. $x_1+x_2+x_3=0$ 的通解是__________.

4. 已知向量组 $\boldsymbol{\alpha}_1=(1,2,-1,1)$,$\boldsymbol{\alpha}_2=(2,0,t,0)$,$\boldsymbol{\alpha}_3=(0,-4,5,-2)$的秩是 2,则 $t=$__________.

5. 设 $A:\boldsymbol{\alpha}_1,\boldsymbol{\alpha}_2,\cdots,\boldsymbol{\alpha}_m$ 线性无关. 则 $r(A)=$__________.

6. 若向量组 $A:\boldsymbol{\alpha}_1,\boldsymbol{\alpha}_2,\cdots,\boldsymbol{\alpha}_m$ 可由向量组 $B:\boldsymbol{\beta}_1,\boldsymbol{\beta}_2,\cdots,\boldsymbol{\beta}_s$ 线性表出,则 $r(A)$__________$r(B)$.

7. 若向量 $\boldsymbol{\beta}$ 可由向量组 $\boldsymbol{\alpha}_1,\boldsymbol{\alpha}_2,\cdots,\boldsymbol{\alpha}_m$ 线性表出,则向量组 $\boldsymbol{\alpha}_1,\boldsymbol{\alpha}_2,\cdots,\boldsymbol{\alpha}_m,\boldsymbol{\beta}$ 线性__________.

8. 若向量组 $\boldsymbol{\alpha}_1,\boldsymbol{\alpha}_2,\cdots,\boldsymbol{\alpha}_m(m>3)$线性无关,若向量组 $l\boldsymbol{\alpha}_2-\boldsymbol{\alpha}_1,m\boldsymbol{\alpha}_3-\boldsymbol{\alpha}_2,\boldsymbol{\alpha}_1-\boldsymbol{\alpha}_3$ 线性相关,则 l,m 应满足的条件是__________.

9. 判断下列线性方程组是否有解,若有解,求其解,若有无穷多个解时,求出通解.

(1) $\begin{cases} x_1-3x_2-6x_3+5x_4=0 \\ 2x_1+x_2+4x_3-2x_4=1; \\ 5x_1-x_2+2x_3+x_4=7 \end{cases}$

(2) $\begin{cases} x_1-2x_2+3x_3-4x_4=4 \\ x_2-x_3+x_4=-3 \\ x_1+3x_2-3x_4=-5 \\ -7x_2+3x_3+x_4=9 \end{cases}$.

10. 设四维向量组 $\boldsymbol{\alpha}_1=\begin{pmatrix}1\\-1\\0\\0\end{pmatrix},\boldsymbol{\alpha}_2=\begin{pmatrix}-1\\2\\1\\-1\end{pmatrix},\boldsymbol{\alpha}_3=\begin{pmatrix}0\\1\\1\\-1\end{pmatrix},\boldsymbol{\alpha}_4=\begin{pmatrix}-1\\3\\2\\1\end{pmatrix},\boldsymbol{\alpha}_5=\begin{pmatrix}-2\\6\\4\\5\end{pmatrix}$,求该向量组的秩及一个极大线性无关组,并把其余向量用该极大线性无关组线性表示.

*11. 设四元非齐次线性方程组的系数矩阵的秩为 3,$\boldsymbol{\eta}_1,\boldsymbol{\eta}_2,\boldsymbol{\eta}_3$ 为它的三个解向量,且

$$\boldsymbol{\eta}_1=\begin{pmatrix}2\\3\\4\\5\end{pmatrix},\quad \boldsymbol{\eta}_2+\boldsymbol{\eta}_3=\begin{pmatrix}1\\2\\3\\4\end{pmatrix}$$

用导出组的基础解系表示该方程组的通解.

12. λ 为何值时,线性方程组

$$\begin{cases}x_1+x_2+\lambda x_3=2\\x_1+\lambda x_2+x_3=1\\x_1+x_2+2x_3=\lambda\end{cases}$$

有唯一解,无解,无穷多个解?有无穷多个解时,求出通解.

*13. 设 n 维向量组 $\boldsymbol{\alpha}_1,\boldsymbol{\alpha}_2,\cdots,\boldsymbol{\alpha}_s$ 线性无关,$\boldsymbol{\beta}_1=\boldsymbol{\alpha}_1+\boldsymbol{\alpha}_2,\boldsymbol{\beta}_2=\boldsymbol{\alpha}_2+\boldsymbol{\alpha}_3,\cdots,\boldsymbol{\beta}_s=\boldsymbol{\alpha}_s+\boldsymbol{\alpha}_1$,证明:$\boldsymbol{\beta}_1,\boldsymbol{\beta}_2,\cdots,\boldsymbol{\beta}_s$ 线性无关的充分必要条件是 s 为奇数;$\boldsymbol{\beta}_1,\boldsymbol{\beta}_2,\cdots,\boldsymbol{\beta}_s$ 线性相关的充分必要条件是 s 为偶数.

第 4 章　特征值与特征向量

特征值与特征向量是应用广泛的数学概念，如数学中微分方程问题、工程技术中的振动问题与稳定性问题以及动态经济模型与计量经济学等许多问题，从数量关系上常常可归结为求一个方阵的特征值与特征向量的问题. 本章主要研究如何求方阵的特征值与特征向量，特征值与特征向量的基本性质，以及方阵的相似对角化等相关问题.

4.1　方阵的特征值与特征向量

引例　健康与疾病①

人寿保险公司对受保人的健康状况特别关注，他们欢迎年轻力壮的人投保，患病者和高龄人则需付较高的保险金，甚至被拒之门外. 人的健康状态随着时间的推移会发生转变，这种转变是随机的，保险公司要通过大量数据对状态转变的概率作出估计，才可能制定出不同年龄、不同健康状况的人的保险金和理赔金数额.

粗略地，把人的健康状况分为健康和疾病两种状态，不妨以一年为一个时段研究状态的转变. 假定对某一年龄段的人来说，今年健康，明年保持健康状态的概率为 0.8，即明年转为疾病状态的概率为 0.2；而今年患病，明年转为健康状态的概率为 0.7，即明年保持疾病状态的概率为 0.3. 如果一个人投保时处于健康状态，研究以后若干年他分别处于这两种状态的概率.

用随机变量 X_n 表示第 n 年的状态. $X_n=1$ 表示健康，$X_n=2$ 表示疾病，$n=0,1,\cdots$. 用 $a_i(n)$表示第 n 年处于状态 i 的概率，$i=1,2$. 用 p_{ij} 表示已知今年处于状态 i，来年处于状态 j 的概率，$i,j=1,2$.

显然，第 $n+1$ 年的状态 X_{n+1} 只取决于第 n 年的状态 X_n 和转移概率 p_{ij}，而与以前的状态 $X_{n-1},X_{n-2},\cdots$ 无关，即状态转移具有无后效性. 第 $n+1$ 年的状态概率可由全概率公式得到

$$a_i(n+1)=a_1(n)p_{1i}+a_2(n)p_{2i},\quad i=1,2 \tag{4.1}$$

由前述 $p_{11}=0.8,p_{12}=0.2,p_{21}=0.7,p_{22}=0.3$. 若投保人开始时处于健康状态，即 $a_1(0)=1,a_2(0)=0$. 利用(4.1)式立即可以算出以后各年他处于两种状态的概率 $a_1(n),a_2(n),n=1,2,\cdots$ 如下表所示：

① 引自：姜启源，谢金星，叶俊. 数学模型(第三版). 北京：高等教育出版社，2003. 08.

n	0	1	2	3	4	…	∞
$a_1(n)$	1	0.8	0.78	0.778	0.7778	…	$\frac{7}{9}$
$a_2(n)$	0	0.2	0.22	0.222	0.2222	…	$\frac{2}{9}$

表中最后一列是根据计算数值的趋势猜测的.

如果投保人开始时处于疾病状态,即 $a_1(0)=0,a_2(0)=1$ 类似地可得下表:

n	0	1	2	3	4	…	∞
$a_1(n)$	0	0.7	0.77	0.777	0.7777	…	$\frac{7}{9}$
$a_2(n)$	1	0.3	0.23	0.223	0.2223	…	$\frac{2}{9}$

显然两个表的最后一列相同.

可以将众多投保人处于两种状态的比例,视为典型的投保人处于两种状态的概率. 比如若健康人占 $\frac{3}{4}$,病人占 $\frac{1}{4}$. 则可设初始状态概率为 $a_1(0)=0.75,a_2(0)=0.25$,读者计算一下就会发现 $n\to\infty$ 时 $a_1(n),a_2(n)$ 的趋向也和上两表的情形相同.

可以证明,对于给定的状态转移概率,当 $n\to\infty$ 时状态概率 $a_1(n),a_2(n)$ 趋向于稳定值,该值与初始状态无关. 下面看看如何求出这一稳定值.

令 $\boldsymbol{\alpha}(n)=\begin{pmatrix}a_1(n)\\a_2(n)\end{pmatrix}$, $\boldsymbol{P}=\begin{bmatrix}p_{11}&p_{21}\\p_{12}&p_{22}\end{bmatrix}$,则(4.1)式写成矩阵形式为

$$\boldsymbol{\alpha}(n+1)=\boldsymbol{P}\boldsymbol{\alpha}(n) \tag{4.2}$$

从而

$$\boldsymbol{\alpha}(n)=\boldsymbol{P}^n\boldsymbol{\alpha}(0) \tag{4.3}$$

可以证明,若 $\boldsymbol{P}$ 是随机矩阵(即每列的列和为 1 的非负矩阵),且 $\boldsymbol{\alpha}(0)$ 是随机向量(即分量和为 1 的非负向量),则由上式所决定的 $\boldsymbol{\alpha}(n)$ 都是随机向量,且当 $n\to\infty$ 时,$\boldsymbol{\alpha}(n)$ 收敛,其极限向量 $\boldsymbol{\alpha}=\lim\limits_{n\to\infty}\boldsymbol{\alpha}(n)$ 只与 $\boldsymbol{P}$ 有关,与初值 $\boldsymbol{\alpha}(0)$ 无关. 由(4.2)式,对于极限向量 $\boldsymbol{\alpha}$ 有

$$\boldsymbol{\alpha}=\boldsymbol{P}\boldsymbol{\alpha} \tag{4.4}$$

以后我们知道:满足上述条件的 $\boldsymbol{\alpha}$,称为方阵 $\boldsymbol{P}$ 的属于特征值 $\lambda=1$ 的特征向量,它是与方阵 $\boldsymbol{P}$ 有关的一个重要的量.

4.1.1　特征值与特征向量的概念

定义 4.1　设 $\boldsymbol{A}$ 是 n 阶方阵,若对于数 λ,存在 n 维非零向量 $\boldsymbol{\alpha}$,使得

$$\boldsymbol{A}\boldsymbol{\alpha}=\lambda\boldsymbol{\alpha} \tag{4.5}$$

成立，则称数 λ 为 $\boldsymbol{A}$ 的一个**特征值**，非零向量 $\boldsymbol{\alpha}$ 称为 $\boldsymbol{A}$ 的属于特征值 λ 的一个**特征向量**.

例 4.1　设 $\boldsymbol{A}=\begin{pmatrix}4&-1&-2\\2&1&-4\\-1&1&5\end{pmatrix}$，验证：$\boldsymbol{\alpha}=\begin{pmatrix}4\\2\\1\end{pmatrix}$ 与 $\boldsymbol{\beta}=\begin{pmatrix}1\\2\\-1\end{pmatrix}$ 是 $\boldsymbol{A}$ 的特征向量.

解　因为

$$\boldsymbol{A\alpha}=\begin{pmatrix}4&-1&-2\\2&1&-4\\-1&1&5\end{pmatrix}\begin{pmatrix}4\\2\\1\end{pmatrix}=\begin{pmatrix}12\\6\\3\end{pmatrix}=3\boldsymbol{\alpha}$$

$$\boldsymbol{A\beta}=\begin{pmatrix}4&-1&-2\\2&1&-4\\-1&1&5\end{pmatrix}\begin{pmatrix}1\\2\\-1\end{pmatrix}=\begin{pmatrix}4\\8\\-4\end{pmatrix}=4\boldsymbol{\beta}$$

所以，$\boldsymbol{\alpha}$ 为 $\boldsymbol{A}$ 的属于特征值 3 的一个特征向量，$\boldsymbol{\beta}$ 为 $\boldsymbol{A}$ 的属于特征值 4 的一个特征向量.

现在的问题是：如何寻找并求一个方阵的特征值与特征向量？

注意到：

非零向量 $\boldsymbol{\alpha}$ 是方阵 $\boldsymbol{A}$ 的属于 $\boldsymbol{\lambda}$ 的特征向量

$\Leftrightarrow$　$\boldsymbol{A\alpha}=\lambda\boldsymbol{\alpha}$

$\Leftrightarrow$　$(\lambda\boldsymbol{E}-\boldsymbol{A})\boldsymbol{\alpha}=\boldsymbol{0}$

$\Leftrightarrow$　线性方程组 $(\lambda\boldsymbol{E}-\boldsymbol{A})\boldsymbol{x}=\boldsymbol{0}$ 有非零解

$\Leftrightarrow$　行列式 $|\lambda\boldsymbol{E}-\boldsymbol{A}|=0$.

可以引入如下定义：

定义 4.2　设 $\boldsymbol{A}$ 是 n 阶方阵，λ 是一个未知数. $\lambda\boldsymbol{E}-\boldsymbol{A}$ 称为 $\boldsymbol{A}$ 的**特征矩阵**；其行列式 $|\lambda\boldsymbol{E}-\boldsymbol{A}|$ 展开后是一个关于 λ 的 n 次多项式，称为 $\boldsymbol{A}$ 的**特征多项式**；$|\lambda\boldsymbol{E}-\boldsymbol{A}|=0$ 称为 $\boldsymbol{A}$ 的**特征方程**.

显然，λ_0 为方阵 $\boldsymbol{A}$ 的特征值当且仅当 λ_0 为特征方程 $|\lambda\boldsymbol{E}-\boldsymbol{A}|=0$ 的根；向量 $\boldsymbol{\alpha}$ 是方阵 $\boldsymbol{A}$ 的属于特征值 λ_0 的一个特征向量当且仅当 $\boldsymbol{\alpha}$ 是 $(\lambda_0\boldsymbol{E}-\boldsymbol{A})\boldsymbol{x}=\boldsymbol{0}$ 的非零解.

这样，我们得出了求方阵 $\boldsymbol{A}$ 的特征值与特征向量的一般方法：

第一步：求出特征方程 $|\lambda\boldsymbol{E}-\boldsymbol{A}|=0$ 的所有不同的根 $\lambda_1,\lambda_2,\cdots,\lambda_m$，它们就是 $\boldsymbol{A}$ 的所有特征值.

第二步：对于每一个特征值 λ_i，求解线性方程组 $(\lambda_i\boldsymbol{E}-\boldsymbol{A})\boldsymbol{x}=\boldsymbol{0}$. 设 $\boldsymbol{\alpha}_{i1},\boldsymbol{\alpha}_{i2},\cdots,\boldsymbol{\alpha}_{ir_i}$ 为此方程组的一个基础解系. 则 $\boldsymbol{A}$ 的属于 $\lambda_i(i=1,2,\cdots,m)$ 的全部特征向量为 $k_{i1}\alpha_{i1}+k_{i2}\boldsymbol{\alpha}_{i2}+\cdots+k_{ir_i}\alpha_{ir_i}$，其中 $k_{i1},k_{i2},\cdots,k_{ir_i}$ 为任意不全为零的数.

若 λ 作为方阵 $\boldsymbol{A}$ 的特征方程的单根，则称 λ 是 $\boldsymbol{A}$ 的**单特征值**；若 λ 作为方阵 $\boldsymbol{A}$ 的特征方程的 k 重根，则称 λ 是 $\boldsymbol{A}$ 的 k **重特征值**.

另外，需要说明的是：

$\boldsymbol{A}$ 的特征多项式 $|\lambda\boldsymbol{E}-\boldsymbol{A}|$ 是一个 n 次多项式，它在复数范围内有 n 个根（重根按重数计算）. 因此 n 阶方阵在复数范围内有 n 个特征值（重根按重数计算）. 以下讨论方阵的特征值问题时，都默认在复数范围内讨论.

例 4.2　求例 4.1 中矩阵 $\boldsymbol{A}$ 的所有特征值与特征向量.

解　$\boldsymbol{A}$ 的特征多项式为

$$|\lambda\boldsymbol{E}-\boldsymbol{A}|=\begin{vmatrix}\lambda-4 & 1 & 2\\ -2 & \lambda-1 & 4\\ 1 & -1 & \lambda-5\end{vmatrix}=\lambda^3-10\lambda^2+33\lambda-36=(\lambda-3)^2(\lambda-4)$$

因此，$\boldsymbol{A}$ 的特征值为 $\lambda_1=\lambda_2=3,\lambda_3=4$.

(1) 将 $\lambda_1=\lambda_2=3$ 代入线性方程组 $(\lambda\boldsymbol{E}-\boldsymbol{A})\boldsymbol{x}=0$，即为

$$\begin{pmatrix}-1 & 1 & 2\\ -2 & 2 & 4\\ 1 & -1 & -2\end{pmatrix}\begin{pmatrix}x_1\\ x_2\\ x_3\end{pmatrix}=\begin{pmatrix}0\\ 0\\ 0\end{pmatrix}$$

它的一个基础解系为 $\boldsymbol{\alpha}_1=(1,1,0)^{\mathrm{T}},\boldsymbol{\alpha}_2=(2,0,1)^{\mathrm{T}}$. 则 $\boldsymbol{A}$ 的属于 $\lambda_1=\lambda_2=3$ 的全部特征向量为

$$k_1\boldsymbol{\alpha}_1+k_2\boldsymbol{\alpha}_2=k_1(1,1,0)^{\mathrm{T}}+k_2(2,0,1)^{\mathrm{T}}\quad(\text{其中 } k_1,k_2 \text{ 为不全为零的数})$$

易见，例 4.1 中的向量 $\boldsymbol{\alpha}=2\boldsymbol{\alpha}_1+\boldsymbol{\alpha}_2$.

(2) 将 $\lambda_3=4$ 代入线性方程组 $(\lambda\boldsymbol{E}-\boldsymbol{A})\boldsymbol{x}=\boldsymbol{0}$，即为

$$\begin{pmatrix}0 & 1 & 2\\ -2 & 3 & 4\\ 1 & -1 & -1\end{pmatrix}\begin{pmatrix}x_1\\ x_2\\ x_3\end{pmatrix}=\begin{pmatrix}0\\ 0\\ 0\end{pmatrix}$$

它的一个基础解系 $\boldsymbol{\alpha}_3=(-1,-2,1)^{\mathrm{T}}$. 则 $\boldsymbol{A}$ 的属于 $\lambda_3=4$ 的全部特征向量为

$$k_3\boldsymbol{\alpha}_3=k_3(-1,-2,1)^{\mathrm{T}}\quad(\text{其中 } k_3\neq0).$$

易见，例 4.1 中的向量 $\boldsymbol{\beta}=-\boldsymbol{\alpha}_3$.

例 4.3　求 $\boldsymbol{A}=\begin{pmatrix}-36 & 28 & 19\\ -20 & 17 & 10\\ -36 & 26 & 20\end{pmatrix}$ 的特征值与特征向量.

解　$\boldsymbol{A}$ 的特征多项式为

$$|\lambda\boldsymbol{E}-\boldsymbol{A}|=\begin{vmatrix}\lambda+36 & -28 & -19\\ 20 & \lambda-17 & -10\\ 36 & -26 & \lambda-20\end{vmatrix}=\lambda^3-\lambda^2-8\lambda+12=(\lambda-2)^2(\lambda+3)$$

因此 $\boldsymbol{A}$ 的特征值为 $\lambda_1=\lambda_2=2,\lambda_3=-3$.

(1) 将 $\lambda_1=\lambda_2=2$ 代入线性方程组 $(\lambda\boldsymbol{E}-\boldsymbol{A})\boldsymbol{x}=\boldsymbol{0}$,得

$$\begin{pmatrix}38 & -28 & -19\\ 20 & -15 & -10\\ 36 & -26 & -18\end{pmatrix}\begin{pmatrix}x_1\\ x_2\\ x_3\end{pmatrix}=\begin{pmatrix}0\\ 0\\ 0\end{pmatrix}$$

求出它的一个基础解系 $\boldsymbol{\alpha}_1=(1,0,2)^{\mathrm{T}}$. 则 $\boldsymbol{A}$ 的属于 $\lambda_1=\lambda_2=2$ 的全部特征向量为

$$k_1\boldsymbol{\alpha}_1=k_1(1,0,2)^{\mathrm{T}}\quad(\text{其中 } k_1\neq 0)$$

(2) 将 $\lambda_3=-3$ 代入线性方程组 $(\lambda\boldsymbol{E}-\boldsymbol{A})\boldsymbol{x}=\boldsymbol{0}$,得

$$\begin{pmatrix}33 & -28 & -19\\ 20 & -20 & -10\\ 36 & -26 & -23\end{pmatrix}\begin{pmatrix}x_1\\ x_2\\ x_3\end{pmatrix}=\begin{pmatrix}0\\ 0\\ 0\end{pmatrix}$$

求出它的一个基础解系 $\boldsymbol{\alpha}_2=(2,1,2)^{\mathrm{T}}$. 则 $\boldsymbol{A}$ 的属于 $\lambda_3=-3$ 的全部特征向量为

$$k_2\boldsymbol{\alpha}_2=k_2(2,1,2)^{\mathrm{T}}\quad(\text{其中 } k_2\neq 0)$$

例 4.4　求本章引例中的极限向量 $\boldsymbol{\alpha}$.

解　$\boldsymbol{P}=\begin{pmatrix}p_{11} & p_{21}\\ p_{12} & p_{22}\end{pmatrix}=\begin{pmatrix}0.8 & 0.7\\ 0.2 & 0.3\end{pmatrix}$的特征多项式为

$$|\lambda\boldsymbol{E}-\boldsymbol{P}|=\begin{vmatrix}\lambda-0.8 & -0.7\\ -0.2 & \lambda-0.3\end{vmatrix}=\lambda^2-1.1\lambda+0.1=(\lambda-1)(\lambda-0.1).$$

因此 $\lambda_1=1$ 是 $\boldsymbol{P}$ 的特征值. 现在求 $\boldsymbol{P}$ 的属于特征值 $\lambda_1=1$ 的特征向量.

将 $\lambda_1=1$ 代入线性方程组 $(\lambda\boldsymbol{E}-\boldsymbol{P})x=\boldsymbol{0}$ 得

$$\begin{pmatrix}0.2 & -0.7\\ -0.2 & 0.7\end{pmatrix}\begin{pmatrix}x_1\\ x_2\end{pmatrix}=\begin{pmatrix}0\\ 0\end{pmatrix}$$

它的一个基础解系是 $\boldsymbol{\alpha}_1=(7,2)^{\mathrm{T}}$. 则它的属于 $\lambda_1=1$ 的全部特征向量为 $k\boldsymbol{\alpha}_1=(7k,2k)^{\mathrm{T}}(k\neq 0)$. 由(4.4)式,引例中的极限向量 $\boldsymbol{\alpha}$ 为 $\boldsymbol{P}$ 的属于特征值 $\lambda_1=1$ 的特征向量,又因 $\boldsymbol{\alpha}$ 为随机向量,故 $\boldsymbol{\alpha}=\dfrac{1}{9}\boldsymbol{\alpha}_1=\left(\dfrac{7}{9},\dfrac{2}{9}\right)^{\mathrm{T}}$.

4.1.2　特征值与特征向量的基本性质

定理 4.1　设 $\boldsymbol{A}$ 是 n 阶方阵.

(1) 特征向量是属于某个特征值的,它不可能同时属于两个不同的特征值. 即若 $\boldsymbol{\alpha}$ 既是 $\boldsymbol{A}$ 的属于特征值 λ 的特征向量,也是属于特征值 μ 的特征向量,则 $\lambda=\mu$.

(2) 若向量 $\boldsymbol{\alpha}$ 和 $\boldsymbol{\beta}$ 是 $\boldsymbol{A}$ 的属于特征值 λ 的特征向量,且 $\boldsymbol{\alpha}+\boldsymbol{\beta}\neq\boldsymbol{0}$,则 $\boldsymbol{\alpha}+\boldsymbol{\beta}$ 仍是 $\boldsymbol{A}$ 的属于特征值 λ 的一个特征向量.

(3) 若向量 $\boldsymbol{\alpha}$ 是 $\boldsymbol{A}$ 的属于特征值 λ 的一个特征向量,$k\neq 0$,则 $k\boldsymbol{\alpha}$ 仍是 $\boldsymbol{A}$ 的属于特征值 λ 的一个特征向量.

证明 (1) 若 $\boldsymbol{A\alpha}=\lambda\boldsymbol{\alpha},\boldsymbol{A\alpha}=\mu\boldsymbol{\alpha}$. 则$(\lambda-\mu)\boldsymbol{\alpha}=\boldsymbol{0}$. 又 $\boldsymbol{\alpha}\neq\boldsymbol{0}$,所以 $\lambda=\mu$.

(2) 由 $\boldsymbol{A\alpha}=\lambda\boldsymbol{\alpha},\boldsymbol{A\beta}=\lambda\boldsymbol{\beta}$ 有

$$\boldsymbol{A}(\boldsymbol{\alpha}+\boldsymbol{\beta})=\boldsymbol{A\alpha}+\boldsymbol{A\beta}=\lambda\boldsymbol{\alpha}+\lambda\boldsymbol{\beta}=\lambda(\boldsymbol{\alpha}+\boldsymbol{\beta})$$

(3) 由 $\boldsymbol{A}(k\boldsymbol{\alpha})=k(\boldsymbol{A\alpha})=k(\lambda\boldsymbol{\alpha})=\lambda(k\boldsymbol{\alpha})$ 立即得证.

推论 1 设 $\boldsymbol{A}$ 是 n 阶方阵. 则 $\boldsymbol{A}$ 的属于同一个特征值的若干特征向量的非零线性组合仍是属于这个特征值的特征向量.

定理 4.2 设 $\boldsymbol{A}$ 是 n 阶方阵,

(1) 若向量 $\boldsymbol{\alpha}$ 是方阵 $\boldsymbol{A}$ 和 $\boldsymbol{B}$ 的分别属于特征值 λ 和 μ 的一个特征向量,则 $\boldsymbol{\alpha}$ 是 $\boldsymbol{A}+\boldsymbol{B}$ 的属于特征值 $\lambda+\mu$ 的一个特征向量.

(2) 若向量 $\boldsymbol{\alpha}$ 是方阵 $\boldsymbol{A}$ 的属于特征值 λ 的一个特征向量,k 是一个数,则 $\boldsymbol{\alpha}$ 是 $k\boldsymbol{A}$ 的属于特征值 $k\lambda$ 的一个特征向量.

(3) 若向量 $\boldsymbol{\alpha}$ 是方阵 $\boldsymbol{A}$ 的属于特征值 λ 的一个特征向量,m 是一个正整数,则 $\boldsymbol{\alpha}$ 是 $\boldsymbol{A}^m$ 的属于特征值 λ^m 的一个特征向量.

(4) 若向量 $\boldsymbol{\alpha}$ 是可逆方阵 $\boldsymbol{A}$ 的属于特征值 λ 的一个特征向量,则 $\boldsymbol{\alpha}$ 是 $\boldsymbol{A}^{-1}$ 的属于特征值 λ^{-1} 的一个特征向量(可逆方阵的特征值一定不等于 0).

(5) 若向量 $\boldsymbol{\alpha}$ 是可逆方阵 $\boldsymbol{A}$ 的属于特征值 λ 的一个特征向量,则 $\boldsymbol{\alpha}$ 是其伴随矩阵 $\boldsymbol{A}^*$ 的属于特征值 $|\boldsymbol{A}|\lambda^{-1}$ 的一个特征向量.

证明 (1) $(\boldsymbol{A}+\boldsymbol{B})\boldsymbol{\alpha}=\boldsymbol{A\alpha}+\boldsymbol{B\alpha}=\lambda\boldsymbol{\alpha}+\mu\boldsymbol{\alpha}=(\lambda+\mu)\boldsymbol{\alpha}$.

(2) $(k\boldsymbol{A})\boldsymbol{\alpha}=k(\boldsymbol{A\alpha})=k(\lambda\boldsymbol{\alpha})=(k\lambda)\boldsymbol{\alpha}$.

(3) $\boldsymbol{A}^m\boldsymbol{\alpha}=\boldsymbol{A}^{m-1}\boldsymbol{A\alpha}=\boldsymbol{A}^{m-1}\lambda\boldsymbol{\alpha}=\lambda\boldsymbol{A}^{m-1}\boldsymbol{\alpha}=\lambda^2\boldsymbol{A}^{m-2}\boldsymbol{\alpha}=\cdots=\lambda^m\boldsymbol{\alpha}$.

(4) 首先,若 $\boldsymbol{A}$ 可逆,则 $\lambda\neq0$(若 $\boldsymbol{A\alpha}=0\boldsymbol{\alpha}=\boldsymbol{0}$,则 $\boldsymbol{\alpha}=\boldsymbol{A}^{-1}\boldsymbol{A\alpha}=\boldsymbol{0}$. 这与特征向量是非零向量矛盾). 又在等式 $\boldsymbol{A\alpha}=\lambda\boldsymbol{\alpha}$ 两边左乘 $\boldsymbol{A}^{-1}$,得

$$\boldsymbol{\alpha}=\boldsymbol{A}^{-1}(\lambda\boldsymbol{\alpha})=\lambda(\boldsymbol{A}^{-1}\boldsymbol{\alpha})$$

即 $\boldsymbol{A}^{-1}\boldsymbol{\alpha}=\lambda^{-1}\boldsymbol{\alpha}$.

(5) 因为 $\boldsymbol{A}$ 可逆,所以 $\boldsymbol{A}^*=|\boldsymbol{A}|\boldsymbol{A}^{-1}$. 因此(5)是(2)和(4)的推论.

由上述定理的(1),(2)可得以下推论:

推论 2 若向量 $\boldsymbol{\alpha}$ 是方阵 $\boldsymbol{A}_1,\boldsymbol{A}_2,\cdots,\boldsymbol{A}_m$ 的分别属于特征值 $\boldsymbol{\lambda}_1,\boldsymbol{\lambda}_2,\cdots,\boldsymbol{\lambda}_m$ 的一个特征向量,则 $\boldsymbol{\alpha}$ 也是线性组合 $k_1\boldsymbol{A}_1+k_2\boldsymbol{A}_2+\cdots+k_m\boldsymbol{A}_m$ 的属于特征值 $k_1\lambda_1+k_2\lambda_2+\cdots+k_m\lambda_m$ 的一个特征向量,其中 $k_1,k_2,\cdots,k_m$ 是任意一组数.

由上述定理的(1)、(2)、(3)可得以下推论:

推论 3 设 $f(x)=a_mx^m+a_{m-1}x^{m-1}+\cdots+a_0$ 是一个多项式,若向量 $\boldsymbol{\alpha}$ 是方阵 $\boldsymbol{A}$ 的属于特征值 λ 的一个特征向量,则 $\boldsymbol{\alpha}$ 是方阵

$$f(\boldsymbol{A})=a_m\boldsymbol{A}^m+a_{m-1}\boldsymbol{A}^{m-1}+\cdots+a_0\boldsymbol{E}$$

的属于特征值 $f(\lambda)$ 的一个特征向量.

注 若 λ 和 μ 分别是方阵 $\boldsymbol{A}$ 和 $\boldsymbol{B}$ 的特征值,则 $\lambda+\mu$ 未必是 $\boldsymbol{A}+\boldsymbol{B}$ 的特征值.

由于 $|\lambda\boldsymbol{E}-\boldsymbol{A}^{\mathrm{T}}|=|(\lambda\boldsymbol{E}-\boldsymbol{A})^{\mathrm{T}}|=|\lambda\boldsymbol{E}-\boldsymbol{A}|$，有以下定理：

定理 4.3　方阵 $\boldsymbol{A}$ 及其转置 $\boldsymbol{A}^{\mathrm{T}}$ 有相同的特征多项式，从而有相同的特征值.

注　$\boldsymbol{A}$ 与其转置 $\boldsymbol{A}^{\mathrm{T}}$ 虽然有相同的特征值，但是特征向量未必相同.

例如，在例 4.1 中，$\boldsymbol{\alpha}=\begin{pmatrix}4\\2\\1\end{pmatrix}$ 是 $\boldsymbol{A}=\begin{pmatrix}4&-1&-2\\2&1&-4\\-1&1&5\end{pmatrix}$ 的属于特征值 3 的特征向量，而由

$$\boldsymbol{A}^{\mathrm{T}}\boldsymbol{\alpha}=\begin{pmatrix}4&2&-1\\-1&1&1\\-2&-4&5\end{pmatrix}\begin{pmatrix}4\\2\\1\end{pmatrix}=\begin{pmatrix}19\\-1\\-11\end{pmatrix}$$

可知 $\boldsymbol{\alpha}$ 不是 $\boldsymbol{A}^{\mathrm{T}}$ 的特征向量.

定义 4.3　n 阶方阵 $\boldsymbol{A}=(a_{ij})$ 主对角线上的元素的和 $a_{11}+a_{22}+\cdots+a_{nn}$ 称为 $\boldsymbol{A}$ 的迹，记为 $\mathrm{tr}\boldsymbol{A}$.

定理 4.4　设 $\lambda_1,\lambda_2,\cdots,\lambda_n$ 是 n 阶方阵 $\boldsymbol{A}$ 的 n 个特征值. 则

(1) $\lambda_1+\lambda_2+\cdots+\lambda_n=\mathrm{tr}\boldsymbol{A}$.

(2) $\lambda_1\lambda_2\cdots\lambda_n=|\boldsymbol{A}|$.

证明　设 $\boldsymbol{A}=(a_{ij})$. 将特征多项式 $|\lambda\boldsymbol{E}-\boldsymbol{A}|$ 展开得

$$|\lambda\boldsymbol{E}-\boldsymbol{A}|=\begin{vmatrix}\lambda-a_{11}&-a_{12}&\cdots&-a_{1n}\\-a_{21}&\lambda-a_{22}&\cdots&-a_{2n}\\\vdots&\vdots&&\vdots\\-a_{n1}&-a_{n2}&\cdots&\lambda-a_{nn}\end{vmatrix}$$
$$=\lambda^n-(a_{11}+a_{22}+\cdots+a_{nn})\lambda^{n-1}+c_{n-2}\lambda^{n-2}+\cdots+c_0.$$

又 $\lambda_1,\lambda_2,\cdots,\lambda_n$ 是 $|\lambda\boldsymbol{E}-\boldsymbol{A}|=0$ 的所有根，由根与系数的关系可知

$$\lambda_1+\lambda_2+\cdots+\lambda_n=a_{11}+a_{22}+\cdots+a_{nn}=\mathrm{tr}\boldsymbol{A}$$
$$\lambda_1\lambda_2\cdots\lambda_n=(-1)^nc_0=|\boldsymbol{A}|$$

由定理 4.4 可见，矩阵 $\boldsymbol{A}$ 可逆的充分必要条件是 $\boldsymbol{A}$ 的所有特征值都不为零.

注　迹是方阵的一个简单而重要的量，利用矩阵的迹，有时对把握矩阵本身的性质有很大的帮助. 下面看一个例子：

例 4.5　设 $\boldsymbol{A}$ 为方阵，$k\neq0$. 则 $\boldsymbol{A}$ 与 $\boldsymbol{A}+k\boldsymbol{E}$ 的特征多项式一定不相同.

证明　由定理 4.4 知，若两个方阵有相同的特征多项式，则一定有相同的迹. 而由

$$\mathrm{tr}(\boldsymbol{A}+k\boldsymbol{E})=\mathrm{tr}\boldsymbol{A}+\mathrm{tr}(k\boldsymbol{E})\neq\mathrm{tr}\boldsymbol{A}$$

可知，$\boldsymbol{A}$ 与 $\boldsymbol{A}+k\boldsymbol{E}$ 的特征多项式不相同.

下面研究方阵 $\boldsymbol{A}$ 的特征向量之间线性关系，给出本节的几个重要定理：

定理 4.5　设 $\lambda_1,\lambda_2,\cdots,\lambda_m$ 是方阵 $\boldsymbol{A}$ 的 m 个不同的特征值. $\boldsymbol{\alpha}_1,\boldsymbol{\alpha}_2,\cdots,\boldsymbol{\alpha}_m$ 是

$\boldsymbol{A}$ 的分别属于$\lambda_1,\lambda_2,\cdots,\lambda_m$ 的特征向量. 则 $\boldsymbol{\alpha}_1,\boldsymbol{\alpha}_2,\cdots,\boldsymbol{\alpha}_m$ 是线性无关的.

证明 对 m 用数学归纳法. 当 $m=1$,由于 $\boldsymbol{\alpha}_1\neq\boldsymbol{0}$,因此 $\boldsymbol{\alpha}_1$ 线性无关.

假设 $m=p-1$ 时定理成立. 下面证明 $m=p$ 时的情形.

对于任意数 $k_1,k_2,\cdots,k_p$,若

$$k_1\boldsymbol{\alpha}_1+k_2\boldsymbol{\alpha}_2+\cdots+k_p\boldsymbol{\alpha}_p=\boldsymbol{0} \tag{4.6}$$

将上式两端左乘 $\boldsymbol{A}$ 并利用$\boldsymbol{A}\boldsymbol{\alpha}_i=\lambda_i\boldsymbol{\alpha}_i$ 得

$$k_1\lambda_1\boldsymbol{\alpha}_1+k_2\lambda_2\boldsymbol{\alpha}_2+\cdots+k_p\lambda_p\boldsymbol{\alpha}_p=\boldsymbol{0} \tag{4.7}$$

将(4.6)式乘以 λ_p 减去(4.7)式得

$$k_1(\lambda_p-\lambda_1)\boldsymbol{\alpha}_1+k_2(\lambda_p-\lambda_2)\boldsymbol{\alpha}_2+\cdots+k_{p-1}(\lambda_p-\lambda_{p-1})\boldsymbol{\alpha}_{p-1}=\boldsymbol{0} \tag{4.8}$$

由归纳假设,$\boldsymbol{\alpha}_1,\boldsymbol{\alpha}_2,\cdots,\boldsymbol{\alpha}_{p-1}$线性无关. 因此

$$k_1(\lambda_p-\lambda_1)=k_2(\lambda_p-\lambda_2)=\cdots=k_{p-1}(\lambda_p-\lambda_{p-1})=0$$

又因 $\lambda_1,\lambda_2,\cdots,\lambda_p$ 两两不同,所以

$$k_1=k_2=\cdots=k_{p-1}=0 \tag{4.9}$$

将(4.9)式代入(4.6)式得 $k_p\boldsymbol{\alpha}_p=0$. 又因 $\boldsymbol{\alpha}_p\neq\boldsymbol{0}$,所以 $k_p=0$.

从而 $\boldsymbol{\alpha}_1,\boldsymbol{\alpha}_2,\cdots,\boldsymbol{\alpha}_p$ 线性无关. 这就证明了 $m=p$ 时定理成立.

类似地,可证明如下定理,证明过程留给读者.

定理 4.6 设$\lambda_1,\lambda_2,\cdots,\lambda_m$ 是方阵$\boldsymbol{A}$ 的 m 个不同的特征值. $\boldsymbol{\alpha}_{i1},\boldsymbol{\alpha}_{i2},\cdots,\boldsymbol{\alpha}_{ir_i}$ 是 $\boldsymbol{A}$ 的属于λ_i 的线性无关的特征向量,$i=1,2,\cdots,m$. 则

$$\boldsymbol{\alpha}_{11},\boldsymbol{\alpha}_{12},\cdots,\boldsymbol{\alpha}_{1r_1},\boldsymbol{\alpha}_{21},\boldsymbol{\alpha}_{22},\cdots,\boldsymbol{\alpha}_{2r_2},\cdots,\boldsymbol{\alpha}_{m1},\boldsymbol{\alpha}_{m2},\cdots,\boldsymbol{\alpha}_{mr_m}$$

是线性无关的.

定理 4.7 设λ 是n 阶方阵$\boldsymbol{A}$ 的k 重特征值. 则$\boldsymbol{A}$ 的属于λ 的线性无关的特征向量至多有k 个.

(定理的证明见 4.2 节).

以后将看到,属于不同特征值的特征向量线性无关这一事实有很重要的应用,下面先看一个利用此事实讨论特征向量的例子.

例 4.6 设$\boldsymbol{\alpha}$ 和$\boldsymbol{\beta}$是方阵$\boldsymbol{A}$ 的分别属于不同特征值λ 和 μ 的特征向量,$k,l\neq0$,则 $k\boldsymbol{\alpha}+l\boldsymbol{\beta}$ 一定不是$\boldsymbol{A}$ 的特征向量.

证明 用反证法. 假设 $k\boldsymbol{\alpha}+l\boldsymbol{\beta}$ 是$\boldsymbol{A}$ 的属于特征值ν 的特征向量,则

$$\boldsymbol{A}(k\boldsymbol{\alpha}+l\boldsymbol{\beta})=\nu(k\boldsymbol{\alpha}+l\boldsymbol{\beta})=k\nu\boldsymbol{\alpha}+l\nu\boldsymbol{\beta}$$

另一方面,由 $\boldsymbol{\alpha}$ 和$\boldsymbol{\beta}$ 是$\boldsymbol{A}$ 的分别属于特征值λ 和μ 的特征向量,得

$$\boldsymbol{A}(k\boldsymbol{\alpha}+l\boldsymbol{\beta})=k\boldsymbol{A}\boldsymbol{\alpha}+l\boldsymbol{A}\boldsymbol{\beta}=k\lambda\boldsymbol{\alpha}+l\mu\boldsymbol{\beta}$$

上两式相减得

$$k(\nu-\lambda)\boldsymbol{\alpha}+l(\nu-\mu)\boldsymbol{\beta}=\boldsymbol{0}$$

由定理 4.5 知,$\boldsymbol{\alpha}$ 和$\boldsymbol{\beta}$线性无关. 因此由上式得$k(\nu-\lambda)=l(\nu-\mu)=0$. 又因$k,l\neq0$,所以$\nu-\lambda=\nu-\mu=0$,即$\lambda=\mu$,这与$\lambda$ 和μ 是$\boldsymbol{A}$ 的不同特征值矛盾.

习 题 4.1

1. 求下列矩阵的特征值与特征向量

(1) $A=\begin{pmatrix}1 & 3\\ 4 & 2\end{pmatrix}$;　　(2) $A=\begin{pmatrix}0 & 1\\ -4 & 4\end{pmatrix}$;

(3) $A=\begin{pmatrix}4 & -1 & 0\\ -24 & 17 & -12\\ -36 & 22 & -14\end{pmatrix}$;　　(4) $A=\begin{pmatrix}-3 & 3 & -18\\ 0 & 3 & 0\\ 2 & -1 & 9\end{pmatrix}$.

2. 若存在正整数 k 使得 $\boldsymbol{A}^k=\boldsymbol{0}$,则称方阵 $\boldsymbol{A}$ 为幂零阵. 证明:幂零阵的特征值全为 0.

3. 设 1 是 n 阶方阵 $\boldsymbol{A}$ 和 $\boldsymbol{B}$ 的特征值,$\boldsymbol{AB}=\boldsymbol{0}$,$\boldsymbol{\alpha}_1$ 和 $\boldsymbol{\alpha}_2$ 分别是 $\boldsymbol{A}$ 和 $\boldsymbol{B}$ 的属于特征值 1 的特征向量. 证明 $\boldsymbol{\alpha}_1$ 与 $\boldsymbol{\alpha}_2$ 线性无关.

4.2 相似矩阵与方阵的对角化

4.2.1 相似矩阵及其性质

定义 4.4 设 $\boldsymbol{A},\boldsymbol{B}$ 都是 n 阶方阵. 若存在 n 阶可逆矩阵 $\boldsymbol{P}$,使得

$$\boldsymbol{B}=\boldsymbol{P}^{-1}\boldsymbol{AP}, \tag{4.10}$$

则称 $\boldsymbol{A}$ 与 $\boldsymbol{B}$ 相似,记为 $\boldsymbol{A}\sim\boldsymbol{B}$.

注 由定义易见,相似的矩阵一定是等价的.

矩阵的相似关系满足以下基本性质:

(1) 自反性:$\boldsymbol{A}\sim\boldsymbol{A}$.

(2) 对称性:若 $\boldsymbol{A}\sim\boldsymbol{B}$,则 $\boldsymbol{B}\sim\boldsymbol{A}$(若 $\boldsymbol{P}$ 可逆,由 $\boldsymbol{B}=\boldsymbol{P}^{-1}\boldsymbol{AP}$,得 $\boldsymbol{A}=\boldsymbol{PBP}^{-1}=(\boldsymbol{P}^{-1})^{-1}\boldsymbol{BP}^{-1}$).

(3) 传递性:若 $\boldsymbol{A}\sim\boldsymbol{B}$,$\boldsymbol{B}\sim\boldsymbol{C}$,则 $\boldsymbol{A}\sim\boldsymbol{C}$(由 $\boldsymbol{B}=\boldsymbol{P}^{-1}\boldsymbol{AP}$,$\boldsymbol{C}=\boldsymbol{Q}^{-1}\boldsymbol{BQ}$,有 $\boldsymbol{C}=\boldsymbol{Q}^{-1}\boldsymbol{BQ}=\boldsymbol{Q}^{-1}\boldsymbol{P}^{-1}\boldsymbol{APQ}=(\boldsymbol{PQ})^{-1}\boldsymbol{APQ}$).

从以下定理可以看出,相似的矩阵具有很多共同属性.

定理 4.8 若 $\boldsymbol{A}\sim\boldsymbol{B}$,则

(1) $\boldsymbol{A}$ 与 $\boldsymbol{B}$ 具有相同的特征多项式;

(2) $\boldsymbol{A}$ 与 $\boldsymbol{B}$ 具有相同的特征值;

(3) $\boldsymbol{A}$ 与 $\boldsymbol{B}$ 具有相同的行列式;

(4) $\boldsymbol{A}$ 与 $\boldsymbol{B}$ 具有相同的迹;

(5) $\boldsymbol{A}$ 与 $\boldsymbol{B}$ 具有相同的秩.

证明由读者自行完成.

注　两个矩阵即使具有上述所有的共同属性也不一定相似.

例如，$\boldsymbol{A}=\begin{pmatrix}1&1\\0&1\end{pmatrix}$和$\boldsymbol{E}=\begin{pmatrix}1&0\\0&1\end{pmatrix}$具有上述所有的共同属性，但$\boldsymbol{A}$与$\boldsymbol{E}$并不相似.

定理 4.9　若矩阵$\boldsymbol{A}\sim\boldsymbol{B}$，则

(1) $\boldsymbol{A}^{\mathrm{T}}\sim\boldsymbol{B}^{\mathrm{T}}$.

(2) 对于任意数k，正整数m，有$k\boldsymbol{A}\sim k\boldsymbol{B}$，$\boldsymbol{A}^m\sim\boldsymbol{B}^m$. 一般地，对于任意多项式$f(x)$，有$f(\boldsymbol{A})\sim f(\boldsymbol{B})$.

(3) 若$\boldsymbol{A}$可逆，则$\boldsymbol{B}$也可逆，且$\boldsymbol{A}^{-1}\sim\boldsymbol{B}^{-1}$.

证明由读者自行完成.

作为定理 4.8 的应用，来证明定理 4.7：

* **定理 4.7 的证明**　用反证法. 假设 A 有$m>k$个属于λ的线性无关的特征向量$\boldsymbol{\alpha}_1,\boldsymbol{\alpha}_2,\cdots,\boldsymbol{\alpha}_m$. 添加$n-m$个向量$\boldsymbol{\alpha}_{m+1},\cdots,\boldsymbol{\alpha}_n$，使得$\boldsymbol{\alpha}_1,\boldsymbol{\alpha}_2,\cdots,\boldsymbol{\alpha}_n$成为$n$个线性无关的向量，令$\boldsymbol{P}=(\boldsymbol{\alpha}_1,\boldsymbol{\alpha}_2,\cdots,\boldsymbol{\alpha}_n)$. 则$\boldsymbol{P}$可逆. 因为$\boldsymbol{\alpha}_1,\boldsymbol{\alpha}_2,\cdots,\boldsymbol{\alpha}_m$为$\boldsymbol{A}$的属于$\lambda$的特征向量，所以有

$$\boldsymbol{A}\boldsymbol{\alpha}_j=\lambda\boldsymbol{\alpha}_j,\quad j=1,2,\cdots,m$$

而对于$j=m+1,m+2,\cdots,n$，因$\boldsymbol{\alpha}_1,\boldsymbol{\alpha}_2,\cdots,\boldsymbol{\alpha}_n$是$n$个线性无关的$n$维向量，故向量$\boldsymbol{A}\boldsymbol{\alpha}_j$可被$\boldsymbol{\alpha}_1,\boldsymbol{\alpha}_2,\cdots,\boldsymbol{\alpha}_n$线性表出$\boldsymbol{A}\boldsymbol{\alpha}_j=b_{1j}\boldsymbol{\alpha}_1+b_{2j}\boldsymbol{\alpha}_2+\cdots+b_{nj}\boldsymbol{\alpha}_n$，$j=m+1,m+2,\cdots,n$.
因此$\boldsymbol{AP}=\boldsymbol{PB}$，其中

$$\boldsymbol{B}=\begin{pmatrix}\lambda & & & b_{1,m+1} & \cdots & b_{1n}\\ & \ddots & & \vdots & & \vdots\\ & & \lambda & b_{m,m+1} & \cdots & b_{mn}\\ & & & b_{m+1,m+1} & \cdots & b_{m+1,n}\\ & & & \vdots & & \vdots\\ & & & b_{n,m+1} & \cdots & b_{nn}\end{pmatrix}$$

即

$$\boldsymbol{P}^{-1}\boldsymbol{AP}=\boldsymbol{B}$$

因此$\boldsymbol{A}\sim\boldsymbol{B}$. 从而由定理 4.8 知，$\boldsymbol{A}$与$\boldsymbol{B}$有相同的特征值. 而显然$\lambda$至少是$\boldsymbol{B}$的$m>k$重特征值，这与$\lambda$是$\boldsymbol{A}$的$k$重特征值相矛盾.

例 4.7　设$\boldsymbol{A}=\begin{pmatrix}1&0&2\\-2&x&4\\0&0&2\end{pmatrix}$，$\boldsymbol{B}=\begin{pmatrix}-1&-6&3\\-2&-2&2\\-6&-12&y\end{pmatrix}$，$\boldsymbol{A}\sim\boldsymbol{B}$. 求$x,y$.

解　因为$\boldsymbol{A}\sim\boldsymbol{B}$. 所以$|\boldsymbol{A}|=|\boldsymbol{B}|$，$\mathrm{tr}\boldsymbol{A}=\mathrm{tr}\boldsymbol{B}$. 即

$$\begin{cases}2x=84-10y\\x+3=y-3\end{cases}$$

解得 $x=2, y=8$.

4.2.2　方阵的对角化

定义 4.5　若方阵 $\boldsymbol{A}$ 与某个对角矩阵相似,则称方阵 $\boldsymbol{A}$ 是可对角化的.

定理 4.10　n 阶方阵 $\boldsymbol{A}$ 是可对角化的充要条件为 $\boldsymbol{A}$ 有 n 个线性无关的特征向量.

证明　必要性　若 $\boldsymbol{A}$ 可对角化,则存在可逆矩阵 $\boldsymbol{P}$ 与对角矩阵 $\boldsymbol{D}=\mathrm{diag}(\lambda_1, \lambda_2, \cdots, \lambda_n)$ 使得 $\boldsymbol{P}^{-1}\boldsymbol{AP}=\boldsymbol{D}$,即 $\boldsymbol{AP}=\boldsymbol{PD}$. 设 $\boldsymbol{P}=(\boldsymbol{\alpha}_1, \boldsymbol{\alpha}_2, \cdots, \boldsymbol{\alpha}_n)$,则有

$$\boldsymbol{A}(\boldsymbol{\alpha}_1, \boldsymbol{\alpha}_2, \cdots, \boldsymbol{\alpha}_n)=(\boldsymbol{\alpha}_1, \boldsymbol{\alpha}_2, \cdots, \boldsymbol{\alpha}_n)\begin{pmatrix} \lambda_1 & & & \\ & \lambda_2 & & \\ & & \ddots & \\ & & & \lambda_n \end{pmatrix}$$

即

$$\boldsymbol{A}(\boldsymbol{\alpha}_1, \boldsymbol{\alpha}_2, \cdots, \boldsymbol{\alpha}_n)=(\lambda_1\boldsymbol{\alpha}_1, \lambda_2\boldsymbol{\alpha}_2, \cdots, \lambda_n\boldsymbol{\alpha}_n)$$

因此有 $\boldsymbol{A\alpha}_i=\lambda_i\boldsymbol{\alpha}_i, i=1,2,\cdots,n$. 因为 $\boldsymbol{P}$ 可逆,向量组 $\boldsymbol{\alpha}_1, \boldsymbol{\alpha}_2, \cdots, \boldsymbol{\alpha}_n$ 线性无关,从而 $\boldsymbol{\alpha}_i\neq\boldsymbol{0}$. 因此 $\boldsymbol{\alpha}_1, \boldsymbol{\alpha}_2, \cdots, \boldsymbol{\alpha}_n$ 是 $\boldsymbol{A}$ 的分别属于 $\lambda_1, \lambda_2, \cdots, \lambda_n$ 的线性无关的特征向量.

充分性　设 $\boldsymbol{\alpha}_1, \boldsymbol{\alpha}_2, \cdots, \boldsymbol{\alpha}_n$ 是 $\boldsymbol{A}$ 的分别属于 $\lambda_1, \lambda_2, \cdots, \lambda_n$ 的线性无关的特征向量. 则 $\boldsymbol{A\alpha}_i=\lambda_i\boldsymbol{\alpha}_i, i=1,2,\cdots,n$. 因此 $\boldsymbol{A}(\boldsymbol{\alpha}_1, \boldsymbol{\alpha}_2, \cdots, \boldsymbol{\alpha}_n)=(\lambda_1\boldsymbol{\alpha}_1, \lambda_2\boldsymbol{\alpha}_2, \cdots, \lambda_n\boldsymbol{\alpha}_n)$,即

$$\boldsymbol{A}(\boldsymbol{\alpha}_1, \boldsymbol{\alpha}_2, \cdots, \boldsymbol{\alpha}_n)=(\boldsymbol{\alpha}_1, \boldsymbol{\alpha}_2, \cdots, \boldsymbol{\alpha}_n)\begin{pmatrix} \lambda_1 & & & \\ & \lambda_2 & & \\ & & \ddots & \\ & & & \lambda_n \end{pmatrix}$$

令 $\boldsymbol{P}=(\boldsymbol{\alpha}_1, \boldsymbol{\alpha}_2, \cdots, \boldsymbol{\alpha}_n)$, $\boldsymbol{D}=\mathrm{diag}(\lambda_1, \lambda_2, \cdots, \lambda_n)$. 则上式即为 $\boldsymbol{AP}=\boldsymbol{PD}$. 又 $\boldsymbol{P}$ 可逆. 从而 $\boldsymbol{P}^{-1}\boldsymbol{AP}=\boldsymbol{D}$. 所以 $\boldsymbol{A}$ 可对角化.

由定理 4.5 和定理 4.10 可得以下推论.

推论 4　若 n 阶方阵 $\boldsymbol{A}$ 有 n 个不同的特征值,则 $\boldsymbol{A}$ 是可对角化的.

由定理 4.6,定理 4.7 和定理 4.10 可得以下推论:

推论 5　n 阶方阵 $\boldsymbol{A}$ 是可对角化的充要条件为 $\boldsymbol{A}$ 的每个 k 重特征值都有 k 个线性无关的特征向量.

定理 4.10 的证明过程实际上给出了将方阵对角化的具体步骤:

(1) 求出 $\boldsymbol{A}$ 的所有不同的特征值 $\lambda_1, \lambda_2, \cdots, \lambda_m$ 及它们的重数 $n_1, n_2, \cdots, n_m$.

(2) 对于每个 $\lambda_i(i=1,2,\cdots,m)$,求出线性方程组 $(\lambda_i\boldsymbol{E}-\boldsymbol{A})\boldsymbol{x}=\boldsymbol{0}$ 的一个基础解系 $\boldsymbol{\alpha}_{i1}, \boldsymbol{\alpha}_{i2}, \cdots, \boldsymbol{\alpha}_{ir_i}$.

(3) 若对所有的 $i=1,2,\cdots,m, r_i=n_i$,则 $\boldsymbol{A}$ 是可对角化的. 否则 $\boldsymbol{A}$ 不可对角化.

(4) 当 $\boldsymbol{A}$ 可对角化时，写出可逆矩阵

$$\boldsymbol{P}=(\boldsymbol{\alpha}_{11},\boldsymbol{\alpha}_{12},\cdots,\boldsymbol{\alpha}_{1n_1},\boldsymbol{\alpha}_{21},\boldsymbol{\alpha}_{22},\cdots,\boldsymbol{\alpha}_{2n_2},\cdots,\boldsymbol{\alpha}_{m1},\boldsymbol{\alpha}_{m2},\cdots,\boldsymbol{\alpha}_{mn_m})$$

则

$$\boldsymbol{P}^{-1}\boldsymbol{AP}=\mathrm{diag}(\lambda_1,\cdots,\lambda_1,\lambda_2\cdots,\lambda_2,\lambda_m,\cdots,\lambda_m)$$

例 4.8　问：例 4.1 中的矩阵 $\boldsymbol{A}$ 可否对角化？若能对角化，试将其对角化.

解　由例 4.2 知，矩阵 $\boldsymbol{A}$ 的特征值为 $\lambda_1=\lambda_2=3$(重数为 2)，$\lambda_3=4$(重数为 1). 将 $\lambda_1=\lambda_2=3$ 代入 $(\lambda\boldsymbol{E}-\boldsymbol{A})\boldsymbol{x}=\boldsymbol{0}$，在例 4.2 中已求得它的一个基础解系为

$$\boldsymbol{\alpha}_1=(1,1,0)^{\mathrm{T}},\quad \boldsymbol{\alpha}_2=(2,0,1)^{\mathrm{T}}$$

将 $\lambda_3=4$ 代入 $(\lambda\boldsymbol{E}-\boldsymbol{A})\boldsymbol{x}=\boldsymbol{0}$，已求得它的一个基础解系为

$$\boldsymbol{\alpha}_3=(-1,-2,1)^{\mathrm{T}}$$

故得到 $\boldsymbol{A}$ 有 3 个线性无关的特征向量，因此 $\boldsymbol{A}$ 可对角化.

取 $\boldsymbol{P}=(\boldsymbol{\alpha}_1,\boldsymbol{\alpha}_2,\boldsymbol{\alpha}_3)=\begin{pmatrix}1&2&-1\\1&0&-2\\0&1&1\end{pmatrix}$，则 $\boldsymbol{P}^{-1}\boldsymbol{AP}=\begin{pmatrix}3&&\\&3&\\&&4\end{pmatrix}$.

例 4.9　问：例 4.3 中的矩阵 $\boldsymbol{A}$ 可否对角化？若能对角化，试将其对角化.

解　由例 4.3 知，矩阵 $\boldsymbol{A}$ 的特征值为 $\lambda_1=\lambda_2=2$(二重)与 $\lambda_3=-3$(一重). 将二重特征值 $\lambda_1=\lambda_2=2$ 代入 $(\lambda\boldsymbol{E}-\boldsymbol{A})\boldsymbol{x}=\boldsymbol{0}$，已求得它的基础解系中只有一个向量. 由于线性无关的特征向量个数小于特征值的重数，所以 $\boldsymbol{A}$ 不可对角化.

作为一种应用，可以利用对角化的方法，求出可对角化矩阵的“高次”幂.

例 4.10　设 $\boldsymbol{A}=\begin{pmatrix}-8&2&5\\-8&3&4\\-18&4&11\end{pmatrix}$，求 $\boldsymbol{A}^{1000}$.

解　$\boldsymbol{A}$ 的特征多项式为

$$|\lambda\boldsymbol{E}-\boldsymbol{A}|=\lambda^3-6\lambda^2+11\lambda-6=(\lambda-1)(\lambda-2)(\lambda-3)$$

因此 $\boldsymbol{A}$ 有三个不同的特征值 $\lambda_1=1,\lambda_2=2,\lambda_3=3$，故 $\boldsymbol{A}$ 可对角化.

把三个特征值分别代入 $(\lambda\boldsymbol{E}-\boldsymbol{A})\boldsymbol{x}=\boldsymbol{0}$ 并依次求得基础解系分别为

$$\boldsymbol{\alpha}_1=\begin{pmatrix}1\\2\\1\end{pmatrix},\quad \boldsymbol{\alpha}_2=\begin{pmatrix}1\\0\\2\end{pmatrix},\quad \boldsymbol{\alpha}_3=\begin{pmatrix}2\\1\\4\end{pmatrix}.$$

令

$$\boldsymbol{P}=(\boldsymbol{\alpha}_1,\boldsymbol{\alpha}_2,\boldsymbol{\alpha}_3)=\begin{pmatrix}1&1&2\\2&0&1\\1&2&4\end{pmatrix},\quad \boldsymbol{D}=\begin{pmatrix}1&&\\&2&\\&&3\end{pmatrix},$$

则有

$$\boldsymbol{P}^{-1}\boldsymbol{AP}=\boldsymbol{D}.$$

因此

$$A^{1000}=(PDP^{-1})^{1000}=\overbrace{(PDP^{-1})(PDP^{-1})\cdots(PDP^{-1})}^{1000\text{个}}=PD^{1000}P^{-1}$$

$$=\begin{pmatrix}1&1&2\\2&0&1\\1&2&4\end{pmatrix}\begin{pmatrix}1&&\\&2&\\&&3\end{pmatrix}^{1000}\begin{pmatrix}1&1&2\\2&0&1\\1&2&4\end{pmatrix}^{-1}$$

$$=\begin{pmatrix}1&1&2\\2&0&1\\1&2&4\end{pmatrix}\begin{pmatrix}1&&\\&2^{1000}&\\&&3^{1000}\end{pmatrix}\begin{pmatrix}2&0&-1\\7&-2&-3\\-4&1&2\end{pmatrix}$$

$$=\begin{pmatrix}2+7\times2^{1000}-8\times3^{1000}&-2(2^{1000}-3^{1000})&-1-3\times2^{1000}+4\times3^{1000}\\4(1-3^{1000})&3^{1000}&2(-1+3^{1000})\\2(1+7\times2^{1000}-8\times3^{1000})&-4(2^{1000}-3^{1000})&-1-6\times2^{1000}+8\times3^{1000}\end{pmatrix}.$$

下面给出矩阵对角化求幂的一个应用实例.

***例 4.11**　常染色体遗传模型①

为了揭示生命的奥秘,遗传学的研究已引起了人们的广泛兴趣. 动植物在产生下一代的过程中,总是将自己的特征遗传给下一代,从而完成一种“生命的延续”.

在常染色体遗传中,后代从每个亲体的基因对中各继承一个基因,形成自己的基因对. 人类眼睛颜色即是通过常染色体控制的,其特征遗传由两个基因 R 和 r 控制. 基因对是 RR 和 Rr 的人,眼睛是棕色,基因对是 rr 的人,眼睛为蓝色. 由于 RR 和 Rr 都表示了同一外部特征,或认为基因 R 支配 r,也可认为基因 r 对于基因 R 来说是隐性的(或称 R 为显性基因,r 为隐性基因).

下面选取一个常染色体遗传——植物后代问题进行讨论.

某植物园中植物的基因型为 RR,Rr,rr. 人们计划用 RR 型植物与每种基因型植物相结合的方案培育植物后代. 经过若干年后,这种植物后代的三种基因型分布将出现什么情形?

假设 $a_n,b_n,c_n(n=0,1,\cdots)$ 分别代表第 n 代植物中,基因型为 RR,Rr 和 rr 的植物占植物总数的百分率,令

$$\boldsymbol{x}^{(n)}=(a_n,b_n,c_n)^{\mathrm{T}}$$

为第 n 代植物的基因分布,$\boldsymbol{x}^{(0)}$ 表示植物基因型的初始分布. 显然,有

$$a_0+b_0+c_0=1 \tag{4.11}$$

先考虑第 n 代中的 RR 型: 第 $n-1$ 代 RR 型与 RR 型相结合,后代全部是 RR 型; 第 $n-1$ 代的 Rr 型与 RR 型相结合,后代是 RR 型的可能性为 $\frac{1}{2}$; $n-1$ 代的

① 引自: http://wenku.baidu.com/view/aeb0451aff00bed5b9f31d6e.html.

rr 型与 RR 型相结合，后代不可能是 RR 型. 因此，有

$$a_n=1\cdot a_{n-1}+\frac{1}{2}\cdot b_{n-1}+0\cdot c_{n-1} \tag{4.12}$$

同理，有

$$b_n=\frac{1}{2}b_{n-1}+c_{n-1} \tag{4.13}$$

$$c_n=0 \tag{4.14}$$

将(4.12)，(4.13)，(4.14)式相加，得

$$a_n+b_n+c_n=a_{n-1}+b_{n-1}+c_{n-1} \tag{4.15}$$

将(4.15)式递推，并利用(4.11)式，易得

$$a_n+b_n+c_n=1$$

我们利用矩阵表示(4.12)，(4.13)及(4.14)式，即

$$\boldsymbol{x}^{(n)}=\boldsymbol{A}\boldsymbol{x}^{(n-1)},\quad n=1,2,\cdots, \tag{4.16}$$

其中

$$\boldsymbol{A}=\begin{pmatrix}1 & \frac{1}{2} & 0\\ 0 & \frac{1}{2} & 1\\ 0 & 0 & 0\end{pmatrix}$$

这样，(4.16)式递推得到

$$\boldsymbol{x}^{(n)}=\boldsymbol{A}\boldsymbol{x}^{(n-1)}=\boldsymbol{A}^2\boldsymbol{x}^{(n-2)}=\cdots=\boldsymbol{A}^n\boldsymbol{x}^{(0)}. \tag{4.17}$$

(4.17)式即为第 n 代基因分布与初始分布的关系. 下面，我们计算 $\boldsymbol{A}^n$.

对矩阵 $\boldsymbol{A}$ 作相似变换，即寻求可逆矩阵 $\boldsymbol{P}$ 和对角阵 $\boldsymbol{D}$，使

$$\boldsymbol{P}^{-1}\boldsymbol{A}\boldsymbol{P}=\boldsymbol{D}$$

其中

$$\boldsymbol{D}=\begin{pmatrix}1 & 0 & 0\\ 0 & \frac{1}{2} & 0\\ 0 & 0 & 0\end{pmatrix},\quad \boldsymbol{P}=\boldsymbol{P}^{-1}=\begin{pmatrix}1 & 1 & 1\\ 0 & -1 & -2\\ 0 & 0 & 1\end{pmatrix}$$

这样，经(4.17)式得到

$$\boldsymbol{x}^{(n)}=(\boldsymbol{P}\boldsymbol{D}\boldsymbol{P}^{-1})^n\boldsymbol{x}^{(0)}=\boldsymbol{P}\boldsymbol{D}^n\boldsymbol{P}^{-1}\boldsymbol{x}^{(0)}$$

$$=\begin{pmatrix}1 & 1 & 1\\ 0 & -1 & -2\\ 0 & 0 & 1\end{pmatrix}\begin{pmatrix}1 & 0 & 0\\ 0 & \frac{1}{2^n} & 0\\ 0 & 0 & 0\end{pmatrix}\begin{pmatrix}1 & 1 & 1\\ 0 & -1 & -2\\ 0 & 0 & 1\end{pmatrix}\begin{pmatrix}a_0\\ b_0\\ c_0\end{pmatrix}$$

$$=\begin{pmatrix} a_0+b_0+c_0-\dfrac{1}{2^n}b_0-\dfrac{1}{2^{n-1}}c_0 \\ \dfrac{1}{2^n}b_0+\dfrac{1}{2^{n-1}}c_0 \\ 0 \end{pmatrix}$$

最终有

$$\begin{cases} a_n=1-\dfrac{1}{2^n}b_0-\dfrac{1}{2^{n-1}}c_0 \\ b_n=\dfrac{1}{2^n}b_0+\dfrac{1}{2^{n-1}}c_0 \\ c_n=0 \end{cases}$$

显然，当 $n\to+\infty$时，由上式，得到

$$a_n\to1,\quad b_n\to0,\quad c_n\to0.$$

即在足够长的时间后，培育出的植物基本上呈现 RR 型.

习　题　4.2

1. 若 $\boldsymbol{\alpha}$ 是 $\boldsymbol{A}$ 的属于特征值 λ 的特征向量，且 $\boldsymbol{B}=\boldsymbol{P}^{-1}\boldsymbol{AP}$，证明：$\boldsymbol{P}^{-1}\boldsymbol{\alpha}$ 是 $\boldsymbol{B}$ 的属于特征值 λ 的特征向量.

2. 设 $\boldsymbol{A}=\begin{pmatrix} x & -24 & y \\ 9 & 17 & -6 \\ -3 & -6 & 5 \end{pmatrix}$，$\boldsymbol{B}=\begin{pmatrix} 5 & & \\ & z & \\ & & 2 \end{pmatrix}$. 若 $\boldsymbol{A}\sim\boldsymbol{B}$，求 x,y,z.

3. 设 $\boldsymbol{A},\boldsymbol{B}$ 是 n 阶方阵，且 $\boldsymbol{A}$ 可逆. 证明 $\boldsymbol{AB}$ 与 $\boldsymbol{BA}$ 相似.

4. 若 $\boldsymbol{A}\sim\boldsymbol{B}$，$\boldsymbol{C}\sim\boldsymbol{D}$，证明 $\begin{pmatrix} \boldsymbol{A} & \boldsymbol{O} \\ \boldsymbol{O} & \boldsymbol{C} \end{pmatrix}\sim\begin{pmatrix} \boldsymbol{B} & \boldsymbol{O} \\ \boldsymbol{O} & \boldsymbol{D} \end{pmatrix}$.

5. 判断下列矩阵 $\boldsymbol{A}$ 是否可对角化. 若可对角化，将 $\boldsymbol{A}$ 对角化，并求 $\boldsymbol{A}^n$.

(1) $\boldsymbol{A}=\begin{pmatrix} 1 & 6 \\ 2 & 5 \end{pmatrix}$；　　(2) $\boldsymbol{A}=\begin{pmatrix} 7 & -1 & -2 \\ 22 & -2 & -8 \\ 4 & -1 & 0 \end{pmatrix}$.

*6. 设 $\boldsymbol{A}\neq\boldsymbol{O}$ 是幂零阵. 证明 $\boldsymbol{A}$ 不可对角化.

*7. 设方阵 $\boldsymbol{A}$ 的特征值全为 ±1，且 $\boldsymbol{A}$ 可对角化. 证明 $\boldsymbol{A}^2=\boldsymbol{E}$.

4.3　正交矩阵

4.3.1　向量的内积

定义 4.6　若 n 维实向量 $\boldsymbol{\alpha}=(a_1,a_2,\cdots,a_n)^{\mathrm{T}}$ 和 $\boldsymbol{\beta}=(b_1,b_2,\cdots,b_n)^{\mathrm{T}}$，则称实

数 $a_1b_1+a_2b_2+\cdots+a_nb_n$ 为 $\boldsymbol{\alpha}$ 与 $\boldsymbol{\beta}$ 的内积,记为$(\boldsymbol{\alpha},\boldsymbol{\beta})$. 即 $(\boldsymbol{\alpha},\boldsymbol{\beta})=a_1b_1+a_2b_2+\cdots+a_nb_n$ 或 $(\boldsymbol{\alpha},\boldsymbol{\beta})=\boldsymbol{\alpha}^{\mathrm{T}}\boldsymbol{\beta}$

容易验证,内积具有如下性质($\boldsymbol{\alpha},\boldsymbol{\beta}$ 是向量,k 是数):

(1) $(\boldsymbol{\alpha},\boldsymbol{\beta})=(\boldsymbol{\beta},\boldsymbol{\alpha})$;

(2) $(k\boldsymbol{\alpha},\boldsymbol{\beta})=k(\boldsymbol{\alpha},\boldsymbol{\beta})$;

(3) $(\boldsymbol{\alpha}+\boldsymbol{\beta},\gamma)=(\boldsymbol{\alpha},\gamma)+(\boldsymbol{\beta},\gamma)$;

(4) $(\boldsymbol{\alpha},\boldsymbol{\alpha})\geqslant 0$,且$(\boldsymbol{\alpha},\boldsymbol{\alpha})=0$ 的充要条件是 $\boldsymbol{\alpha}=0$.

证明请读者自己完成.

例 4.12 已知 $\boldsymbol{\alpha}_1=(1,2,-1)^{\mathrm{T}},\boldsymbol{\alpha}_2=(0,-1,-2)^{\mathrm{T}}$,求$(\boldsymbol{\alpha}_1,\boldsymbol{\alpha}_2)$及$(3\boldsymbol{\alpha}_1+2\boldsymbol{\alpha}_2,\boldsymbol{\alpha}_1-\boldsymbol{\alpha}_2)$

解 $(\boldsymbol{\alpha}_1,\boldsymbol{\alpha}_2)=1\times 0+2\times(-1)+(-1)\times(-2)=0$

$$\begin{aligned}(3\boldsymbol{\alpha}_1+2\boldsymbol{\alpha}_2,\boldsymbol{\alpha}_1-\boldsymbol{\alpha}_2)&=3(\boldsymbol{\alpha}_1,\boldsymbol{\alpha}_1-\boldsymbol{\alpha}_2)+2(\boldsymbol{\alpha}_2,\boldsymbol{\alpha}_1-\boldsymbol{\alpha}_2)\\&=3(\boldsymbol{\alpha}_1,\boldsymbol{\alpha}_1)-3(\boldsymbol{\alpha}_1,\boldsymbol{\alpha}_2)+2(\boldsymbol{\alpha}_2,\boldsymbol{\alpha}_1)-2(\boldsymbol{\alpha}_2,\boldsymbol{\alpha}_2)\\&=3\times 6-3\times 0+2\times 0-2\times 5=18-10=8\end{aligned}$$

定义 4.7 对 n 维实向量 $\boldsymbol{\alpha}=(a_1,a_2,\cdots,a_n)^{\mathrm{T}}$,称实数 $\sqrt{(\boldsymbol{\alpha},\boldsymbol{\alpha})}$ 为向量 $\boldsymbol{\alpha}$ 的长度或模,记为 $\|\boldsymbol{\alpha}\|$. 即

$$\|\boldsymbol{\alpha}\|=\sqrt{(\boldsymbol{\alpha},\boldsymbol{\alpha})}=\sqrt{a_1^2+a_2^2+\cdots+a_n^2}$$

并称长度为 1 的向量为单位向量.

显然,任何非零向量的长度大于零,只有零向量的长度为零.

由向量长度的定义可以证明下列性质($\boldsymbol{\alpha},\boldsymbol{\beta}$ 是向量,k 是数):

(1) $\|\boldsymbol{\alpha}\|\geqslant 0$ 且 $\|\boldsymbol{\alpha}\|=0$ 的充分必要条件是 $\boldsymbol{\alpha}=\mathbf{0}$;

(2) $\|k\boldsymbol{\alpha}\|=|k|\,\|\boldsymbol{\alpha}\|$;

(3) $\|\boldsymbol{\alpha}+\boldsymbol{\beta}\|\leqslant\|\boldsymbol{\alpha}\|+\|\boldsymbol{\beta}\|$;

(4) $|(\boldsymbol{\alpha},\boldsymbol{\beta})|\leqslant\|\boldsymbol{\alpha}\|\cdot\|\boldsymbol{\beta}\|$.

由(2)得,任何非零向量都可以单位化,即若 $\boldsymbol{\alpha}\neq\mathbf{0}$,则与向量 $\boldsymbol{\alpha}$"同向"的单位向量为 $\boldsymbol{\varepsilon}_{\alpha}=\dfrac{\boldsymbol{\alpha}}{\|\boldsymbol{\alpha}\|}$.

例 4.13 已知 4 维向量 $\boldsymbol{\alpha}=(1,1,1,-1)^{\mathrm{T}}$,求 $\boldsymbol{\alpha}$ 的单位化向量 $\boldsymbol{\varepsilon}_{\alpha}$.

解 由于 $\|\alpha\|=\sqrt{1^2+1^2+1^2+(-1)^2}=2$,所以 $\boldsymbol{\alpha}$ 的单位化向量 $\boldsymbol{\varepsilon}_{\alpha}=\dfrac{1}{2}\boldsymbol{\alpha}=\left(\dfrac{1}{2},\dfrac{1}{2},\dfrac{1}{2},-\dfrac{1}{2}\right)^{\mathrm{T}}$.

4.3.2 正交向量组

定义 4.8 对于 n 维实向量 $\boldsymbol{\alpha}=(a_1,a_2,\cdots,a_n)^{\mathrm{T}}$ 和 $\boldsymbol{\beta}=(b_1,b_2,\cdots,b_n)^{\mathrm{T}}$,若

$(\boldsymbol{\alpha},\boldsymbol{\beta})=0$,则称向量 $\boldsymbol{\alpha}$ 与 $\boldsymbol{\beta}$ 正交,记为 $\boldsymbol{\alpha}\perp\boldsymbol{\beta}$.

例如,零向量与任何向量正交;又如,例 4.12 中的 $\boldsymbol{\alpha}_1$ 与 $\boldsymbol{\alpha}_2$ 是正交的.

定义 4.9　设 $\boldsymbol{\alpha}_1,\boldsymbol{\alpha}_2,\cdots,\boldsymbol{\alpha}_s$ 是一组非零的 n 维向量组,若它们是两两正交的,则称它们为正交向量组;若 $\boldsymbol{\alpha}_1,\boldsymbol{\alpha}_2,\cdots,\boldsymbol{\alpha}_s$ 是正交向量组,且 $\boldsymbol{\alpha}_i(i=1,2,\cdots,s)$都是单位向量,则称 $\boldsymbol{\alpha}_1,\boldsymbol{\alpha}_2,\cdots,\boldsymbol{\alpha}_s$ 为标准正交向量组.

特别地,如果一向量组仅含一个非零向量,则认为该向量组是正交向量组.

例 4.14　已知 $\boldsymbol{\alpha}_1=(1,0,1)^{\mathrm{T}}$,$\boldsymbol{\alpha}_2=(1,0,-1)^{\mathrm{T}}$,$\boldsymbol{\alpha}_3=(0,1,0)^{\mathrm{T}}$,判断 $\boldsymbol{\alpha}_1,\boldsymbol{\alpha}_2,\boldsymbol{\alpha}_3$ 是否为正交向量组.

解　因为 $\boldsymbol{\alpha}_1,\boldsymbol{\alpha}_2,\boldsymbol{\alpha}_3$ 均是非零向量,且$(\boldsymbol{\alpha}_1,\boldsymbol{\alpha}_2)=0$,$(\boldsymbol{\alpha}_1,\boldsymbol{\alpha}_3)=0$,$(\boldsymbol{\alpha}_2,\boldsymbol{\alpha}_3)=0$,所以 $\boldsymbol{\alpha}_1,\boldsymbol{\alpha}_2,\boldsymbol{\alpha}_3$ 是正交向量组.

定理 4.11　若 $\boldsymbol{\alpha}_1,\boldsymbol{\alpha}_2,\cdots,\boldsymbol{\alpha}_s$ 是一正交向量组,则 $\boldsymbol{\alpha}_1,\boldsymbol{\alpha}_2,\cdots,\boldsymbol{\alpha}_s$ 是线性无关的.

证明　设存在一数组 $k_1,k_2,\cdots,k_s$,使得

$$k_1\boldsymbol{\alpha}_1+k_2\boldsymbol{\alpha}_2+\cdots+k_s\boldsymbol{\alpha}_s=\mathbf{0}$$

用 $\boldsymbol{\alpha}_i(i=1,2,\cdots,s)$与上式两边作内积得

$$(k_1\boldsymbol{\alpha}_1+k_2\boldsymbol{\alpha}_2+\cdots+k_s\boldsymbol{\alpha}_s,\boldsymbol{\alpha}_i)=(\mathbf{0},\boldsymbol{\alpha}_i)$$

即

$$k_1(\boldsymbol{\alpha}_1,\boldsymbol{\alpha}_i)+k_2(\boldsymbol{\alpha}_2,\boldsymbol{\alpha}_i)+\cdots+k_s(\boldsymbol{\alpha}_s,\boldsymbol{\alpha}_i)=0$$

由于 $\boldsymbol{\alpha}_i$ 与 $\boldsymbol{\alpha}_1,\cdots,\boldsymbol{\alpha}_{i-1},\boldsymbol{\alpha}_{i+1}\cdots,\boldsymbol{\alpha}_s$ 均正交,即

$$(\boldsymbol{\alpha}_j,\boldsymbol{\alpha}_i)=0\quad(j=1,\cdots,i-1,i+1\cdots,s)$$

故 $k_i(\boldsymbol{\alpha}_i,\boldsymbol{\alpha}_i)=0$ 又 $\boldsymbol{\alpha}_i\neq\mathbf{0}$,可得 $k_i=0(i=1,2,\cdots,s)$,所以 $\boldsymbol{\alpha}_1,\boldsymbol{\alpha}_2,\cdots,\boldsymbol{\alpha}_s$ 是线性无关的.

很明显,上述定理的逆定理不成立,如若 $\boldsymbol{\alpha}_1=(1,0,2)^{\mathrm{T}}$,$\boldsymbol{\alpha}_2=(1,0,-1)^{\mathrm{T}}$,$\boldsymbol{\alpha}_3=(0,1,0)^{\mathrm{T}}$ 是线性无关的,但它们不是正交向量组.

我们可以通过线性组合的方式,将一个线性无关的向量组改造成一个与它等价的正交向量组,即若 $\boldsymbol{\alpha}_1,\boldsymbol{\alpha}_2,\cdots,\boldsymbol{\alpha}_s$ 是线性无关的,可以由它导出一组正交向量组 $\boldsymbol{\beta}_1,\boldsymbol{\beta}_2,\cdots,\boldsymbol{\beta}_s$,使得向量组 $\boldsymbol{\alpha}_1,\boldsymbol{\alpha}_2,\cdots,\boldsymbol{\alpha}_s$ 与向量组 $\boldsymbol{\beta}_1,\boldsymbol{\beta}_2,\cdots,\boldsymbol{\beta}_s$ 是等价的. 这是一项非常有实际价值的工作,其方法是多种多样的.

下面不加证明地给出实现这一目标的一种方法——施密特(Schmidt)正交化方法:

设 $\boldsymbol{\alpha}_1,\boldsymbol{\alpha}_2,\cdots,\boldsymbol{\alpha}_s$ 是线性无关的,取

$$\boldsymbol{\beta}_1=\boldsymbol{\alpha}_1$$

$$\boldsymbol{\beta}_2=\boldsymbol{\alpha}_2-\frac{(\boldsymbol{\alpha}_2,\boldsymbol{\beta}_1)}{(\boldsymbol{\beta}_1,\boldsymbol{\beta}_1)}\boldsymbol{\beta}_1$$

$$\boldsymbol{\beta}_3=\boldsymbol{\alpha}_3-\frac{(\boldsymbol{\alpha}_3,\boldsymbol{\beta}_1)}{(\boldsymbol{\beta}_1,\boldsymbol{\beta}_1)}\boldsymbol{\beta}_1-\frac{(\boldsymbol{\alpha}_3,\boldsymbol{\beta}_2)}{(\boldsymbol{\beta}_2,\boldsymbol{\beta}_2)}\boldsymbol{\beta}_2$$

$$\cdots\cdots$$

$$\boldsymbol{\beta}_s=\boldsymbol{\alpha}_s-\frac{(\boldsymbol{\alpha}_s,\boldsymbol{\beta}_1)}{(\boldsymbol{\beta}_1,\boldsymbol{\beta}_1)}\boldsymbol{\beta}_1-\frac{(\boldsymbol{\alpha}_s,\boldsymbol{\beta}_2)}{(\boldsymbol{\beta}_2,\boldsymbol{\beta}_2)}\boldsymbol{\beta}_2-\cdots-\frac{(\boldsymbol{\alpha}_s,\boldsymbol{\beta}_{s-1})}{(\boldsymbol{\beta}_{s-1},\boldsymbol{\beta}_{s-1})}\boldsymbol{\beta}_{s-1}$$

则 $\boldsymbol{\beta}_1,\boldsymbol{\beta}_2,\cdots,\boldsymbol{\beta}_s$ 是一正交向量组,且 $\boldsymbol{\beta}_1,\boldsymbol{\beta}_2,\cdots,\boldsymbol{\beta}_s$ 与 $\boldsymbol{\alpha}_1,\boldsymbol{\alpha}_2,\cdots,\boldsymbol{\alpha}_s$ 等价.

进一步,将 $\boldsymbol{\beta}_1,\boldsymbol{\beta}_2,\cdots,\boldsymbol{\beta}_s$ 单位化,得到与 $\boldsymbol{\alpha}_1,\boldsymbol{\alpha}_2,\cdots,\boldsymbol{\alpha}_s$ 等价的标准正交向量组:令 $\boldsymbol{\gamma}_j=\frac{1}{\|\boldsymbol{\beta}_j\|}\boldsymbol{\beta}_j(j=1,2,\cdots,s)$,则 $\boldsymbol{\gamma}_1,\boldsymbol{\gamma}_2,\cdots,\boldsymbol{\gamma}_s$ 是一个标准正交向量组,且 $\boldsymbol{\gamma}_1,\boldsymbol{\gamma}_2,\cdots,\boldsymbol{\gamma}_s$ 与 $\boldsymbol{\alpha}_1,\boldsymbol{\alpha}_2,\cdots,\boldsymbol{\alpha}_s$ 等价.

例 4.15　已知向量组 $\boldsymbol{\alpha}_1=(1,1,0,0)^{\mathrm{T}},\boldsymbol{\alpha}_2=(1,0,1,0)^{\mathrm{T}},\boldsymbol{\alpha}_3=(-1,0,0,1)^{\mathrm{T}}$,利用施密特正交化方法将其标准正交化.

解　易见 $\boldsymbol{\alpha}_1,\boldsymbol{\alpha}_2,\boldsymbol{\alpha}_3$ 是线性无关的. 令

$$\boldsymbol{\beta}_1=\boldsymbol{\alpha}_1$$

$$\boldsymbol{\beta}_2=\boldsymbol{\alpha}_2-\frac{(\boldsymbol{\alpha}_2,\boldsymbol{\beta}_1)}{(\boldsymbol{\beta}_1,\boldsymbol{\beta}_1)}\boldsymbol{\beta}_1=(1,0,1,0)^{\mathrm{T}}-\frac{1}{2}(1,1,0,0)^{\mathrm{T}}=\left(\frac{1}{2},-\frac{1}{2},1,0\right)^{\mathrm{T}}$$

$$\boldsymbol{\beta}_3=\boldsymbol{\alpha}_3-\frac{(\boldsymbol{\alpha}_3,\boldsymbol{\beta}_1)}{(\boldsymbol{\beta}_1,\boldsymbol{\beta}_1)}\boldsymbol{\beta}_1-\frac{(\boldsymbol{\alpha}_3,\boldsymbol{\beta}_2)}{(\boldsymbol{\beta}_2,\boldsymbol{\beta}_2)}\boldsymbol{\beta}_2=\boldsymbol{\alpha}_3+\frac{1}{2}\boldsymbol{\beta}_1+\frac{1}{3}\boldsymbol{\beta}_2=\left(-\frac{1}{3},\frac{1}{3},\frac{1}{3},1\right)^{\mathrm{T}}$$

再令

$$\boldsymbol{\gamma}_1=\frac{1}{\|\boldsymbol{\beta}_1\|}\boldsymbol{\beta}_1=\left(\frac{\sqrt{2}}{2},\frac{\sqrt{2}}{2},0,0\right)^{\mathrm{T}}$$

$$\boldsymbol{\gamma}_2=\frac{1}{\|\boldsymbol{\beta}_2\|}\boldsymbol{\beta}_2=\left(\frac{\sqrt{6}}{6},-\frac{\sqrt{6}}{6},\frac{\sqrt{6}}{3},0\right)^{\mathrm{T}}$$

$$\boldsymbol{\gamma}_3=\frac{1}{\|\boldsymbol{\beta}_3\|}\boldsymbol{\beta}_3=\left(-\frac{\sqrt{3}}{6},\frac{\sqrt{3}}{6},\frac{\sqrt{3}}{6},\frac{\sqrt{3}}{2}\right)^{\mathrm{T}}$$

于是 $\boldsymbol{\alpha}_1,\boldsymbol{\alpha}_2,\boldsymbol{\alpha}_3$ 的标准正交化向量组为 $\boldsymbol{\gamma}_1,\boldsymbol{\gamma}_2,\boldsymbol{\gamma}_3$.

4.3.3　正交矩阵

定义 4.10　若 n 阶矩阵 $\boldsymbol{A}$ 满足:$\boldsymbol{A}^{\mathrm{T}}\boldsymbol{A}=\boldsymbol{E}$(即 $\boldsymbol{A}^{-1}=\boldsymbol{A}^{\mathrm{T}}$),则称 $\boldsymbol{A}$ 为正交矩阵.

例如

$$\boldsymbol{A}=\begin{pmatrix}\frac{\sqrt{2}}{2} & 0 & \frac{\sqrt{2}}{2}\\ 0 & 1 & 0\\ -\frac{\sqrt{2}}{2} & 0 & \frac{\sqrt{2}}{2}\end{pmatrix}$$

是三阶正交矩阵.

显然,正交矩阵具有下述性质.

(1) 正交矩阵的行列式值为±1;

(2) 正交矩阵的逆矩阵仍是正交矩阵；

(3) 两个正交矩阵的乘积仍是正交矩阵.

定理 4.12　若 $\boldsymbol{A}=(\boldsymbol{\alpha}_1,\boldsymbol{\alpha}_2,\cdots,\boldsymbol{\alpha}_n)$ 为正交矩阵的充分必要条件是 $\boldsymbol{\alpha}_1,\boldsymbol{\alpha}_2,\cdots,\boldsymbol{\alpha}_n$ 是标准正交向量组.

证明　设 $\boldsymbol{A}=(\boldsymbol{\alpha}_1,\boldsymbol{\alpha}_2,\cdots,\boldsymbol{\alpha}_n)$，这时 $\boldsymbol{A}^{\mathrm{T}}\boldsymbol{A}=\boldsymbol{E}$ 即为

$$\begin{pmatrix}\boldsymbol{\alpha}_1^{\mathrm{T}}\\ \boldsymbol{\alpha}_2^{\mathrm{T}}\\ \vdots\\ \boldsymbol{\alpha}_n^{\mathrm{T}}\end{pmatrix}(\boldsymbol{\alpha}_1,\boldsymbol{\alpha}_2,\cdots,\boldsymbol{\alpha}_n)=\begin{pmatrix}\boldsymbol{\alpha}_1^{\mathrm{T}}\boldsymbol{\alpha}_1 & \boldsymbol{\alpha}_1^{\mathrm{T}}\boldsymbol{\alpha}_2 & \cdots & \boldsymbol{\alpha}_1^{\mathrm{T}}\boldsymbol{\alpha}_n\\ \boldsymbol{\alpha}_2^{\mathrm{T}}\boldsymbol{\alpha}_1 & \boldsymbol{\alpha}_2^{\mathrm{T}}\boldsymbol{\alpha}_2 & \cdots & \boldsymbol{\alpha}_2^{\mathrm{T}}\boldsymbol{\alpha}_n\\ \vdots & \vdots & & \vdots\\ \boldsymbol{\alpha}_n^{\mathrm{T}}\boldsymbol{\alpha}_1 & \boldsymbol{\alpha}_n^{\mathrm{T}}\boldsymbol{\alpha}_2 & \cdots & \boldsymbol{\alpha}_n^{\mathrm{T}}\boldsymbol{\alpha}_n\end{pmatrix}=\boldsymbol{E} \tag{4.18}$$

即

$$(\boldsymbol{\alpha}_i,\boldsymbol{\alpha}_j)=\delta_{ij},\quad 其中\ \delta_{ij}=\begin{cases}1, i=j\\ 0, i\neq j\end{cases} \tag{4.19}$$

故有 $\boldsymbol{\alpha}_1,\boldsymbol{\alpha}_2,\cdots,\boldsymbol{\alpha}_n$ 是标准正交向量组. 反之，$\boldsymbol{\alpha}_1,\boldsymbol{\alpha}_2,\cdots,\boldsymbol{\alpha}_n$ 是标准正交向量组，则有(4.19)式，从而(4.18)成立，即 $\boldsymbol{A}$ 为正交矩阵.

习　题　4.3

1. 已知 $\mathbf{R}^3$ 中的两个向量 $\boldsymbol{\alpha}_1=(1,1,1)^{\mathrm{T}}$，$\boldsymbol{\alpha}_2=(1,-2,1)^{\mathrm{T}}$ 正交，试求一非零向量 $\boldsymbol{\alpha}_3$，使得 $\boldsymbol{\alpha}_1,\boldsymbol{\alpha}_2,\boldsymbol{\alpha}_3$ 为正交向量组.

2. 设向量 $\boldsymbol{\beta}$ 与 $\boldsymbol{\alpha}_1,\boldsymbol{\alpha}_2,\boldsymbol{\alpha}_3$ 都正交，证明：$\boldsymbol{\beta}$ 与 $\boldsymbol{\alpha}_1,\boldsymbol{\alpha}_2,\boldsymbol{\alpha}_3$ 的任一线性组合也正交.

3. 利用 Schmidt 正交化方法，求与下列向量组 $\boldsymbol{\alpha}_1,\boldsymbol{\alpha}_2,\boldsymbol{\alpha}_3$ 等价的标准正交向量组.

(1) $\boldsymbol{\alpha}_1=(1,1,0)^{\mathrm{T}}$，$\boldsymbol{\alpha}_2=(0,1,1)^{\mathrm{T}}$，$\boldsymbol{\alpha}_3=(1,1,-1)^{\mathrm{T}}$；

(2) $\boldsymbol{\alpha}_1=(1,1,0,1)^{\mathrm{T}}$，$\boldsymbol{\alpha}_2=(1,2,0,1)^{\mathrm{T}}$，$\boldsymbol{\alpha}_3=(0,-1,0,1)^{\mathrm{T}}$.

4. 判断下列矩阵哪几个是正交矩阵：

(1) $\begin{pmatrix}1 & -2\\ 1 & 2\end{pmatrix}$；(2) $\begin{pmatrix}\cos\theta & -\sin\theta\\ \sin\theta & \cos\theta\end{pmatrix}$；(3) $\begin{pmatrix}\frac{\sqrt{2}}{2} & \frac{\sqrt{2}}{2}\\ -\frac{\sqrt{2}}{2} & \frac{\sqrt{2}}{2}\end{pmatrix}$；(4) $\begin{pmatrix}1 & -1 & 1\\ 1 & 1 & -1\\ 0 & 2 & 1\end{pmatrix}$；

(5) $\begin{pmatrix}\frac{1}{9} & -\frac{8}{9} & -\frac{4}{9}\\ -\frac{8}{9} & \frac{1}{9} & -\frac{4}{9}\\ -\frac{4}{9} & -\frac{4}{9} & \frac{7}{9}\end{pmatrix}$.

5. 若 $\boldsymbol{A}$ 是 n 阶正交矩阵，$\boldsymbol{\alpha},\boldsymbol{\beta}$ 是 n 阶列向量，证明：$(\boldsymbol{A\alpha},\boldsymbol{A\beta})=(\boldsymbol{\alpha},\boldsymbol{\beta})$.

4.4　实对称矩阵的对角化

由 4.2 节的讨论知，不是所有的方阵都可对角化的. 本节讨论一种特殊的矩阵——实对称矩阵（即所有元素都是实数的对称矩阵）. 并证明：实对称矩阵不仅都可对角化，而且可正交相似于一个对角阵.

定义 4.11　设 $\boldsymbol{A},\boldsymbol{B}$ 都是 n 阶方阵. 若存在 n 阶正交矩阵 $\boldsymbol{C}$，使得 $\boldsymbol{B}=\boldsymbol{C}^{-1}\boldsymbol{AC}$，则称 $\boldsymbol{A}$ 与 $\boldsymbol{B}$ 正交相似.

显然，若 $\boldsymbol{A}$ 与 $\boldsymbol{B}$ 正交相似，则 $\boldsymbol{A}$ 与 $\boldsymbol{B}$ 是相似的；反之，不一定成立.

下面先说明，实对称矩阵的特征值与特征向量具有的特殊性质.

定理 4.13　实对称矩阵的特征值都是实数.

证明　设 λ 是实对称矩阵 $\boldsymbol{A}$ 的任一个特征值，$\boldsymbol{\alpha}$ 是 $\boldsymbol{A}$ 的属于 λ 的一个特征向量. 则

$$\boldsymbol{A\alpha}=\lambda\boldsymbol{\alpha} \tag{4.20}$$

由于 $\boldsymbol{A}$ 是实对称矩阵，有

$$\overline{\boldsymbol{A}}=\boldsymbol{A},\quad \boldsymbol{A}^{\mathrm{T}}=\boldsymbol{A}$$

因此，在(4.20)式两端取共轭，得

$$\boldsymbol{A}\overline{\boldsymbol{\alpha}}=\overline{\lambda}\overline{\boldsymbol{\alpha}} \tag{4.21}$$

在(4.21)式两端取转置，得 $\overline{\boldsymbol{\alpha}}^{\mathrm{T}}\boldsymbol{A}=\overline{\lambda}\overline{\boldsymbol{\alpha}}^{\mathrm{T}}$. 两端右乘 $\boldsymbol{\alpha}$ 得

$$\overline{\boldsymbol{\alpha}}^{\mathrm{T}}\boldsymbol{A\alpha}=\overline{\lambda}\overline{\boldsymbol{\alpha}}^{\mathrm{T}}\boldsymbol{\alpha}$$

在(4.20)两端左乘 $\overline{\boldsymbol{\alpha}}^{\mathrm{T}}$，得

$$\overline{\boldsymbol{\alpha}}^{\mathrm{T}}\boldsymbol{A\alpha}=\lambda\overline{\boldsymbol{\alpha}}^{\mathrm{T}}\boldsymbol{\alpha}$$

两式相减，得

$$(\lambda-\overline{\lambda})\overline{\boldsymbol{\alpha}}^{\mathrm{T}}\boldsymbol{\alpha}=0$$

因 $\boldsymbol{\alpha}\neq\boldsymbol{0}$，故 $\overline{\boldsymbol{\alpha}}^{\mathrm{T}}\boldsymbol{\alpha}\neq 0$. 于是有 $\lambda=\overline{\lambda}$，即 λ 为实数.

注　由于实对称矩阵的特征值 λ 都是实数，进而 $(\lambda\boldsymbol{E}-\boldsymbol{A})\boldsymbol{x}=\boldsymbol{0}$ 是实系数线性方程组. 所以以下只需在实数范围内讨论实对称矩阵的特征值与特征向量.

定理 4.14　实对称矩阵属于不同特征值的特征向量是正交的.

证明　设 $\boldsymbol{\alpha}_1,\boldsymbol{\alpha}_2$ 是实对称矩阵 $\boldsymbol{A}$ 的分别属于 λ_1,λ_2 的特征向量，$\lambda_1\neq\lambda_2$. 则有

$$\boldsymbol{A\alpha}_1=\lambda_1\boldsymbol{\alpha}_1 \tag{4.22}$$

$$\boldsymbol{A\alpha}_2=\lambda_2\boldsymbol{\alpha}_2 \tag{4.23}$$

(4.22)式两端转置后，右乘 $\boldsymbol{\alpha}_2$，得

$$\boldsymbol{\alpha}_1^{\mathrm{T}}\boldsymbol{A\alpha}_2=\lambda_1\boldsymbol{\alpha}_1^{\mathrm{T}}\boldsymbol{\alpha}_2$$

(4.23)式两端左乘 $\boldsymbol{\alpha}_1^{\mathrm{T}}$，得

$$\alpha_1^{\mathrm{T}}\boldsymbol{A\alpha}_2=\lambda_2\boldsymbol{\alpha}_1^{\mathrm{T}}\boldsymbol{\alpha}_2$$

上两式相减，得$(\lambda_2-\lambda_1)\boldsymbol{\alpha}_1^{\mathrm{T}}\boldsymbol{\alpha}_2=0$. 因 $\lambda_1\neq\lambda_2$，故 $\boldsymbol{\alpha}_1^{\mathrm{T}}\boldsymbol{\alpha}_2=0$. 即 $\boldsymbol{\alpha}_1$ 与 $\boldsymbol{\alpha}_2$ 正交.

下面给出本节的主要结论：

定理 4.15　设 $\boldsymbol{A}$ 是 n 阶实对称矩阵. 则存在 n 阶正交矩阵 $\boldsymbol{P}$ 使得

$$\boldsymbol{P}^{-1}\boldsymbol{AP}=\boldsymbol{D}=\mathrm{diag}(\lambda_1,\lambda_2,\cdots,\lambda_n)$$

其中 $\lambda_1,\lambda_2,\cdots,\lambda_n$ 为 $\boldsymbol{A}$ 的全部特征值.

***证明**　对 n 用归纳法：当 $n=1$ 时定理显然成立. 假设当 $n=k-1$ 时定理成立，现在讨论当 $n=k$ 时的情形.

设 λ_1 为 $\boldsymbol{A}$ 的一个特征值，$\boldsymbol{\alpha}_1$ 是 $\boldsymbol{A}$ 的属于 λ_1 的一个特征向量. 由于特征向量的任何非零倍数都是属于同一特征值的特征向量，因此不妨设 $\boldsymbol{\alpha}_1$ 为单位向量. 将 $\boldsymbol{\alpha}_1$ 扩充成一个标准正交向量组 $\boldsymbol{\alpha}_1,\boldsymbol{\alpha}_2,\cdots,\boldsymbol{\alpha}_k$，令 $\boldsymbol{P}_1=(\boldsymbol{\alpha}_1,\boldsymbol{\alpha}_2,\cdots,\boldsymbol{\alpha}_k)$. 则 $\boldsymbol{P}_1$ 为正交矩阵.

由于 $\boldsymbol{\alpha}_1,\boldsymbol{\alpha}_2,\cdots,\boldsymbol{\alpha}_k$ 是线性无关的，$\boldsymbol{A\alpha}_2,\boldsymbol{A\alpha}_3,\cdots,\boldsymbol{A\alpha}_k$ 可被 $\boldsymbol{\alpha}_1,\boldsymbol{\alpha}_2,\cdots,\boldsymbol{\alpha}_k$ 线性表出. 设

$$\boldsymbol{A\alpha}_i=b_{1i}\boldsymbol{\alpha}_1+b_{2i}\boldsymbol{\alpha}_2+\cdots+b_{ki}\boldsymbol{\alpha}_k,\quad i=2,3,\cdots,k$$

则

$$\boldsymbol{AP}_1=(\boldsymbol{\alpha}_1,\boldsymbol{\alpha}_2,\cdots,\boldsymbol{\alpha}_k)\begin{pmatrix}\lambda_1 & b_{12} & \cdots & b_{1k}\\ 0 & b_{22} & \cdots & b_{2k}\\ \vdots & \vdots & & \vdots\\ 0 & b_{k2} & \cdots & b_{kk}\end{pmatrix}$$

即

$$\boldsymbol{P}_1^{-1}\boldsymbol{AP}_1=\begin{pmatrix}\lambda_1 & b_{12} & \cdots & b_{1k}\\ 0 & b_{22} & \cdots & b_{2k}\\ \vdots & \vdots & & \vdots\\ 0 & b_{k2} & \cdots & b_{kk}\end{pmatrix}$$

由于 $\boldsymbol{P}_1$ 是正交矩阵，$\boldsymbol{A}$ 是对称矩阵，因此有

$$(\boldsymbol{P}_1^{-1}\boldsymbol{AP}_1)^{\mathrm{T}}=\boldsymbol{P}_1^{T}\boldsymbol{A}^{\mathrm{T}}(\boldsymbol{P}_1^{-1})^{\mathrm{T}}=\boldsymbol{P}_1^{-1}\boldsymbol{AP}_1$$

即 $\boldsymbol{P}_1^{-1}\boldsymbol{AP}$ 是实对称矩阵. 因此 $b_{12}=b_{13}=\cdots=b_{1k}=0$.

令 $\boldsymbol{B}=\begin{pmatrix}b_{22} & \cdots & b_{2k}\\ \vdots & & \vdots\\ b_{k2} & \cdots & b_{kk}\end{pmatrix}$. 则由 $\boldsymbol{P}_1^{-1}\boldsymbol{AP}_1=\begin{pmatrix}\lambda_1 & 0\\ 0 & B\end{pmatrix}$是一个 k 阶实对称矩阵知：$\boldsymbol{B}$ 是一个 $k-1$ 阶实对称矩阵. 由归纳假设，存在一个正交矩阵 $\boldsymbol{P}_2$ 使得

$$\boldsymbol{P}_2^{-1}\boldsymbol{BP}_2=\mathrm{diag}(\lambda_2,\cdots,\lambda_n)$$

令

$$\boldsymbol{P}=\boldsymbol{P}_1\begin{pmatrix}1 & 0\\ 0 & \boldsymbol{P}_2\end{pmatrix}$$

则 $\boldsymbol{P}$ 作为两个正交矩阵的乘积也是正交矩阵,且有

$$\boldsymbol{P}^{-1}\boldsymbol{AP}=\begin{pmatrix}1&0\\0&\boldsymbol{P}_2\end{pmatrix}^{-1}\boldsymbol{P}_1^{-1}\boldsymbol{AP}_1\begin{pmatrix}1&0\\0&\boldsymbol{P}_2\end{pmatrix}$$
$$=\begin{pmatrix}1&0\\0&\boldsymbol{P}_2^{-1}\end{pmatrix}\begin{pmatrix}\lambda_1&0\\0&\boldsymbol{B}\end{pmatrix}\begin{pmatrix}1&0\\0&\boldsymbol{P}_2\end{pmatrix}$$
$$=\begin{pmatrix}\lambda_1&0\\0&\boldsymbol{P}_2^{-1}\boldsymbol{BP}_2\end{pmatrix}$$
$$=\begin{pmatrix}\lambda_1&&&\\&\lambda_2&&\\&&\ddots&\\&&&\lambda_k\end{pmatrix}.$$

显然 $\lambda_1,\lambda_2,\cdots,\lambda_n$ 为 $\boldsymbol{A}$ 的全部特征值.

例 4.16 设 $\boldsymbol{A}=\begin{pmatrix}5&-1&3&1\\-1&5&3&1\\3&3&-3&-3\\1&1&-3&5\end{pmatrix}$. 求正交矩阵 $\boldsymbol{P}$,使得 $\boldsymbol{P}^{-1}\boldsymbol{AP}$ 为对角阵.

解 由 $|\lambda\boldsymbol{E}-\boldsymbol{A}|=(\lambda-6)^3(\lambda+6)$ 得 $\boldsymbol{A}$ 的特征值为 $\lambda_1=\lambda_2=\lambda_3=6$ (三重),$\lambda_4=-6$ (一重). 把三重特征值 $\lambda_1=\lambda_2=\lambda_3=6$ 代入 $(\lambda\boldsymbol{E}-\boldsymbol{A})x=\boldsymbol{0}$ 求得基础解系为

$$\boldsymbol{\alpha}_1=(-1,1,0,0)^{\mathrm{T}},\quad \boldsymbol{\alpha}_2=(3,0,1,0)^{\mathrm{T}},\quad \boldsymbol{\alpha}_3=(1,0,0,1)^{\mathrm{T}}$$

将 $\boldsymbol{\alpha}_1,\boldsymbol{\alpha}_2,\boldsymbol{\alpha}_3$ 正交化,单位化得

$$\boldsymbol{\beta}_1=\left(-\frac{1}{\sqrt{2}},\frac{1}{\sqrt{2}},0,0\right)^{\mathrm{T}},\quad \boldsymbol{\beta}_2=\left(\frac{3}{\sqrt{22}},\frac{3}{\sqrt{22}},\frac{2}{\sqrt{22}},0\right)^{\mathrm{T}}$$
$$\boldsymbol{\beta}_3=\left(\frac{1}{2\sqrt{33}},\frac{1}{2\sqrt{33}},-\frac{3}{2\sqrt{33}},\frac{11}{2\sqrt{33}}\right)^{\mathrm{T}}$$

把一重特征值 $\lambda_4=-6$ 代入 $(\lambda\boldsymbol{E}-\boldsymbol{A})\boldsymbol{x}=\boldsymbol{0}$ 求得基础解系为

$$\boldsymbol{\alpha}_4=(-1,-1,3,1)^{\mathrm{T}}$$

将其单位化得

$$\boldsymbol{\beta}_4=\left(-\frac{1}{2\sqrt{3}},-\frac{1}{2\sqrt{3}},\frac{3}{2\sqrt{3}},\frac{1}{2\sqrt{3}}\right)^{\mathrm{T}}$$

令

$$C=(\boldsymbol{\beta}_1,\boldsymbol{\beta}_2,\boldsymbol{\beta}_3,\boldsymbol{\beta}_4)=\begin{pmatrix} -\frac{1}{\sqrt{2}} & \frac{3}{\sqrt{22}} & \frac{1}{2\sqrt{33}} & -\frac{1}{2\sqrt{3}} \\ \frac{1}{\sqrt{2}} & \frac{3}{\sqrt{22}} & \frac{1}{2\sqrt{33}} & -\frac{1}{2\sqrt{3}} \\ 0 & \frac{2}{\sqrt{22}} & -\frac{3}{2\sqrt{33}} & \frac{3}{2\sqrt{3}} \\ 0 & 0 & \frac{11}{2\sqrt{33}} & \frac{1}{2\sqrt{3}} \end{pmatrix}$$

则有 $\boldsymbol{C}$ 为正交矩阵，且

$$\boldsymbol{C}^{-1}\boldsymbol{A}\boldsymbol{C}=\mathrm{diag}(6,6,6,6)$$

习　题　4.4

1. 设 $\boldsymbol{A}=\begin{pmatrix} 2 & 1 & 1 \\ 1 & 2 & 1 \\ 1 & 1 & 2 \end{pmatrix}$. 求正交矩阵 $\boldsymbol{P}$ 与对角矩阵 $\boldsymbol{D}$ 使得 $\boldsymbol{P}^{-1}\boldsymbol{A}\boldsymbol{P}=\boldsymbol{D}$.

2. 设 $\boldsymbol{A},\boldsymbol{B}$ 是 n 阶实对称矩阵. 证明：存在正交矩阵 $\boldsymbol{P}$ 使得 $\boldsymbol{B}=\boldsymbol{P}^{-1}\boldsymbol{A}\boldsymbol{P}$ 的充要条件是 $\boldsymbol{A}$ 与 $\boldsymbol{B}$ 有相同的特征值.

3. 设 $\boldsymbol{A}$ 是四阶实对称矩阵，秩为 2. 且满足 $\boldsymbol{A}^2-3\boldsymbol{A}=\boldsymbol{0}$. 求 $\boldsymbol{A}$ 的四个特征值.

*4. 设 $\boldsymbol{A}$ 是五阶实对称矩阵，λ 是 $\boldsymbol{A}$ 的三重特征值. 求 $\lambda\boldsymbol{E}-\boldsymbol{A}$ 的秩.

*5. 设实对称矩阵 $\boldsymbol{A}$ 满足 $\boldsymbol{A}^3-2\boldsymbol{A}^2+3\boldsymbol{A}=6\boldsymbol{E}$. 求 $\boldsymbol{A}$.

习　题　四

1. 求下列矩阵的特征值与特征向量：

(1) $\boldsymbol{A}=\begin{pmatrix} 2 & 3 \\ 4 & -2 \end{pmatrix}$；　(2) $\boldsymbol{A}=\begin{pmatrix} -5 & 9 \\ -4 & 7 \end{pmatrix}$；

(3) $\boldsymbol{A}=\begin{pmatrix} -18 & 8 & 20 \\ -10 & 6 & 10 \\ -15 & 6 & 17 \end{pmatrix}$；　(4) $\boldsymbol{A}=\begin{pmatrix} 8 & 3 & -4 \\ -1 & 3 & 1 \\ 3 & 2 & 1 \end{pmatrix}$.

2. 求 n 阶方阵 $\boldsymbol{A}=\begin{pmatrix} \lambda & 1 & & & \\ & \lambda & 1 & & \\ & & \ddots & \ddots & \\ & & & \lambda & 1 \\ & & & & \lambda \end{pmatrix}$ 的特征值与特征向量.

3. 设 $\boldsymbol{A}$ 是幂零阵,求 $|\boldsymbol{A}+\boldsymbol{E}|$.

4. 设 n 阶方阵 $\boldsymbol{A}$ 的所有元素全为 1. 求其特征多项式.

*5. 设 $\boldsymbol{A}$ 为实矩阵. 证明: $\operatorname{tr}(\boldsymbol{A}^{\mathrm{T}}\boldsymbol{A})=0$ 当且仅当 $\boldsymbol{A}=\boldsymbol{O}$.

6. 若 $\begin{pmatrix}1\\2\\4\end{pmatrix}$, $\begin{pmatrix}3\\8\\5\end{pmatrix}$, $\begin{pmatrix}1\\3\\0\end{pmatrix}$ 是方阵 $\boldsymbol{A}$ 的分别属于特征值 1,2,3 的特征向量. 求 $\boldsymbol{A}$.

*7. 设 $\boldsymbol{A}$ 是一个 n 阶方阵. 若每个非零 n 维向量都是 $\boldsymbol{A}$ 的特征向量,求 $\boldsymbol{A}$.

8. 判断下列矩阵 $\boldsymbol{A}$ 是否可对角化. 若可对角化,将 $\boldsymbol{A}$ 对角化,并求 $\boldsymbol{A}^n$.

(1) $\boldsymbol{A}=\begin{pmatrix}0&1\\-9&6\end{pmatrix}$;　　(2) $\boldsymbol{A}=\begin{pmatrix}0&1&-2\\2&-1&4\\2&-2&5\end{pmatrix}$

9. 设 $\boldsymbol{A}=\begin{pmatrix}2&0&0\\2&-2&3\\x&-4&5\end{pmatrix}$ 可对角化. 求 x.

10. 证明:若 $bc>0$,则实矩阵 $\begin{pmatrix}a&b\\c&d\end{pmatrix}$ 必可对角化.

11. 设矩阵 $\boldsymbol{A}=\begin{pmatrix}1&2&-3\\-1&4&-3\\1&x&5\end{pmatrix}$ 有一个二重特征值. 求 x 的值,并讨论 $\boldsymbol{A}$ 是否可对角化.

12. 设 $\boldsymbol{A}=\begin{pmatrix}0&-1&-1&1\\-1&0&1&-1\\-1&1&0&-1\\1&-1&-1&0\end{pmatrix}$. 求正交矩阵 $\boldsymbol{P}$ 与对角矩阵 $\boldsymbol{D}$,使得 $\boldsymbol{P}^{-1}\boldsymbol{A}\boldsymbol{P}=\boldsymbol{D}$.

第 4 章自检题(A)

1. 设 $\boldsymbol{\alpha}=\begin{pmatrix}4\\2\\3\end{pmatrix}$ 是 $\boldsymbol{A}=\begin{pmatrix}6&0&-4\\2&x&-2\\3&0&-1\end{pmatrix}$ 的属于 λ 的特征向量,则(　　).

(A) $\lambda=3,x=0$　　(B) $\lambda=2,x=2$　　(C) $\lambda=3,x=2$　　(D) $\lambda=2,x=3$

2. 设 $\boldsymbol{A}=\begin{pmatrix}1&2&3&4&5\\3&6&9&12&15\\5&10&15&20&25\\7&14&21&28&35\\9&18&27&36&45\end{pmatrix}$. 则 $\lambda=0$ 是 $\boldsymbol{A}$ 的(　　)重特征值.

(A) 1　　(B) 2　　(C) 3　　(D) 4

3. 设 λ_1,λ_2 是方阵 $\boldsymbol{A}$ 的两个不同的特征值, $\boldsymbol{\alpha}_1,\boldsymbol{\alpha}_2$ 是 $\boldsymbol{A}$ 的分别属于 λ_1,λ_2 的特征向量. 则 $\boldsymbol{\alpha}_1$ 与 $\boldsymbol{A}(\boldsymbol{\alpha}_1+\boldsymbol{\alpha}_2)$ 线性无关的充要条件是(　　).

(A) $\lambda_1\neq 0$　　(B) $\lambda_2\neq 0$　　(C) $\lambda_1=0$　　(D) $\lambda_2=0$

4. 若 n 阶方阵 $\boldsymbol{A}$ 的特征值全为零,则以下命题不正确的是(　　).

(A) $\boldsymbol{A}$ 的迹为零　　(B) $\boldsymbol{A}$ 的秩为零

(C) $\boldsymbol{A}$ 的行列式为零　　(D) $\boldsymbol{A}$ 的特征多项式为 λ^n

5. 设三阶方阵 $\boldsymbol{A}$ 的特征值为 1,1,2, $\boldsymbol{\alpha}_1,\boldsymbol{\alpha}_2,\boldsymbol{\alpha}_3$ 是 $\boldsymbol{A}$ 的分别属于这三个特征值的特征向量. 则(　　).

(A) $\boldsymbol{\alpha}_1,\boldsymbol{\alpha}_2,\boldsymbol{\alpha}_3$ 是 $2\boldsymbol{E}-\boldsymbol{A}$ 的特征向量

(B) $\boldsymbol{\alpha}_1,\boldsymbol{\alpha}_2$ 是 $2\boldsymbol{E}-\boldsymbol{A}$ 的特征向量, $\boldsymbol{\alpha}_3$ 不是 $2\boldsymbol{E}-\boldsymbol{A}$ 的特征向量

(C) $\boldsymbol{\alpha}_1-\boldsymbol{\alpha}_3$ 是 $2\boldsymbol{E}-\boldsymbol{A}$ 的特征向量

(D) $2\boldsymbol{\alpha}_1-\boldsymbol{\alpha}_2$ 不是 $2\boldsymbol{E}-\boldsymbol{A}$ 的特征向量

6. 设 $\boldsymbol{A}=\begin{pmatrix}x&-1&0\\1&0&0\\-1&1&2\end{pmatrix}$, $\boldsymbol{B}=\begin{pmatrix}1&1&0\\0&y&0\\0&0&2\end{pmatrix}$, $\boldsymbol{A}\sim\boldsymbol{B}$. 则 (　　).

(A) $x=0,y=0$　　(B) $x=2,y=1$

(C) $x=1,y=0$　　(D) $x=1,y=-1$

7. 设三阶方阵 $\boldsymbol{A}$ 的特征值是 2,3,4. 则 $|\boldsymbol{A}^3-4\boldsymbol{A}^2-\boldsymbol{A}|=$(　　).

(A) -480　　(B) 480　　(C) -120　　(D) 120

8. 以下命题正确的是(　　).

(A) 若 n 阶方阵 $\boldsymbol{A}$ 的特征值全不为零,则 $\boldsymbol{A}$ 是可逆的

(B) 若 n 阶方阵 $\boldsymbol{A}$ 和 $\boldsymbol{B}$ 的所有特征值完全相同,则 $\boldsymbol{A}$ 和 $\boldsymbol{B}$ 相似

(C) 若 $\boldsymbol{A}$ 有重数大于 1 的特征值,则 $\boldsymbol{A}$ 必然不能对角化

(D) 正交矩阵的特征值只能是 ± 1

9. 以下命题正确的是(　　).

(A) 若 $\boldsymbol{A}$ 是一个秩为 2 的 3 阶方阵,0 是一个重数为 2 的特征值,则 $\boldsymbol{A}$ 可对角化

(B) 若 $\boldsymbol{A}$ 是一个秩为 1 的 3 阶方阵,0 是一个重数为 2 的特征值,则 $\boldsymbol{A}$ 可对角化

(C) 一个 n 阶方阵 $\boldsymbol{A}$ 的秩等于 $\boldsymbol{A}$ 的非零特征值的个数,其中 k 重特征值按 k 个计算

(D) 一个满秩的方阵一定可以对角化.

10. 设 $\boldsymbol{A}$ 是一个 4 阶实对称矩阵,其特征值为 $\lambda_1=\lambda_2=\lambda_3=0,\lambda_4=1$. 则(　　).

(A) $\boldsymbol{A}$ 有三个属于特征值 0 的线性无关的特征向量

(B) $\boldsymbol{A}$ 的任意两个不同的特征向量是正交的

(C) $\boldsymbol{A}$ 的任意两个线性无关的特征向量是正交的

(D) 若 $\boldsymbol{\alpha}_1$ 是 $\boldsymbol{A}$ 的属于 λ_1 的特征向量,$\boldsymbol{\alpha}_2$ 是 $\boldsymbol{A}$ 的属于 λ_2 的特征向量,则 $\boldsymbol{\alpha}_1$ 与 $\boldsymbol{\alpha}_2$ 一定正交

第 4 章自检题(B)

1. 求下列矩阵的特征值与特征向量.

(1) $\boldsymbol{A}=\begin{pmatrix}5&0&-1\\2&4&-2\\2&0&2\end{pmatrix}$;　　(2) $\boldsymbol{A}=\begin{pmatrix}2&19&-20\\-9&-41&45\\-7&-30&33\end{pmatrix}$.

2. 设方阵 $\boldsymbol{A}^2=\boldsymbol{A}$. 证明 $\boldsymbol{A}$ 的特征值只能是 0 或 1.

*3. 证明:n 阶方阵 $\boldsymbol{A}=\boldsymbol{O}$ 当且仅当对于任意 n 阶方阵 $\boldsymbol{B}$,有 $\mathrm{tr}(\boldsymbol{AB})=0$.

4. 若 $\begin{pmatrix}1\\0\\2\end{pmatrix},\begin{pmatrix}1\\1\\3\end{pmatrix},\begin{pmatrix}-1\\2\\1\end{pmatrix}$ 是方阵 $\boldsymbol{A}$ 的分别属于特征值 1,3,5 的特征向量. 求 $\boldsymbol{A}$.

5. 设 $\boldsymbol{A}$ 是 n 阶正交矩阵. 证明:

(1) 若 $|\boldsymbol{A}|=-1$,则 -1 为 $\boldsymbol{A}$ 的一个特征值;

(2) 若 $|\boldsymbol{A}|=1$ 且 n 为奇数,则 1 为 $\boldsymbol{A}$ 的一个特征值.

6. 判断下列矩阵 $\boldsymbol{A}$ 是否可对角化. 若可对角化,将 $\boldsymbol{A}$ 对角化,并求 $\boldsymbol{A}^n$.

(1) $\boldsymbol{A}=\begin{pmatrix}-21&28&29\\-10&17&11\\-9&9&16\end{pmatrix}$;　　(2) $\boldsymbol{A}=\begin{pmatrix}3&0&2\\-2&1&-2\\0&0&1\end{pmatrix}$.

7. 设 $\boldsymbol{A}$ 是上三角方阵,对角线上元素互不相同. 证明 $\boldsymbol{A}$ 可对角化.

8. 设 $\boldsymbol{A}=\begin{pmatrix}2&2&4\\2&-1&2\\4&2&2\end{pmatrix}$. 求正交矩阵 $\boldsymbol{P}$ 与对角矩阵 $\boldsymbol{D}$ 使得 $\boldsymbol{P}^{-1}\boldsymbol{AP}=\boldsymbol{D}$.

*9. 在某城镇中,每年有 30%的已婚女性离婚,20%的单身女性结婚. 假定目前该城镇有 8000 名已婚女性和 2000 名单身女性,并且女性总人数在很长一段时间内保持不变. 求 n 年后已婚女性和单身女性的人数,并预测时间充分长后两类女性人数的发展趋势.

第 5 章　线性空间与线性变换

线性空间是对一类非常广泛的客观事物的数学抽象，是线性代数中最基本的概念之一，其内容是线性代数中比较抽象的部分. 在第 3 章中引入了 n 维向量，并建立了向量空间 $\mathbf{R}^n$；但除 n 元数组外，数学中还有许多对象具有与之类似的两种运算及性质，这就启发我们舍弃具体的内容，采用公理化的方法引入线性空间的概念. 本章把实数域 $\mathbf{R}$ 扩充到任一数域 F，把 n 维向量扩展为一般的元素，建立线性空间的概念，研究线性空间的性质与结构. 在本章最后还讨论线性空间中最简单，又是最基本的一种变换——线性变换.

5.1　线性空间及其子空间

5.1.1　线性空间的概念

为了引进线性空间的概念，先介绍数域的一般概念.

定义 5.1　设 F 为复数集 C 的一个子集. 若满足：

(1) F 中包含数 0 与 1；

(2) 对 $\forall a,b\in F$ 有 $a+b\in F, a-b\in F, ab\in F, \frac{a}{b}\in F(b\neq 0)$，

则称 F 为一个**数域**.

容易验证：有理数集 $\mathbf{Q}$，实数集 $\mathbf{R}$，复数集 $\mathbf{C}$ 都是数域，并分别称为**有理数域**，**实数域**，**复数域**；而无理数集不是数域.

与向量空间 $\mathbf{R}^n$ 完全类似，引入数域 F 上线性空间的一般概念.

定义 5.2　设 V 是一个非空集合，F 为一个数域. 在 V 上有两个代数运算：

(1) 加法：对 V 中任意两个元素 $\boldsymbol{\alpha},\boldsymbol{\beta}$ 都有 V 中唯一的一个元素 $\boldsymbol{\gamma}$ 与之对应；$\boldsymbol{\gamma}$ 称为 $\boldsymbol{\alpha}$ 与 $\boldsymbol{\beta}$ 的**和**，记为 $\boldsymbol{\gamma}=\boldsymbol{\alpha}+\boldsymbol{\beta}$.

(2) 数乘：对数域 F 中任一个数 k 及 V 中任一个元素 $\boldsymbol{\alpha}$，都有 V 中唯一的一个元素 $\boldsymbol{\delta}$ 与之对应：$\boldsymbol{\delta}$ 称为 k 与 $\boldsymbol{\alpha}$ 的**数量乘积**，记为 $\boldsymbol{\delta}=k\boldsymbol{\alpha}$.

并且以上两种运算具有如下 8 条性质：

(1) $\boldsymbol{\alpha}+\boldsymbol{\beta}=\boldsymbol{\beta}+\boldsymbol{\alpha}$；

(2) $(\boldsymbol{\alpha}+\boldsymbol{\beta})+\boldsymbol{\gamma}=\boldsymbol{\alpha}+(\boldsymbol{\beta}+\boldsymbol{\gamma})$；

(3) V 中存在**零元素**，通常记为 $\mathbf{0}$，使得对 $\forall\boldsymbol{\alpha}\in V$，恒有 $\mathbf{0}+\boldsymbol{\alpha}=\boldsymbol{\alpha}$；

(4) 对任何 $\boldsymbol{\alpha}\in V$,都存在**负元素** $\boldsymbol{\beta}\in V$,使得 $\boldsymbol{\alpha}+\boldsymbol{\beta}=\mathbf{0}$;

(5) $1\cdot\boldsymbol{\alpha}=\boldsymbol{\alpha}$;

(6) $\forall k,l\in K,\boldsymbol{\alpha}\in V$,有 $(kl)\boldsymbol{\alpha}=k(l\boldsymbol{\alpha})=l(k\boldsymbol{\alpha})$;

(7) $\forall k,l\in K,\boldsymbol{\alpha}\in V$,有 $(k+l)\boldsymbol{\alpha}=k\boldsymbol{\alpha}+l\boldsymbol{\alpha}$;

(8) $\forall k\in K,\boldsymbol{\alpha},\boldsymbol{\beta}\in V$,有 $k(\boldsymbol{\alpha}+\boldsymbol{\beta})=k\boldsymbol{\alpha}+k\boldsymbol{\beta}$,

则称 V 为数域 F 上的一个**线性空间**,并统称定义中的加法及数乘运算为**线性运算**.

由定义 5.2 知,线性空间是把集合、数域以及满足相应运算律的两种运算作为统一体的一个概念;值得注意是:线性空间不仅与集合有关,也依赖于其线性运算的定义.

下面将通过以下各例,介绍一些常见的线性空间的例子,借此让读者熟悉线性空间定义的内涵,同时也认识一些线性空间的常用记号.

利用定义 5.2 可直接验证:

例 5.1 实数域上的三维向量空间 $\mathbf{R}^3=\{(x_1,x_2,x_3)^{\mathrm{T}}\mid x_1,x_2,x_3\in\mathbf{R}\}$ 按通常的向量加法及数乘运算构成一个线性空间.

进一步,实数域上的 n 维向量空间 $\mathbf{R}^n$ 是一个线性空间.

例 5.2 实数域上全体 $m\times n$ 实矩阵,按矩阵的加法及数乘矩阵两种运算下构成一个线性空间,记作 $M_{m\times n}(\mathbf{R})$.

例 5.3 在实数域上,集合 $V=\left\{\begin{pmatrix}0\\x_2\\x_3\end{pmatrix}\middle| x_2,x_3\in\mathbf{R}\right\}$ 按向量的加法及向量数乘运算这两种运算构成一个实线性空间;而集合 $W=\left\{\begin{pmatrix}1\\x_2\\x_3\end{pmatrix}\middle| x_2,x_3\in\mathbf{R}\right\}$ 按向量的加法及向量数乘运算不能构成线性空间.

解 对于集合 V 及其上定义的两种线性运算,可按定义 5.2 直接验证,即可知它构成一个线性空间.

对于集合 W 而言,由于任给 $\boldsymbol{\alpha}=\begin{pmatrix}1\\a\\b\end{pmatrix}\in W,\boldsymbol{\beta}=\begin{pmatrix}1\\c\\d\end{pmatrix}\in W$,有 $\boldsymbol{\alpha}+\boldsymbol{\beta}=\begin{pmatrix}2\\a+c\\b+d\end{pmatrix}\notin W$,故它不能构成一个线性空间.

同例 5.3 一样,由定义 5.2 直接验证得出.

例 5.4 将零多项式与次数不超过 n 的全体实系数多项式所成的集记为$R_n[x]$,它按通常的多项式加法及数乘运算下构成实数域上的一个线性空间,仍记作 $R_n[x]$;而次数等于 n 的全体实系数多项式在上述运算下就不能构成一个线性空间.

例 5.5　在(a,b)上 n 阶可微的函数所构成的集合 $C_n(a,b)$，按通常的函数加法及函数的数乘法下构成实数域上的一个线性空间，仍记作 $C_n(a,b)$.

例 5.6　全体二阶可逆矩阵的集合，对矩阵的加法及矩阵的数乘运算不构成线性空间.

解　由于两个可逆矩阵的和可能不是可逆矩阵，如$\begin{pmatrix}1 & 0\\0 & 1\end{pmatrix}$与$\begin{pmatrix}-1 & 0\\0 & 1\end{pmatrix}$，因此，它不构成线性空间.

为了对线性运算的理解更具一般性，我们再给出下例：

例 5.7　$\mathbf{R}^+$是全体正实数所成的集合，定义加法运算“$\oplus$”及数乘法运算“$\otimes$”为

$$a\oplus b=ab,\quad \lambda\otimes a=a^\lambda$$

其中 $a,b\in\mathbf{R}^+,\lambda\in\mathbf{R}$.

同样可以验证：$\mathbf{R}^+$对上述加法和数乘法构成一个线性空间.

从以上例子可以看出，要断定一个集合对两种线性运算“+”和“·”是否构成一个线性空间，首先要验证它们对这两种运算是否封闭(即 $\forall k\in K$, $\forall \boldsymbol{\alpha},\boldsymbol{\beta}\in V$ 是否有 $\boldsymbol{\alpha}+\boldsymbol{\beta}\in V,k\boldsymbol{\alpha}\in V$)，其次再验证 8 条性质是否成立，只要有一条不满足，那么该代数结构就不是线性空间.

同时还可以看到，构成线性空间的两种线性运算常常是在所涉及领域中通常的加法和数乘；正因为这样，线性空间的研究成果可以方便、有效地用于已较熟悉的许多领域，并且具有高度的统一指导作用.

今后，我们把线性空间的元素仍称为**向量**；零元素仍称**零向量**，负元素仍称**负向量**；但要注意的是，这里所讲的向量比起向量空间 $\mathbf{R}^n$ 中的向量的含义要广泛得多，不要把二者等同起来.

下面介绍线性空间的一些简单性质：

性质 1　线性空间 V 中零向量是唯一的.

证明　假若 $\mathbf{0}$ 与 $\mathbf{0}'$均是零向量，则由零向量的性质，有

$$\mathbf{0}=\mathbf{0}'+\mathbf{0}=\mathbf{0}+\mathbf{0}'=\mathbf{0}'$$

性质 2　线性空间 V 中负向量是唯一的.

证明　$\forall\boldsymbol{\alpha}\in V$，设 $\boldsymbol{\beta},\boldsymbol{\beta}'$都是 $\boldsymbol{\alpha}$ 的负向量，则

$$\boldsymbol{\beta}=\mathbf{0}+\boldsymbol{\beta}=(\boldsymbol{\beta}'+\boldsymbol{\alpha})+\boldsymbol{\beta}=\boldsymbol{\beta}'+(\boldsymbol{\alpha}+\boldsymbol{\beta})=\boldsymbol{\beta}'+\mathbf{0}=\boldsymbol{\beta}'$$

由于负向量唯一，今后用$-\boldsymbol{\alpha}$ 代表 $\boldsymbol{\alpha}$ 的负向量.

利用负向量的概念，可以引入向量**减法**的概念，其定义为 $\boldsymbol{\alpha}-\boldsymbol{\beta}=\boldsymbol{\alpha}+(-\boldsymbol{\beta})$.

性质 3　设 V 为数域 F 上的线性空间，则对任何 $k\in F$ 及 $\boldsymbol{\alpha}\in V$ 有

(1) $0\boldsymbol{\alpha}=\mathbf{0}$；

(2) $k\mathbf{0}=\mathbf{0}$；

(3) 当 $k\neq0$ 且 $\boldsymbol{\alpha}\neq\mathbf{0}$ 时,有 $k\boldsymbol{\alpha}\neq\mathbf{0}$;

(4) $(-k)\boldsymbol{\alpha}=k(-\boldsymbol{\alpha})=-(k\boldsymbol{\alpha})$;特殊地 $(-1)\boldsymbol{\alpha}=-\boldsymbol{\alpha}$.

证明 (1) $0\boldsymbol{\alpha}=(0+0)\boldsymbol{\alpha}=0\boldsymbol{\alpha}+0\boldsymbol{\alpha}$,两边同时加上 $-0\boldsymbol{\alpha}$,就有 $0\boldsymbol{\alpha}=\mathbf{0}$.

(2) $k\mathbf{0}=k(\mathbf{0}+\mathbf{0})=k\mathbf{0}+k\mathbf{0}$,两边同时加上 $-k\mathbf{0}$,就有 $k\mathbf{0}=\mathbf{0}$.

(3) 当 $k\neq0$ 且 $\boldsymbol{\alpha}\neq\mathbf{0}$ 时,若有 $k\boldsymbol{\alpha}=0$,则有 $\boldsymbol{\alpha}=\frac{1}{k}(k\boldsymbol{\alpha})=\frac{1}{k}\mathbf{0}=\mathbf{0}$ 与所设条件相违.

(4) 由 $k\boldsymbol{\alpha}+(-k)\boldsymbol{\alpha}=[k+(-k)]\boldsymbol{\alpha}=0\boldsymbol{\alpha}=\mathbf{0}$ 知 $(-k)\boldsymbol{\alpha}=-(k\boldsymbol{\alpha})$,再由 $k\boldsymbol{\alpha}+k(-\alpha)=k[\boldsymbol{\alpha}+(-\boldsymbol{\alpha})]=k\mathbf{0}=\mathbf{0}$ 知 $k(-\boldsymbol{\alpha})=-(k\boldsymbol{\alpha})$.

5.1.2 线性空间的子空间

可以看到例 5.3 中的集合 V 与例 5.1 中集合 $\mathbf{R}^3$,在同样的线性运算(向量的加法及向量数乘)下都构成了实数域上的线性空间;而前者作为集合是后者的一个子集,今后把前一个线性空间称为后一个线性空间的子空间.一般定义如下:

定义 5.3 设 V 为数域 F 上的线性空间,V_1 是 V 的一个非空子集.如果 V_1 对于 V 的加法与数乘运算也构成数域 F 上的线性空间,则称 V_1 是 V 的一个**线性子空间**,简称**子空间**.

如何判断线性空间的非空子集 V_1 是否构成子空间呢?是否仍要用定义 5.2 来检验呢?由于 V_1 是 V 的子集,可以得到以下定理:

定理 5.1 设 V 为数域 F 上的线性空间,若 V 的一个非空子集 V_1 对于 V 的运算满足:

(1) 对任意的 $\boldsymbol{\alpha},\boldsymbol{\beta}\in V_1$,有 $\boldsymbol{\alpha}+\boldsymbol{\beta}\in V_1$;

(2) 对任意的 $k\in F,\boldsymbol{\alpha}\in V_1$,有 $k\boldsymbol{\alpha}\in V_1$,

则 V_1 是 V 的一个**子空间**.

证明 由定理所设知,线性空间 V 的加法及数乘运算对 V_1 是封闭的.只需验证这两种运算(对 V_1 而言)满足定义 5.2 中的 8 个条件.由于运算 V 中原有的,数域 F 也没变,因此对于集合 V_1 而言,线性空间定义中的(1)、(2)、(5)、(6)、(7)、(8)是自然具备的.又 V_1 非空,必有 $\boldsymbol{\alpha}\in V_1$,取 $k=0\in F$,由定理条件(2)知 $\mathbf{0}=0\boldsymbol{\alpha}\in V_1$,即 V_1 中存在零元素;同样取 $k=-1\in F$,有 $-\boldsymbol{\alpha}=(-1)\boldsymbol{\alpha}\in V_1$,且 $\boldsymbol{\alpha}+(-\boldsymbol{\alpha})=\mathbf{0}$,即 V_1 中存在负元素;故线性空间定义中的(3)、(4)也是具备的.这样 V_1 构成一个线性空间,从而 V_1 是 V 的一个子空间.

例 5.8 设 V 是一个线性空间,仅由 V 中的零元素所构成的集合 $W=\{\mathbf{0}\}$ 是 V 的一个子空间,通常称为**零子空间**.

显然,V 也是 V 的一个子空间;通常称以上这两个子空间为 V 的**平凡子空间**.

例 5.9　设 $\boldsymbol{A}$ 是 $n\times m$ 矩阵，由 n 元齐次线性方程组 $\boldsymbol{Ax}=\boldsymbol{0}$ 的解向量构成的集合 $N(\boldsymbol{A})$ 是 n 维向量空间 $\mathbf{R}^n$ 的子空间，通常称其为齐次线性方程组 $\boldsymbol{Ax}=\boldsymbol{0}$ 的**解空间**.

例 5.10　设 V 是数域 F 上的一个线性空间，$\boldsymbol{\alpha}_1,\boldsymbol{\alpha}_2,\cdots,\boldsymbol{\alpha}_t$ 是 V 中的一个向量组，集合 $L=\{\boldsymbol{\alpha}\mid\boldsymbol{\alpha}=k_1\boldsymbol{\alpha}_1+k_2\boldsymbol{\alpha}_2+\cdots+k_t\boldsymbol{\alpha}_t\mid k_i\in F,i=1,2\cdots,t\}$ 构成 V 的一个子空间，通常称为由**向量组 $\boldsymbol{\alpha}_1,\boldsymbol{\alpha}_2,\cdots,\boldsymbol{\alpha}_t$ 生成的子空间**，记作 $L(\boldsymbol{\alpha}_1,\boldsymbol{\alpha}_2,\cdots,\boldsymbol{\alpha}_t)$.

证明　首先 $\boldsymbol{0}=0\boldsymbol{\alpha}_1+0\boldsymbol{\alpha}_2+\cdots+0\boldsymbol{\alpha}_t\in L$，所以 L 是 V 的一个非空子集. 对于任意的 $\boldsymbol{\alpha},\boldsymbol{\beta}\in L$ 及任意的 $k\in F$，设

$$\boldsymbol{\alpha}=k_1\boldsymbol{\alpha}_1+k_2\boldsymbol{\alpha}_2+\cdots+k_t\boldsymbol{\alpha}_t,\quad \boldsymbol{\beta}=l_1\boldsymbol{\alpha}_1+l_2\boldsymbol{\alpha}_2+\cdots+l_t\boldsymbol{\alpha}_t,$$

则

$$\boldsymbol{\alpha}+\boldsymbol{\beta}=(k_1+l_1)\boldsymbol{\alpha}_1+(k_2+l_2)\boldsymbol{\alpha}_2+\cdots+(k_t+l_t)\boldsymbol{\alpha}_t$$
$$k\boldsymbol{\alpha}=kk_1\boldsymbol{\alpha}_1+kk_2\boldsymbol{\alpha}_2+\cdots+kk_t\boldsymbol{\alpha}_t$$

可见 $\boldsymbol{\alpha}+\boldsymbol{\beta}$ 及 $k\boldsymbol{\alpha}$ 仍是 L 中的向量，于是 L 是 V 的一个子空间.

习　题　5.1

1. 检验以下集合对于所指定的加法及数乘两种运算是否构成线性空间：

(1) 全体 n 阶实对称矩阵，对于矩阵的加法及数乘法；

(2) 全体 n 阶不可逆矩阵，对于矩阵的加法及数乘法；

(3) 全体在 $[a,b]$ 上连续函数 $C[a,b]$，按通常的函数的加法及函数的数乘法；

(4) n 阶矩阵 $\boldsymbol{A}$ 的全体属于数 λ 的特征向量，对于向量的加法及数乘法；

(5) 全体正实数 $\mathbf{R}^+$，定义加法运算“$\oplus$”及数乘法运算“$\otimes$”为

$$a\oplus b=a-b,\quad k\otimes a=-ka$$

其中 $a,b\in\mathbf{R}^+$，$k\in\mathbf{R}$.

2. 判断下列各题中线性空间 V 的子集 V_1 是否构成 V 的子空间：

(1) $V=\mathbf{R}^3$，$V_1=\{(a_1,a_2,a_3)\mid a_1+a_2=0\}$；

(2) $V=M_{n\times n}(\mathbf{R})$，$V_1$ 是全体 n 阶反对称矩阵；

(3) $V=C_n(a,b)$，V_1 是全体多项式；

(4) $V=\mathbf{R}^2$，$V_1=\{(a_1,a_2)\mid a_1^3=a_2\}$.

3. 若 $\mathbf{R}^n$ 中的向量组 $\boldsymbol{\alpha}_1,\boldsymbol{\alpha}_2,\cdots,\boldsymbol{\alpha}_m$ 可由向量组 $\boldsymbol{\beta}_1,\boldsymbol{\beta}_2,\cdots,\boldsymbol{\beta}_s$ 线性表示，证明：$L(\boldsymbol{\alpha}_1,\boldsymbol{\alpha}_2,\cdots,\boldsymbol{\alpha}_m)$ 是 $L(\boldsymbol{\beta}_1,\boldsymbol{\beta}_2,\cdots,\boldsymbol{\beta}_s)$ 的子空间.

5.2　基、维数与坐标

5.2.1　线性空间中元素的线性相关性

在本节中，我们把向量空间 $\mathbf{R}^n$ 中向量的线性相关、线性无关等概念完全平行

地推广到线性空间上，用来讨论线性空间中元素之间的相互关系.

定义 5.4　设 V 是数域 F 上的线性空间，$\boldsymbol{\alpha}_1,\boldsymbol{\alpha}_2,\cdots,\boldsymbol{\alpha}_n\in V$，如果存在数域 F 中 n 个不全为零的数 $k_1,k_2,\cdots,k_n$，使得 $k_1\boldsymbol{\alpha}_1+k_2\boldsymbol{\alpha}_2+\cdots+k_n\boldsymbol{\alpha}_n=\mathbf{0}$，则称 $\boldsymbol{\alpha}_1,\boldsymbol{\alpha}_2,\cdots,\boldsymbol{\alpha}_n$ 是**线性相关**的；否则，称 $\boldsymbol{\alpha}_1,\boldsymbol{\alpha}_2,\cdots,\boldsymbol{\alpha}_n$ 是**线性无关**的.

定义 5.5　设 V 是数域 F 上的线性空间，向量 $\boldsymbol{\alpha}_1,\boldsymbol{\alpha}_2,\cdots,\boldsymbol{\alpha}_n\in V$，数 $k_1,k_2,\cdots,k_n\in F$，称 $k_1\boldsymbol{\alpha}_1+k_2\boldsymbol{\alpha}_2+\cdots+k_n\boldsymbol{\alpha}_n$ 为**向量组 $\boldsymbol{\alpha}_1,\boldsymbol{\alpha}_2,\cdots,\boldsymbol{\alpha}_n$ 的一个线性组合**. 如果向量 $\boldsymbol{\beta}$ 能表成 $\boldsymbol{\beta}=k_1\boldsymbol{\alpha}_1+k_2\boldsymbol{\alpha}_2+\cdots+k_n\boldsymbol{\alpha}_n$，则称 **$\boldsymbol{\beta}$ 可以由向量组 $\boldsymbol{\alpha}_1,\boldsymbol{\alpha}_2,\cdots,\boldsymbol{\alpha}_n$ 线性表示**，或者说 $\boldsymbol{\beta}$ 是 $\boldsymbol{\alpha}_1,\boldsymbol{\alpha}_2,\cdots,\boldsymbol{\alpha}_n$ 的**线性组合**.

定义 5.6　设 $\boldsymbol{\alpha}_1,\boldsymbol{\alpha}_2,\cdots,\boldsymbol{\alpha}_n$ 与 $\boldsymbol{\beta}_1,\boldsymbol{\beta}_2,\cdots,\boldsymbol{\beta}_m$ 是线性空间 V 中的两组向量，如果每个 $\boldsymbol{\beta}_i(i=1,2,\cdots,m)$ 都可以由向量组 $\boldsymbol{\alpha}_1,\boldsymbol{\alpha}_2,\cdots,\boldsymbol{\alpha}_n$ 线性表出，则称**向量组 $\boldsymbol{\beta}_1,\boldsymbol{\beta}_2,\cdots,\boldsymbol{\beta}_m$ 可以由向量组 $\boldsymbol{\alpha}_1,\boldsymbol{\alpha}_2,\cdots,\boldsymbol{\alpha}_n$ 线性表出**；如果两个向量组可以相互线性表出，则称这两个**向量组等价**.

定义 5.7　设 $\boldsymbol{\alpha}_1,\boldsymbol{\alpha}_2,\cdots,\boldsymbol{\alpha}_n$ 是线性空间 V 中的一向量组，如果它有一个部分组 $\boldsymbol{\alpha}_{i_1},\boldsymbol{\alpha}_{i_2},\cdots,\boldsymbol{\alpha}_{i_r}$ 满足如下条件：

(1) $\boldsymbol{\alpha}_{i_1},\boldsymbol{\alpha}_{i_2},\cdots,\boldsymbol{\alpha}_{i_r}$ 线性无关；

(2) 向量组 $\boldsymbol{\alpha}_1,\boldsymbol{\alpha}_2,\cdots,\boldsymbol{\alpha}_n$ 中任一向量都能被 $\boldsymbol{\alpha}_{i_1},\boldsymbol{\alpha}_{i_2},\cdots,\boldsymbol{\alpha}_{i_r}$ 线性表示，

则称此部分组为向量组 $\boldsymbol{\alpha}_1,\boldsymbol{\alpha}_2,\cdots,\boldsymbol{\alpha}_n$ 的**一个极大线性无关组**. 并称其极大线性无关组所含向量的个数 r 为向量组 $\boldsymbol{\alpha}_1,\boldsymbol{\alpha}_2,\cdots,\boldsymbol{\alpha}_n$ 的**秩**.

以上这些定义是完全"复述"n 元数组中相应概念的定义，因此向量空间的理论可平行地拓广到线性空间，其证明方法从本质上是一致的. 下面仅列出其中常用的一些结论：

(1) 一组向量 $\boldsymbol{\alpha}_1,\boldsymbol{\alpha}_2,\cdots,\boldsymbol{\alpha}_n(n\geqslant 2)$ 线性相关的充要条件是其中有某个向量 $\boldsymbol{\alpha}_s$ 可由组中其余 $n-1$ 个向量线性表示；

(2) 若向量 $\boldsymbol{\beta}$ 可以由一线性无关的向量组 $\boldsymbol{\alpha}_1,\boldsymbol{\alpha}_2,\cdots,\boldsymbol{\alpha}_r$ 线性表出，则其表示法唯一；

(3) 若向量组 $\boldsymbol{\alpha}_1,\boldsymbol{\alpha}_2,\cdots,\boldsymbol{\alpha}_r$ 是线性无关的，而向量组 $\boldsymbol{\alpha}_1,\boldsymbol{\alpha}_2,\cdots,\boldsymbol{\alpha}_r,\boldsymbol{\beta}$ 是线性相关的，则 $\boldsymbol{\beta}$ 必可由向量组 $\boldsymbol{\alpha}_1,\boldsymbol{\alpha}_2,\cdots,\boldsymbol{\alpha}_r$(唯一地)线性表示；

(4) 线性相关的向量组任意增加一些向量后所成的向量组仍线性相关；

(5) 线性无关向量组的任一部分向量组必线性无关；

(6) 若向量组 $\boldsymbol{\alpha}_1,\boldsymbol{\alpha}_2,\cdots,\boldsymbol{\alpha}_s$ 可由向量组 $\boldsymbol{\beta}_1,\boldsymbol{\beta}_2,\cdots,\boldsymbol{\beta}_t$ 线性表示，且 $s>t$，则 $\boldsymbol{\alpha}_1,\boldsymbol{\alpha}_2,\cdots,\boldsymbol{\alpha}_s$ 必线性相关；

(7) 一个向量组与它的任一极大线性无关组等价；

(8) 两个等价向量组具有相同的秩.

5.2.2　基、维数与坐标

定义 5.8　设 V 是数域 F 上的线性空间，如果 V 存在 n 个向量 $\boldsymbol{\varepsilon}_1,\boldsymbol{\varepsilon}_2,\cdots,\boldsymbol{\varepsilon}_n$，

满足：

(1) $\boldsymbol{\varepsilon}_1,\boldsymbol{\varepsilon}_2,\cdots,\boldsymbol{\varepsilon}_n$ 线性无关；

(2) V 中的任何向量 $\boldsymbol{\alpha}$ 均可由 $\boldsymbol{\varepsilon}_1,\boldsymbol{\varepsilon}_2,\cdots,\boldsymbol{\varepsilon}_n$ 线性表示，

则称 $\boldsymbol{\varepsilon}_1,\boldsymbol{\varepsilon}_2,\cdots,\boldsymbol{\varepsilon}_n$ 为 V 的一个**基**(或基底)；基所包含的向量个数 n 称为线性空间 V 的**维数**，记为 $\dim V$. 并规定：零空间的维数为零.

维数为 n 的线性空间称为 n **维线性空间**. 当一个线性空间 V 中有无穷多个线性无关的向量时，称其为**无限维线性空间**.

例如，全体实系数多项式的集合 $R[x]$，按通常的多项式加法及多项式乘法，构成一个实线性空间；$R[x]$是一个无限维的线性空间，$1,x,x^2,\cdots,x^n,\cdots$就是 $R[x]$ 的一组基.

本书仅讨论有限维线性空间.

关于线性空间的基与维数，下面三条结论显然成立：

(1) n 维线性空间 V 中任一向量 $\boldsymbol{\alpha}$ 必可由 V 的基 $\boldsymbol{\varepsilon}_1,\boldsymbol{\varepsilon}_2,\cdots,\boldsymbol{\varepsilon}_n$ 线性表示，且表示法唯一；

(2) 线性空间的基不是唯一(若 $\boldsymbol{\varepsilon}_1,\boldsymbol{\varepsilon}_2,\cdots,\boldsymbol{\varepsilon}_n$ 是 V 的一个基，则 $k_1\boldsymbol{\varepsilon}_1,k_2\boldsymbol{\varepsilon}_2,\cdots,k_n\boldsymbol{\varepsilon}_n$ 也是 V 的一个基，其中 $k_1,k_2,\cdots,k_n$ 是全不为零的数)；

(3) 有限维线性空间的维数是唯一确定的.

关于 n 维线性空间的基，进一步还有以下定理：

定理 5.2　n 维线性空间 V 中任意 n 个线性无关的向量均构成 V 的一个基.

证明　设 $\boldsymbol{\varepsilon}_1,\boldsymbol{\varepsilon}_2,\cdots,\boldsymbol{\varepsilon}_n$ 是 V 的基，而 $\boldsymbol{\alpha}_1,\boldsymbol{\alpha}_2,\cdots,\boldsymbol{\alpha}_n$ 是 V 中 n 个线性无关的向量；对于 V 中任一向量 $\boldsymbol{\alpha}(\boldsymbol{\alpha}\neq\boldsymbol{\alpha}_i,i=1,2,\cdots,n)$，由基的定义知 $\boldsymbol{\alpha}_1,\boldsymbol{\alpha}_2,\cdots,\boldsymbol{\alpha}_n,\boldsymbol{\alpha}$ 可由 $\boldsymbol{\varepsilon}_1,\boldsymbol{\varepsilon}_2,\cdots,\boldsymbol{\varepsilon}_n$ 线性表出，又由上节结论(6)知 $\boldsymbol{\alpha}_1,\boldsymbol{\alpha}_2,\cdots,\boldsymbol{\alpha}_n,\boldsymbol{\alpha}$ 是线性相关的；但 $\boldsymbol{\alpha}_1,\boldsymbol{\alpha}_2,\cdots,\boldsymbol{\alpha}_n$ 是线性无关的，故 $\boldsymbol{\alpha}$ 可由 $\boldsymbol{\alpha}_1,\boldsymbol{\alpha}_2,\cdots,\boldsymbol{\alpha}_n$ 线性表出，从而 $\boldsymbol{\alpha}_1,\boldsymbol{\alpha}_2,\cdots,\boldsymbol{\alpha}_n$ 是 V 的一个基.

由基的定义可知，当线性空间 V 的基选定后，V 中的任一向量必可由这个基(唯一地)线性表示，由此在取定了线性空间基的前提下，可以引入线性空间中向量坐标的概念.

定义 5.9　设 V 是数域 F 上的 n 维线性空间，$\boldsymbol{\varepsilon}_1,\boldsymbol{\varepsilon}_2,\cdots,\boldsymbol{\varepsilon}_n$ 是 V 的一个基，对 V 中任一向量 $\boldsymbol{\beta}$，则存在数域 F 中唯一的一组数 $x_1,x_2,\cdots,x_n$，使得 $\boldsymbol{\beta}=x_1\boldsymbol{\varepsilon}_1+x_2\boldsymbol{\varepsilon}_2+\cdots+x_n\boldsymbol{\varepsilon}_n$ 成立，称有序数组 $(x_1,x_2,\cdots,x_n)^{\mathrm{T}}$ 是向量 $\boldsymbol{\beta}$ **在基** $\boldsymbol{\varepsilon}_1,\boldsymbol{\varepsilon}_2,\cdots,\boldsymbol{\varepsilon}_n$ **下的坐标**，即

$$\boldsymbol{\beta}=(\boldsymbol{\varepsilon}_1,\boldsymbol{\varepsilon}_2,\cdots,\boldsymbol{\varepsilon}_n)(x_1,x_2,\cdots,x_n)^{\mathrm{T}}$$

例 5.11　求实数域 $\mathbf{R}$ 上线性空间 $\mathbf{R}^3$ 的维数和一个基，并给出向量 $\boldsymbol{\alpha}=(0,-1,4)^{\mathrm{T}}$ 在这个基下的坐标.

解　考虑 $\mathbf{R}^3$ 中向量组

$$\boldsymbol{\varepsilon}_1=\begin{pmatrix}1\\0\\0\end{pmatrix},\quad \boldsymbol{\varepsilon}_2=\begin{pmatrix}0\\1\\0\end{pmatrix},\quad \boldsymbol{\varepsilon}_3=\begin{pmatrix}0\\0\\1\end{pmatrix}$$

显然 $\boldsymbol{\varepsilon}_1,\boldsymbol{\varepsilon}_2,\boldsymbol{\varepsilon}_3$ 是线性无关的；对 $\mathbf{R}^3$ 中任一向量 $\boldsymbol{\alpha}=(a_1,a_2,a_3)^{\mathrm{T}}$，有 $\boldsymbol{\alpha}=a_1\boldsymbol{\varepsilon}_1+a_2\boldsymbol{\varepsilon}_2+a_3\boldsymbol{\varepsilon}_3$. 故 $\boldsymbol{\varepsilon}_1,\boldsymbol{\varepsilon}_2,\boldsymbol{\varepsilon}_3$ 是 $\mathbf{R}^3$ 的一个基，$\dim\mathbf{R}^3=3$，又

$$\boldsymbol{\alpha}=(0,-1,4)^{\mathrm{T}}=0\boldsymbol{\varepsilon}_1-\boldsymbol{\varepsilon}_2+4\boldsymbol{\varepsilon}_3$$

故 $\boldsymbol{\alpha}$ 在基 $\boldsymbol{\varepsilon}_1,\boldsymbol{\varepsilon}_2,\boldsymbol{\varepsilon}_3$ 的坐标是 $(0,-1,4)^{\mathrm{T}}$.

类似可以得到 $\boldsymbol{\varepsilon}_1=(1,0,\cdots,0)^{\mathrm{T}},\boldsymbol{\varepsilon}_2=(0,1,\cdots,0)^{\mathrm{T}},\cdots,\boldsymbol{\varepsilon}_n=(0,0,\cdots,1)^{\mathrm{T}}$ 是 n 维向量空间 $\mathbf{R}^n$ 的一个基，并称其为 $\mathbf{R}^n$ 的**自然基**.

例 5.12　求线性空间 $R_n[x]$ 的维数和一个基.

解　显然 $R_n[x]$ 中的 n 个向量：$\boldsymbol{e}_1=1,\boldsymbol{e}_2=x,\boldsymbol{e}_3=x^2,\cdots,\boldsymbol{e}_n=x^{n-1},\boldsymbol{e}_{n+1}=x^n$ 是线性无关的，

又对 $R_n[x]$ 中任一向量 $\boldsymbol{\alpha}$ 有

$$\boldsymbol{\alpha}=a_0+a_1x+a_2x^2+\cdots+a_{n-1}x^{n-1}+a_nx^n=a_0\boldsymbol{e}_1+a_1\boldsymbol{e}_2+a_2\boldsymbol{e}_3+\cdots+a_{n-1}\boldsymbol{e}_n+a_n\boldsymbol{e}_{n+1}$$

故 $1,x,x^2,\cdots,x^{n-1},x^n$ 是 $R_n[x]$ 的一个基，且 $\dim R_n[x]=n+1$.

例 5.13　设 $M_{2\times2}(\mathbf{R})$ 是全体 2 阶方阵，它在通常的矩阵加法及矩阵数乘法这两种运算下构成一个线性空间，求线性空间 $M_{2\times2}(\mathbf{R})$ 的维数和一个基，并给出向量 $\boldsymbol{B}=\begin{pmatrix}1&2\\5&3\end{pmatrix}$ 在这个基下的坐标.

解　考虑 $M_{2\times2}(\mathbf{R})$ 中的 4 个向量：

$$\boldsymbol{E}_{11}=\begin{pmatrix}1&0\\0&0\end{pmatrix},\quad \boldsymbol{E}_{12}=\begin{pmatrix}0&1\\0&0\end{pmatrix},\quad \boldsymbol{E}_{21}=\begin{pmatrix}0&0\\1&0\end{pmatrix},\quad \boldsymbol{E}_{22}=\begin{pmatrix}0&0\\0&1\end{pmatrix}$$

显然它们是线性无关的，

又对 $M_{2\times2}(\mathbf{R})$ 中任一向量 $\mathbf{A}=\begin{pmatrix}x&y\\u&v\end{pmatrix}$ 有

$$\mathbf{A}=\begin{pmatrix}x&y\\u&v\end{pmatrix}=x\boldsymbol{E}_{11}+y\boldsymbol{E}_{12}+u\boldsymbol{E}_{21}+v\boldsymbol{E}_{22}$$

故 $M_{2\times2}(\mathbf{R})$ 是四维线性空间，$\boldsymbol{E}_{11},\boldsymbol{E}_{12},\boldsymbol{E}_{21},\boldsymbol{E}_{22}$ 是它的一组基.

又

$$\boldsymbol{B}=\boldsymbol{E}_{11}+2\boldsymbol{E}_{12}+5\boldsymbol{E}_{21}+3\boldsymbol{E}_{22}$$

$\boldsymbol{B}$ 在基 $\boldsymbol{E}_{11},\boldsymbol{E}_{12},\boldsymbol{E}_{21},\boldsymbol{E}_{22}$ 下的坐标为 $(1,2,5,3)^{\mathrm{T}}$.

例 5.14　证明：$\boldsymbol{\alpha}_1,\boldsymbol{\alpha}_2,\boldsymbol{\alpha}_3$ 是向量空间 $\mathbf{R}^3$ 的一个基，并求向量 $\boldsymbol{\alpha}=(0,-1,4)^{\mathrm{T}}$ 在基 $\boldsymbol{\alpha}_1,\boldsymbol{\alpha}_2,\boldsymbol{\alpha}_3$ 下的坐标，其中 $\boldsymbol{\alpha}_1=(1,0,0)^{\mathrm{T}},\boldsymbol{\alpha}_2=(1,1,0)^{\mathrm{T}},\boldsymbol{\alpha}_3=(1,1,1)^{\mathrm{T}}$.

证明　显然 $\boldsymbol{\alpha}_1,\boldsymbol{\alpha}_2,\boldsymbol{\alpha}_3$ 是线性无关的，而 $\mathbf{R}^3$ 是一个 3 维线性空间，故 $\boldsymbol{\alpha}_1,\boldsymbol{\alpha}_2,\boldsymbol{\alpha}_3$ 是 $\mathbf{R}^3$ 的一个基. 设 $\boldsymbol{\alpha}=x\boldsymbol{\alpha}_1+y\boldsymbol{\alpha}_2+z\boldsymbol{\alpha}_3$，即

$$\begin{cases} x+y+z=0 \\ y+z=-1 \\ z=4 \end{cases}$$

求解此方程组得$\begin{cases} x=1 \\ y=-5 \\ z=4 \end{cases}$，故 $\boldsymbol{\alpha}$ 在基 $\boldsymbol{\alpha}_1,\boldsymbol{\alpha}_2,\boldsymbol{\alpha}_3$ 下的坐标是$(1,-5,4)^{\mathrm{T}}$.

或可利用矩阵工具来得出 $\boldsymbol{\alpha}$ 在基 $\boldsymbol{\alpha}_1,\boldsymbol{\alpha}_2,\boldsymbol{\alpha}_3$ 下的坐标. 设 $x\boldsymbol{\alpha}_1+y\boldsymbol{\alpha}_2+z\boldsymbol{\alpha}_3=\boldsymbol{\alpha}$，即 $\boldsymbol{AX}=\boldsymbol{\alpha}$，其中

$$\boldsymbol{A}=\begin{pmatrix} 1 & 1 & 1 \\ 0 & 1 & 1 \\ 0 & 0 & 1 \end{pmatrix}, \quad \boldsymbol{X}=\begin{pmatrix} x \\ y \\ z \end{pmatrix}$$

故有

$$\boldsymbol{X}=\boldsymbol{A}^{-1}\boldsymbol{\alpha}=(1,-5,4)^{\mathrm{T}}$$

故 $\boldsymbol{\alpha}$ 在基 $\boldsymbol{\alpha}_1,\boldsymbol{\alpha}_2,\boldsymbol{\alpha}_3$ 下的坐标是$(1,-5,4)^{\mathrm{T}}$.

在建立了向量的坐标之后，就把线性空间中抽象的向量与具体的数组向量$(x_1,x_2,\cdots,x_n)^{\mathrm{T}}$ 联系起来，并且还可把线性空间中抽象向量的线性运算与数组向量的线性运算联系了起来.

设 $\boldsymbol{\varepsilon}_1,\boldsymbol{\varepsilon}_2,\cdots,\boldsymbol{\varepsilon}_n$ 是 n 维线性空间 V 的一个基，向量 $\boldsymbol{\alpha},\boldsymbol{\beta}\in V$ 在基 $\boldsymbol{\varepsilon}_1,\boldsymbol{\varepsilon}_2,\cdots,\boldsymbol{\varepsilon}_n$ 下的坐标分别是$(x_1,x_2,\cdots,x_n)^{\mathrm{T}}$，$(y_1,y_2,\cdots,y_n)^{\mathrm{T}}$，即

$$\boldsymbol{\alpha}=x_1\boldsymbol{\varepsilon}_1+x_2\boldsymbol{\varepsilon}_2+\cdots+x_n\boldsymbol{\varepsilon}_n, \quad \boldsymbol{\beta}=y_1\boldsymbol{\varepsilon}_1+y_2\boldsymbol{\varepsilon}_2+\cdots+y_n\boldsymbol{\varepsilon}_n$$

故有

$$\boldsymbol{\alpha}+\boldsymbol{\beta}=(x_1+y_1)\boldsymbol{\varepsilon}_1+(x_2+y_2)\boldsymbol{\varepsilon}_2+\cdots+(x_n+y_n)\boldsymbol{\varepsilon}_n$$
$$k\boldsymbol{\alpha}=(kx_1)\boldsymbol{\varepsilon}_1+(kx_2)\boldsymbol{\varepsilon}_2+\cdots+(kx_n)\boldsymbol{\varepsilon}_n$$

即 $\boldsymbol{\alpha}+\boldsymbol{\beta},k\boldsymbol{\alpha}$ 在基 $\boldsymbol{\varepsilon}_1,\boldsymbol{\varepsilon}_2,\cdots,\boldsymbol{\varepsilon}_n$ 下的坐标分别是$(x_1+y_1,x_2+y_2,\cdots,x_n+y_n)^{\mathrm{T}}$，$(kx_1,kx_2,\cdots,kx_n)^{\mathrm{T}}$.

这样，在选定 n 维线性空间 V 的一个基后，V 上的向量 $\boldsymbol{\alpha}$ 与向量空间 $\mathbf{R}^n$ 中的数组$(x_1,x_2,\cdots,x_n)^{\mathrm{T}}$ 建立了一一对应的关系：$\boldsymbol{\alpha}\leftrightarrow(x_1,x_2,\cdots,x_n)^{\mathrm{T}}$，且这个对应关系具有下述性质：

设 $\boldsymbol{\alpha}\leftrightarrow(x_1,x_2,\cdots,x_n)^{\mathrm{T}}$，$\boldsymbol{\beta}\leftrightarrow(y_1,y_2,\cdots,y_n)^{\mathrm{T}}$，则有

$$\boldsymbol{\alpha}+\boldsymbol{\beta}\leftrightarrow(x_1+y_1,x_2+y_2,\cdots,x_n+y_n)^{\mathrm{T}}, \quad k\boldsymbol{\alpha}\leftrightarrow(kx_1,kx_2,\cdots,kx_n)^{\mathrm{T}}$$

也就是说，这个对应关系保持了线性运算.

因此可以说，任意一个 n 维线性空间 V 与向量空间 $\mathbf{R}^n$ 都具有相同的结构(简称 V 与 $\mathbf{R}^n$ 同构).

*5.2.3　子空间的交与和

定义 5.10　设 V 为数域 F 上的线性空间，V_1,V_2 都为线性空间 V 的子空间，

集合 $V_1\cap V_2=\{v\in V_1 且 v\in V_2\}$,称为子空间 V_1 与 V_2 的**交**;集合 $V_1+V_2=\{v_1+v_2\mid v_1\in V_1,v_2\in V_2\}$,称为子空间 V_1 与 V_2 的**和**.

定理 5.3 设 V 为数域 F 上的线性空间,V_1,V_2 为 V 的子空间,则 $V_1\cap V_2$ 和 V_1+V_2 都是 V 的子空间.

证明 首先由 $0\in V_1,0\in V_2$ 知,$V_1\cap V_2$ 与 V_1+V_2 是 V 的一个非空子集.下面只需要证明 $V_1\cap V_2$ 和 V_1+V_2 关于加法与数乘封闭即可.

事实上,$\forall \boldsymbol{\alpha},\boldsymbol{\beta}\in V_1\cap V_2$,则 $\boldsymbol{\alpha},\boldsymbol{\beta}\in V_1,\boldsymbol{\alpha},\boldsymbol{\beta}\in V_2$;由于 V_1,V_2 均是 V 的子空间,则 $\boldsymbol{\alpha}+\boldsymbol{\beta}\in V_1,\boldsymbol{\alpha}+\boldsymbol{\beta}\in V_2$,于是 $\boldsymbol{\alpha}+\boldsymbol{\beta}\in V_1\cap V_2$,$V_1\cap V_2$ 关于加法封闭;$\forall \boldsymbol{\alpha}\in V_1\cap V_2,k\in F$,有 $k\boldsymbol{\alpha}\in V_1,k\boldsymbol{\alpha}\in V_2$,于是 $k\boldsymbol{\alpha}\in V_1\cap V_2$,$V_1\cap V_2$ 关于数乘封闭;故 $V_1\cap V_2$ 是 V 的子空间.

同样地,$\forall \boldsymbol{\alpha},\boldsymbol{\beta}\in V_1+V_2$,则由 V_1+V_2 的定义知,$\exists \boldsymbol{\alpha}_1,\boldsymbol{\beta}_1\in V_1,\boldsymbol{\alpha}_2,\boldsymbol{\beta}_2\in V_2$,使得 $\boldsymbol{\alpha}=\boldsymbol{\alpha}_1+\boldsymbol{\alpha}_2,\boldsymbol{\beta}=\boldsymbol{\beta}_1+\boldsymbol{\beta}_2$,而 $\boldsymbol{\alpha}_1+\boldsymbol{\beta}_1\in V_1,\boldsymbol{\alpha}_2+\boldsymbol{\beta}_2\in V_2$,则

$$\boldsymbol{\alpha}+\boldsymbol{\beta}=(\boldsymbol{\alpha}_1+\boldsymbol{\alpha}_2)+(\boldsymbol{\beta}_1+\boldsymbol{\beta}_2)=(\boldsymbol{\alpha}_1+\boldsymbol{\beta}_1)+(\boldsymbol{\alpha}_2+\boldsymbol{\beta}_2)\in V_1+V_2$$

$\forall \boldsymbol{\alpha}\in V_1+V_2,k\in F$,由定义有 $\exists \boldsymbol{\alpha}_1\in V_1,\boldsymbol{\alpha}_2\in V_2$,使得 $\boldsymbol{\alpha}=\boldsymbol{\alpha}_1+\boldsymbol{\alpha}_2$,由于 $k\boldsymbol{\alpha}_1\in V_1,k\boldsymbol{\alpha}_2\in V_2$,则 $k\boldsymbol{\alpha}=k(\boldsymbol{\alpha}_1+\boldsymbol{\alpha}_2)=k\boldsymbol{\alpha}_1+k\boldsymbol{\alpha}_2\in V_1+V_2$,故 V_1+V_2 是 V 的子空间.

上面定理中的子空间 $V_1\cap V_2$ 与 V_1+V_2 分别称为子空间 V_1 与 V_2 的**交空间**与**和空间**.

推论 设 $V_1,V_2,\cdots,V_m$ 是 V 的子空间,则 $V_1\cap V_2\cap\cdots\cap V_m$ 与 $V_1+V_2+\cdots+V_m$ 均为 V 的子空间.

例 5.15 设线性空间 $V=\mathbf{R}^3$,V 的子空间 V_1,V_2,V_3 如下:

$$V_1=\left\{\begin{pmatrix}a_1\\a_2\\0\end{pmatrix}\middle| a_1,a_2\in\mathbf{R}\right\},\quad V_2=\left\{\begin{pmatrix}0\\0\\a_3\end{pmatrix}\middle| a_3\in\mathbf{R}\right\},\quad V_3=\left\{\begin{pmatrix}0\\b_2\\b_3\end{pmatrix}\middle| b_2,b_3\in\mathbf{R}\right\},$$

易见 $V=V_1+V_2,V=V_1+V_3$.

关于子空间的基与维数,这里不加证明地介绍如下事实:

定理 5.4 设 V 为线性空间,W 为 V 的子空间,则 W 的任何一组基都可以扩充成 V 的一组基.

定理 5.5(维数公式) 设 V 为线性空间,V_1,V_2 都为线性空间 V 的子空间,则有

$$\dim V_1+\dim V_2=\dim(V_1+V_2)+\dim(V_1\cap V_2)$$

习　题　5.2

1. 若 $m\times n$ 矩阵 $\boldsymbol{A}$ 的秩为 r,试求齐次线性方程组 $\boldsymbol{Ax}=\boldsymbol{0}$ 的**解空间**的维数与一个基.

2. 求集合 $V=\{(a,0,b)\mid a,b\in\mathbf{R}\}$，对于通常的向量加法及数乘法所构成的线性空间的维数与一个基.

3. 证明：$\boldsymbol{\alpha}_1,\boldsymbol{\alpha}_2,\boldsymbol{\alpha}_3$ 是线性空间 $\mathbf{R}^3$ 的一个基，并求向量 $\boldsymbol{\alpha}=(3,7,1)^{\mathrm{T}}$ 在基 $\boldsymbol{\alpha}_1,\boldsymbol{\alpha}_2,\boldsymbol{\alpha}_3$ 下的坐标，其中 $\boldsymbol{\alpha}_1=(1,3,5)^{\mathrm{T}},\boldsymbol{\alpha}_2=(6,3,2)^{\mathrm{T}},\boldsymbol{\alpha}_3=(3,1,0)^{\mathrm{T}}$.

*4. 若 $\boldsymbol{\alpha}_1,\boldsymbol{\alpha}_2,\cdots,\boldsymbol{\alpha}_r$ 是 n 维线性空间 V 中 $r(<n)$ 个线性无关的向量，证明：在 V 中一定存在 $n-r$ 个向量 $\boldsymbol{\alpha}_{r+1},\boldsymbol{\alpha}_{r+2},\cdots\boldsymbol{\alpha}_n$，使得 $\boldsymbol{\alpha}_1,\boldsymbol{\alpha}_2,\cdots,\boldsymbol{\alpha}_r,\boldsymbol{\alpha}_{r+1},\cdots,\boldsymbol{\alpha}_n$ 是 V 的一个基. 常称它是由 $\boldsymbol{\alpha}_1,\boldsymbol{\alpha}_2,\cdots,\boldsymbol{\alpha}_r$ 扩张成的基.

*5. $\mathbf{R}^4$ 中，$\boldsymbol{\alpha}_1=(2,0,1,2)^{\mathrm{T}},\boldsymbol{\alpha}_2=(-1,1,0,3)^{\mathrm{T}}$ 扩张成 $\mathbf{R}^4$ 的一个基 $\boldsymbol{\alpha}_1,\boldsymbol{\alpha}_2,\boldsymbol{\alpha}_3,\boldsymbol{\alpha}_4$，并求 $\boldsymbol{\beta}=(0,1,0,3)^{\mathrm{T}}$ 在 $\boldsymbol{\alpha}_1,\boldsymbol{\alpha}_2,\boldsymbol{\alpha}_3,\boldsymbol{\alpha}_4$ 下的坐标.

*6. 设 $W_1=L(\boldsymbol{\alpha}_1,\boldsymbol{\alpha}_2,\boldsymbol{\alpha}_3),W_2=L(\boldsymbol{\beta}_1,\boldsymbol{\beta}_2,\boldsymbol{\beta}_3)$，若 $\boldsymbol{\alpha}_1,\boldsymbol{\alpha}_2,\boldsymbol{\alpha}_3$ 可由 $\boldsymbol{\beta}_1,\boldsymbol{\beta}_2,\boldsymbol{\beta}_3$ 线性表示，求 W_1 与 W_2 的交空间 $W_1\cap W_2$.

5.3　基变换与坐标变换

从例 5.11 及例 5.14 中已看到，一个线性空间可以有不同的基，同一个向量在不同的基下坐标也不相同. 这就要求我们来寻求同一个向量在不同基下的坐标之间的联系；或者说要寻求：当线性空间中的基改变后，同一向量的坐标是如何变化的呢?

设 $\boldsymbol{\varepsilon}_1,\boldsymbol{\varepsilon}_2,\cdots,\boldsymbol{\varepsilon}_n$ 与 $\boldsymbol{\eta}_1,\boldsymbol{\eta}_2,\cdots,\boldsymbol{\eta}_n$ 是 n 维线性空间 V 的两组基，由基的定义知，它们可以相互线性表出. 记

$$\begin{cases}\boldsymbol{\eta}_1=t_{11}\boldsymbol{\varepsilon}_1+t_{21}\boldsymbol{\varepsilon}_2+\cdots+t_{n1}\boldsymbol{\varepsilon}_n\\ \boldsymbol{\eta}_2=t_{12}\boldsymbol{\varepsilon}_1+t_{22}\boldsymbol{\varepsilon}_2+\cdots+t_{n2}\boldsymbol{\varepsilon}_n\\ \qquad\cdots\cdots\\ \boldsymbol{\eta}_n=t_{1n}\boldsymbol{\varepsilon}_1+t_{2n}\boldsymbol{\varepsilon}_2+\cdots+t_{nn}\boldsymbol{\varepsilon}_n\end{cases}\tag{5.1}$$

将其写成矩阵形式

$$(\boldsymbol{\eta}_1,\boldsymbol{\eta}_2,\cdots,\boldsymbol{\eta}_n)=(\boldsymbol{\varepsilon}_1,\boldsymbol{\varepsilon}_2,\cdots,\boldsymbol{\varepsilon}_n)\begin{pmatrix}t_{11}&t_{12}&\cdots&t_{1n}\\ t_{21}&t_{22}&\cdots&t_{2n}\\ \vdots&\vdots&&\vdots\\ t_{n1}&t_{n2}&\cdots&t_{nn}\end{pmatrix}\tag{5.2}$$

定义 5.11　称(5.2)中的矩阵

$$\boldsymbol{T}=\begin{pmatrix}t_{11}&t_{12}&\cdots&t_{1n}\\ t_{21}&t_{22}&\cdots&t_{2n}\\ \vdots&\vdots&&\vdots\\ t_{n1}&t_{n2}&\cdots&t_{nn}\end{pmatrix}$$

为由基 $\boldsymbol{\varepsilon}_1,\boldsymbol{\varepsilon}_2,\cdots,\boldsymbol{\varepsilon}_n$ 到基 $\boldsymbol{\eta}_1,\boldsymbol{\eta}_2,\cdots,\boldsymbol{\eta}_n$ 的过渡矩阵.

这样(5.2)式可写成

$$(\boldsymbol{\eta}_1,\boldsymbol{\eta}_2,\cdots,\boldsymbol{\eta}_n)=(\boldsymbol{\varepsilon}_1,\boldsymbol{\varepsilon}_2,\cdots,\boldsymbol{\varepsilon}_n)\boldsymbol{T} \tag{5.3}$$

通常称(5.3)式为由基 $\boldsymbol{\varepsilon}_1,\boldsymbol{\varepsilon}_2,\cdots,\boldsymbol{\varepsilon}_n$ 到基 $\boldsymbol{\eta}_1,\boldsymbol{\eta}_2,\cdots,\boldsymbol{\eta}_n$ 的**变换公式**.

容易证明,过渡矩阵 $\boldsymbol{T}$ 是可逆的.

实际上,考察由过渡矩阵 $\boldsymbol{T}$ 所构成的齐次线性方程组 $\boldsymbol{Tx}=\mathbf{0}$. 设 $\boldsymbol{x}_0=(k_1,k_2,\cdots,k_n)^{\mathrm{T}}$ 是 $\boldsymbol{Tx}=\mathbf{0}$的解,那么

$$(\boldsymbol{\eta}_1,\boldsymbol{\eta}_2,\cdots,\boldsymbol{\eta}_n)x_0=[(\boldsymbol{\varepsilon}_1,\boldsymbol{\varepsilon}_2,\cdots,\boldsymbol{\varepsilon}_n)\boldsymbol{T}]x_0=(\boldsymbol{\varepsilon}_1,\boldsymbol{\varepsilon}_2,\cdots,\boldsymbol{\varepsilon}_n)(\boldsymbol{T}x_0)=\mathbf{0}$$

即 $k_1\boldsymbol{\eta}_1+k_2\boldsymbol{\eta}_2+\cdots+k_n\boldsymbol{\eta}_n=\mathbf{0}$,由于 $\boldsymbol{\eta}_1,\boldsymbol{\eta}_2,\cdots,\boldsymbol{\eta}_n$ 是线性空间 V 的基,故有 $k_1=k_2=\cdots=k_n=0$,即 $x_0=0$. 这表明 $\boldsymbol{Tx}=\mathbf{0}$只有零解,从而 $\boldsymbol{T}$ 是可逆的.
反过来,设 $\boldsymbol{\varepsilon}_1,\boldsymbol{\varepsilon}_2,\cdots,\boldsymbol{\varepsilon}_n$ 是 n 维线性空间 V 的一个基,T 是一个 n 阶可逆方阵.
如果$(\boldsymbol{\eta}_1,\boldsymbol{\eta}_2,\cdots,\boldsymbol{\eta}_n)=(\boldsymbol{\varepsilon}_1,\boldsymbol{\varepsilon}_2,\cdots,\boldsymbol{\varepsilon}_n)\boldsymbol{T}$,则有 $\boldsymbol{\eta}_1,\boldsymbol{\eta}_2,\cdots,\boldsymbol{\eta}_n$ 必是 V 的一组基.

本命题由读者自行完成证明(见习题五).

下面将给出同一个向量在不同基下的坐标之间的关系.

定理 5.6　设线性空间 V 的两组基为 $\boldsymbol{\varepsilon}_1,\boldsymbol{\varepsilon}_2,\cdots,\boldsymbol{\varepsilon}_n$ 和 $\boldsymbol{\eta}_1,\boldsymbol{\eta}_2,\cdots,\boldsymbol{\eta}_n$,且由基 $\boldsymbol{\varepsilon}_1,\boldsymbol{\varepsilon}_2,\cdots,\boldsymbol{\varepsilon}_n$ 到基 $\boldsymbol{\eta}_1,\boldsymbol{\eta}_2,\cdots,\boldsymbol{\eta}_n$ 的过渡矩阵为 $\boldsymbol{T}$,即

$$(\boldsymbol{\eta}_1,\boldsymbol{\eta}_2,\cdots,\boldsymbol{\eta}_n)=(\boldsymbol{\varepsilon}_1,\boldsymbol{\varepsilon}_2,\cdots,\boldsymbol{\varepsilon}_n)\boldsymbol{T}$$

如果向量 $\boldsymbol{\beta}$ 在基 $\boldsymbol{\varepsilon}_1,\boldsymbol{\varepsilon}_2,\cdots,\boldsymbol{\varepsilon}_n$ 与基 $\boldsymbol{\eta}_1,\boldsymbol{\eta}_2,\cdots,\boldsymbol{\eta}_n$ 下的坐标分别是 $\boldsymbol{x}=(x_1,x_2,\cdots,x_n)^{\mathrm{T}}$ 与 $\boldsymbol{y}=(y_1,y_2,\cdots,y_n)^{\mathrm{T}}$,那么

$$\boldsymbol{x}=\boldsymbol{Ty}\quad 或\quad \boldsymbol{y}=\boldsymbol{T}^{-1}\boldsymbol{x} \tag{5.4}$$

式(5.4)通常称为新旧坐标之间的**坐标变换公式**.

证明　由于 $\boldsymbol{\beta}=(\boldsymbol{\varepsilon}_1,\boldsymbol{\varepsilon}_2,\cdots,\boldsymbol{\varepsilon}_n)\boldsymbol{x}$,$\boldsymbol{\beta}=(\boldsymbol{\eta}_1,\boldsymbol{\eta}_2,\cdots,\boldsymbol{\eta}_n)\boldsymbol{y}$,而

$$(\boldsymbol{\eta}_1,\boldsymbol{\eta}_2,\cdots,\boldsymbol{\eta}_n)\boldsymbol{y}=[(\boldsymbol{\varepsilon}_1,\boldsymbol{\varepsilon}_2,\cdots,\boldsymbol{\varepsilon}_n)\boldsymbol{T}]\boldsymbol{y}=(\boldsymbol{\varepsilon}_1,\boldsymbol{\varepsilon}_2,\cdots,\boldsymbol{\varepsilon}_n)(\boldsymbol{Ty})$$

故有

$$(\boldsymbol{\varepsilon}_1,\boldsymbol{\varepsilon}_2,\cdots,\boldsymbol{\varepsilon}_n)\boldsymbol{x}=(\boldsymbol{\varepsilon}_1,\boldsymbol{\varepsilon}_2,\cdots,\boldsymbol{\varepsilon}_n)(\boldsymbol{Ty})$$

从而 $\boldsymbol{x}=\boldsymbol{Ty}$.

例 5.16　在线性空间 $\mathbf{R}^3$ 中,求出由基 $\boldsymbol{\alpha}_1,\boldsymbol{\alpha}_2,\boldsymbol{\alpha}_3$ 到基 $\boldsymbol{\varepsilon}_1,\boldsymbol{\varepsilon}_2,\boldsymbol{\varepsilon}_3$ 的过渡矩阵,并求向量 $\boldsymbol{\xi}=(4,12,6)^{\mathrm{T}}$ 在基 $\boldsymbol{\alpha}_1,\boldsymbol{\alpha}_2,\boldsymbol{\alpha}_3$ 下的坐标 $(x_1,x_2,x_3)^{\mathrm{T}}$,其中 $\boldsymbol{\varepsilon}_1,\boldsymbol{\varepsilon}_2,\boldsymbol{\varepsilon}_3$ 是 $\mathbf{R}^3$ 的自然基;$\boldsymbol{\alpha}_1=(-2,1,3)^{\mathrm{T}}$,$\boldsymbol{\alpha}_2=(-1,0,1)^{\mathrm{T}}$,$\boldsymbol{\alpha}_3=(-2,-5,-1)^{\mathrm{T}}$.

解　由于 $\boldsymbol{\varepsilon}_1,\boldsymbol{\varepsilon}_2,\boldsymbol{\varepsilon}_3$ 是 $\mathbf{R}^3$ 的自然基,显然有$(\boldsymbol{\alpha}_1,\boldsymbol{\alpha}_2,\boldsymbol{\alpha}_3)=(\boldsymbol{\varepsilon}_1,\boldsymbol{\varepsilon}_2,\boldsymbol{\varepsilon}_3)A$,其中

$$\boldsymbol{A}=\begin{pmatrix}-2 & -1 & -2\\ 1 & 0 & -5\\ 3 & 1 & -1\end{pmatrix}$$

从而$(\boldsymbol{\varepsilon}_1,\boldsymbol{\varepsilon}_2,\boldsymbol{\varepsilon}_3)=(\boldsymbol{\alpha}_1,\boldsymbol{\alpha}_2,\boldsymbol{\alpha}_3)\boldsymbol{A}^{-1}$,即由基 $\boldsymbol{\alpha}_1,\boldsymbol{\alpha}_2,\boldsymbol{\alpha}_3$ 到基 $\boldsymbol{\varepsilon}_1,\boldsymbol{\varepsilon}_2,\boldsymbol{\varepsilon}_3$ 的过渡矩阵为 $\boldsymbol{A}^{-1}$. 易求得

$$\boldsymbol{A}^{-1}=\begin{pmatrix}\frac{5}{2} & -\frac{3}{2} & \frac{5}{2}\\ -7 & 4 & -6\\ \frac{1}{2} & -\frac{1}{2} & \frac{1}{2}\end{pmatrix}$$

又向量 $\boldsymbol{\xi}$ 在基 $\boldsymbol{\varepsilon}_1,\boldsymbol{\varepsilon}_2,\boldsymbol{\varepsilon}_3$ 下的坐标为 $(4,12,6)^{\mathrm{T}}$，由坐标变换公式知

$$\begin{pmatrix}x_1\\ x_2\\ x_3\end{pmatrix}=\boldsymbol{A}^{-1}\begin{pmatrix}4\\ 12\\ 6\end{pmatrix}=\begin{pmatrix}7\\ -16\\ -1\end{pmatrix}$$

由例 5.17 的求解过程中可看到，利用矩阵方法可以得出：$\mathbf{R}^n$ 中两组基的过渡矩阵的一种较简捷求法.

设 $\mathbf{R}^n$ 中两组基分别为 $\boldsymbol{\alpha}_1,\boldsymbol{\alpha}_2,\cdots,\boldsymbol{\alpha}_n$ 与 $\boldsymbol{\beta}_1,\boldsymbol{\beta}_2,\cdots,\boldsymbol{\beta}_n$，其中

$$\boldsymbol{\alpha}_i=(a_{i1},a_{i2},\cdots,a_{in}),\quad \boldsymbol{\beta}_i=(b_{i1},b_{i2},\cdots,b_{in}),\quad i=1,2,\cdots,n$$

记由基 $\boldsymbol{\alpha}_1,\boldsymbol{\alpha}_2,\cdots,\boldsymbol{\alpha}_n$ 到基 $\boldsymbol{\beta}_1,\boldsymbol{\beta}_2,\cdots,\boldsymbol{\beta}_n$ 的过渡矩阵为 $\boldsymbol{T}$，即

$$(\boldsymbol{\beta}_1,\boldsymbol{\beta}_2,\cdots,\boldsymbol{\beta}_n)=(\boldsymbol{\alpha}_1,\boldsymbol{\alpha}_2,\cdots,\boldsymbol{\alpha}_n)\boldsymbol{T}$$

按定义 5.9 知，$\boldsymbol{T}$ 的第 i 个列向量分别是 $\boldsymbol{\beta}_i$ 在基 $\boldsymbol{\alpha}_1,\boldsymbol{\alpha}_2,\cdots,\boldsymbol{\alpha}_n$ 下的坐标. 将 $\boldsymbol{\alpha}_1,\boldsymbol{\alpha}_2,\cdots,\boldsymbol{\alpha}_n$ 和 $\boldsymbol{\beta}_1,\boldsymbol{\beta}_2,\cdots,\boldsymbol{\beta}_n$ 看作列向量分别排成矩阵

$$\boldsymbol{A}=\begin{pmatrix}a_{11} & a_{12} & \cdots & a_{1n}\\ a_{21} & a_{22} & \cdots & a_{2n}\\ \vdots & \vdots & & \vdots\\ a_{n1} & a_{n2} & \cdots & a_{nn}\end{pmatrix},\quad \boldsymbol{B}=\begin{pmatrix}b_{11} & b_{12} & \cdots & b_{1n}\\ b_{21} & b_{22} & \cdots & b_{2n}\\ \vdots & \vdots & & \vdots\\ b_{n1} & b_{n2} & \cdots & b_{nn}\end{pmatrix}$$

则有 $\boldsymbol{B}=\boldsymbol{A}\boldsymbol{T}$，故有 $\boldsymbol{T}=\boldsymbol{A}^{-1}\boldsymbol{B}$.

由此可见，可以用矩阵的初等行变换来求出过渡矩阵 $\boldsymbol{T}$，即将 $\boldsymbol{A}$ 和 $\boldsymbol{B}$ 拼成 $n\times 2n$ 分块矩阵 $(\boldsymbol{A},\boldsymbol{B})$，利用初等行变换将分块矩阵 $(\boldsymbol{A},\boldsymbol{B})$ 左边子块 $\boldsymbol{A}$ 化为单位矩阵 $\boldsymbol{E}$，则右边子块就是过渡矩阵 $\boldsymbol{T}=\boldsymbol{A}^{-1}\boldsymbol{B}$，示意如下：

$$(\boldsymbol{A},\boldsymbol{B})\xrightarrow{\text{初等行变换}}(\boldsymbol{E},\boldsymbol{T})$$

此方法可类似地用于其他线性空间中，其本质是一致.

***例 5.17**　设 $\boldsymbol{g}_1=1+\boldsymbol{x}+\boldsymbol{x}^2,\boldsymbol{g}_2=\boldsymbol{x}+\boldsymbol{x}^2,\boldsymbol{g}_3=\boldsymbol{x}^2,\boldsymbol{h}_1=1-\boldsymbol{x}-\boldsymbol{x}^2,\boldsymbol{h}_2=1+\boldsymbol{x},\boldsymbol{h}_3=1+\boldsymbol{x}-\boldsymbol{x}^2$.

(1) 证明：$\boldsymbol{g}_1,\boldsymbol{g}_2,\boldsymbol{g}_3$ 与 $\boldsymbol{h}_1,\boldsymbol{h}_2,\boldsymbol{h}_3$ 都是线性空间 $P_2[\boldsymbol{x}]$ 的基；

(2) 求从基 $\boldsymbol{g}_1,\boldsymbol{g}_2,\boldsymbol{g}_3$ 到基 $\boldsymbol{h}_1,\boldsymbol{h}_2,\boldsymbol{h}_3$ 的过渡矩阵 $\boldsymbol{T}$；

(3) 若 $P_2[\boldsymbol{x}]$ 中的元 $f(\boldsymbol{x})$ 在 $\boldsymbol{g}_1,\boldsymbol{g}_2,\boldsymbol{g}_3$ 下的坐标为 $(1,-2,0)^{\mathrm{T}}$，求 $f(\boldsymbol{x})$ 在基 $\boldsymbol{h}_1,\boldsymbol{h}_2,\boldsymbol{h}_3$ 下的坐标

解　(1) 注意到 $1,\boldsymbol{x},\boldsymbol{x}^2$ 线性无关，它们构成 $P_2[\boldsymbol{x}]$ 的一组基，由已知条件有

$$(\boldsymbol{g}_1,\boldsymbol{g}_2,\boldsymbol{g}_3)=(1,\boldsymbol{x},\boldsymbol{x}^2)\begin{pmatrix}1&0&0\\1&1&0\\1&1&1\end{pmatrix}=(1,\boldsymbol{x},\boldsymbol{x}^2)\boldsymbol{A}$$

$$(\boldsymbol{h}_1,\boldsymbol{h}_2,\boldsymbol{h}_3)=(1,\boldsymbol{x},\boldsymbol{x}^2)\begin{pmatrix}1&1&1\\-1&1&1\\-1&0&-1\end{pmatrix}=(1,\boldsymbol{x},\boldsymbol{x}^2)\boldsymbol{B}$$

显然$|\boldsymbol{A}|=1$，$|\boldsymbol{B}|=-2$，所以它们是可逆矩阵，从而 $\boldsymbol{g}_1,\boldsymbol{g}_2,\boldsymbol{g}_3$ 与 $\boldsymbol{h}_1,\boldsymbol{h}_2,\boldsymbol{h}_3$ 是 $P_2[\boldsymbol{x}]$的基；

(2) 由于从基 $\boldsymbol{g}_1,\boldsymbol{g}_2,\boldsymbol{g}_3$ 到基 $\boldsymbol{h}_1,\boldsymbol{h}_2,\boldsymbol{h}_3$ 的过渡矩阵是 $\boldsymbol{T}$，即$(\boldsymbol{h}_1,\boldsymbol{h}_2,\boldsymbol{h}_3)=(\boldsymbol{g}_1,\boldsymbol{g}_2,\boldsymbol{g}_3)\boldsymbol{T}$，而$(\boldsymbol{g}_1,\boldsymbol{g}_2,\boldsymbol{g}_3)=(1,\boldsymbol{x},\boldsymbol{x}^2)\boldsymbol{A}$ 与$(\boldsymbol{h}_1,\boldsymbol{h}_2,\boldsymbol{h}_3)=(1,\boldsymbol{x},\boldsymbol{x}^2)\boldsymbol{B}$，故有 $\boldsymbol{B}=\boldsymbol{A}\boldsymbol{T}$，即 $\boldsymbol{T}=\boldsymbol{A}^{-1}\boldsymbol{B}$.

$$(\boldsymbol{A},\boldsymbol{B})=\begin{pmatrix}1&0&0&1&1&1\\1&1&0&-1&1&1\\1&1&1&-1&0&-1\end{pmatrix}\xrightarrow{\text{行变换}}\begin{pmatrix}1&0&0&1&1&1\\0&1&0&-2&0&0\\0&0&1&0&-1&-2\end{pmatrix}$$

所以，从基 $\boldsymbol{g}_1,\boldsymbol{g}_2,\boldsymbol{g}_3$ 到基 $\boldsymbol{h}_1,\boldsymbol{h}_2,\boldsymbol{h}_3$ 的过渡矩阵为

$$\boldsymbol{T}=\begin{pmatrix}1&1&1\\-2&0&0\\0&-1&-2\end{pmatrix}$$

(3) 设 $f(\boldsymbol{x})$在基 $\boldsymbol{h}_1,\boldsymbol{h}_2,\boldsymbol{h}_3$ 下的坐标为 $\boldsymbol{y}=(a,b,c)^{\mathrm{T}}$ 由坐标变换公式(5.4)知

$$\boldsymbol{y}=\boldsymbol{T}^{-1}\begin{pmatrix}1\\-2\\0\end{pmatrix}=\begin{pmatrix}0&-\frac{1}{2}&0\\2&1&1\\-1&-\frac{1}{2}&-1\end{pmatrix}\begin{pmatrix}1\\-2\\0\end{pmatrix}=\begin{pmatrix}1\\0\\0\end{pmatrix}$$

习　题　5.3

1. 在 $\mathbf{R}^3$ 中，求由基 $\boldsymbol{\alpha}_1,\boldsymbol{\alpha}_2,\boldsymbol{\alpha}_3$ 到基 $\boldsymbol{\beta}_1,\boldsymbol{\beta}_2,\boldsymbol{\beta}_3$ 的过渡矩阵，其中 $\boldsymbol{\alpha}_1=(-3,1,-2)^{\mathrm{T}}$，$\boldsymbol{\alpha}_2=(1,-1,1)^{\mathrm{T}}$，$\boldsymbol{\alpha}_3=(2,3,-1)^{\mathrm{T}}$，$\boldsymbol{\beta}_1=(1,1,1)^{\mathrm{T}}$；$\boldsymbol{\beta}_2=(1,2,3)^{\mathrm{T}}$，$\boldsymbol{\beta}_3=(2,0,1)^{\mathrm{T}}$.

2. 在线性空间 $\mathbf{R}^3$ 中，求由基 $\boldsymbol{\alpha}_1,\boldsymbol{\alpha}_2,\boldsymbol{\alpha}_3$ 到自然基 $\boldsymbol{\varepsilon}_1,\boldsymbol{\varepsilon}_2,\boldsymbol{\varepsilon}_3$ 的过渡矩阵，并求出向量 $\boldsymbol{\xi}=(4,-2,6)^{\mathrm{T}}$ 在基 $\boldsymbol{\alpha}_1,\boldsymbol{\alpha}_2,\boldsymbol{\alpha}_3$ 下的坐标. 其中 $\boldsymbol{\alpha}_1=(1,0,0)^{\mathrm{T}}$，$\boldsymbol{\alpha}_2=(1,1,0)^{\mathrm{T}}$，$\boldsymbol{\alpha}_3=(1,1,1)^{\mathrm{T}}$.

3. 取在 $\mathbf{R}^3$ 中两个基

$$\begin{cases}\boldsymbol{\alpha}_1=(1,2,0)^{\mathrm{T}}\\ \boldsymbol{\alpha}_2=(0,1,-3)^{\mathrm{T}}\\ \boldsymbol{\alpha}_3=(-1,0,-7)^{\mathrm{T}}\end{cases},\quad \begin{cases}\boldsymbol{\beta}_1=(2,0,1)^{\mathrm{T}}\\ \boldsymbol{\beta}_2=(0,-1,1)^{\mathrm{T}}\\ \boldsymbol{\beta}_3=(1,-1,2)^{\mathrm{T}}\end{cases}$$

求由基 $\boldsymbol{\alpha}_1,\boldsymbol{\alpha}_2,\boldsymbol{\alpha}_3$ 到基 $\boldsymbol{\beta}_1,\boldsymbol{\beta}_2,\boldsymbol{\beta}_3$ 的过渡矩阵,并写出任一向量在这两组基下坐标之间的关系式.

5.4 线性变换与其对应的矩阵

本节介绍并讨论线性空间上最基本但又最为重要的一种变换——线性变换,并通过线性变换在线性空间的基下对应的矩阵来探寻它与 n 阶矩阵之间的内在联系,说明线性变换与矩阵是一一对应的,同时给出线性变换的象的坐标求法以及不同基下线性变换的矩阵之间关系.

5.4.1 线性变换的定义及其性质

定义 5.12 设 V 为数域 F 上的线性空间,σ 是 V 上的一个变换,如果满足条件:

(1) $\forall \boldsymbol{\alpha},\boldsymbol{\beta}\in V,\sigma(\boldsymbol{\alpha}+\boldsymbol{\beta})=\sigma(\boldsymbol{\alpha})+\sigma(\boldsymbol{\beta})$;

(2) $\forall k\in F,\boldsymbol{\alpha}\in V,\sigma(k\boldsymbol{\alpha})=k\sigma(\boldsymbol{\alpha})$,

则称 σ 是 V 上的一个**线性变换**或**线性算子**.

条件(1)、(2)等价于 $\forall k,l\in F,\boldsymbol{\alpha},\boldsymbol{\beta}\in V,\sigma(k\boldsymbol{\alpha}+l\boldsymbol{\beta})=k\sigma(\boldsymbol{\alpha})+l\sigma(\boldsymbol{\beta})$. 这说明:线性变换的本质就是保持向量的线性运算. 以后,常用 σ,τ,ρ 等来表示 V 上的线性变换,$\sigma(\boldsymbol{\alpha})$表示向量 $\boldsymbol{\alpha}$ 在变换 σ 下的象.

下面给出一些常见线性变换.

例 5.18 设 $\sigma:\mathbf{R}^2\to\mathbf{R}^2$,定义为

$$\begin{cases}x'=x\cos\theta-y\sin\theta\\ y'=x\sin\theta+y\cos\theta\end{cases}$$

其中 $\boldsymbol{\alpha}=\begin{pmatrix}x\\y\end{pmatrix},\sigma(\boldsymbol{\alpha})=\begin{pmatrix}x'\\y'\end{pmatrix}$.

若记 $\boldsymbol{A}=\begin{pmatrix}\cos\theta & -\sin\theta\\ \sin\theta & \cos\theta\end{pmatrix}$,则 $\sigma(\boldsymbol{\alpha})=\boldsymbol{A}\boldsymbol{\alpha}$,易见它是一个线性变换. 实际上,$\forall \boldsymbol{\alpha},\boldsymbol{\beta}\in V$,有

$$\sigma(k\boldsymbol{\alpha}+l\boldsymbol{\beta})=\boldsymbol{A}(k\boldsymbol{\alpha}+l\boldsymbol{\beta})=\boldsymbol{A}(k\boldsymbol{\alpha})+\boldsymbol{A}(l\boldsymbol{\beta})=k\boldsymbol{A}\boldsymbol{\alpha}+l\boldsymbol{A}\boldsymbol{\beta}=k\sigma(\boldsymbol{\alpha})+l\sigma(\boldsymbol{\beta})$$

其中 k,l 是常数.

这个线性变换的几何意义是:把平面上的向量 $\boldsymbol{\alpha}$ 绕坐标原点逆时针旋转 θ 角

度,通常把它称为**旋转变换**.

例 5.19　设 $\sigma:\mathbf{R}^3\to\mathbf{R}^3$,定义为 $\sigma(\boldsymbol{\alpha})=k\boldsymbol{\alpha}$,其中 $k\geqslant 0$ 是常数.

显然,σ 是一个线性变换,通常称为**数乘变换**. 其几何意义是:把空间上的向量 $\boldsymbol{\alpha}$ 放大 k 倍;详细地说就是:σ 把向量 $\boldsymbol{\alpha}$ 映成方向与 $\boldsymbol{\alpha}$ 同向、其长度是 $|\boldsymbol{\alpha}|$ 的 k 倍的向量.

特别地,当 $k=0$ 时,它把 $\mathbf{R}^3$ 中的每个向量 $\boldsymbol{\alpha}$ 都映成零向量,这样的变换叫**零变换**,记作 $\mathbf{0}$,即 $\mathbf{0}(\boldsymbol{\alpha})=0$.

当 $k=1$ 时,它把 $\mathbf{R}^3$ 中的每个向量 $\boldsymbol{\alpha}$ 都映成自身,这样的变换叫**恒等变换**,记作 ε,即 $\varepsilon(\boldsymbol{\alpha})=\boldsymbol{\alpha}$.

例 5.20　设 $\sigma:\mathbf{R}^3\to\mathbf{R}^3$,定义为 $\sigma(\boldsymbol{\alpha})=(a_1,a_2,0)^{\mathrm{T}}$,其中 $\boldsymbol{\alpha}=(a_1,a_2,a_3)^{\mathrm{T}}$.

容易验证:σ 是一个线性变换;其几何意义是把空间上的向量 $\boldsymbol{\alpha}$ 投影到 Oxy 面上,通常把它称为**投影变换**.

例 5.21　设 $\sigma:\mathbf{R}^2\to\mathbf{R}^2$,定义为 $\sigma(\boldsymbol{\alpha})=\begin{pmatrix}a_1\\-a_2\end{pmatrix}$,其中 $\boldsymbol{\alpha}=\begin{pmatrix}a_1\\a_2\end{pmatrix}$.

容易验证:σ 是一个线性变换;其几何意义是:把 Ox 轴当成一面镜子,$\sigma(\boldsymbol{\alpha})$ 就是平面向量 $\boldsymbol{\alpha}$ 关于这面镜子所成的像,通常把它称为**镜面反射**.

例 5.22　在次数小于或等于 n 的多项式构成的线性空间 $P_n[\boldsymbol{x}]$ 上,对 $f(\boldsymbol{x})\in P_n[\boldsymbol{x}]$,设 $\sigma(f(\boldsymbol{x}))=\dfrac{\mathrm{d}}{\mathrm{d}x}f(\boldsymbol{x})$,由导数的性质知,$\sigma$ 是一个线性变换,通常称它为**微分变换**.

例 5.23　在由 $[a,b]$ 上的连续函数在函数加法与数乘函数运算下构成的线性空间 $C[a,b]$ 上,对 $f(\boldsymbol{x})\in C[a,b]$,设 $\sigma(f(\boldsymbol{x}))=\displaystyle\int_a^x f(t)\,\mathrm{d}t$,由积分的性质知,$\sigma$ 是一个线性变换;通常称它为**积分变换**.

例 5.24　在线性空间 $\mathbf{R}^n$ 上,给定一个 n 阶矩阵 $\mathbf{A}$,对 $\alpha\in\mathbf{R}^n$,设 $\sigma(\boldsymbol{\alpha})=\mathbf{A}\boldsymbol{\alpha}$,由矩阵运算知,$\sigma$ 是一个线性变换.

线性变换具有以下四条基本性质:

(1) 线性变换总把零向量映成零向量,即 $\sigma(\mathbf{0})=\mathbf{0}$.

证明　$\sigma(\mathbf{0})=\sigma(0\boldsymbol{\alpha})=0\sigma(\boldsymbol{\alpha})=\mathbf{0}$

(2) 线性变换总把负向量映成负向量,即 $\sigma(-\boldsymbol{\alpha})=-\sigma(\boldsymbol{\alpha})$.

证明　$\sigma(-\boldsymbol{\alpha})=\sigma((-1)\boldsymbol{\alpha})=(-1)\sigma(\boldsymbol{\alpha})=-\sigma(\boldsymbol{\alpha})$

(3) 线性变换保持向量的线性组合关系不变,即若 $\boldsymbol{\beta}=k_1\boldsymbol{\alpha}_1+k_2\boldsymbol{\alpha}_2+\cdots+k_n\boldsymbol{\alpha}_n$,则

$$\sigma(\boldsymbol{\beta})=k_1\sigma(\boldsymbol{\alpha}_1)+k_2(\boldsymbol{\alpha}_2)+\cdots+k_n(\boldsymbol{\alpha}_n)$$

证明　由定义 5.11 立即得到.

(4) 线性变换将线性相关的向量组映成的线性相关向量组.

证明　由(3)立即得到.

由于线性变换是一种映射,因此可定义线性变换的加法、数量乘法与乘法等运算.

定义 5.13　设 V 为数域 F 上的线性空间,若 σ,τ 都是 V 上的线性变换,k 是数域 F 上的一个数,

定义 σ 与 τ 的**和变换** $\sigma+\tau$ 为

$$(\sigma+\tau)(\boldsymbol{\alpha})=\sigma(\boldsymbol{\alpha})+\tau(\boldsymbol{\alpha}),\quad \forall \boldsymbol{\alpha}\in V$$

定义 k 与 σ 与的**数量乘法** $k\sigma$ 为

$$(k\sigma)(\boldsymbol{\alpha})=k\sigma(\boldsymbol{\alpha}),\quad \forall \boldsymbol{\alpha}\in V$$

定义 σ 与 τ 的**乘积变换** $\sigma\tau$ 为

$$(\sigma\tau)(\boldsymbol{\alpha})=\sigma(\tau(\boldsymbol{\alpha})),\quad \forall \boldsymbol{\alpha}\in V$$

由定义知,若 σ,τ 都是 V 上的线性变换,则 $\sigma+\tau,k\sigma,\sigma\tau$ 仍是 V 上的线性变换.实际上,由 $\forall m,l\in F,\boldsymbol{\alpha},\boldsymbol{\beta}\in V$,

$$\begin{aligned}(\sigma+\tau)(m\boldsymbol{\alpha}+l\boldsymbol{\beta})&=\sigma(m\boldsymbol{\alpha}+l\boldsymbol{\beta})+\tau(m\boldsymbol{\alpha}+l\boldsymbol{\beta})\\&=m\sigma(\boldsymbol{\alpha})+l\sigma(\boldsymbol{\beta})+m\tau(\boldsymbol{\alpha})+l\tau(\boldsymbol{\alpha})=m[(\sigma+\tau)(\boldsymbol{\alpha})]+l[(\sigma+\tau)(\boldsymbol{\alpha})]\end{aligned}$$

得 $\sigma+\tau$ 是 V 上的线性变换.

同样地,$k\sigma$ 与 $\sigma\tau$ 是 V 上的线性变换(请读者自行证明).

还可直接验证,若 σ,τ,ρ 都是 V 上的线性变换, $\forall k,l\in F$,有下列性质成立:

(1) $\sigma+(\tau+\rho)=(\sigma+\tau)+\rho$;

(2) $\sigma+\tau=\tau+\sigma$;

(3) $\sigma+\mathbf{0}=\sigma$;

(4) $\sigma+(-\sigma)=\mathbf{0}$;

(5) $1\cdot\sigma=\sigma$;

(6) $k(l\sigma)=(kl)\sigma$;

(7) $(k+l)\sigma=k\sigma+l\sigma$;

(8) $k(\sigma+\tau)=k\sigma+k\tau$.

由此得到如下定理:

定理 5.7　设 V 为数域 F 上的线性空间,V 上线性变换的全体对上述定义加法及数量乘法构成数域 F 上的一个线性空间.以后,将这个线性空间记作 $L(V)$.

类似可直接验证,关于乘积变换有下列性质:

设 V 为数域 F 上的线性空间,若 σ,τ,ρ 都是 V 上的线性变换, $\forall k\in F$,则有:

(1) $\sigma(\tau\rho)=(\sigma\tau)\rho$;

(2) $\sigma(\tau+\rho)=\sigma\tau+\sigma\rho$;

(3) $(\sigma+\tau)\rho=\sigma\rho+\tau\rho$;

(4) $k(\sigma\tau)=(k\sigma)\tau=\sigma(k\tau)$;

(5) $\sigma\varepsilon=\varepsilon\sigma=\sigma$, 其中 ε 是恒等变换;

(6) $\mathbf{0}\sigma=\sigma\mathbf{0}=\mathbf{0}$.

一般来说,线性变换的乘积不满足交换律,即 $\sigma\tau\neq\tau\sigma$;线性变换的乘积也不满足消去律,即由 $\sigma\tau=\sigma\rho$ 不能得到 $\tau=\rho$.

综上所述,线性变换运算(加法、数量乘法与乘法)的性质与矩阵运算的性质十分相似,在下一节中将看到,这并不是偶然的. 与矩阵完全类似,可定义线性变换的幂及线性变换的逆变换.

定义 5.14 设 σ 是线性空间 V 上的线性变换,如果存在线性变换 τ,使得 $\sigma\tau=\tau\sigma=\varepsilon$,则称 σ 是**可逆的**,并称 τ 是 σ 的**逆变换**,其中 ε 是恒等变换.

易证:如果 σ 的逆变换存在,则其逆变换是唯一的;以后将 σ 的逆变换记作 σ^{-1}.

定义 5.15 $\sigma^n=\underbrace{\sigma\sigma\cdots\sigma}_{n\text{个}}$,$\sigma^0=\varepsilon$($n$ 是自然数).

它们具有性质:$\sigma^n\sigma^m=\sigma^{n+m}$;$(\sigma^m)^n=\sigma^{mn}$;$(\sigma^{-1})^n=(\sigma^n)^{-1}$($\sigma$ 是可逆时).

以上性质的证明留给读者完成.

5.4.2 线性变换的矩阵

设 σ 是数域 F 上 n 维线性空间 V 的一个线性变换,它把 V 中的任一元 $\boldsymbol{\alpha}$ 映成了 $\sigma(\boldsymbol{\alpha})$,而 V 中有无穷多个元素,那么如何表示出每个元素在 σ 下的像 $\sigma(\boldsymbol{\alpha})$ 呢? 由于线性空间中的每个向量都可以由它的基线性表示,自然会想到,每个向量的像是否可以用基向量的像来线性表示呢? 为此先来说明:n 维线性空间 V 上的一个线性变换 σ,可以由它对基的作用完全确定.

设 $\boldsymbol{\varepsilon}_1,\boldsymbol{\varepsilon}_2,\cdots,\boldsymbol{\varepsilon}_n$ 是 n 维线性空间 V 的一组基,σ 是 V 上的一个线性变换. 对 V 中任一向量 $\boldsymbol{\alpha}$,由基的定义知,$\boldsymbol{\alpha}$ 可由 $\boldsymbol{\varepsilon}_1,\boldsymbol{\varepsilon}_2,\cdots,\boldsymbol{\varepsilon}_n$ 线性表出为 $\boldsymbol{\alpha}=k_1\boldsymbol{\varepsilon}_1+k_2\boldsymbol{\varepsilon}_2+\cdots+k_n\boldsymbol{\varepsilon}_n$ 从而有

$$\sigma(\boldsymbol{\alpha})=k_1\sigma(\boldsymbol{\varepsilon}_1)+k_2\sigma(\boldsymbol{\varepsilon}_2)+\cdots+k_n\sigma(\boldsymbol{\varepsilon}_n)$$

倘若 $\sigma(\boldsymbol{\varepsilon}_i)(i=1,2,\cdots,n)$ 是已知的,则 $\sigma(\boldsymbol{\alpha})$ 即为确定的,也就是线性变换 σ 可由 $\sigma(\boldsymbol{\varepsilon}_i)(i=1,2,\cdots,n)$ 来确定的.

另一方面,由于 $\sigma(\boldsymbol{\varepsilon}_i)$ 是 V 中的向量,故它们可由基 $\boldsymbol{\varepsilon}_1,\boldsymbol{\varepsilon}_2,\cdots,\boldsymbol{\varepsilon}_n$ 唯一地线性表示. 设

$$\begin{cases}\sigma(\boldsymbol{\varepsilon}_1)=a_{11}\boldsymbol{\varepsilon}_1+a_{21}\boldsymbol{\varepsilon}_2+\cdots+a_{n1}\boldsymbol{\varepsilon}_n\\ \sigma(\boldsymbol{\varepsilon}_2)=a_{12}\boldsymbol{\varepsilon}_1+a_{22}\boldsymbol{\varepsilon}_2+\cdots+a_{n2}\boldsymbol{\varepsilon}_n\\ \qquad\cdots\cdots\\ \sigma(\boldsymbol{\varepsilon}_n)=a_{1n}\boldsymbol{\varepsilon}_1+a_{2n}\boldsymbol{\varepsilon}_2+\cdots+a_{nn}\boldsymbol{\varepsilon}_n\end{cases}\tag{5.5}$$

若记

$$A=\begin{pmatrix} a_{11} & a_{12} & \cdots & a_{1n} \\ a_{21} & a_{22} & \cdots & a_{2n} \\ \vdots & \vdots & & \vdots \\ a_{n1} & a_{n2} & \cdots & a_{nn} \end{pmatrix} \tag{5.6}$$

则(5.5)式可写成

$$(\sigma(\boldsymbol{\varepsilon}_1),\sigma(\boldsymbol{\varepsilon}_2),\cdots,\sigma(\boldsymbol{\varepsilon}_n))=(\boldsymbol{\varepsilon}_1,\boldsymbol{\varepsilon}_2,\cdots,\boldsymbol{\varepsilon}_n)\boldsymbol{A} \tag{5.7}$$

为了书写与应用的方便,引进记号 $\sigma(\boldsymbol{\varepsilon}_1,\boldsymbol{\varepsilon}_2,\cdots,\boldsymbol{\varepsilon}_n)$来表示$(\sigma(\boldsymbol{\varepsilon}_1),\sigma(\boldsymbol{\varepsilon}_2),\cdots,\sigma(\boldsymbol{\varepsilon}_n))$. 这样(5.7)式简写成

$$\sigma(\boldsymbol{\varepsilon}_1,\boldsymbol{\varepsilon}_2,\cdots,\boldsymbol{\varepsilon}_n)=(\boldsymbol{\varepsilon}_1,\boldsymbol{\varepsilon}_2,\cdots,\boldsymbol{\varepsilon}_n)\boldsymbol{A} \tag{5.8}$$

以后,称(5.8)式中的 n 阶矩阵 $\boldsymbol{A}$ **为线性变换 $\boldsymbol{\sigma}$ 在基 $\boldsymbol{\varepsilon}_1,\boldsymbol{\varepsilon}_2,\cdots,\boldsymbol{\varepsilon}_n$ 下的矩阵.**

由线性变换在给定基下的矩阵的概念可以看出:当 σ 确定时,它在取定基 $\boldsymbol{\varepsilon}_1,\boldsymbol{\varepsilon}_2,\cdots,\boldsymbol{\varepsilon}_n$ 下的矩阵 $\boldsymbol{A}$ 是被唯一确定的(实际上,$\boldsymbol{A}$ 的第 i 列正是 $\sigma(\boldsymbol{\varepsilon}_i)$在基 $\boldsymbol{\varepsilon}_1,\boldsymbol{\varepsilon}_2,\cdots,\boldsymbol{\varepsilon}_n$ 的坐标).

反过来,若给定一个 n 阶矩阵 $\boldsymbol{A}=(a_{ij})$,是否在 V 上存在唯一的线性变换 σ,使得 σ 在基 $\boldsymbol{\varepsilon}_1,\boldsymbol{\varepsilon}_2,\cdots,\boldsymbol{\varepsilon}_n$ 下的矩阵恰为 $\boldsymbol{A}$ 呢? 答案是肯定的,下面将证明下述定理成立.

定理 5.8　设 σ 是数域 F 上 n 维线性空间 V 的一个线性变换,取定 V 的一组基 $\boldsymbol{\varepsilon}_1,\boldsymbol{\varepsilon}_2,\cdots,\boldsymbol{\varepsilon}_n$. 那么线性变换 σ 与数域 F 上的 n 阶矩阵 $\boldsymbol{A}$ 依照关系(5.8) 一一对应的. 即对 V 的任一线性变换 σ,存在数域 F 上唯一的 n 阶矩阵 $\boldsymbol{A}$,使得 (5.8)成立;反之,对任一数域 F 上的 n 阶矩阵 $\boldsymbol{A}$,必存在唯一的(V 上的)线性变换 σ,使得 (5.8) 成立.

* **证明**　只需证明定理的后一半结论. 首先构造 V 上的一个变换 σ,证明它是线性变换. 其次,再证明满足(5.8) 式即可.

对 V 的任一向量 $\boldsymbol{\alpha}=k_1\boldsymbol{\varepsilon}_1+k_2\boldsymbol{\varepsilon}_2+\cdots+k_n\boldsymbol{\varepsilon}_n$,令

$$\sigma(\boldsymbol{\alpha})=k_1\boldsymbol{\alpha}_1+k_2\boldsymbol{\alpha}_2+\cdots+k_n\boldsymbol{\alpha}_n$$

其中　$\boldsymbol{\alpha}_i=a_{1i}\boldsymbol{\varepsilon}_1+a_{2i}\boldsymbol{\varepsilon}_2+\cdots+a_{ni}\boldsymbol{\varepsilon}_n(i=1,2,\cdots,n)$,这时有

$$\sigma(\boldsymbol{\varepsilon}_i)=\boldsymbol{\alpha}_i\quad(i=1,2,\cdots,n)$$

显然,σ 是 V 上的一个变换.

下面先证明:σ 是一个线性变换.

(1) 对于 V 中任意向量 $\boldsymbol{\alpha},\boldsymbol{\beta}$,若

$$\boldsymbol{\alpha}=k_1\boldsymbol{\varepsilon}_1+k_2\boldsymbol{\varepsilon}_2+\cdots+k_n\boldsymbol{\varepsilon}_n$$

$$\boldsymbol{\beta}=l_1\boldsymbol{\varepsilon}_1+l_2\boldsymbol{\varepsilon}_2+\cdots+l_n\boldsymbol{\varepsilon}_n$$

按 σ 的定义有

$$\sigma(\boldsymbol{\alpha})=k_1\boldsymbol{\alpha}_1+k_2\boldsymbol{\alpha}_2+\cdots+k_n\boldsymbol{\alpha}_n$$

$$\sigma(\boldsymbol{\beta})=l_1\boldsymbol{\alpha}_1+l_2\boldsymbol{\alpha}_2+\cdots+l_n\boldsymbol{\alpha}_n$$

又

$$\boldsymbol{\alpha}+\boldsymbol{\beta}=(k_1+l_1)\boldsymbol{\varepsilon}_1+(k_2+l_2)\boldsymbol{\varepsilon}_2+\cdots+(k_n+l_n)\boldsymbol{\varepsilon}_n$$

于是有

$$\sigma(\boldsymbol{\alpha}+\boldsymbol{\beta})=(k_1+l_1)\boldsymbol{\alpha}_1+(k_2+l_2)\boldsymbol{\alpha}_2+\cdots+(k_n+l_n)\boldsymbol{\alpha}_n$$

即满足

$$\sigma(\boldsymbol{\alpha}+\boldsymbol{\beta})=\sigma(\boldsymbol{\alpha})+\sigma(\boldsymbol{\beta})$$

(2) 对于任意的数 $k\in F$ 及向量 $\boldsymbol{\alpha}=k_1\boldsymbol{\varepsilon}_1+k_2\boldsymbol{\varepsilon}_2+\cdots+k_n\boldsymbol{\varepsilon}_n\in V$,有

$$k\boldsymbol{\alpha}=kk_1\boldsymbol{\varepsilon}_1+kk_2\boldsymbol{\varepsilon}_2+\cdots+kk_n\boldsymbol{\varepsilon}_n$$

由 σ 的定义有

$$\sigma(k\boldsymbol{\alpha})=kk_1\boldsymbol{\alpha}_1+kk_2\boldsymbol{\alpha}_2+\cdots+kk_n\boldsymbol{\alpha}_n$$

显然满足

$$\sigma(k\boldsymbol{\alpha})=k\sigma(\boldsymbol{\alpha})$$

综合(1)、(2)有,σ 是一个线性变换.

再来证明:线性变换 σ 在基 $\boldsymbol{\varepsilon}_1,\boldsymbol{\varepsilon}_2,\cdots,\boldsymbol{\varepsilon}_n$ 下的矩阵恰为 $\boldsymbol{A}$.

因为 $\boldsymbol{\varepsilon}_i=0\boldsymbol{\varepsilon}_1+\cdots+0\boldsymbol{\varepsilon}_{i-1}+1\boldsymbol{\varepsilon}_i+0\boldsymbol{\varepsilon}_{i+1}+\cdots+0\boldsymbol{\varepsilon}_n\quad(i=1,2,\cdots,n)$

所以

$$\begin{aligned}\sigma(\boldsymbol{\varepsilon}_i)&=0\boldsymbol{\alpha}_1+\cdots+0\boldsymbol{\alpha}_{i-1}+1\boldsymbol{\alpha}_i+0\boldsymbol{\alpha}_{i+1}+\cdots+0\boldsymbol{\alpha}_n=\boldsymbol{\alpha}_i\\&=a_{1i}\boldsymbol{\varepsilon}_1+a_{2i}\boldsymbol{\varepsilon}_2+\cdots+a_{ni}\boldsymbol{\varepsilon}_n\quad(i=1,2,\cdots,n)\end{aligned}$$

即有(5.5)式成立,进而(5.8) 式成立.

又因为线性变换 σ 对基 $\boldsymbol{\varepsilon}_1,\boldsymbol{\varepsilon}_2,\cdots,\boldsymbol{\varepsilon}_n$ 的作用已由 $\sigma(\boldsymbol{\varepsilon}_i)=\boldsymbol{\alpha}_i\quad(i=1,2,\cdots,n)$完全确定,因此,上述满足(5.8)式的线性变换 σ 是唯一的.

下面列举几个线性变换在给定基下的矩阵的例子.

例 5.25　在向量空间 $\mathbf{R}^3$ 中,取自然基 $\boldsymbol{\varepsilon}_1,\boldsymbol{\varepsilon}_2,\boldsymbol{\varepsilon}_3$,对例 5.20 的投影变换 σ,有

$$\sigma(\boldsymbol{\varepsilon}_1)=(1,0,0)^{\mathrm{T}}=\boldsymbol{\varepsilon}_1,\quad\sigma(\boldsymbol{\varepsilon}_2)=(0,1,0)^{\mathrm{T}}=\boldsymbol{\varepsilon}_2,\quad\sigma(\boldsymbol{\varepsilon}_3)=(0,0,0)^{\mathrm{T}}$$

因此,投影变换 σ 在自然基 $\boldsymbol{\varepsilon}_1,\boldsymbol{\varepsilon}_2,\boldsymbol{\varepsilon}_3$ 下的矩阵为

$$\boldsymbol{A}=\begin{pmatrix}1&0&0\\0&1&0\\0&0&0\end{pmatrix}$$

例 5.26　对例 5.22 的微分变换,取基为 $1,x,x^2,\cdots,x^n$,有

$$\sigma(1)=0,\sigma(x)=1,\sigma(x^2)=2x,\cdots,\sigma(x^n)=nx^{n-1}$$

故微分变换在基 $1,x,x^2,\cdots,x^n$ 下的矩阵为

$$\boldsymbol{A}=\begin{pmatrix}0&1&&&\\&0&2&&\\&&\ddots&\ddots&\\&&&0&n\\&&&&0\end{pmatrix}$$

例 5.27　n 维线性空间 V 的线性变换 σ 是数乘变换的充分必要条件是 σ 在 V 的任一组基 $\boldsymbol{\varepsilon}_1,\boldsymbol{\varepsilon}_2,\cdots,\boldsymbol{\varepsilon}_n$ 下的矩阵为 n 阶数量矩阵 $k\boldsymbol{E}$.

证明　如果 σ 是数乘变换,则有 $\sigma(\boldsymbol{\varepsilon}_i)=k\boldsymbol{\varepsilon}_i\ (i=1,2,\cdots,n)$,可见,$\sigma$ 在基 $\boldsymbol{\varepsilon}_1,\boldsymbol{\varepsilon}_2,\cdots,\boldsymbol{\varepsilon}_n$ 下的矩阵为

$$\begin{pmatrix} k & & & \\ & k & & \\ & & \ddots & \\ & & & k \end{pmatrix}=k\boldsymbol{E}$$

反过来,如有 $\sigma(\boldsymbol{\varepsilon}_1,\boldsymbol{\varepsilon}_2,\cdots,\boldsymbol{\varepsilon}_n)=(\boldsymbol{\varepsilon}_1,\boldsymbol{\varepsilon}_2,\cdots,\boldsymbol{\varepsilon}_n)(k\boldsymbol{E})$,即

$$\sigma(\boldsymbol{\varepsilon}_1,\boldsymbol{\varepsilon}_2,\cdots,\boldsymbol{\varepsilon}_n)=(\boldsymbol{\varepsilon}_1,\boldsymbol{\varepsilon}_2,\cdots,\boldsymbol{\varepsilon}_n)\begin{pmatrix} k & & & \\ & k & & \\ & & \ddots & \\ & & & k \end{pmatrix}$$

故有

$$\sigma(\boldsymbol{\varepsilon}_i)=k\boldsymbol{\varepsilon}_i\quad(i=1,2,\cdots,n)$$

故对任一的向量 $\boldsymbol{\alpha}\in V$,设 $\boldsymbol{\alpha}=k_1\boldsymbol{\varepsilon}_1+k_2\boldsymbol{\varepsilon}_2+\cdots+k_n\boldsymbol{\varepsilon}_n$,有

$$\sigma(\boldsymbol{\alpha})=k_1\sigma(\boldsymbol{\varepsilon}_1)+k_2\sigma(\boldsymbol{\varepsilon}_2)+\cdots+k_n\sigma(\boldsymbol{\varepsilon}_n)=k_1k\boldsymbol{\varepsilon}_1+k_2k\boldsymbol{\varepsilon}_2+\cdots+k_nk\boldsymbol{\varepsilon}_n=k\boldsymbol{\alpha}$$

即 σ 是数乘变换.

作为本例的特殊情形,有

(1) n 维线性空间 V 的线性变换 σ 是零变换的充分必要条件是 σ 在 V 的任一组基下的矩阵为 n 阶零矩阵;

(2) n 维线性空间 V 的线性变换 σ 是恒等变换的充分必要条件是 σ 在任一组基下的矩阵为 n 阶单位矩阵 $\boldsymbol{E}$.

定理 5.8 说明:在 n 维线性空间 V 取定了一组基 $\boldsymbol{\varepsilon}_1,\boldsymbol{\varepsilon}_2,\cdots,\boldsymbol{\varepsilon}_n$ 的前提下,V 上的任一线性变换 σ 与 n 阶矩阵 $\boldsymbol{A}$ 是一一对应的. 这样,线性变换的集合与 n 阶矩阵的集合之间有着一一对应的关系. 实际上不仅仅如此,它们之间还存在着更为密切的关系:

* **定理 5.9**　设线性变换 σ 与 τ 在基 $\boldsymbol{\varepsilon}_1,\boldsymbol{\varepsilon}_2,\cdots,\boldsymbol{\varepsilon}_n$ 下的矩阵分别为 $\boldsymbol{A}$ 与 $\boldsymbol{B}$,则 $\sigma+\tau,k\sigma$ 及 $\sigma\tau$ 在基 $\boldsymbol{\varepsilon}_1,\boldsymbol{\varepsilon}_2,\cdots,\boldsymbol{\varepsilon}_n$ 下的矩阵分别为 $\boldsymbol{A}+\boldsymbol{B},k\boldsymbol{A}$ 及 $\boldsymbol{AB}$.

证明　由 $\sigma(\boldsymbol{\varepsilon}_1,\boldsymbol{\varepsilon}_2,\cdots,\boldsymbol{\varepsilon}_n)=(\boldsymbol{\varepsilon}_1,\boldsymbol{\varepsilon}_2,\cdots,\boldsymbol{\varepsilon}_n)\boldsymbol{A},\tau(\boldsymbol{\varepsilon}_1,\boldsymbol{\varepsilon}_2,\cdots,\boldsymbol{\varepsilon}_n)=(\boldsymbol{\varepsilon}_1,\boldsymbol{\varepsilon}_2,\cdots,\boldsymbol{\varepsilon}_n)\boldsymbol{B}$ 知

$$\begin{aligned}(\sigma+\tau)(\boldsymbol{\varepsilon}_1,\boldsymbol{\varepsilon}_2,\cdots,\boldsymbol{\varepsilon}_n)&=((\sigma+\tau)\boldsymbol{\varepsilon}_1,(\sigma+\tau)\boldsymbol{\varepsilon}_2,\cdots,(\sigma+\tau)\boldsymbol{\varepsilon}_n)\\&=(\sigma(\boldsymbol{\varepsilon}_1)+\tau(\boldsymbol{\varepsilon}_1),\sigma(\boldsymbol{\varepsilon}_2)+\tau(\boldsymbol{\varepsilon}_2),\cdots,\sigma(\boldsymbol{\varepsilon}_n)+\tau(\boldsymbol{\varepsilon}_n))\\&=(\sigma(\boldsymbol{\varepsilon}_1),\sigma(\boldsymbol{\varepsilon}_2),\cdots,\sigma(\boldsymbol{\varepsilon}_n))+(\tau(\boldsymbol{\varepsilon}_1),\tau(\boldsymbol{\varepsilon}_2),\cdots,\tau(\boldsymbol{\varepsilon}_n))\\&=\sigma(\boldsymbol{\varepsilon}_1,\boldsymbol{\varepsilon}_2,\cdots,\boldsymbol{\varepsilon}_n)+\tau(\boldsymbol{\varepsilon}_1,\boldsymbol{\varepsilon}_2,\cdots,\boldsymbol{\varepsilon}_n)\end{aligned}$$

$$=(\boldsymbol{\varepsilon}_1,\boldsymbol{\varepsilon}_2,\cdots,\boldsymbol{\varepsilon}_n)\boldsymbol{A}+(\boldsymbol{\varepsilon}_1,\boldsymbol{\varepsilon}_2,\cdots,\boldsymbol{\varepsilon}_n)\boldsymbol{B}$$
$$=(\boldsymbol{\varepsilon}_1,\boldsymbol{\varepsilon}_2,\cdots,\boldsymbol{\varepsilon}_n)(\boldsymbol{A}+\boldsymbol{B})$$

类似可证:$k\sigma$ 及 $\sigma\tau$ 在基 $\boldsymbol{\varepsilon}_1,\boldsymbol{\varepsilon}_2,\cdots,\boldsymbol{\varepsilon}_n$ 下的矩阵分别为 $k\boldsymbol{A}$ 及 $\boldsymbol{AB}$.

对于可逆的线性变换,还有下述结论:

* **定理 5.10** 设线性变换 σ 在基 $\boldsymbol{\varepsilon}_1,\boldsymbol{\varepsilon}_2,\cdots,\boldsymbol{\varepsilon}_n$ 下的矩阵分别为 $\boldsymbol{A}$,则 σ 可逆的充分必要条件是 $\boldsymbol{A}$ 可逆,并且当 σ 可逆时,σ^{-1} 在基 $\boldsymbol{\varepsilon}_1,\boldsymbol{\varepsilon}_2,\cdots,\boldsymbol{\varepsilon}_n$ 下的矩阵恰是 $\boldsymbol{A}^{-1}$.

证明 如果线性变换 σ 是可逆的,设其逆变换 σ^{-1} 在基 $\boldsymbol{\varepsilon}_1,\boldsymbol{\varepsilon}_2,\cdots,\boldsymbol{\varepsilon}_n$ 下的矩阵是 $\boldsymbol{B}$. 于是 $\sigma\sigma^{-1}$ 在基 $\boldsymbol{\varepsilon}_1,\boldsymbol{\varepsilon}_2,\cdots,\boldsymbol{\varepsilon}_n$ 下的矩阵是 $\boldsymbol{AB}$. 又 $\sigma\sigma^{-1}=\boldsymbol{\varepsilon}$,由例 5.27 知,$\boldsymbol{AB}=\boldsymbol{E}$. 故有矩阵 $\boldsymbol{A}$ 可逆且 $\boldsymbol{B}=\boldsymbol{A}^{-1}$. 这也就是,$\sigma^{-1}$ 在基 $\boldsymbol{\varepsilon}_1,\boldsymbol{\varepsilon}_2,\cdots,\boldsymbol{\varepsilon}_n$ 下的矩阵恰是 $\boldsymbol{A}^{-1}$. 反之,σ 在基 $\boldsymbol{\varepsilon}_1,\boldsymbol{\varepsilon}_2,\cdots,\boldsymbol{\varepsilon}_n$ 下的矩阵 $\boldsymbol{A}$ 是可逆的,设在基 $\boldsymbol{\varepsilon}_1,\boldsymbol{\varepsilon}_2,\cdots,\boldsymbol{\varepsilon}_n$ 下与矩阵 $\boldsymbol{A}^{-1}$ 相应的线性变换的 τ, 则 $\sigma\tau$ 在基 $\boldsymbol{\varepsilon}_1,\boldsymbol{\varepsilon}_2,\cdots,\boldsymbol{\varepsilon}_n$ 下的矩阵是 $\boldsymbol{AA}^{-1}=\boldsymbol{E}$. 由例 5.27 知,$\sigma\tau=\boldsymbol{\varepsilon}$;同理可证 $\tau\sigma=\boldsymbol{\varepsilon}$. 于是有,$\sigma$ 是可逆的,且 $\sigma^{-1}=\tau$.

上面讨论了线性变换与矩阵之间的关系,现在来给出线性变换的矩阵与线性变换象的坐标以及线性变换的矩阵与基的关系.

定理 5.11 设 $\boldsymbol{\varepsilon}_1,\boldsymbol{\varepsilon}_2,\cdots,\boldsymbol{\varepsilon}_n$ 是线性空间 V 的一组基,线性变换 σ 在该基下的矩阵为 $\boldsymbol{A}$,如果 V 中的向量 $\boldsymbol{\alpha}$ 在这个基下的坐标为 $\boldsymbol{x}=(x_1,x_2,\cdots,x_n)^{\mathrm{T}}$,则 $\sigma(\boldsymbol{\alpha})$ 的坐标为 $\boldsymbol{Ax}$.

证明 因为 $\boldsymbol{x}=(x_1,x_2,\cdots,x_n)^{\mathrm{T}}$,即 $\boldsymbol{\alpha}=x_1\boldsymbol{\varepsilon}_1+x_2\boldsymbol{\varepsilon}_2+\cdots+x_n\boldsymbol{\varepsilon}_n=(\boldsymbol{\varepsilon}_1,\boldsymbol{\varepsilon}_2,\cdots,\boldsymbol{\varepsilon}_n)\boldsymbol{x}$
又 $\sigma(\boldsymbol{\alpha})=x_1\sigma(\boldsymbol{\varepsilon}_1)+x_2\sigma(\boldsymbol{\varepsilon}_2)+\cdots+x_n\sigma(\boldsymbol{\varepsilon}_n)=\sigma(\boldsymbol{\varepsilon}_1,\boldsymbol{\varepsilon}_2,\cdots,\boldsymbol{\varepsilon}_n)\boldsymbol{x}=(\boldsymbol{\varepsilon}_1,\boldsymbol{\varepsilon}_2,\cdots,\boldsymbol{\varepsilon}_n)\boldsymbol{Ax}$
所以 $\sigma(\alpha)$ 的坐标为 $\boldsymbol{Ax}$.

定理 5.12 设 $\boldsymbol{\varepsilon}_1,\boldsymbol{\varepsilon}_2,\cdots,\boldsymbol{\varepsilon}_n$ 与 $\boldsymbol{\eta}_1,\boldsymbol{\eta}_2,\cdots,\boldsymbol{\eta}_n$ 是线性空间 V 的两组基,由 $\boldsymbol{\varepsilon}_1,\boldsymbol{\varepsilon}_2,\cdots,\boldsymbol{\varepsilon}_n$ 到 $\boldsymbol{\eta}_1,\boldsymbol{\eta}_2,\cdots,\boldsymbol{\eta}_n$ 的过渡矩阵为 $\boldsymbol{P}$,如果线性变换 σ 在基 $\boldsymbol{\varepsilon}_1,\boldsymbol{\varepsilon}_2,\cdots,\boldsymbol{\varepsilon}_n$ 与基 $\boldsymbol{\eta}_1,\boldsymbol{\eta}_2,\cdots,\boldsymbol{\eta}_n$ 下的矩阵分别为 $\boldsymbol{A}$ 与 $\boldsymbol{B}$,则有 $\boldsymbol{B}=\boldsymbol{P}^{-1}\boldsymbol{AP}$.

简单地说:同一线性变换在不同基下的矩阵是相似的.

证明 由条件有

$$\sigma(\boldsymbol{\varepsilon}_1,\boldsymbol{\varepsilon}_2,\cdots,\boldsymbol{\varepsilon}_n)=(\boldsymbol{\varepsilon}_1,\boldsymbol{\varepsilon}_2,\cdots,\boldsymbol{\varepsilon}_n)\boldsymbol{A}$$
$$\sigma(\boldsymbol{\eta}_1,\boldsymbol{\eta}_2,\cdots,\boldsymbol{\eta}_n)=(\boldsymbol{\eta}_1,\boldsymbol{\eta}_2,\cdots,\boldsymbol{\eta}_n)\boldsymbol{B}$$
$$(\boldsymbol{\eta}_1,\boldsymbol{\eta}_2,\cdots,\boldsymbol{\eta}_n)=(\boldsymbol{\varepsilon}_1,\boldsymbol{\varepsilon}_2,\cdots,\boldsymbol{\varepsilon}_n)\boldsymbol{P}$$

此时
$$(\boldsymbol{\varepsilon}_1,\boldsymbol{\varepsilon}_2,\cdots,\boldsymbol{\varepsilon}_n)=(\boldsymbol{\eta}_1,\boldsymbol{\eta}_2,\cdots,\boldsymbol{\eta}_n)\boldsymbol{P}^{-1}$$

于是
$$\begin{aligned}\sigma(\boldsymbol{\eta}_1,\boldsymbol{\eta}_2,\cdots,\boldsymbol{\eta}_n)&=\sigma[(\boldsymbol{\varepsilon}_1,\boldsymbol{\varepsilon}_2,\cdots,\boldsymbol{\varepsilon}_n)\boldsymbol{P}]=[\sigma(\boldsymbol{\varepsilon}_1,\boldsymbol{\varepsilon}_2,\cdots,\boldsymbol{\varepsilon}_n)]\boldsymbol{P}\\&=[(\boldsymbol{\varepsilon}_1,\boldsymbol{\varepsilon}_2,\cdots,\boldsymbol{\varepsilon}_n)\boldsymbol{A}]\boldsymbol{P}=(\boldsymbol{\varepsilon}_1,\boldsymbol{\varepsilon}_2,\cdots,\boldsymbol{\varepsilon}_n)(\boldsymbol{AP})\\&=[(\boldsymbol{\eta}_1,\boldsymbol{\eta}_2,\cdots,\boldsymbol{\eta}_n)\boldsymbol{P}^{-1}](\boldsymbol{AP})\\&=(\boldsymbol{\eta}_1,\boldsymbol{\eta}_2,\cdots,\boldsymbol{\eta}_n)(\boldsymbol{P}^{-1}\boldsymbol{AP})\end{aligned}$$

由此得 $\boldsymbol{B}=\boldsymbol{P}^{-1}\boldsymbol{AP}$.

例 5.28 设 $\boldsymbol{\alpha}_1,\boldsymbol{\alpha}_2,\boldsymbol{\alpha}_3$ 是 $\mathbf{R}^3$ 的一组基,σ 是 $\mathbf{R}^3$ 的一线性变换,且 $\sigma(\boldsymbol{\alpha}_1)=\boldsymbol{\alpha}_3$,

$\sigma(\boldsymbol{\alpha}_2)=\boldsymbol{\alpha}_2,\sigma(\boldsymbol{\alpha}_3)=\boldsymbol{\alpha}_1$，若 $\boldsymbol{\alpha}$ 在 $\boldsymbol{\alpha}_1,\boldsymbol{\alpha}_2,\boldsymbol{\alpha}_3$ 下的坐标是$(2,-1,1)^{\mathrm{T}}$，求 $\sigma(\boldsymbol{\alpha})$在 $\boldsymbol{\alpha}_1,\boldsymbol{\alpha}_2,\boldsymbol{\alpha}_3$ 下的坐标.

解 由定义知 σ，在基 $\boldsymbol{\alpha}_1,\boldsymbol{\alpha}_2,\boldsymbol{\alpha}_3$ 下的矩阵为

$$\boldsymbol{A}=\begin{pmatrix}0&0&1\\0&1&0\\1&0&0\end{pmatrix}$$

故 $\sigma(\boldsymbol{\alpha})$在 $\boldsymbol{\alpha}_1,\boldsymbol{\alpha}_2,\boldsymbol{\alpha}_3$ 下的坐标为

$$\begin{pmatrix}0&0&1\\0&1&0\\1&0&0\end{pmatrix}\begin{pmatrix}2\\-1\\1\end{pmatrix}=\begin{pmatrix}1\\-1\\2\end{pmatrix}$$

例 5.29 设线性变换 σ 是例 5.22 所述的微分变换，若 $f(x)=1+2x+3x^2+\cdots+nx^{n-1}+(n+1)x^n\in P_n[\boldsymbol{x}]$，求：$\sigma(f(x))$在基 $1,x,x^2,\cdots,x^n$ 下的坐标.

解 由例 5.26 有微分变换 σ 在基 $1,x,x^2,\cdots,x^n$ 下的矩阵为

$$\boldsymbol{A}=\begin{pmatrix}0&1&&&\\&0&2&&\\&&\ddots&\ddots&\\&&&0&n\\&&&&0\end{pmatrix}$$

而 $f(x)=1+2x+3x^2+\cdots+nx^{n-1}+(n+1)x^n$ 在基 $1,x,x^2,\cdots,x^n$ 下的坐标是

$$(1,2,\cdots,n+1)^{\mathrm{T}}$$

故由定理 5.11 知，$\sigma(f(x))$在基 $1,x,x^2,\cdots,x^{n-1}$下的坐标为

$$\begin{pmatrix}0&1&&&\\&0&2&&\\&&\ddots&\ddots&\\&&&0&n\\&&&&0\end{pmatrix}\begin{pmatrix}1\\2\\\vdots\\\vdots\\n+1\end{pmatrix}=\begin{pmatrix}2\\6\\\vdots\\n(n+1)\\0\end{pmatrix}$$

即有 $\sigma(f(x))$在基 $1,x,x^2,\cdots,x^n$ 下的坐标为$(2,6,\cdots,n(n+1),0)^{\mathrm{T}}$.

例 5.30 设 V 是例 5.13 给出的线性空间 $M_{2\times2}(\mathbf{R})$，σ 是 V 的线性变换，对于 V 的基

$$\boldsymbol{\varepsilon}_1=\boldsymbol{E}_{11}=\begin{pmatrix}1&0\\0&0\end{pmatrix},\quad \boldsymbol{\varepsilon}_2=\boldsymbol{E}_{12}=\begin{pmatrix}0&1\\0&0\end{pmatrix},\quad \boldsymbol{\varepsilon}_3=\boldsymbol{E}_{21}=\begin{pmatrix}0&0\\1&0\end{pmatrix},\quad \boldsymbol{\varepsilon}_4=\boldsymbol{E}_{22}=\begin{pmatrix}0&0\\0&1\end{pmatrix}$$

若

$$\sigma(\boldsymbol{\varepsilon}_1)=\begin{pmatrix}2&0\\-1&0\end{pmatrix},\quad \sigma(\boldsymbol{\varepsilon}_2)=\begin{pmatrix}-1&-1\\0&0\end{pmatrix},\quad \sigma(\boldsymbol{\varepsilon}_3)=\begin{pmatrix}-3&0\\0&1\end{pmatrix},\quad \sigma(\boldsymbol{\varepsilon}_4)=\begin{pmatrix}0&0\\0&-1\end{pmatrix}$$

(1) 求 σ 在基 $\boldsymbol{\varepsilon}_1,\boldsymbol{\varepsilon}_2,\boldsymbol{\varepsilon}_3,\boldsymbol{\varepsilon}_4$ 下的矩阵 $\boldsymbol{A}$，并证明 σ 是可逆的；

(2) 求 σ 在基 $\boldsymbol{\eta}_1,\boldsymbol{\eta}_2,\boldsymbol{\eta}_3,\boldsymbol{\eta}_4$ 下的矩阵 $\boldsymbol{B}$;其中

$$\boldsymbol{\eta}_1=\begin{pmatrix}1&0\\2&0\end{pmatrix},\quad \boldsymbol{\eta}_2=\begin{pmatrix}0&1\\0&2\end{pmatrix},\quad \boldsymbol{\eta}_3=\begin{pmatrix}0&0\\2&0\end{pmatrix},\quad \boldsymbol{\eta}_4=\begin{pmatrix}1&1\\0&0\end{pmatrix}$$

(3) 对于 V 中的向量 $\boldsymbol{\alpha}$,求 $\sigma^{-1}(\boldsymbol{\alpha})$;其中

$$\boldsymbol{\alpha}=\begin{pmatrix}1&-1\\0&2\end{pmatrix}$$

解 (1) 由于

$$\sigma(\boldsymbol{\varepsilon}_1)=\begin{pmatrix}2&0\\-1&0\end{pmatrix}=2\boldsymbol{\varepsilon}_1+0\boldsymbol{\varepsilon}_2-\boldsymbol{\varepsilon}_3+0\boldsymbol{\varepsilon}_4,\quad \sigma(\boldsymbol{\varepsilon}_2)=\begin{pmatrix}-1&-1\\0&0\end{pmatrix}=-\boldsymbol{\varepsilon}_1-\boldsymbol{\varepsilon}_2+0\boldsymbol{\varepsilon}_3+0\boldsymbol{\varepsilon}_4$$

$$\sigma(\boldsymbol{\varepsilon}_3)=\begin{pmatrix}-3&0\\0&1\end{pmatrix}=-3\boldsymbol{\varepsilon}_1+0\boldsymbol{\varepsilon}_2+0\boldsymbol{\varepsilon}_3+\boldsymbol{\varepsilon}_4,\quad \sigma(\boldsymbol{\varepsilon}_4)=\begin{pmatrix}0&0\\0&-1\end{pmatrix}=0\boldsymbol{\varepsilon}_1+0\boldsymbol{\varepsilon}_2+0\boldsymbol{\varepsilon}_3-\boldsymbol{\varepsilon}_4$$

故 σ 在基 $\boldsymbol{\varepsilon}_1,\boldsymbol{\varepsilon}_2,\boldsymbol{\varepsilon}_3,\boldsymbol{\varepsilon}_4$ 下的矩阵 $\boldsymbol{A}$ 为

$$\boldsymbol{A}=\begin{pmatrix}2&-1&-3&0\\0&-1&0&0\\-1&0&0&0\\0&0&1&-1\end{pmatrix}$$

由 $|\boldsymbol{A}|=-3\neq 0$ 知,$\boldsymbol{A}$ 是可逆的. 从而 σ 是可逆的.

(2) 首先,由 $\boldsymbol{\varepsilon}_1,\boldsymbol{\varepsilon}_2,\boldsymbol{\varepsilon}_3,\boldsymbol{\varepsilon}_4$ 到 $\boldsymbol{\eta}_1,\boldsymbol{\eta}_2,\boldsymbol{\eta}_3,\boldsymbol{\eta}_4$ 的过渡矩阵为

$$\boldsymbol{P}=\begin{pmatrix}1&0&0&1\\0&1&0&1\\2&0&2&0\\0&2&0&0\end{pmatrix}$$

即有

$$(\boldsymbol{\eta}_1,\boldsymbol{\eta}_2,\boldsymbol{\eta}_3,\boldsymbol{\eta}_4)=(\boldsymbol{\varepsilon}_1,\boldsymbol{\varepsilon}_2,\boldsymbol{\varepsilon}_3,\boldsymbol{\varepsilon}_4)\boldsymbol{P}$$

求得

$$\boldsymbol{P}^{-1}=\frac{1}{2}\begin{pmatrix}2&-2&0&1\\0&0&0&1\\-2&2&1&-1\\0&2&0&-1\end{pmatrix}$$

故有 σ 在基 $\boldsymbol{\eta}_1,\boldsymbol{\eta}_2,\boldsymbol{\eta}_3,\boldsymbol{\eta}_4$ 下的矩阵

$$\boldsymbol{B}=\boldsymbol{P}^{-1}\boldsymbol{A}\boldsymbol{P}=\frac{1}{2}\begin{pmatrix}-6&-2&-10&4\\2&-2&2&0\\5&2&10&-5\\-2&0&-2&-2\end{pmatrix}$$

(3) 由于 σ 在基 $\boldsymbol{\varepsilon}_1,\boldsymbol{\varepsilon}_2,\boldsymbol{\varepsilon}_3,\boldsymbol{\varepsilon}_4$ 下的矩阵 $\boldsymbol{A}$,所以 σ^{-1} 在基 $\boldsymbol{\varepsilon}_1,\boldsymbol{\varepsilon}_2,\boldsymbol{\varepsilon}_3,\boldsymbol{\varepsilon}_4$ 下的矩阵

$\boldsymbol{A}^{-1}$. 而

$$\boldsymbol{A}^{-1}=\frac{1}{3}\begin{pmatrix}0&0&-3&0\\0&-3&0&0\\-1&1&-2&0\\-1&1&-2&-3\end{pmatrix}$$

又 $\boldsymbol{\alpha}$ 在基 $\boldsymbol{\varepsilon}_1,\boldsymbol{\varepsilon}_2,\boldsymbol{\varepsilon}_3,\boldsymbol{\varepsilon}_4$ 下的坐标为$(1,-1,0,2)^{\mathrm{T}}$，所以 $\sigma^{-1}(\boldsymbol{\alpha})$在基 $\boldsymbol{\varepsilon}_1,\boldsymbol{\varepsilon}_2,\boldsymbol{\varepsilon}_3,\boldsymbol{\varepsilon}_4$ 下的坐标为

$$\boldsymbol{A}^{-1}\begin{pmatrix}1\\-1\\0\\2\end{pmatrix}=\frac{1}{3}\begin{pmatrix}0\\3\\-2\\-8\end{pmatrix}$$

即

$$\sigma^{-1}(\boldsymbol{\alpha})=\boldsymbol{\varepsilon}_2-\frac{2}{3}\boldsymbol{\varepsilon}_3-\frac{8}{3}\boldsymbol{\varepsilon}_4=\frac{1}{3}\begin{pmatrix}0&3\\-2&-8\end{pmatrix}$$

最后我们来说明几点，由于在线性空间 V 取定基后线性变换与矩阵是一一对应的，而在不同基下线性变换的矩阵是相似的；类似于矩阵，可引进线性变换的特征值与特征向量等概念，利用矩阵的对角化方法，可以得到：对于 V 上的一个线性变换，若它在 V 的某一个基下的矩阵是可对角化的，则可以选出 V 的一个基，使得它在这个基下的矩阵是对角矩阵(限于篇幅不作详细介绍).

习　题　5.4

1. 问：下列变换 σ 是不是 $\mathbf{R}^3\to\mathbf{R}^3$ 上的线性变换？

(1) $\sigma(\boldsymbol{\alpha}_1,\boldsymbol{\alpha}_2,\boldsymbol{\alpha}_3)^{\mathrm{T}}=(1,\boldsymbol{\alpha}_2,\boldsymbol{\alpha}_3)^{\mathrm{T}}$；

(2) $\sigma(\boldsymbol{\alpha}_1,\boldsymbol{\alpha}_2,\boldsymbol{\alpha}_3)^{\mathrm{T}}=(0,0,\boldsymbol{\alpha}_3)^{\mathrm{T}}$；

(3) $\sigma(\boldsymbol{\alpha}_1,\boldsymbol{\alpha}_2,\boldsymbol{\alpha}_3)^{\mathrm{T}}=(2\boldsymbol{\alpha}_1,\boldsymbol{\alpha}_2-\boldsymbol{\alpha}_1,\boldsymbol{\alpha}_3)^{\mathrm{T}}$.

2. 设 $\sigma:\mathbf{R}^3\to\mathbf{R}^3$，$\boldsymbol{\sigma}(\boldsymbol{\alpha}_1,\boldsymbol{\alpha}_2,\boldsymbol{\alpha}_3)=(\boldsymbol{\alpha}_1+a_2,\boldsymbol{\alpha}_1-\boldsymbol{\alpha}_2,\boldsymbol{\alpha}_3)$，

(1) 求 σ 在自然基 $\boldsymbol{\varepsilon}_1,\boldsymbol{\varepsilon}_2,\boldsymbol{\varepsilon}_3$ 下的矩阵；

(2) 若 $\boldsymbol{\alpha}$ 在自然基 $\boldsymbol{\varepsilon}_1,\boldsymbol{\varepsilon}_2,\boldsymbol{\varepsilon}_3$ 下的坐标是$(0,1,-1)^{\mathrm{T}}$，求 $\sigma(\boldsymbol{\alpha})$在自然基 $\boldsymbol{\varepsilon}_1,\boldsymbol{\varepsilon}_2,\boldsymbol{\varepsilon}_3$ 下的坐标；

(3) 求 $\boldsymbol{\sigma}$ 在基 $\boldsymbol{\beta}_1=(1,0,0)^{\mathrm{T}},\boldsymbol{\beta}_2=(1,1,0)^{\mathrm{T}},\boldsymbol{\beta}_3=(1,1,1)^{\mathrm{T}}$ 下的矩阵.

3. 设 $\sigma:\mathbf{R}^3\to\mathbf{R}^3$ 是一个线性变换，适合 $\sigma(\boldsymbol{\beta}_1)=(2,3,5)^{\mathrm{T}},\sigma(\boldsymbol{\beta}_2)=(1,0,0)^{\mathrm{T}},\sigma(\boldsymbol{\beta}_3)=(0,1,-1)^{\mathrm{T}}$，其中 $\boldsymbol{\beta}_1=(1,0,0)^{\mathrm{T}},\boldsymbol{\beta}_2=(1,1,0)^{\mathrm{T}},\boldsymbol{\beta}_3=(1,1,1)^{\mathrm{T}}$.

(1) 求 σ 在自然基 $\boldsymbol{\varepsilon}_1,\boldsymbol{\varepsilon}_2,\boldsymbol{\varepsilon}_3$ 下的矩阵；

(2) 求 σ 在基 $\boldsymbol{\eta}_1=(1,0,-1)^{\mathrm{T}},\boldsymbol{\eta}_2=(1,1,0)^{\mathrm{T}},\boldsymbol{\eta}_3=(0,1,2)^{\mathrm{T}}$ 下的矩阵.

4. 设线性变换 σ 在基 $\boldsymbol{\varepsilon}_1,\boldsymbol{\varepsilon}_2,\cdots,\boldsymbol{\varepsilon}_n$ 下的矩阵分别为 $\boldsymbol{A}$,证明:$k\boldsymbol{\sigma}$ 在基 $\boldsymbol{\varepsilon}_1,\boldsymbol{\varepsilon}_2,\cdots,\boldsymbol{\varepsilon}_n$ 下的矩阵为 $k\boldsymbol{A}$.

*5. 设 $\boldsymbol{\varepsilon}_1,\boldsymbol{\varepsilon}_2,\cdots,\boldsymbol{\varepsilon}_n$ 是 n 维线性空间 V 的一个基. 证明:线性变换 σ 可逆的充分必要条件是:$\sigma(\boldsymbol{\varepsilon}_1),\sigma(\boldsymbol{\varepsilon}_2),\cdots,\sigma(\boldsymbol{\varepsilon}_n)$也是 V 的一个基.

习 题 五

1. 判断以下集合对于所指定的加法及数乘两种运算是否构成线性空间.

(1) 平面上不平行某一向量的全体向量,对向量的加法和数量乘法;

(2) 全体 n 阶上三角形矩阵,对于矩阵的加法及数乘法;

(3) 齐次线性微分方程 $y''+2y=0$ 的全体解,按通常的函数的加法及函数的数乘法;

2. 判断下列各题中线性空间 $\mathbf{R}^3$ 的子集 V_1 是否构成 $\mathbf{R}^3$ 的子空间.

(1) $V=\{(a_1,a_2,a_3)^{\mathrm{T}}\mid a_1-a_2+a_3=0\}$;

(2) $V=\{(a_1,a_2,a_3)^{\mathrm{T}}\mid a_1=\frac{1}{2}a_2=\frac{1}{3}a_3\}$.

3. 设 V_1 是线性空间 V 的一个子空间,证明:若 V_1 与 V 的维数相等,则 $V_1=V$.

4. 已知 $\mathbf{R}^3$ 的两组基分别为 $\boldsymbol{\alpha}_1=(1,2,1)^{\mathrm{T}},\boldsymbol{\alpha}_2=(2,3,3)^{\mathrm{T}},\boldsymbol{\alpha}_3=(3,7,1)^{\mathrm{T}}$ 与 $\boldsymbol{\beta}_1=(3,1,4)^{\mathrm{T}},\boldsymbol{\beta}_2=(5,2,1)^{\mathrm{T}},\boldsymbol{\beta}_3=(1,1,-6)^{\mathrm{T}}$,而向量 $\boldsymbol{\gamma}$ 在基 $\boldsymbol{\alpha}_1,\boldsymbol{\alpha}_2,\boldsymbol{\alpha}_3$ 下的坐标是$(-2,1,1)^{\mathrm{T}}$. 求:

(1) 由基 $\boldsymbol{\alpha}_1,\boldsymbol{\alpha}_2,\boldsymbol{\alpha}_3$ 到基 $\boldsymbol{\beta}_1,\boldsymbol{\beta}_2,\boldsymbol{\beta}_3$ 的过渡矩阵;

(2) 向量 $\boldsymbol{\gamma}$ 在基 $\boldsymbol{\beta}_1,\boldsymbol{\beta}_2,\boldsymbol{\beta}_3$ 下的坐标.

5. 设 $\boldsymbol{\varepsilon}_1,\boldsymbol{\varepsilon}_2,\cdots,\boldsymbol{\varepsilon}_n$ 是 n 维线性空间 V 的一个基,$\boldsymbol{T}$ 是一个 n 阶可逆方阵,证明:若$(\boldsymbol{\eta}_1,\boldsymbol{\eta}_2,\cdots,\boldsymbol{\eta}_n)=(\boldsymbol{\varepsilon}_1,\boldsymbol{\varepsilon}_2,\cdots,\boldsymbol{\varepsilon}_n)\boldsymbol{T}$,则有 $\boldsymbol{\eta}_1,\boldsymbol{\eta}_2,\cdots,\boldsymbol{\eta}_n$ 必是 V 的一组基.

*6. 设 $W_1=L(\boldsymbol{\alpha}_1,\boldsymbol{\alpha}_2,\boldsymbol{\alpha}_3),W_2=L(\boldsymbol{\beta}_1,\boldsymbol{\beta}_2,\boldsymbol{\beta}_3)$,其中 $\boldsymbol{\alpha}_1=(1,1,1,0)^{\mathrm{T}},\boldsymbol{\alpha}_2=(1,2,3,4)^{\mathrm{T}},\boldsymbol{\alpha}_3=(2,1,3,1)^{\mathrm{T}},\boldsymbol{\beta}_1=(5,6,7,8)^{\mathrm{T}},\boldsymbol{\beta}_2=(3,4,5,6)^{\mathrm{T}},\boldsymbol{\beta}_3=(2,3,4,5)^{\mathrm{T}}$,试求:$W_1\cup W_2$ 与 $W_1\cap W_2$ 的基与维数.

7. 设 $\mathbf{R}^3$ 的线性变换 σ 对于基 $\boldsymbol{\alpha}_1=(-1,0,2)^{\mathrm{T}},\boldsymbol{\alpha}_2=(0,1,1)^{\mathrm{T}},\boldsymbol{\alpha}_3=(3,-1,-6)^{\mathrm{T}}$ 的像为 $\sigma(\boldsymbol{\alpha}_1)=\boldsymbol{\beta}_1=(-1,0,1)^{\mathrm{T}},\sigma(\boldsymbol{\alpha}_2)=\boldsymbol{\beta}_2=(0,-1,2)^{\mathrm{T}},\sigma(\boldsymbol{\alpha}_3)=\boldsymbol{\beta}_3=(-1,-1,3)^{\mathrm{T}}$.

(1) 求 σ 基 $\boldsymbol{\alpha}_1,\boldsymbol{\alpha}_2,\boldsymbol{\alpha}_3$ 下的矩阵;

(2) 若 $\boldsymbol{\alpha}$ 基 $\boldsymbol{\alpha}_1,\boldsymbol{\alpha}_2,\boldsymbol{\alpha}_3$ 下的坐标是$(5,1,1)^{\mathrm{T}}$,求 $\sigma(\boldsymbol{\alpha})$基 $\boldsymbol{\alpha}_1,\boldsymbol{\alpha}_2,\boldsymbol{\alpha}_3$ 下的坐标;

(3) 若 $\sigma(\boldsymbol{\gamma})$在基 $\boldsymbol{\alpha}_1,\boldsymbol{\alpha}_2,\boldsymbol{\alpha}_3$ 下的坐标是$(2,-4,-2)^{\mathrm{T}}$,求出 $\sigma(\boldsymbol{\gamma})$的所有原像.

8. 设 V 是一线性空间,V_1 是由 V 中向量 $\boldsymbol{\alpha}_1,\boldsymbol{\alpha}_2,\cdots,\boldsymbol{\alpha}_s$ 生成的子空间,证明:

(1) $\boldsymbol{\alpha}_1,\boldsymbol{\alpha}_2,\cdots,\boldsymbol{\alpha}_s$ 的极大线性无关组是 V_1 的基，

(2) V_1 的维数等于 $\boldsymbol{\alpha}_1,\boldsymbol{\alpha}_2,\cdots,\boldsymbol{\alpha}_s$ 的秩.

第 5 章自检题(A)

1. 平面上与两不平行的向量共面的全体向量，对向量的加法和数量乘法，_____构成一线性空间(填"能""不能").

2. 当常数 $k=$_____时，集合 $V=\{(a_1,a_2,a_3)^{\mathrm T}\mid a_1+a_3=k$ 且 $a_2=0\}$ 是线性空间 $\mathbf{R}^3$ 的子空间.

3. 向量 $\boldsymbol{\alpha}_1=(1,0,0)^{\mathrm T},\boldsymbol{\alpha}_2=(1,1,0)^{\mathrm T},\boldsymbol{\alpha}_3=(1,1,-1)^{\mathrm T}$ 是 $\mathbf{R}^3$ 的一个基，则向量 $\boldsymbol{\beta}=(3,2,1)^{\mathrm T}$ 在基 $\boldsymbol{\alpha}_1,\boldsymbol{\alpha}_2,\boldsymbol{\alpha}_3$ 下的坐标是_____.

4. $\mathbf{R}^3$ 的子空间 $V=\left\{(a,b,c)\,\middle|\,\dfrac{a-1}{2}=\dfrac{b}{3}=\dfrac{c-2}{4},a,b,c\in\mathbf{R}\right\}$ 的维数是_____.

*5. 设 $V_1=\{(a,0,0)\mid a\in\mathbf{R}\},V_2=\{(b,c,0)\mid b\in\mathbf{R},c\in\mathbf{R}\}$ 是 $\mathbf{R}^3$ 的两个子空间，则 $V_1\cap V_2$ 为_____，$V_1\cup V_2$ 为_____.

6. 已知 $\boldsymbol{\alpha}_1,\boldsymbol{\alpha}_2,\boldsymbol{\alpha}_3$ 是线性空间 V 的基，V 中的向量 $\boldsymbol{\beta}$ 在 $\boldsymbol{\alpha}_1,\boldsymbol{\alpha}_2,\boldsymbol{\alpha}_3$ 下的坐标是 $(x_1,x_2,x_3)^{\mathrm T}$，$\boldsymbol{\beta}$ 在基 $\boldsymbol{\alpha}_1,k\boldsymbol{\alpha}_2,\boldsymbol{\alpha}_3(k\neq0)$ 下的坐标为_____.

7. 设 $\boldsymbol{\varepsilon}_1,\boldsymbol{\varepsilon}_2,\boldsymbol{\varepsilon}_3$ 是 $\mathbf{R}^3$ 的自然基，$\boldsymbol{\alpha}_1,\boldsymbol{\alpha}_2,\boldsymbol{\alpha}_3$ 是 $\mathbf{R}^3$ 的另一个基，其中 $\boldsymbol{\alpha}_1=(1,0,0)^{\mathrm T},\boldsymbol{\alpha}_2=(1,1,0)^{\mathrm T},\boldsymbol{\alpha}_3=(1,1,-1)^{\mathrm T}$，则 $\boldsymbol{\alpha}_1,\boldsymbol{\alpha}_2,\boldsymbol{\alpha}_3$ 到 $\boldsymbol{\varepsilon}_1,\boldsymbol{\varepsilon}_2,\boldsymbol{\varepsilon}_3$ 的过渡矩阵为_____.

8. 已知 $\boldsymbol{\alpha}_1,\boldsymbol{\alpha}_2,\boldsymbol{\alpha}_3$ 与 $\boldsymbol{\beta}_1,\boldsymbol{\beta}_2,\boldsymbol{\beta}_3$ 是 $\mathbf{R}^3$ 的两个基，其中 $\boldsymbol{\alpha}_1=(1,2,1)^{\mathrm T},\boldsymbol{\alpha}_2=(2,3,3)^{\mathrm T},\boldsymbol{\alpha}_3=(3,7,1,)^{\mathrm T},\boldsymbol{\beta}_1=(3,1,4)^{\mathrm T},\boldsymbol{\beta}_2=(5,2,1)^{\mathrm T},\boldsymbol{\beta}_3=(1,1,-6)^{\mathrm T}$，设 $\boldsymbol{\alpha}$ 在 $\boldsymbol{\alpha}_1,\boldsymbol{\alpha}_2,\boldsymbol{\alpha}_3$ 与 $\boldsymbol{\beta}_1,\boldsymbol{\beta}_2,\boldsymbol{\beta}_3$ 下的坐标分别是 $(x_1,x_2,x_3)^{\mathrm T}$ 与 $(y_1,y_2,y_3)^{\mathrm T}$，则其坐标变换公式为_____.

9. 设 V 是一线性空间，变换 $\sigma(\boldsymbol{\alpha})=\boldsymbol{\alpha}+\boldsymbol{\alpha}_0,\forall\boldsymbol{\alpha}\in V$，其中 $\boldsymbol{\alpha}_0\in V$ 是一固定非零向量，则此变换_____ V 上的线性变换(填"是""不是").

10. 设 σ 是 $\mathbf{R}^3$ 上的线性变换：$\sigma(\boldsymbol{\alpha}_1,\boldsymbol{\alpha}_2,\boldsymbol{\alpha}_3)=(\boldsymbol{\alpha}_1,\boldsymbol{\alpha}_2-\boldsymbol{\alpha}_3,\boldsymbol{\alpha}_3)$，则 σ 在 $\mathbf{R}^3$ 的自然基 $\boldsymbol{\varepsilon}_1,\boldsymbol{\varepsilon}_2,\boldsymbol{\varepsilon}_3$ 下的矩阵是_____.

11. 设 $\boldsymbol{\beta}_1=(1,0,0)^{\mathrm T},\boldsymbol{\beta}_2=(1,1,0)^{\mathrm T},\boldsymbol{\beta}_3=(0,1,1)^{\mathrm T}$ 是 $\mathbf{R}^3$ 的基，$\mathbf{R}^3$ 上的线性变换 σ 在 β_1,β_2,β_3 下的矩阵为 $\begin{pmatrix}1&1&0\\1&-1&0\\0&0&1\end{pmatrix}$，则 $\boldsymbol{\alpha}=(4,5,6)^{\mathrm T}$ 的像 $\sigma(\boldsymbol{\alpha})$ 在 $\boldsymbol{\beta}_1,\boldsymbol{\beta}_2,\boldsymbol{\beta}_3$ 的坐标是_____.

12. 设 $\mathbf{R}^3$ 上的线性变换 σ 与 τ 分别是：对 $\boldsymbol{\alpha}=(\boldsymbol{\alpha}_1,\boldsymbol{\alpha}_2,\boldsymbol{\alpha}_3)^{\mathrm T}$ 有

$$\sigma(\boldsymbol{\alpha})=(\boldsymbol{\alpha}_1,\boldsymbol{\alpha}_2,\boldsymbol{\alpha}_1+\boldsymbol{\alpha}_2)^{\mathrm T},\quad \tau(\boldsymbol{\alpha})=(\boldsymbol{\alpha}_1+\boldsymbol{\alpha}_2-\boldsymbol{\alpha}_3,0,\boldsymbol{\alpha}_3-\boldsymbol{\alpha}_1-\boldsymbol{\alpha}_2)^{\mathrm T}$$

则和变换 $\sigma+\tau$ 为_____.

*13. 若 $\boldsymbol{\alpha}_1=(1,2,3)^{\mathrm{T}}, \boldsymbol{\alpha}_2=(4,5,6)^{\mathrm{T}}, \boldsymbol{\alpha}_3=(7,8,9)^{\mathrm{T}}$,则 $\mathbf{R}^3$ 的子空间 $W=L(\alpha_1,\alpha_2,\alpha_3)$ 的维数是_____,一个基是_____;

*14. 设 V 是 $\mathbf{R}^4$ 的一个二维子空间,它的一组基为 $\boldsymbol{\alpha}_1=(1,1,1,1)^{\mathrm{T}}, \boldsymbol{\alpha}_2=(1,1,0,1)^{\mathrm{T}}$,则由 V 这个基扩充成 $\mathbf{R}^4$ 的基为_____.

第 5 章自检题(B)

1. 证明:$\boldsymbol{\alpha}_1=(1,1,1,1)^{\mathrm{T}}, \boldsymbol{\alpha}_2=(1,1,-1,-1)^{\mathrm{T}}, \boldsymbol{\alpha}_3=(1,-1,1,-1)^{\mathrm{T}}, \boldsymbol{\alpha}_4=(1,-1,-1,1)^{\mathrm{T}}$ 是线性空间 $\mathbf{R}^4$ 的一个基,并求向量 $\boldsymbol{\beta}=(1,2,1,1)^{\mathrm{T}}$ 在基 $\boldsymbol{\alpha}_1,\boldsymbol{\alpha}_2,\boldsymbol{\alpha}_3,\boldsymbol{\alpha}_4$ 下的坐标.

2. 设 $g_1=1, g_2=-1+x, g_3=1-x+x^2, h_1=1-x-x^2, h_2=3x-x^2, h_3=1-2x^2$

(1) 证明:g_1,g_2,g_3 与 h_1,h_2,h_3 都是 $P_3[x]$ 的基;

(2) g_1,g_2,g_3 到 h_1,h_2,h_3 的过渡矩阵;

3. 已知 $\boldsymbol{\alpha}_1,\boldsymbol{\alpha}_2,\boldsymbol{\alpha}_3$ 是线性空间 V 的基,V 中的向量 $\boldsymbol{\beta}$ 在 $\boldsymbol{\alpha}_1,\boldsymbol{\alpha}_2,\boldsymbol{\alpha}_3$ 下的坐标是 $(x_1,x_2,x_3)^{\mathrm{T}}$,求:$\boldsymbol{\beta}$ 在基 $\boldsymbol{\alpha}_2,\boldsymbol{\alpha}_3,\boldsymbol{\alpha}_1$ 下的坐标.

4. 在线性空间 $M_{n\times n}(\mathbf{R})$(实数域上全体 $n\times n$ 实矩阵,按矩阵的加法及数乘矩阵两种运算下构成的线性空间)上,定义合同变换 σ 为 $\sigma(\boldsymbol{A})=\boldsymbol{P}^{\mathrm{T}}\boldsymbol{A}\boldsymbol{P} \quad \boldsymbol{A}\in M_{n\times n}(\mathbf{R})$,其中 $\boldsymbol{P}$ 为一固定的 n 阶可逆矩阵,证明:σ 是一个线性变换.

5. 若 σ,τ 是 V 上的线性变换,$k\in\mathbf{R}$,证明:有下列性质成立:

(1) $\sigma+(-\sigma)=\mathbf{0}$;

(2) $k(\sigma\tau)=(k\sigma)\tau=\sigma(k\tau)$.

6. 举例说明:线性变换的乘积不满足交换律,即 $\sigma\tau\neq\tau\sigma$.

7. σ 是 $\mathbf{R}^3$ 上的线性变换,$\sigma(\boldsymbol{\alpha}_1)=(1,-1,0)^{\mathrm{T}}, \sigma(\boldsymbol{\alpha}_2)=(-1,1,-1)^{\mathrm{T}}, \sigma(\boldsymbol{\alpha}_3)=(1,-1,2)^{\mathrm{T}}$,其中 $\boldsymbol{\alpha}_1=(1,0,0)^{\mathrm{T}}, \boldsymbol{\alpha}_2=(1,1,0)^{\mathrm{T}}, \boldsymbol{\alpha}_3=(1,1,1)^{\mathrm{T}}$. 求:

(1) σ 在基 $\boldsymbol{\alpha}_1,\boldsymbol{\alpha}_2,\boldsymbol{\alpha}_3$ 下的矩阵;(2) $\sigma^2(\boldsymbol{\alpha}_1)$(即 $\sigma(\sigma(\alpha_1))$).

*8. σ 是线性空间 V 上的线性变换,如果 $\sigma^{k-1}(\boldsymbol{\xi})\neq\mathbf{0}$,但 $\sigma^k(\boldsymbol{\xi})=\mathbf{0}$,证明:$\boldsymbol{\xi},\sigma(\boldsymbol{\xi}),\sigma^2(\boldsymbol{\xi}),\cdots,\sigma^{k-1}(\boldsymbol{\xi})$ 是线性无关的.

9. 设 V 是一线性空间,σ 与 τ 是 V 上的两个可逆线性变换,证明:$\sigma\tau$ 也是 V 上的可逆线性变换,且 $(\sigma\tau)^{-1}=\tau^{-1}\sigma^{-1}$.

*10. σ 是 $\mathbf{R}^3$ 上的线性变换:$\sigma(\boldsymbol{\alpha}_1,\boldsymbol{\alpha}_2,\boldsymbol{\alpha}_3)^{\mathrm{T}}=(3\boldsymbol{\alpha}_1,-\boldsymbol{\alpha}_2,2\boldsymbol{\alpha}_3)^{\mathrm{T}}$.

(1) 证明 σ 是可逆的线性变换;

(2) 求 σ 在基 $\boldsymbol{\beta}_1=(-1,0,0)^{\mathrm{T}}, \boldsymbol{\beta}_2=(1,1,0)^{\mathrm{T}}, \boldsymbol{\beta}_3=(0,1,1)^{\mathrm{T}}$ 下的矩阵;

(3) 求线性变换 σ^3 在自然基下的矩阵.

第6章 二 次 型

二次型的理论起源于解析几何中二次曲线、二次曲面的化简问题.在引入坐标系后,平面上的二次曲线及空间上的二次曲面的分类分别归结为二元及三元二次齐次多项式的分类.本章所讨论的二次型理论就是关于n元二次齐次多项式的分类问题,它除了有几何背景外,其理论在网络、统计、数值计算、热力学及工程应用等领域中都有重要的应用.另外,二次型和对称矩阵有着密切的关系,本章研究二次型与对称矩阵相关理论.

6.1 二次型与线性变换

6.1.1 二次型及其矩阵表示

定义6.1 含有n个变量$x_1,x_2,\cdots,x_n$的二次齐次多项式

$$f(x_1,x_2,\cdots,x_n)=a_{11}x_1^2+a_{22}x_2^2+\cdots+a_{nn}x_n^2+2a_{12}x_1x_2+2a_{13}x_1x_3+\cdots+2a_{n-1,n}x_{n-1}x_n \tag{6.1}$$

称为一个n**元二次型**,简称**二次型**.

当系数a_{ij}均为实数时称为n元实二次型.本章只讨论实二次型.

在(6.1)中,令$a_{ij}=a_{ji}\quad(1\leqslant i,j\leqslant n)$,(6.1)式可以改写成下述形式:

$$f(x_1,x_2,\cdots,x_n)=\sum_{i=1}^{n}\sum_{j=1}^{n}a_{ij}x_ix_j,\quad a_{ij}=a_{ji}$$

记

$$\boldsymbol{A}=\begin{pmatrix}a_{11}&a_{12}&\cdots&a_{1n}\\a_{21}&a_{22}&\cdots&a_{2n}\\\vdots&\vdots&&\vdots\\a_{n1}&a_{n2}&\cdots&a_{nn}\end{pmatrix},\quad \boldsymbol{X}=\begin{pmatrix}x_1\\x_2\\\vdots\\x_n\end{pmatrix}$$

则二次型(6.1)可记作

$$f(x_1,x_2,\cdots,x_n)=(x_1,x_2,\cdots,x_n)\begin{pmatrix}a_{11}&a_{12}&\cdots&a_{1n}\\a_{21}&a_{22}&\cdots&a_{2n}\\\vdots&\vdots&&\vdots\\a_{n1}&a_{n2}&\cdots&a_{nn}\end{pmatrix}\begin{pmatrix}x_1\\x_2\\\vdots\\x_n\end{pmatrix}=\boldsymbol{X}^{\mathrm{T}}\boldsymbol{A}\boldsymbol{X} \tag{6.2}$$

其中$\boldsymbol{A}$为实对称矩阵.

一个二次型唯一地确定一个实对称矩阵;反之,任给一个实对称矩阵,也可通

过(6.2)式唯一地确定一个二次型;即二次型与实对称矩阵之间存在一一对应的关系.这样,二次型的许多问题都可以转化为它相应的实对称矩阵的问题.

我们把实对称矩阵 A 称为**二次型 $f(x_1,x_2,\cdots,x_n)$ 的矩阵**,同时把 $f(x_1,x_2,\cdots,x_n)$ 称为**对称矩阵 $\boldsymbol{A}$ 的二次型**.并将对称矩阵 $\boldsymbol{A}$ 的秩称为**二次型 $f(x_1,x_2,\cdots,x_n)$ 的秩**.

例 6.1 设二次型 $f(x_1,x_2,x_3)=x_1^2+2x_2^2+3x_3^2+4x_1x_2-2x_1x_3-3x_2x_3$,求二次型矩阵 $\boldsymbol{A}$,并写出二次型的矩阵形式.

解 二次型的矩阵

$$\boldsymbol{A}=\begin{pmatrix}1 & 2 & -1\\ 2 & 2 & -\dfrac{3}{2}\\ -1 & -\dfrac{3}{2} & 3\end{pmatrix}$$

二次型的矩阵形式

$$f(x_1,x_2,x_3)=(x_1,x_2,x_3)\begin{pmatrix}1 & 2 & -1\\ 2 & 2 & -\dfrac{3}{2}\\ -1 & -\dfrac{3}{2} & 3\end{pmatrix}\begin{pmatrix}x_1\\ x_2\\ x_3\end{pmatrix}=\boldsymbol{X}^{\mathrm{T}}\boldsymbol{A}\boldsymbol{X}.$$

例 6.2 求实对称矩阵 $\boldsymbol{A}=\begin{pmatrix}2 & -1 & 1\\ -1 & 0 & 3\\ 1 & 3 & 3\end{pmatrix}$ 所对应的二次型.

解 A 所对应的二次型是 $f(x_1,x_2,x_3)=\boldsymbol{X}^{\mathrm{T}}\boldsymbol{A}\boldsymbol{X}=2x_1^2+3x_3^2-2x_1x_2+2x_1x_3+6x_2x_3$.

6.1.2 $\mathbf{R}^n$ 上的线性变换

在解析几何中,为了研究二次曲线 $ax^2+2bxy+cy^2=d$ 的几何性质,可选择适当的坐标旋转变换

$$\begin{cases}x=x'\cos\theta-y'\sin\theta\\ y=x'\sin\theta+y'\cos\theta\end{cases}$$

把方程化成只含平方项的标准形 $mx'^2+ny'^2=1$.化标准形的过程就是通过变量的线性变换来化简一个二次齐次多项式,使它只含有平方项;在空间解析几何中,二次曲面的研究也有类似的问题,利用线性变换,把二次齐次多项式化为只含平方项的标准方程;这种思想不仅仅在几何问题中出现,在数学的其他分支以及物理、力学、工程技术、经济管理、网络计算中,它们都有着广泛的应用.

在第 5 章中,已介绍了线性空间中线性变换的一般性概念.这里给出 $\mathbf{R}^n$ 上的

线性变换的一般形式.

定义 6.2　设 $x_1,x_2,\cdots,x_n$ 和 $y_1,y_2,\cdots,y_n$ 是两组变量,关系式

$$\begin{cases} x_1=p_{11}y_1+p_{12}y_2+\cdots+p_{1n}y_n \\ x_2=p_{21}y_1+p_{22}y_2+\cdots+p_{2n}y_n \\ \quad\cdots\cdots \\ x_n=p_{n1}y_1+p_{n2}y_2+\cdots+p_{nn}y_n \end{cases} \tag{6.3}$$

定义了一个 $\mathbf{R}^n$ 上的线性变换,将其称为由 $x_1,x_2,\cdots,x_n$ 到 $y_1,y_2,\cdots,y_n$ 的一个**线性变换**.

记

$$\boldsymbol{P}=\begin{pmatrix} p_{11} & p_{12} & \cdots & p_{1n} \\ p_{21} & p_{22} & \cdots & p_{2n} \\ \vdots & \vdots & & \vdots \\ p_{n1} & p_{n2} & \cdots & p_{nn} \end{pmatrix},\quad \boldsymbol{X}=\begin{pmatrix} x_1 \\ x_2 \\ \vdots \\ x_n \end{pmatrix},\quad \boldsymbol{Y}=\begin{pmatrix} y_1 \\ y_2 \\ \vdots \\ y_n \end{pmatrix}$$

则线性变换(6.3)可以写成

$$\boldsymbol{X}=\boldsymbol{PY} \tag{6.4}$$

当 $\boldsymbol{P}$ 是可逆矩阵时,称线性变换(6.3)为**可逆线性变换**(或非退化线性变换);当 P 是正交矩阵时,称线性变换(6.3)为**正交线性变换**.

对 n 元二次型 $f(x_1,x_2,\cdots,x_n)=\boldsymbol{X}^{\mathrm{T}}\boldsymbol{AX}$ 作一次线性变换 $\boldsymbol{X}=\boldsymbol{PY}$, 即有

$f(x_1,x_2,\cdots,x_n)=\boldsymbol{X}^{\mathrm{T}}\boldsymbol{AX}=(\boldsymbol{PY})^{\mathrm{T}}\boldsymbol{A}(\boldsymbol{PY})=\boldsymbol{Y}^{\mathrm{T}}(\boldsymbol{P}^{\mathrm{T}}\boldsymbol{AP})\boldsymbol{Y}=\boldsymbol{Y}^{\mathrm{T}}\boldsymbol{BY}$　其中 $\boldsymbol{B}=\boldsymbol{P}^{\mathrm{T}}\boldsymbol{AP}$.

由于 $\boldsymbol{A}$ 是对称矩阵,而 $\boldsymbol{B}^{\mathrm{T}}=(\boldsymbol{P}^{\mathrm{T}}\boldsymbol{AP})^{\mathrm{T}}=\boldsymbol{P}^{\mathrm{T}}\boldsymbol{A}^{\mathrm{T}}\boldsymbol{P}=\boldsymbol{P}^{\mathrm{T}}\boldsymbol{AP}=\boldsymbol{B}$,所以 $\boldsymbol{B}$ 也是一个对称矩阵,即 $\boldsymbol{Y}^{\mathrm{T}}\boldsymbol{BY}$ 也是一个二次型(关于 $y_1,y_2,\cdots,y_n$ 的二次型).

将可逆线性变换前后两二次型的矩阵 $\boldsymbol{A},\boldsymbol{B}$ 间的这种关系称为合同关系,并给出下述定义:

定义 6.3　设 $\boldsymbol{A},\boldsymbol{B}$ 是两个 n 阶矩阵,如果存在可逆矩阵 $\boldsymbol{P}$,使得

$$\boldsymbol{B}=\boldsymbol{P}^{\mathrm{T}}\boldsymbol{AP}$$

则称矩阵 $\boldsymbol{A}$ 与 $\boldsymbol{B}$ 合同,记作 $\boldsymbol{A}\approx\boldsymbol{B}$.

容易证明:合同关系具有下面的性质:

(1) 反身性. $\boldsymbol{A}\approx\boldsymbol{A}$.

由 $\boldsymbol{EAE}=\boldsymbol{A}$ 即得.

(2) 对称性. 如果 $\boldsymbol{A}\approx\boldsymbol{B}$,那么 $\boldsymbol{A}\approx\boldsymbol{B}$.

由 $\boldsymbol{B}=\boldsymbol{P}^{\mathrm{T}}\boldsymbol{AP}$ 得 $\boldsymbol{A}=(\boldsymbol{P}^{\mathrm{T}})^{-1}\boldsymbol{BP}^{-1}=(\boldsymbol{P}^{-1})^{\mathrm{T}}\boldsymbol{BP}^{-1}$.

(3) 传递性. 如果 $\boldsymbol{A}\approx\boldsymbol{B},\boldsymbol{B}\approx\boldsymbol{C}$,那么 $\boldsymbol{A}\approx\boldsymbol{C}$.

由 $\boldsymbol{B}=\boldsymbol{P}_1^{\mathrm{T}}\boldsymbol{AP}_1,\boldsymbol{C}=\boldsymbol{P}_2^{\mathrm{T}}\boldsymbol{BP}_2$ 有 $\boldsymbol{C}=\boldsymbol{P}_2^{\mathrm{T}}\boldsymbol{BP}_2=\boldsymbol{P}_2^{\mathrm{T}}(\boldsymbol{P}_1^{\mathrm{T}}\boldsymbol{AP}_1)\boldsymbol{P}_2=(\boldsymbol{P}_1\boldsymbol{P}_2)^{\mathrm{T}}\boldsymbol{A}(\boldsymbol{P}_1\boldsymbol{P}_2)$.

当矩阵 $\boldsymbol{P}$ 可逆时,(对矩阵 $\boldsymbol{A}$ 的)运算 $\boldsymbol{P}^{\mathrm{T}}\boldsymbol{AP}$,简称为 $\boldsymbol{A}$ 的合同变换,这时称 $\boldsymbol{P}$

为合同变换矩阵. 另外,由 $\boldsymbol{P}$ 可逆,有 $r(\boldsymbol{P}^{\mathrm{T}}\boldsymbol{AP})=r(\boldsymbol{A})$. 这样可得如下定理.

定理 6.1　一个二次型经过线性变换后仍变为二次型,且可逆线性变换不改变二次型的秩.

推论 1　合同变换不改变矩阵的对称性,也不改变矩阵的秩.

习　题　6.1

1. 写出下列二次型的矩阵:

(1) $f(x_1,x_2,x_3)=3x_1^2-x_3^2+4x_1x_2-2x_1x_3+6x_2x_3$;

(2) $f(x,y,z)=x^2+xy-z^2-2xz+y^2-4yz$.

2. 写出下列矩阵对应的二次型:

(1) $\boldsymbol{A}=\begin{pmatrix}0&1&-1\\1&2&-3\\-1&-3&3\end{pmatrix}$;　　(2) $\boldsymbol{A}=\begin{pmatrix}1&-1&-3&1\\-1&0&-2&\frac{1}{2}\\-3&-2&\frac{1}{3}&-\frac{3}{2}\\1&\frac{1}{2}&-\frac{3}{2}&1\end{pmatrix}$.

3. 举例说明合同的矩阵未必相似;即给出两个矩阵 $\boldsymbol{A}$、$\boldsymbol{B}$,使得 $\boldsymbol{A}\approx\boldsymbol{B}$,但 $\boldsymbol{A}$ 与 $\boldsymbol{B}$ 不相似.

4. 设 $\boldsymbol{A},\boldsymbol{B}$ 是实对称矩阵,证明:如果 $\boldsymbol{A}\sim\boldsymbol{B}$,则 $\boldsymbol{A}\approx\boldsymbol{B}$.

6.2　二次型的标准形

6.2.1　用正交变换化二次型为标准形

定义6.4　如果二次型 $f(x_1,x_2,\cdots,x_n)=\boldsymbol{X}^{\mathrm{T}}\boldsymbol{AX}$ 经可逆线性变换 $\boldsymbol{X}=\boldsymbol{PY}$ 化成只含平方项的二次型

$$d_1y_1^2+d_2y_2^2+\cdots+d_ny_n^2 \tag{6.5}$$

则称(6.5)为**二次型 $f(x_1,x_2,\cdots,x_n)$ 的标准形.**

注意到,二次型 $d_1y_1^2+d_2y_2^2+\cdots+d_ny_n^2$ 的矩阵是一个对角阵;要使二次型 $f(x_1,x_2,\cdots,x_n)=\boldsymbol{X}^{\mathrm{T}}\boldsymbol{AX}$ 经可逆线性变换 $\boldsymbol{X}=\boldsymbol{PY}$ 变成标准形,相当于使 $\boldsymbol{P}^{\mathrm{T}}\boldsymbol{AP}$ 成为对角阵,其实质就是用合同变换将实对称矩阵 $\boldsymbol{A}$ 化为对角矩阵. 由定理 4.15 知,实对称矩阵必存在正交阵将其对角化. 于是有以下定理:

定理 6.2　对于二次型 $f(x_1,x_2,\cdots,x_n)=\boldsymbol{X}^{\mathrm{T}}\boldsymbol{AX}$,总存在正交变换 $\boldsymbol{X}=\boldsymbol{PY}$,将 $f(x_1,x_2,\cdots,x_n)$ 化为标准形

$$f(x_1,x_2,\cdots,x_n)=\lambda_1 y_1^2+\lambda_2 y_2^2+\cdots+\lambda_n y_n^2$$

其中 $\lambda_1,\lambda_2,\cdots,\lambda_n$ 是矩阵 $\boldsymbol{A}$ 的特征值.

证明 因为 $\boldsymbol{A}$ 是实对称矩阵,由定理 4.15 知,必存在正交矩阵 $\boldsymbol{P}$,使得

$$\boldsymbol{P}^{-1}\boldsymbol{AP}=\boldsymbol{\Lambda}=\operatorname{diag}(\lambda_1,\lambda_2,\cdots,\lambda_n)$$

将 $\boldsymbol{X}=\boldsymbol{PY}$ 代入二次型 $f(x_1,x_2,\cdots,x_n)$,得

$$\begin{aligned}f(x_1,x_2,\cdots,x_n)&=\boldsymbol{X}^{\mathrm T}\boldsymbol{AX}\\&=(\boldsymbol{PY})^{\mathrm T}\boldsymbol{A}(\boldsymbol{PY})\\&=\boldsymbol{Y}^{\mathrm T}(\boldsymbol{P}^{\mathrm T}\boldsymbol{AP})\boldsymbol{Y}\\&=\boldsymbol{Y}^{\mathrm T}(\boldsymbol{P}^{-1}\boldsymbol{AP})\boldsymbol{Y}\\&=\boldsymbol{Y}^{\mathrm T}\boldsymbol{\Lambda Y}\\&=\lambda_1 y_1^2+\lambda_2 y_2^2+\cdots+\lambda_n y_n^2\end{aligned}$$

其中 $\lambda_1,\lambda_2,\cdots,\lambda_n$ 是矩阵 $\boldsymbol{A}$ 的全部特征值.

由正交矩阵的性质,容易验证:正交变换是不改变向量的长度及两个向量的夹角(参见习题 4.3 第 5 题),进而正交变换能保持几何形状不变,即保持曲线(面)形状不变;故常常通过正交变换化曲线(面)为标准形来研究它的几何形状.

例 6.3 求正交变换 $\boldsymbol{X}=\boldsymbol{PY}$,化二次型 $f(x_1,x_2,x_3)=2x_1^2+x_2^2-4x_1x_2-4x_2x_3$ 为标准形,并指出方程 $f(x_1,x_2,x_3)=1$ 表示何种二次曲面.

解 二次型的矩阵为

$$\boldsymbol{A}=\begin{pmatrix}2&-2&0\\-2&1&-2\\0&-2&0\end{pmatrix},$$

$\boldsymbol{A}$ 的特征多项式

$$|\lambda\boldsymbol{E}-\boldsymbol{A}|=\begin{vmatrix}\lambda-2&2&0\\2&\lambda-1&2\\0&2&\lambda\end{vmatrix}=(\lambda-1)(\lambda-4)(\lambda+2)$$

A 的特征值为 $\lambda_1=1,\lambda_2=4,\lambda_3=-2$.

A 的属于 λ_1 的特征向量是 $\boldsymbol{\alpha}_1=(2,1,-2)^{\mathrm T}$,单位化得 $\boldsymbol{\beta}_1=\frac{1}{3}(2,1,-2)^{\mathrm T}$.

A 的属于 λ_2 的特征向量是 $\boldsymbol{\alpha}_2=(2,-2,1)^{\mathrm T}$,单位化得 $\boldsymbol{\beta}_2=\frac{1}{3}(2,-2,1)^{\mathrm T}$.

A 的属于 λ_3 的特征向量是 $\boldsymbol{\alpha}_3=(1,2,2)^{\mathrm T}$,单位化得 $\boldsymbol{\beta}_3=\frac{1}{3}(1,2,2)^{\mathrm T}$.

令

$$\boldsymbol{P}=(\boldsymbol{\beta}_1,\boldsymbol{\beta}_2,\boldsymbol{\beta}_3)=\frac{1}{3}\begin{pmatrix}2&2&1\\1&-2&2\\-2&1&2\end{pmatrix}$$

则 $\boldsymbol{P}$ 为正交矩阵.

作正交变换 $\boldsymbol{X}=\boldsymbol{PY}$,则原二次型的标准形为

$$y_1^2+4y_2^2-2y_3^2$$

又方程 $y_1^2+4y_2^2-2y_3^2=1$ 表示单叶双曲面,故 $f(x_1,x_2,x_3)=1$ 是单叶双曲面.

例 6.4 化二次型 $f(x_1,x_2,x_3)=3x_1{}^2+3x_2{}^2+2x_1x_2+4x_1x_3-4x_2x_3$ 为标准形,不要求给出所用的正交变换.

解 二次型的矩阵为

$$\boldsymbol{A}=\begin{pmatrix}3 & 1 & 2\\ 1 & 3 & -2\\ 2 & -2 & 0\end{pmatrix}$$

$\boldsymbol{A}$ 的特征多项式为

$$|\lambda\boldsymbol{E}-\boldsymbol{A}|=\begin{vmatrix}\lambda-3 & -1 & -2\\ -1 & \lambda-3 & 2\\ -2 & 2 & \lambda\end{vmatrix}=(\lambda-4)^2(\lambda+2)$$

A 的特征值为 $\lambda_1=\lambda_2=4,\lambda_3=-2$. 于是二次型的标准形为

$$4y_1^2+4y_2^2-2y_3^2$$

结合上面两例,给出利用正交变换化二次型 $f(x_1,x_2,\cdots,x_n)$ 为标准形的步骤:

(1) 求出二次型矩阵 $\boldsymbol{A}$ 的全部特征值 $\lambda_1,\lambda_2,\cdots,\lambda_n$;

(2) 求出属于不同特征值的两两正交的单位特征向量,即求出 $\boldsymbol{A}$ 的 n 个标准正交的特征向量;

(3) 以这 n 个标准正交的特征向量为列作成一个正交矩阵 $\boldsymbol{P}$;

(4) 作正交变换 $\boldsymbol{X}=\boldsymbol{PY}$,则二次型就化为了标准形 $\lambda_1y_1^2+\lambda_2y_2^2+\cdots+\lambda_ny_n^2$.

注 由于标准正交的特征向量排列顺序的不同,会造成正交矩阵 $\boldsymbol{P}$ 形式的不同,所化成的二次型的标准形也不相同,故化二次型为标准形所用的正交变换以及标准形都不是唯一的;但是不同正交变换对应的标准形中,各项系数恰是矩阵 $\boldsymbol{A}$ 的所有特征值. 因此,在不考虑顺序的前提下,一个二次型的标准形是唯一的.

6.2.2 用配方法化二次型为标准形

利用可逆线性变换将二次型化为标准形的问题实际上就是使其化成只含平方项的二次型,为此对任意一个二次型 $f(x_1,x_2,\cdots,x_n)=\boldsymbol{X}^{\mathrm{T}}\boldsymbol{AX}$,也可以利用熟知的"配方法",一步一步将它化成标准形,并找出对应的可逆线性变换 $\boldsymbol{X}=\boldsymbol{PY}$.

例 6.5(与例 6.3 相同) 用配方法化二次型 $f(x_1,x_2,x_3)=2x_1^2+x_2^2-4x_1x_2-4x_2x_3$ 为标准形,并求所用的可逆线性变换.

解 先将含 x_1 的项配方,再依次对后面的变量配方,

$$
\begin{aligned}
f(x_1,x_2,x_3)&=2x_1^2+x_2^2-4x_1x_2-4x_2x_3\\
&=2(x_1^2-2x_1x_2+x_2^2)-x_2^2-4x_2x_3\\
&=2(x_1-x_2)^2-x_2^2-4x_2x_3\\
&=2(x_1-x_2)^2-(x_2^2+4x_2x_3+4x_3^2)+4x_3^2\\
&=2(x_1-x_2)^2-(x_2+2x_3)^2+4x_3^2
\end{aligned}
$$

令

$$
\begin{cases}
y_1=x_1-x_2\\
y_2=x_2+2x_3\\
y_3=x_3
\end{cases}
$$

即

$$
\begin{cases}
x_1=y_1+y_2-2y_3\\
x_2=y_2-2y_3\\
x_3=y_3
\end{cases}
$$

则原二次型化为标准形

$$2y_1^2-y_2^2+4y_3^2$$

相应的可逆变换矩阵为

$$
\boldsymbol{P}=\begin{pmatrix}1&1&-2\\0&1&-2\\0&0&1\end{pmatrix}
$$

即经过可逆变换 $\boldsymbol{X}=\boldsymbol{PY}$，将 $f(x_1,x_2,x_3)=2x_1^2+x_2^2-4x_1x_2-4x_2x_3$ 化为标准形 $2y_1^2-y_2^2+4y_3^2$.

例 6.6 用配方法化二次型 $f(x_1,x_2,x_3)=2x_1x_2+x_1x_3-5x_2x_3$ 为标准形，并求出所用的可逆线性变换.

解 因为 $f(x_1,x_2,x_3)$ 中只有混合项，而没有平方项，故先作一个辅助变换使其出现平方项，令

$$
\begin{cases}
x_1=y_1-y_2\\
x_2=y_1+y_2\\
x_3=y_3
\end{cases}
$$

即

$$
\begin{pmatrix}x_1\\x_2\\x_3\end{pmatrix}=\begin{pmatrix}1&-1&0\\1&1&0\\0&0&1\end{pmatrix}\begin{pmatrix}y_1\\y_2\\y_3\end{pmatrix}
$$

则原二次型化为

$$f(x_1,x_2,x_3)=2y_1^2-2y_2^2-4y_1y_3-6y_2y_3$$

然后再用配方法逐项配方，则有

$$\begin{aligned}f(x_1,x_2,x_3)&=2y_1^2-2y_2^2-4y_1y_3-6y_2y_3\\&=2(y_1^2-2y_1y_3+y_3^2)-2y_2^2-2y_3^2-6y_2y_3\\&=2(y_1-y_2)^2-2\left(y_2^2+3y_2y_3+\frac{9}{4}y_3^2\right)+\frac{5}{2}y_3^2\\&=2(y_1-y_3)^2-2\left(y_2+\frac{3}{2}y_3\right)^2+\frac{5}{2}y_3^2\end{aligned}$$

令

$$\begin{cases}z_1=y_1-y_3\\z_2=y_2+\dfrac{3}{2}y_3\\z_3=y_3\end{cases}$$

即

$$\begin{cases}y_1=z_1+z_3\\y_2=z_2-\dfrac{3}{2}y_3\\y_3=z_3\end{cases}$$

也即

$$\begin{pmatrix}y_1\\y_2\\y_3\end{pmatrix}=\begin{pmatrix}1&0&1\\0&1&-\dfrac{3}{2}\\0&0&1\end{pmatrix}\begin{pmatrix}z_1\\z_2\\z_3\end{pmatrix}$$

则原二次型化为标准形

$$2z_1^2-2z_2^2+\frac{5}{2}z_3^2$$

其所用的可逆线性变换为

$$\begin{pmatrix}x_1\\x_2\\x_3\end{pmatrix}=\begin{pmatrix}1&-1&0\\1&1&0\\0&0&1\end{pmatrix}\begin{pmatrix}y_1\\y_2\\y_3\end{pmatrix}=\begin{pmatrix}1&-1&0\\1&1&0\\0&0&1\end{pmatrix}\begin{pmatrix}1&0&1\\0&1&-\dfrac{3}{2}\\0&0&1\end{pmatrix}\begin{pmatrix}z_1\\z_2\\z_3\end{pmatrix}=\begin{pmatrix}1&-1&\dfrac{5}{2}\\1&1&-\dfrac{1}{2}\\0&0&1\end{pmatrix}\begin{pmatrix}z_1\\z_2\\z_3\end{pmatrix}$$

即

$$\begin{pmatrix}x_1\\x_2\\x_3\end{pmatrix}=\begin{pmatrix}1&-1&\dfrac{5}{2}\\1&1&-\dfrac{1}{2}\\0&0&1\end{pmatrix}\begin{pmatrix}z_1\\z_2\\z_3\end{pmatrix}$$

由上面两例可见，用配方法化二次型为标准形步骤为：

(1) 二次型中含有平方项 x_i^2 时，把所有含 x_i 的项集中依次配方；

(2) 二次型中不含平方项，仅含有 x_ix_j 项时，先作可逆线性变换

$$\begin{cases} x_i = y_i - y_j \\ x_j = y_i + y_j \\ x_k = y_k, \qquad k \neq i,j; k=1,2,\cdots,n \end{cases}$$

把二次型化为含有平方项，再按第一步进行配方.

采用这一方法，经过有限多个步骤，总可将任何一个二次型化为标准形，并能得出所用的可逆线性变换.

总结上述结论可得下面的定理.

定理 6.3　任一实二次型都可经过可逆线性变换化为标准形.

推论 2　任意实对称矩阵都合同于一个对角矩阵.

注　用配方法化二次型为标准形与用正交变换化二次型为标准形是有差异的. 从几何上说，配方法化二次型为标准形不一定保持其几何形状的不变；从代数上说，配方法化二次型为标准形，其平方项的系数不一定是二次型矩阵的特征值.

习　题　6.2

1. 用正交变换化下列实二次型为标准形，求出所用的正交变换，并指出 $f(x_1,x_2,x_3)=1$ 表示何种类型的二次曲面：

(1) $f(x_1,x_2,x_3)=x_1^2+2x_2^2+3x_3^2-4x_1x_2-4x_2x_3$；

(2) $f(x_1,x_2,x_3)=x_1^2-2x_2^2+x_3^2+4x_1x_2+8x_1x_3+4x_2x_3$.

2. 用配方法把下列二次型化为标准形，并求出所用的可逆线性变换：

(1) $f(x_1,x_2,x_3)=x_1^2+2x_2^2+2x_1x_2-2x_1x_3$；

(2) $f(x_1,x_2,x_3)=x_1^2+2x_2^2+3x_3^2+4x_1x_2+2x_2x_3$.

6.3　二次型的规范形与惯性定理

一个二次型经过可逆线性变换化为标准形后，可调整变量的顺序使得正项在前，负项在后(这可通过可逆线性变换来完成)，不妨设其标准形为

$$d_1y_1^2+\cdots+d_py_p^2-d_{p+1}y_{p+1}^2-\cdots-d_ry_r^2$$

其中 $d_i>0(i=1,2,\cdots,r)$，r 为矩阵 $\boldsymbol{A}$ 的秩.

再作一次可逆线性变换

$$\begin{cases} y_1=\dfrac{1}{\sqrt{d_1}}z_1 \\ \cdots\cdots \\ y_r=\dfrac{1}{\sqrt{d_r}}z_r \\ y_{r+1}=z_{r+1} \\ \cdots\cdots \\ y_n=z_n \end{cases}$$

则原二次型化为

$$z_1^2+\cdots+z_p^2-z_{p+1}^2-\cdots-z_r^2$$

称该形式的二次型为规范形.

定义 6.5　如果二次型通过可逆线性变换化为

$$y_1^2+\cdots+y_p^2-y_{p+1}^2-\cdots-y_r^2 \quad (p\leqslant r\leqslant n) \tag{6.6}$$

则称(6.6)为该**二次型的规范形**.

定理 6.4(惯性定理)　任一实二次型都可以通过可逆线性变换化为规范形,且其规范形是唯一的.

***证明**　由上述讨论可知,只需证明唯一性.

设实二次型 $f(x_1,x_2,\cdots,x_n)=\sum\limits_{i=1}^{n}\sum\limits_{j=1}^{n}a_{ij}x_ix_j$ 等价于两个规范形

$$y_1^2+\cdots+y_p^2-y_{p+1}^2-\cdots-y_r^2 \tag{1}$$

$$z_1^2+\cdots+z_{p'}^2-z_{p'+1}^2-\cdots-z_r^2 \tag{2}$$

下证 $p=p'$.

设(1)和(2)分别通过变量的可逆线性变换

$$y_i=\sum_{j=1}^{n}s_{ij}x_j,\quad i=1,2,\cdots,n$$

$$z_i=\sum_{j=1}^{n}t_{ij}x_j,\quad i=1,2,\cdots,n$$

化为所给的二次型 $\sum\limits_{i=1}^{n}\sum\limits_{j=1}^{n}a_{ij}x_ix_j$,如果 $p\neq p'$,不妨设 $p<p'$,考虑 $p+n-p'$ 个方程的齐次线性方程组

$$\begin{cases} \sum\limits_{j=1}^{n}s_{ij}x_j=0, & i=1,2,\cdots,p \\ \sum\limits_{j=1}^{n}t_{ij}x_j=0, & i=p'+1,\cdots,n \end{cases} \tag{3}$$

因为 $p<p'$, 所以 $p+n-p'<n$. 因此,方程组(3)有非零解,令 $c=(c_1,c_2,\cdots,c_n)$是(3)的一个非零解,把这一组值代入 y_i 和 z_i 的表示式

$$y_i(c)=\sum_{j=1}^{n} s_{ij}c_j,\quad i=1,2,\cdots,n$$

$$z_i(c)=\sum_{j=1}^{n} t_{ij}c_j,\quad i=1,2,\cdots,n$$

有

$$\begin{aligned}&y_1(c)^2+\cdots+y_p(c)^2-y_{p+1}(c)^2-\cdots-y_r(c)^2\\=&z_1(c)^2+\cdots+z_{p'}(c)^2-z_{p'+1}(c)^2-\cdots-z_r(c)^2\\=&\sum_{j=1}^{n}\sum_{j=i}^{n}a_{ij}c_ic_j\end{aligned}$$

而

$$y_1(c)=\cdots=y_p(c)=0,\quad z_{p'+1}(c)=\cdots=z_r(c)=0$$

所以

$$-y_{p+1}(c)^2-\cdots-y_r(c)^2=z_1(c)^2+\cdots+z_{p'}(c)^2$$

因为 $y_i(c)^2$ 和 $z_i(c)^2$ 都是非负数，所以必须

$$y_{p+1}(c)=\cdots=y_r(c)=0$$

$$z_1(c)=\cdots=z_{p'}(c)=0$$

又 $z_{p'+1}(c)=\cdots=z_n(c)=0$. 所以 $c_1,c_2,\cdots,c_n$ 是齐次线性方程组 $\sum\limits_{j=1}^{n} t_{ij}c_j=0(i=1,2,\cdots,n)$的一个非零解. 这与矩阵$(t_{ij})$的可逆性矛盾.

这就证明了 $p\geqslant p'$，同理可证 $p'\geqslant p$，所以 $p=p'$.

定义 6.6 在实二次型的规范形中，正项的个数 p 称为它的**正惯性指数**，负项的个数 $r-p$ 称为它的**负惯性指数**.

定理 6.4 说明：一个实二次型的秩、正惯性指数与负惯性指数都是由二次型本身唯一确定的，与所作的可逆线性变换无关，正惯性指数和负惯性指数的和恰好是二次型的秩.

由于实二次型与实对称矩阵一一对应，故有以下推论：

推论 3 任意实对称矩阵 $\boldsymbol{A}$ 都合同于如下形式的对角矩阵

$$\boldsymbol{B}=\begin{pmatrix}\boldsymbol{E}_p & & \\ & -\boldsymbol{E}_q & \\ & & \boldsymbol{O}\end{pmatrix}$$

其中 p 为 $\boldsymbol{A}$ 的正惯性指数，q 为 $\boldsymbol{A}$ 的负惯性指数，$p+q=r=r(\boldsymbol{A})$，$\boldsymbol{O}$ 是 $n-r$ 阶零方阵.

对于前节例 6.6，二次型 $f(x_1,x_2,x_3)=2x_1x_2+x_1x_3-5x_2x_3$ 的标准形为 $2z_1^2-2z_2^2+\frac{5}{2}z_3^2$，则它的规范形为 $y_1^2+y_2^2-y_3^2$，其正惯性指数 $p=2$，负惯性指数$q=1$.

习　题　6.3

1. 将下列实二次型化为规范形，并求出相应的可逆线性变换：

(1) $f(x_1,x_2,x_3)=x_1^2+2x_2^2+3x_3^2-4x_1x_2-4x_2x_3$；

(2) $f(x_1,x_2,x_3)=x_1x_2-x_2x_3$.

2. 设$\boldsymbol{A}=\begin{pmatrix}1 & -1 & 0\\ -1 & 0 & 3\\ 0 & 3 & -1\end{pmatrix}$，试求二次型 $f(x_1,x_2,x_3)=\boldsymbol{X}^{\mathrm{T}}\boldsymbol{A}\boldsymbol{X}$ 的规范形和正惯性指数.

3. 证明：两个 n 阶实对称矩阵合同的充分必要条件是它们有相同的秩和正惯性指数.

6.4　正定二次型

6.4.1　正定二次型

定义6.7　设实二次型 $f(x_1,x_2,\cdots,x_n)=\boldsymbol{X}^{\mathrm{T}}\boldsymbol{A}\boldsymbol{X}$(其中 $\boldsymbol{A}^{\mathrm{T}}=\boldsymbol{A}$)，如果对任意的 $\boldsymbol{X}=(x_1,x_2,\cdots,x_n)^{\mathrm{T}}\neq 0$，都有 $f(x_1,x_2,\cdots,x_n)>0$，则称 $f(x_1,x_2,\cdots,x_n)$ 为**正定二次型**；同时称实对称矩阵 $\boldsymbol{A}$ 为正定矩阵.

例 6.7　证明：二次型 $f(x_1,x_2,\cdots,x_n)=x_1^2+2x_2^2+\cdots+nx_n^2$ 是正定二次型.

证明　因为对于任意的 $\boldsymbol{X}=(x_1,x_2,\cdots,x_n)^{\mathrm{T}}\neq 0$，$f(x_1,x_2,\cdots,x_n)=x_1^2+2x_2^2+\cdots+nx_n^2>0$. 故 $f(x_1,x_2,\cdots,x_n)$是正定二次型.

显然，二次型 $f(x_1,x_2,\cdots,x_n)=d_1x_1^2+d_2x_2^2+\cdots+d_nx_n^2$ 为正定二次型的充分必要条件是 $d_i>0(i=1,2,\cdots,n)$.

由此可见，当二次型为规范形时，很容易判断它的正定性. 但对一般的实二次型，如何来判断它是否为正定二次型呢？由惯性定理(定理 6.4)知，每一个二次型的规范形都是唯一确定的，故可通过其规范形来解决这个问题，我们建立下述定理.

定理 6.5　可逆线性变换不改变二次型的正定性.

证明　设实二次型 $f(x_1,x_2,\cdots,x_n)=\boldsymbol{X}^{\mathrm{T}}\boldsymbol{A}\boldsymbol{X}$ 经可逆线性变换 $\boldsymbol{X}=\boldsymbol{P}\boldsymbol{Y}$ 化成

$$f(x_1,x_2,\cdots,x_n)=\boldsymbol{Y}^{\mathrm{T}}(\boldsymbol{P}^{\mathrm{T}}\boldsymbol{A}\boldsymbol{P})\boldsymbol{Y}=g(y_1,y_2,\cdots,y_n)$$

若 $f(x_1,x_2,\cdots,x_n)$为正定的，对任意的$\boldsymbol{Y}=(y_1,y_2,\cdots,y_n)^{\mathrm{T}}\neq\boldsymbol{0}$，由于 $\boldsymbol{P}$ 是可逆的，故有 $\boldsymbol{X}=\boldsymbol{P}\boldsymbol{Y}\neq\boldsymbol{0}$，于是

$$g(y_1,y_2,\cdots,y_n)=\boldsymbol{Y}^{\mathrm{T}}(\boldsymbol{P}^{\mathrm{T}}\boldsymbol{A}\boldsymbol{P})\boldsymbol{Y}=f(x_1,x_2,\cdots,x_n)>0$$

即二次型 $g(y_1,y_2,\cdots,y_n)$是正定二次型.

反之,若 $g(y_1,y_2,\cdots,y_n)$ 为正定的. 对任意的 $\boldsymbol{X}=(x_1,x_2,\cdots,x_n)^{\mathrm{T}}\neq\boldsymbol{0}$ 有 $\boldsymbol{Y}=\boldsymbol{P}^{-1}\boldsymbol{X}\neq\boldsymbol{0}$,
故 $f(x_1,x_2,\cdots,x_n)=g(y_1,y_2,\cdots,y_n)>0$,即二次型 $f(x_1,x_2,\cdots,x_n)$ 是正定的.

这样,由定理 6.5 得到以下定理:

定理 6.6 二次型 $f(x_1,x_2,\cdots,x_n)$ 正定的充分必要条件是它的正惯性指数 $p=n$.

推论 4 实对称矩阵 $\boldsymbol{A}$ 正定的充分必要条件是它的特征值均大于 0.

推论 5 实对称矩阵 $\boldsymbol{A}$ 正定的充分必要条件是 $\boldsymbol{A}$ 合同于单位矩阵.

推论 6 对角矩阵 $\boldsymbol{A}=\mathrm{diag}(\lambda_1,\lambda_2,\cdots,\lambda_n)$ 正定的充分必要条件是 $\lambda_i>0(i=1,2,\cdots,n)$.

明显地,若二次型 $f(x_1,x_2,\cdots,x_n)=\boldsymbol{X}^{\mathrm{T}}\boldsymbol{A}\boldsymbol{X}$ 是正定的,则有:

(1) $\boldsymbol{A}$ 的主对角线元素全大于零;

(2) $\boldsymbol{A}$ 的行列式大于零.

留作习题,证明请读者自行完成.

例 6.8 设 $\boldsymbol{A}$ 为 n 阶正定矩阵,证明 $\boldsymbol{A}^{-1}$,$k\boldsymbol{A}(k>0)$,$\boldsymbol{A}^*$ 都是正定矩阵.

证明 (1) 由于 $\boldsymbol{A}$ 正定,则 $\boldsymbol{A}$ 合同于单位矩阵,即存在可逆矩阵 $\boldsymbol{P}$,使得 $\boldsymbol{P}^{\mathrm{T}}\boldsymbol{A}\boldsymbol{P}=\boldsymbol{E}$,于是有

$$(\boldsymbol{P}^{\mathrm{T}}\boldsymbol{A}\boldsymbol{P})^{-1}=\boldsymbol{P}^{-1}\boldsymbol{A}^{-1}(\boldsymbol{P}^{-1})^{\mathrm{T}}=\boldsymbol{E}$$

令 $\boldsymbol{Q}=(\boldsymbol{P}^{-1})^{\mathrm{T}}$,则有 $\boldsymbol{Q}^{\mathrm{T}}\boldsymbol{A}^{-1}\boldsymbol{Q}=\boldsymbol{E}$,故 $\boldsymbol{A}^{-1}$ 与单位矩阵 $\boldsymbol{E}$ 合同,所以 $\boldsymbol{A}^{-1}$ 是正定矩阵.

(2) 由于 $\boldsymbol{A}$ 正定,对任意的 $\boldsymbol{X}=(x_1,x_2,\cdots,x_n)^{\mathrm{T}}\neq\boldsymbol{0}$,都有 $\boldsymbol{X}^{\mathrm{T}}\boldsymbol{A}\boldsymbol{X}>0$,因此有

$$\boldsymbol{X}^{\mathrm{T}}(k\boldsymbol{A})\boldsymbol{X}=k(\boldsymbol{X}^{\mathrm{T}}\boldsymbol{A}\boldsymbol{X})>0$$

所以 $k\boldsymbol{A}$ 是正定矩阵.

(3) 由于 $\boldsymbol{A}$ 正定,存在可逆矩阵 $\boldsymbol{C}$,使得 $\boldsymbol{A}=\boldsymbol{C}^{\mathrm{T}}\boldsymbol{C}$,则 $|\boldsymbol{A}|=|\boldsymbol{C}|^2>0$,又因为 $\boldsymbol{A}^*=|\boldsymbol{A}|\boldsymbol{A}^{-1}$,由(1),(2)知 $\boldsymbol{A}^*$ 是正定矩阵.

为了方便直接地判定一个二次型或实对称矩阵的正定性,先给出下述概念.

定义 6.8 设 n 阶矩阵 $\boldsymbol{A}=(a_{ij})$,$\boldsymbol{A}$ 的 k 阶子式

$$|\boldsymbol{A}_k|=\begin{vmatrix} a_{11} & a_{12} & \cdots & a_{1k} \\ a_{21} & a_{22} & \cdots & a_{2k} \\ \vdots & \vdots & & \vdots \\ a_{k1} & a_{k2} & \cdots & a_{kk} \end{vmatrix},\quad k=1,2,\cdots,n$$

称为 $\boldsymbol{A}$ 的 k **阶顺序主子式**.

定理 6.7 实二次型 $f(x_1,x_2,\cdots,x_n)=\boldsymbol{X}^{\mathrm{T}}\boldsymbol{A}\boldsymbol{X}$ 正定的充分必要条件是 $\boldsymbol{A}$ 的所有顺序主子式都大于零.

证明略.

例 6.9　判断二次型 $f(x_1,x_2,x_3)=(x_1,x_2,x_3)\begin{pmatrix}3&2&0\\2&3&0\\0&0&1\end{pmatrix}\begin{pmatrix}x_1\\x_3\\x_3\end{pmatrix}$ 是否为正定二次型.

解法 1　由 $|\lambda\boldsymbol{E}-\boldsymbol{A}|=(\lambda-1)^2(\lambda-5)=0$,得 $\boldsymbol{A}$ 的特征值为 $\lambda_1=\lambda_2=1,\lambda_3=5$. 根据定理 6.6 推论 1 知,$A$ 为正定矩阵,从而 $f(x_1,x_2,x_3)$ 为正定二次型.

解法 2　A 的三个顺序主子式为

$$|\boldsymbol{A}_1|=a_{11}=3>0,\quad |\boldsymbol{A}_2|=\begin{vmatrix}a_{11}&a_{12}\\a_{21}&a_{22}\end{vmatrix}=\begin{vmatrix}3&2\\2&3\end{vmatrix}=5>0$$

$$|\boldsymbol{A}_3|=\begin{vmatrix}a_{11}&a_{12}&a_{13}\\a_{21}&a_{22}&a_{23}\\a_{31}&a_{32}&a_{33}\end{vmatrix}=\begin{vmatrix}3&2&0\\2&3&0\\0&0&1\end{vmatrix}=5>0$$

即 $\boldsymbol{A}$ 的所有顺序主子式都大于零,由定理 6.7 知 $f(x_1,x_2,x_3)$ 为正定二次型.

例 6.10　设 $f(x_1,x_2,x_3)=x_1^2+4x_2^2+4x_3^2+2\lambda x_1x_2-2x_1x_3-4x_2x_3$,问 λ 取何值时,$f(x_1,x_2,x_3)$ 为正定二次型.

解　由于

$$\boldsymbol{A}=\begin{pmatrix}1&\lambda&-1\\\lambda&4&-2\\-1&-2&4\end{pmatrix}$$ 的三个顺序主子式为

$$|\boldsymbol{A}_1|=a_{11}=1>0,\quad |\boldsymbol{A}_2|=\begin{vmatrix}a_{11}&a_{12}\\a_{21}&a_{22}\end{vmatrix}=4-\lambda^2,\quad |\boldsymbol{A}_3|=|\boldsymbol{A}|=-4(\lambda-2)(\lambda+1)$$

所以,当 $\begin{cases}4-\lambda^2>0\\-4(\lambda-2)(\lambda+1)>0\end{cases}$,即当 $-1<\lambda<2$ 时,二次型 $f(x_1,x_2,x_3)$ 为正定二次型.

6.4.2　负定　半正定及半负定二次型

定义 6.9　设实二次型 $f(x_1,x_2,\cdots,x_n)=\boldsymbol{X}^{\mathrm{T}}\boldsymbol{A}\boldsymbol{X}$(其中 $\boldsymbol{A}^{\mathrm{T}}=\boldsymbol{A}$),

(1) 如果对任意的 $\boldsymbol{X}=(x_1,x_2,\cdots,x_n)^{\mathrm{T}}\neq\boldsymbol{0}$,都有 $f(x_1,x_2,\cdots,x_n)<0$,则称 $f(x_1,x_2,\cdots,x_n)$ 为**负定二次型**,并称实对称矩阵 $\boldsymbol{A}$ 为**负定矩阵**;

(2) 如果对任意的 $\boldsymbol{X}=(x_1,x_2,\cdots,x_n)^{\mathrm{T}}\neq\boldsymbol{0}$,都有 $f(x_1,x_2,\cdots,x_n)\geqslant0$,且存在 $(x_1,x_2,\cdots,x_n)^{\mathrm{T}}\neq\boldsymbol{0}$,使得 $f(x_1,x_2,\cdots,x_n)=0$,则称 $f(x_1,x_2,\cdots,x_n)$ 为**半正定二次型**,并称实对称矩阵 $\boldsymbol{A}$ 为**半正定矩阵**;

(3) 如果对任意的 $\boldsymbol{X}=(x_1,x_2,\cdots,x_n)^{\mathrm{T}}\neq0$,都有 $f(x_1,x_2,\cdots,x_n)\leqslant0$,且存在 $(x_1,x_2,\cdots,x_n)^{\mathrm{T}}\neq0$,使得 $f(x_1,x_2,\cdots,x_n)=0$,则称 $f(x_1,x_2,\cdots,x_n)$ 为**半负定**

二次型,并称实对称矩阵 $\boldsymbol{A}$ 为**半负定矩阵**;

(4) 如果 $f(x_1,x_2,\cdots,x_n)$ 既不正定也不负定,则称 $f(x_1,x_2,\cdots,x_n)$ 为**不定二次型**,并称实对称矩阵 $\boldsymbol{A}$ 是**不定的**.

注意到:当 n 元二次型 $f(x_1,x_2,\cdots,x_n)=\boldsymbol{X}^{\mathrm{T}}\boldsymbol{AX}(\boldsymbol{A}^{\mathrm{T}}=\boldsymbol{A})$ 为负定二次型($\boldsymbol{A}$ 为负定矩阵)时,$-f(x_1,x_2,\cdots,x_n)$ 为正定二次型($-\boldsymbol{A}$ 为正定矩阵);当 $f(x_1,x_2,\cdots,x_n)=\boldsymbol{X}^{\mathrm{T}}\boldsymbol{AX}(\boldsymbol{A}^{\mathrm{T}}=\boldsymbol{A})$ 为半负定二次型($\boldsymbol{A}$ 为半负定矩阵)时,$-f(x_1,x_2,\cdots,x_n)$ 为半正定二次型($-\boldsymbol{A}$ 为半正定矩阵).故对于负定、半正定、半负定二次型也有相应于正定二次型的结果.

定理 6.8 对于实二次型 $f(x_1,x_2,\cdots,x_n)=\boldsymbol{X}^{\mathrm{T}}\boldsymbol{AX}$,以下命题等价:

(1) $f(x_1,x_2,\cdots,x_n)$ 为负定二次型;

(2) $f(x_1,x_2,\cdots,x_n)$ 的标准形中 n 个平方项的系数都小于 0;

(3) $f(x_1,x_2,\cdots,x_n)$ 的负惯性指数为 n;

(4) $\boldsymbol{A}$ 的特征值全小于 0;

(5) $\boldsymbol{A}$ 合同于 $-\boldsymbol{E}$;

(6) $\boldsymbol{A}$ 的奇数阶顺序主子式全小于 0,偶数阶顺序主子式全大于 0.

定理 6.9 对于实二次型 $f(x_1,x_2,\cdots,x_n)=\boldsymbol{X}^{\mathrm{T}}\boldsymbol{AX}$,以下命题等价:

(1) $f(x_1,x_2,\cdots,x_n)$ 为半正定二次型;

(2) $f(x_1,x_2,\cdots,x_n)$ 的标准形中 n 个平方项的系数大于或等于 0,且至少有一个是零;

(3) $f(x_1,x_2,\cdots,x_n)$ 的正惯性指数 $p=r(\boldsymbol{A})<n$,负惯性指数为 0;

(4) $\boldsymbol{A}$ 的特征值均大于等于零,且至少有一个是零.

(5) $\boldsymbol{A}$ 合同于 $\begin{pmatrix}\boldsymbol{E}_r & \boldsymbol{O}\\ \boldsymbol{O} & \boldsymbol{O}\end{pmatrix}$,且 $r<n$.

注 A 的顺序主子式均大于或等于 0 是不能保证 $f(x_1,x_2,\cdots,x_n)$ 为半正定二次型的.

例如,$f(x_1,x_2)=-x_2^2$ 不是半正定的,但 $\boldsymbol{A}=\begin{pmatrix}0 & 0\\ 0 & -1\end{pmatrix}$ 的两个顺序主子式等于 0.

例如,二次型 $f(x_1,x_2,\cdots,x_n)=x_1^2+2x_2^2+\cdots+rx_r^2(r<n)$ 是半正定二次型;二次型 $f(x_1,x_2,\cdots,x_n)=-x_1^2-2x_2^2-\cdots-nx_n^2$ 是负定二次型;二次型 $f(x_1,x_2,\cdots,x_n)=x_1^2+\cdots+x_p^2-x_{p+1}^2-\cdots-x_r^2$ 是不定的.

*6.4.3 二次型正定性的一个应用——求多元函数的极值

n 元实函数 $F(x_1,x_2,\cdots,x_n)$ 在点 $x_0=(x_1^0,x_2^0,\cdots,x_n^0)$ 达到极值的必要条件是

$$F'_{x_i}(x_0)=0,\quad i=1,2,\cdots,n$$

记 $F''_{ij}(x_0)$ 为 $F(x_0)$ 在 x_0 处对 x_i,x_j 的二阶偏导数,由 n 元函数的 Taylor 公式,

要判定这一点是极大值点还是极小值点,就是考察函数

$$f(x_1-x_1^0,x_2-x_2^0,\cdots,x_n-x_n^0)=\sum_{i,j=1}^{n}F''_{ij}(x_0)(x_i-x_i^0)(x_j-x_j^0)$$

在关于 $|x_k-x_k^0|(k=1,2,\cdots,n)$ 充分小时,保持为负还是保持为正. 函数 $f(x_1-x_1^0,x_2-x_2^0,\cdots,x_n-x_n^0)$ 就是一个关于 $(x_1-x_1^0),(x_2-x_2^0),\cdots,(x_n-x_n^0)$ 的 n 元实二次型,它的矩阵是

$$H(x_0)=\begin{pmatrix}F''_{11}(x_0) & F''_{12}(x_0) & \cdots & F''_{1n}(x_0)\\ F''_{21}(x_0) & F''_{22}(x_0) & \cdots & F''_{2n}(x_0)\\ \vdots & \vdots & & \vdots\\ F''_{n1}(x_0) & F''_{n2}(x_0) & \cdots & F''_{nn}(x_0)\end{pmatrix}$$

该矩阵称为 $F(x_1,x_2,\cdots,x_n)$ 在 $x_0=(x_1^0,x_2^0,\cdots,x_n^0)$ 处的 n 阶黑塞(Hesse)矩阵. 有以下结论:

(1) 当 $H(x_0)$ 为正定时,$F(x_1,x_2,\cdots,x_n)$ 在点 $P(x_1^0,x_2^0,\cdots,x_n^0)$ 取到极小值;

(2) 当 $H(x_0)$ 为负定时,$F(x_1,x_2,\cdots,x_n)$ 在点 $P(x_1^0,x_2^0,\cdots,x_n^0)$ 取到极大值;

(3) 当 $H(x_0)$ 为不定时,$F(x_1,x_2,\cdots,x_n)$ 在点 $P(x_1^0,x_2^0,\cdots,x_n^0)$ 取不到极值;

例 6.11 求三元函数 $u=f(x,y,z)=x^2+2y^2+3z^2+2x+4y-6z$ 的极值.

解 令

$$\begin{cases}\dfrac{\partial u}{\partial x}=2x+2=0\\ \dfrac{\partial u}{\partial y}=4y+4=0\\ \dfrac{\partial u}{\partial x}=6z-6=0\end{cases}$$

解得驻点(−1,−1,1). 又函数 $u=f(x,y,z)$ 在点(−1,−1,1)的二阶偏导数为

$$\frac{\partial^2 u}{\partial x^2}=2,\quad \frac{\partial^2 u}{\partial xy}=0,\quad \frac{\partial^2 u}{\partial xz}=0$$

$$\frac{\partial^2 u}{\partial y^2}=4,\quad \frac{\partial^2 u}{\partial yx}=0,\quad \frac{\partial^2 u}{\partial yz}=0$$

$$\frac{\partial^2 u}{\partial z^2}=6,\quad \frac{\partial^2 u}{\partial zx}=0,\quad \frac{\partial^2 u}{\partial zy}=0$$

所以函数 $u=f(x,y,z)$ 在点(−1,−1,1)的黑塞矩阵为 $\boldsymbol{H}=\begin{pmatrix}2&0&0\\0&4&0\\0&0&6\end{pmatrix}$,因为 $\boldsymbol{H}$ 是正定的,所以函数在(−1,−1,1)处取到极小值.

习 题 6.4

1. 设 n 阶方阵 $\boldsymbol{A}=(a_{ij})$，试证：实二次型 $f(x_1,x_2,\cdots,x_n)=\boldsymbol{X}^{\mathrm{T}}\boldsymbol{A}\boldsymbol{X}$ 正定的必要条件是：$a_{ii}>0(i=1,2,\cdots,n)$ 且 $|\boldsymbol{A}|>0$.

2. 判别下列二次型是否正定：

(1) $f(x_1,x_2,x_3,x_4)=2x_1x_2+2x_3x_4$；

(2) $f(x_1,x_2,x_3)=x_1^2+2x_2^2+3x_3^2+2x_1x_2+2x_2x_3$；

(3) $f(x_1,x_2,x_3)=x_1x_2+x_1x_3+x_2x_3$.

3. 设 $\boldsymbol{A},\boldsymbol{B}$ 分别为 m,n 阶正定矩阵，证明：分块矩阵 $\boldsymbol{C}=\begin{pmatrix}\boldsymbol{A} & \boldsymbol{O}\\ \boldsymbol{O} & \boldsymbol{B}\end{pmatrix}$ 是正定矩阵.

4. 设 $\boldsymbol{A},\boldsymbol{B}$ 均为 n 阶正定矩阵，证明 $\boldsymbol{A}+\boldsymbol{B}$ 也是 n 阶正定矩阵.

5. $\boldsymbol{A}$ 是正定矩阵的充分必要条件是：存在可逆矩阵 $\boldsymbol{P}$ 使得 $\boldsymbol{A}=\boldsymbol{P}^{\mathrm{T}}\boldsymbol{P}$.

*6. 求函数 $f(x,y,z)=\mathrm{e}^{2x}+\mathrm{e}^{-y}+\mathrm{e}^{z}-(2x+2z-y)$ 的极值.

习 题 六

1. 写出二次型 $f(x_1,x_2,x_3)=2x_1^2+x_2^2+5x_1x_2+x_3^2$ 所对应的矩阵.

2. 用正交变换化下列二次型为标准形，并写出所作的线性变换：

(1) $f(x_1,x_2,x_3)=2x_1^2+x_2^2-4x_1x_2-4x_2x_3$；

(2) $f(x_1,x_2,x_3)=11x_1^2+5x_2^2+2x_3^2+16x_1x_2+4x_1x_3-20x_2x_3$.

3. 用配方法化下列二次型为规范形，并写出所作的线性变换及其正惯性指数：

(1) $f(x_1,x_2,x_3)=x_1^2+2x_2^2+3x_3^2+4x_1x_2+2x_2x_3$；

(2) $f(x_1,x_2,x_3)=-4x_1x_2+2x_1x_3+2x_2x_3$

4. 当 t 取何值时，二次型 $f(x_1,x_2,x_3)=x_1^2+4x_2^2+2x_3^2+2tx_1x_2+2x_2x_3$ 是正定的.

5. 设矩阵 $\boldsymbol{A},\boldsymbol{B}$ 是正定的，且 $\boldsymbol{AB}=\boldsymbol{BA}$，证明：$\boldsymbol{AB}$ 是正定的

第 6 章自检题(A)

1. 以 $\boldsymbol{A}=\begin{pmatrix} 0 & \frac{1}{\sqrt{2}} & 1 \\ \frac{1}{\sqrt{2}} & 3 & -\frac{3}{2} \\ 1 & -\frac{3}{2} & 0 \end{pmatrix}$ 为矩阵的二次型为(　　).

(A) $x_1^2+\frac{1}{2}x_1x_2+2x_1x_3-3x_2x_3$　　(B) $2\sqrt{2}x_1x_2-3x_2^2+x_1x_3-\frac{3}{2}x_2x_3$

(C) $\sqrt{2}x_1x_2+3x_2^2+2x_1x_3-3x_2x_3$　　(D) $x_1x_2+3x_2^2+x_1x_3-\frac{3}{2}x_2x_3$

2. 下列矩阵合同于单位矩阵的是(　　).

(A) $\begin{pmatrix} 1 & 1 & 1 \\ 1 & 1 & 1 \\ 1 & 1 & 1 \end{pmatrix}$　　(B) $\begin{pmatrix} 1 & 0 & 1 \\ 0 & 1 & 0 \\ 1 & 0 & 1 \end{pmatrix}$

(C) $\begin{pmatrix} 1 & 2 & 1 \\ 2 & 7 & 1 \\ 1 & 1 & 8 \end{pmatrix}$　　(D) $\begin{pmatrix} 2 & -1 & 2 \\ -1 & 3 & -\frac{3}{2} \\ 2 & -\frac{3}{2} & -4 \end{pmatrix}$

3. 下列矩阵为正定的是(　　).

(A) $\begin{pmatrix} 1 & 2 & 0 \\ 2 & 3 & 0 \\ 0 & 0 & 2 \end{pmatrix}$　　(B) $\begin{pmatrix} 1 & 2 & 0 \\ 2 & 4 & 0 \\ 0 & 0 & 2 \end{pmatrix}$

(C) $\begin{pmatrix} 1 & -2 & 0 \\ -2 & 5 & 0 \\ 0 & 0 & -2 \end{pmatrix}$　　(D) $\begin{pmatrix} 2 & 0 & 0 \\ 0 & 1 & 2 \\ 0 & 2 & 5 \end{pmatrix}$

4. 二次型 $f(x_1,x_2,x_3)=(x_1-x_2)^2+(x_1-x_3)^2+(x_2-x_3)^2$ 的正惯性指数为(　　).

(A) 3　　(B) 2　　(C) 1　　(D) 0

5. 设 $\boldsymbol{A}$ 是实对称矩阵，二次型 $f(x_1,x_2,\cdots,x_n)=\boldsymbol{X}^{\mathrm{T}}\boldsymbol{A}\boldsymbol{X}$ 正定的充要条件是(　　).

(A) $|A|>0$

(B) 负惯性指数为 0

(C) $\boldsymbol{A}$ 的所有主对角线上的元素大于 0

(D) 存在可逆矩阵 $\boldsymbol{C}$,使 $\boldsymbol{A}=\boldsymbol{C}^{\mathrm{T}}\boldsymbol{C}$

6. 设 $\boldsymbol{A},\boldsymbol{B}$ 均为 n 阶矩阵,且 $\boldsymbol{A}$ 与 $\boldsymbol{B}$ 合同,则(　　).

(A) $\boldsymbol{A}$ 与 $\boldsymbol{B}$ 相似　　(B) $|\boldsymbol{A}|=|\boldsymbol{B}|$

(C) $\boldsymbol{A}$ 与 $\boldsymbol{B}$ 有相同的特征值　　(D) $r(\boldsymbol{A})=r(\boldsymbol{B})$

7. 设矩阵 $\boldsymbol{A}=\begin{pmatrix}-2 & 0 & 0\\ 0 & \frac{1}{2} & 0\\ 0 & 0 & 3\end{pmatrix}$,则与 A 合同的矩阵是(　　).

(A) $\begin{pmatrix}1 & 0 & 0\\ 0 & 1 & 0\\ 0 & 0 & -2\end{pmatrix}$　　(B) $\begin{pmatrix}2 & 0 & 0\\ 0 & -2 & 0\\ 0 & 0 & -3\end{pmatrix}$

(C) $\begin{pmatrix}-1 & 0 & 0\\ 0 & -1 & 0\\ 0 & 0 & 2\end{pmatrix}$　　(D) $\begin{pmatrix}5 & 0 & 0\\ 0 & 1 & 0\\ 0 & 0 & 2\end{pmatrix}$

8. 设 $\boldsymbol{A}$ 是实对称矩阵,二次型 $f(x_1,x_2,\cdots,x_n)=\boldsymbol{X}^{\mathrm{T}}\boldsymbol{A}\boldsymbol{X}$ 负定的充要条件是(　　).

(A) 对于任意的 $\boldsymbol{X}\neq\boldsymbol{0}$,有 $\boldsymbol{X}^{\mathrm{T}}\boldsymbol{A}\boldsymbol{X}<0$

(B) $|\boldsymbol{A}|<0$

(C) 存在 n 阶矩阵 $\boldsymbol{C}$ 使得 $\boldsymbol{A}=-\boldsymbol{C}^{\mathrm{T}}\boldsymbol{C}$

(D) $\boldsymbol{A}$ 的所有元素都大于零

9. 设 $\boldsymbol{A},\boldsymbol{B}$ 均为 n 阶正定矩阵,则下列矩阵正定的是(　　).

(A) $\boldsymbol{A}^*-\boldsymbol{B}^*$　　(B) $\boldsymbol{A}^*+\boldsymbol{B}^*$

(C) $\boldsymbol{A}^*\boldsymbol{B}^*$　　(D) $k_1\boldsymbol{A}^*+k_2\boldsymbol{B}^*$

10. 设 $\boldsymbol{A},\boldsymbol{B}$ 均为 n 阶方阵,$\boldsymbol{X}=(x_1,x_2,\cdots,x_n)^{\mathrm{T}}$,且 $\boldsymbol{X}^{\mathrm{T}}\boldsymbol{A}\boldsymbol{X}=\boldsymbol{X}^{\mathrm{T}}\boldsymbol{B}\boldsymbol{X}$,则 $\boldsymbol{A}=\boldsymbol{B}$ 的充分条件是(　　)

(A) $r(\boldsymbol{A})=r(\boldsymbol{B})$　　(B) $\boldsymbol{A}^{\mathrm{T}}=\boldsymbol{A}$

(C) $\boldsymbol{B}^{\mathrm{T}}=\boldsymbol{B}$　　(D) $\boldsymbol{A}^{\mathrm{T}}=\boldsymbol{A}$ 且 $\boldsymbol{B}^{\mathrm{T}}=\boldsymbol{B}$

第 6 章自检题(B)

1. 用可逆线性变换把下列二次型化为标准形,求出 $f(x_1,x_2,x_3)$ 的正惯性指数并判断是否正定.

(1) $f(x_1,x_2,x_3)=-4x_1x_2+2x_1x_3+2x_2x_3$;

(2) $f(x_1,x_2,x_3)=x_1^2+4x_3^2+4x_1x_3-x_2x_3$;

(3) $f(x_1,x_2,x_3)=2x_1^2+4x_1x_2-4x_1x_3+5x_2^2-8x_2x_3+5x_3^2$.

2. 判断下列矩阵是否为正定矩阵:

(1) $\begin{pmatrix} 6 & 2 & 4 \\ 2 & 3 & 2 \\ 4 & 2 & 6 \end{pmatrix}$; (2) $\begin{pmatrix} 0 & 1 & 1 \\ 1 & 2 & 1 \\ 1 & 1 & 0 \end{pmatrix}$.

3. 当 t 取何值时,下列二次型是正定的:

(1) $f(x_1,x_2,x_3)=5x_1^2+x_2^2+tx_3^2+4x_1x_2-2x_1x_3-2x_2x_3$;

(2) $f(x_1,x_2,x_3)=3x_1^2+4x_2^2+2x_3^2+2tx_1x_2+4x_1x_3$.

4. 设 $\boldsymbol{A}$ 为可逆实对称矩阵,证明:$\boldsymbol{A}$ 与 $\boldsymbol{A}^{-1}$ 合同.

5. 设 $\boldsymbol{A}$ 为可逆实矩阵,证明:$\boldsymbol{A}\boldsymbol{A}^{\mathrm{T}}$ 与 $\boldsymbol{A}^{\mathrm{T}}\boldsymbol{A}$ 都是正定矩阵.

6. 设 $\boldsymbol{A}_1$ 合同于 $\boldsymbol{A}_2$,$\boldsymbol{B}_1$ 合同于 $\boldsymbol{B}_2$. 证明 $\begin{pmatrix} \boldsymbol{A}_1 & \boldsymbol{O} \\ \boldsymbol{O} & \boldsymbol{B}_1 \end{pmatrix}$ 与 $\begin{pmatrix} \boldsymbol{A}_2 & \boldsymbol{O} \\ \boldsymbol{O} & \boldsymbol{B}_2 \end{pmatrix}$ 合同.

7. 设 $\boldsymbol{A}$ 是正定矩阵,求证:$|\boldsymbol{A}+\boldsymbol{E}|>1$.

*8. 设 $\boldsymbol{A}$ 为 n 阶实对称矩阵,且满足 $\boldsymbol{A}^3+\boldsymbol{A}^2+\boldsymbol{A}=3\boldsymbol{E}$. 证明 $\boldsymbol{A}$ 是正定矩阵.

*9. 设实对称矩阵 $\boldsymbol{A}$ 的特征值全大于 a,实对称矩阵 $\boldsymbol{B}$ 的特征值全大于 b,证明:$\boldsymbol{A}+\boldsymbol{B}$ 的特征值全大于 $a+b$.

10. 设 $\boldsymbol{A}$ 为 n 阶正定矩阵,$\boldsymbol{B}$ 为 n 阶半正定矩阵. 证明 $\boldsymbol{A}+\boldsymbol{B}$ 是 n 阶正定矩阵.

习题参考答案

第 1 章习题答案

习题 1.1

1. $x=\frac{2}{3}, y=\frac{1}{3}$.　2. $\boldsymbol{A}=\begin{pmatrix}3 & 5\\ 2 & 6\end{pmatrix}$.

习题 1.2

1. $\boldsymbol{AB}-\boldsymbol{BA}=\begin{pmatrix}-1 & -2 & -1\\ 4 & 0 & 0\\ 3 & -4 & 1\end{pmatrix}$.

2. $(\boldsymbol{AB})^{\mathrm{T}}=\begin{pmatrix}1 & 8\\ 4 & 10\\ 0 & 6\end{pmatrix}$，　$\boldsymbol{AB}^{\mathrm{T}}=\begin{pmatrix}0 & 4 & 3\\ 7 & 7 & 9\end{pmatrix}$.　3. $\left\{\begin{pmatrix}a & b\\ 0 & a+b\end{pmatrix}\middle| a,b\in\mathbf{R}\right\}$.

4. 证明略.

5. (1) $\boldsymbol{A}=\begin{pmatrix}0 & 1\\ 0 & 0\end{pmatrix}$；　(2) $\boldsymbol{A}=\begin{pmatrix}0 & 1\\ 0 & 0\end{pmatrix}, \boldsymbol{X}=\begin{pmatrix}0 & 2\\ 0 & 0\end{pmatrix}, \boldsymbol{Y}=\begin{pmatrix}0 & 3\\ 0 & 0\end{pmatrix}$.

6. $f(\boldsymbol{A})=\begin{pmatrix}5 & 1 & 3\\ 8 & 0 & 3\\ -2 & 1 & -2\end{pmatrix}$

7. $f(1,0,2)=17$

习题 1.3

1. 证明略.　2. 证明略.　3. 证明略.　4. 证明略.　5. 证明略.

习题 1.4

1. $\boldsymbol{AB}=\begin{pmatrix}3 & 2 & 7 & 13\\ 0 & 6 & 15 & 12\\ -8 & -4 & -8 & -16\\ 0 & 4 & 10 & 14\end{pmatrix}$.

2. $A^2=\begin{pmatrix}1&3&0&0\\0&4&0&0\\0&0&4&0\\0&0&3&1\end{pmatrix}$，$A^4=\begin{pmatrix}1&15&0&0\\0&16&0&0\\0&0&16&0\\0&0&15&1\end{pmatrix}$.

3. $A^2-2A^{\mathrm{T}}=\begin{pmatrix}5&3&-4&-2\\5&1&0&-2\\-2&-4&2&6\\-6&-2&3&4\end{pmatrix}$.

习题 1.5

1. (1) $\tau(132564)=3$； (2) $\tau(n(n-1)\cdots 21)=\dfrac{n(n-1)}{2}$.

2. (1) $k=7,m=3$； (2) $k=3,m=6$.　3. (1) 负号； (2) 负号.

4. (1) -40； (2) 14； (3) -16； (4) $(1+ab)(1+cd)$.

5. $x=\pm 2$.　6. (1) 0； (2) -8.　7. 证明略.

8. (1) $-2(n-2)!$； (2)$a_1a_2\cdots a_n\left(1+2\sum\limits_{i=1}^{n}\dfrac{1}{a_i}\right)$.

习题一

1. $3AB-2A=\begin{pmatrix}-2&13&22\\-2&-17&20\\4&29&-2\end{pmatrix}$，$A^{\mathrm{T}}B=\begin{pmatrix}0&5&8\\0&-5&6\\2&9&0\end{pmatrix}$.

2. 略.

3. $A^4=\begin{pmatrix}5^4&0&0&0\\0&5^2&0&0\\0&0&2^4&0\\0&0&2^6&2^4\end{pmatrix}$.

4. (1) $3abc-a^3-b^3-c^3$； (2) $-2(x^3+y^3)$.

5. $2,-1$.

6. 证明略.　7. 0.

8. (1) $x^n+a_1x^{n-1}+\cdots+a_{n-1}x+a_n$； (2) $a_1^n a_2^n\cdots a_{n+1}^n\prod\limits_{1\leqslant i<j\leqslant n}\left(\dfrac{b_j}{a_j}-\dfrac{b_i}{a_i}\right)$.

第 1 章自检题(A)

1. C.　2. A.　3. B.　4. D.　5. B.　6. D.　7. A.　8. C.　9. D.
10. B.

第 1 章自检题(B)

1. $9\begin{pmatrix}1 & \frac{3}{2} & 3\\ \frac{2}{3} & 1 & 2\\ \frac{1}{3} & \frac{1}{2} & 1\end{pmatrix}$. 2. $\begin{pmatrix}6 & 0 & 3\\ -6 & 21 & 0\\ 0 & 0 & 1\end{pmatrix}$, $\begin{pmatrix}-2 & -2 & 3\\ 0 & 3 & 0\\ -9 & 0 & -2\end{pmatrix}$.

3. 证明略. 4. 证明略. 5. $x=0,1$. 6. (1) -4; (2) 0.

7. (1) $a^4-a^3+a^2-a+1$; (2) $[(a_1+a_2+\cdots+a_n)-b](-b)^{n-1}$.

8. 证明略.

第 2 章习题答案

习题 2.1

1. (1) $\begin{pmatrix}1 & 0 & 0\\ 0 & 1 & 0\\ 0 & 0 & 1\end{pmatrix}$; (2) $\begin{pmatrix}1 & 0 & 0 & 5\\ 0 & 0 & 1 & -3\\ 0 & 0 & 0 & 0\end{pmatrix}$; (3) $\begin{pmatrix}1 & -1 & 0 & 2 & -3\\ 0 & 0 & 1 & -2 & 2\\ 0 & 0 & 0 & 0 & 0\\ 0 & 0 & 0 & 0 & 0\end{pmatrix}$.

2. (1) $\begin{pmatrix}1 & 0 & 0\\ 0 & 1 & 0\\ 0 & 0 & 1\end{pmatrix}$; (2) $\begin{pmatrix}1 & 0 & 0 & 0\\ 0 & 1 & 0 & 0\\ 0 & 0 & 0 & 0\end{pmatrix}$.

3. (1) D; (2) C.

4. $\boldsymbol{C}_1^{100}\boldsymbol{A}\boldsymbol{C}_2^{101}=\begin{pmatrix}1 & 3 & 3\\ 4 & 6 & 5\\ 7 & 9 & 8\end{pmatrix}$.

5. 略.

习题 2.2

1. $\boldsymbol{A}^{-1}=\begin{pmatrix}\frac{1}{a} & -\frac{b}{ac}\\ 0 & \frac{1}{c}\end{pmatrix}$. 2. 证明略. 3. 证明略. 4. $(\boldsymbol{A}+\boldsymbol{E})^{-1}=\boldsymbol{A}+\boldsymbol{E}$.

习题 2.3

1. (1) $\begin{pmatrix} -2 & 3/2 \\ 1 & -1/2 \end{pmatrix}$;　(2) $\begin{pmatrix} -2 & -1 & 0 \\ -1 & 0 & 1 \\ -2 & -1/2 & 1/2 \end{pmatrix}$;

(3) $\begin{pmatrix} 1 & 0 & 0 & 0 \\ -2 & 1 & 0 & 0 \\ 3 & -2 & 1 & 0 \\ -6 & 3 & -2 & 1 \end{pmatrix}$;　(4) $\begin{pmatrix} 1/3 & 2/3 & 0 & 0 \\ 2/3 & 1/3 & 0 & 0 \\ 0 & 0 & -2 & 3/2 \\ 0 & 0 & 1 & -1/2 \end{pmatrix}$.

2. (1) $\begin{pmatrix} 4 & 7 \\ -9 & -11 \\ -10 & -15 \end{pmatrix}$;　(2) $\begin{pmatrix} -3 & 2 \\ -4 & 3 \\ -13 & 9 \end{pmatrix}$.

3. $\begin{pmatrix} \boldsymbol{O} & \boldsymbol{A}^{-1} \\ \boldsymbol{B}^{-1} & \boldsymbol{O} \end{pmatrix}$.　4. $(\boldsymbol{E}-\boldsymbol{A})^{-1}=\boldsymbol{A}^{k-1}+\boldsymbol{A}^{k-2}+\cdots+\boldsymbol{A}$.

5. $\begin{pmatrix} 3 & 1 & 5 \\ -5 & -1 & -10 \\ -8 & 3 & 5 \end{pmatrix}$.　6. $|\boldsymbol{A}+\boldsymbol{E}|=-4$.　7. 略.

习题 2.4

1. (1) $r(\boldsymbol{A})=3$,$\boldsymbol{A}$ 的最高阶非零子式为 $\begin{vmatrix} -1 & 1 & 1 \\ 2 & -3 & 2 \\ -3 & 0 & 0 \end{vmatrix}$.

(2) $r(\boldsymbol{B})=2$,$\boldsymbol{B}$ 的最高阶非零子式为 $\begin{vmatrix} 3 & 2 \\ 5 & 4 \end{vmatrix}$.

(3) $r(\boldsymbol{C})=3$,$\boldsymbol{C}$ 的最高阶非零子式为 $\begin{vmatrix} 1 & -1 & 1 \\ 2 & -2 & 2 \\ 3 & 0 & -1 \end{vmatrix}$.

2. $r(\boldsymbol{A})\leqslant r(\boldsymbol{B})$.　3. $k=-2$.

4. 当 $\lambda=-8$ 时,$r(\boldsymbol{A})=2$;当 $\lambda\neq-8$ 时,$r(\boldsymbol{A})=3$.

5. $a=1$.

习题二

1. $\boldsymbol{E}$.　2. $\boldsymbol{A}^{-1}=\begin{pmatrix} -2 & -5 & 2 \\ 3 & 7 & -3 \\ 4 & 10 & -3 \end{pmatrix}$.　3. $(\boldsymbol{A}^*)^{-1}=\begin{pmatrix} 1/10 & 0 & 0 \\ 1/5 & 1/5 & 0 \\ 3/10 & 2/5 & 1/2 \end{pmatrix}$.

4. $\boldsymbol{B}=\begin{pmatrix}3&0&0\\0&2&0\\0&0&3/2\end{pmatrix}$. 5. $\boldsymbol{B}=\begin{pmatrix}2&0&1\\0&3&0\\1&0&2\end{pmatrix}$.

6. 证明略. 7. 证明略. 8. 证明略.

第 2 章自检题(A)

1. B. 2. C. 3. D. 4. A. 5. C. 6. C. 7. A. 8. B. 9. D. 10. C. 11. B. 12. C.

13. $\begin{pmatrix}1/2&0&0\\0&1/3&0\\0&0&1\end{pmatrix}$. 14. $-2^{n+1}/3$.

第 2 章自检题(B)

1. $\begin{pmatrix}1&0&0&0\\0&1&0&0\\0&1&0&0\\0&0&0&1\end{pmatrix}$. 2. $\boldsymbol{X}=\begin{pmatrix}3&-1\\2&0\\7/3&-1\end{pmatrix}$. 3. $\boldsymbol{B}=\begin{pmatrix}0&2&1\\0&0&0\\0&0&0\end{pmatrix}$.

4. $\begin{pmatrix}1&4&7\\2&5&8\\3&6&9\end{pmatrix}$. 5. 证明略. 6. 证明略. 7. $k=3$. *8. 证明略.

第 3 章习题答案

习题 3.1

1. (1) $x_1=2, x_2=\frac{1}{3}, x_3=0, x_4=-1$;

(2) $x_1=1, x_2=-1, x_3=1, x_4=-1, x_5=1$.

2. 证明略. 唯一解为

$$x_1=\frac{(a_2-b)(a_3-b)(a_4-b)}{(a_2-a_1)(a_3-a_1)(a_4-a_1)},\quad x_2=\frac{(b-a_1)(a_3-b)(a_4-b)}{(a_2-a_1)(a_3-a_2)(a_4-a_2)},$$

$$x_3=\frac{(b-a_1)(b-a_2)(a_4-b)}{(a_3-a_1)(a_3-a_2)(a_4-a_3)},\quad x_4=\frac{(b-a_1)(b-a_2)(b-a_3)}{(a_4-a_1)(a_4-a_2)(a_4-a_3)}.$$

3. 当 $\lambda=2,5$ 或 8 时,齐次线性方程组有非零解.

习题 3.2

1. (1) 有无穷多个解,其通解为

$$\begin{cases} x_1=-\frac{3}{2}-2c_1+\frac{1}{2}c_2 \\ x_2=c_1 \\ x_3=\frac{13}{6}-\frac{1}{2}c_2 \\ x_4=c_2 \end{cases} \quad (c_1,c_2\text{ 是任意常数});$$

(2) 有唯一解，$x_1=1, x_2=2, x_3=1$；

(3) 有无穷多个解，其通解为

$$\begin{cases} x_1=-\frac{1}{2}c \\ x_2=-1-\frac{1}{2}c \\ x_3=0 \\ x_4=-1-\frac{1}{2}c \\ x_5=c \end{cases} \quad (c\text{ 是任意常数});$$

(4) 无解.

2. (1) 有无穷多个解，其通解解为

$$\begin{cases} x_1=5c_1-2c_2 \\ x_2=-2c_1+3c_2 \\ x_3=c_1 \\ x_4=c_2 \end{cases} \quad (c_1,c_2\text{ 是任意常数});$$

(2) 只有零解；

(3) 有无穷多个解，其通解为

$$\begin{cases} x_1=3c_1-c_2+2c_3 \\ x_2=c_1 \\ x_3=c_2 \\ x_4=c_3 \end{cases} \quad (c_1,c_2,c_3\text{ 是任意常数}).$$

3. 当 $a=3$ 且 $b=9$ 时，线性方程组有无穷多个解，其通解为

$$\begin{cases} x_1=c_1+c_2 \\ x_2=3-2c_1-2c_2 \\ x_3=c_1 \\ x_4=c_2 \end{cases} \quad (c_1,c_2\text{ 是任意常数})$$

当 $a\neq 3$ 或 $b\neq 9$ 时，线性方程组无解.

4. 证明略.

习题 3.3

1. (1) $5\boldsymbol{\alpha}_1-2\boldsymbol{\alpha}_2+3\boldsymbol{\alpha}_3+\boldsymbol{\alpha}_4=(5,-22,-9)$.

(2) $\boldsymbol{\alpha}_1-2\boldsymbol{\alpha}_2+3\boldsymbol{\alpha}_3=(0,-25,30)^{\mathrm{T}}$.

2. 证明略. 3. $\boldsymbol{\beta}=(1,2,3,4)^{\mathrm{T}}$.

习题 3.4

1. (1) 错; (2) 对; (3) 对; (4) 对; (5) 错.

2. (1) 可以,且表达式唯一,$\boldsymbol{\beta}=\frac{3}{2}\boldsymbol{\alpha}_1-\frac{1}{2}\boldsymbol{\alpha}_2+0\cdot\boldsymbol{\alpha}_3$; (2) 不可以.

3. (1) 当 $k\neq 0$ 且 $k\neq 1$ 时,$\boldsymbol{\beta}$ 可由向量组 $\boldsymbol{\alpha}_1,\boldsymbol{\alpha}_2,\boldsymbol{\alpha}_3$ 线性表示,且表达式唯一;

(2) 当 $k=0$ 时,$\boldsymbol{\beta}$ 可由向量组 $\boldsymbol{\alpha}_1,\boldsymbol{\alpha}_2,\boldsymbol{\alpha}_3$ 线性表示,且表达式不唯一;

(3) 当 $k=1$ 时,$\boldsymbol{\beta}$ 不能由向量组 $\boldsymbol{\alpha}_1,\boldsymbol{\alpha}_2,\boldsymbol{\alpha}_3$ 线性表示.

4. (1) 线性相关; (2) 线性无关; (3) 线性相关; (4) 线性相关.

5. 证明略.

习题 3.5

1. (1) $\boldsymbol{\alpha}_1,\boldsymbol{\alpha}_2,\boldsymbol{\alpha}_4$ 是一个极大线性无关组,秩为 3,且 $\boldsymbol{\alpha}_3=\boldsymbol{\alpha}_1-5\boldsymbol{\alpha}_2+0\cdot\boldsymbol{\alpha}_4$;

(2) $\boldsymbol{\alpha}_1,\boldsymbol{\alpha}_2,\boldsymbol{\alpha}_3$ 是一个极大线性无关组,秩为 3,且 $\boldsymbol{\alpha}_4=0\cdot\boldsymbol{\alpha}_1+\boldsymbol{\alpha}_2-\boldsymbol{\alpha}_3$;

(3) $\boldsymbol{\alpha}_1,\boldsymbol{\alpha}_2$ 是一个极大线性无关组,秩为 2,且 $\boldsymbol{\alpha}_3=2\boldsymbol{\alpha}_1+\boldsymbol{\alpha}_2$;

(4) $\boldsymbol{\alpha}_1,\boldsymbol{\alpha}_2$ 是一个极大线性无关组,秩为 2,且 $\boldsymbol{\alpha}_3=-\frac{11}{9}\boldsymbol{\alpha}_1+\frac{5}{9}\boldsymbol{\alpha}_2$,$\boldsymbol{\alpha}_4=\frac{2}{3}\boldsymbol{\alpha}_1+\frac{1}{3}\boldsymbol{\alpha}_2$.

2. 证明略. 3. 证明略. 4. 证明略. 5. 证明略. 6. 证明略.

习题 3.6

1. (1) 基础解系为 $\boldsymbol{\eta}_1=\left(\frac{1}{2},\frac{1}{2},1,0\right)^{\mathrm{T}}$,$\boldsymbol{\eta}_2=(1,0,0,1)^{\mathrm{T}}$,通解为

$$k_1\boldsymbol{\eta}_1+k_2\boldsymbol{\eta}_2=k_1\left(\frac{1}{2},\frac{1}{2},1,0\right)^{\mathrm{T}}+k_2(1,0,0,1)^{\mathrm{T}}\quad(k_1,k_2\text{ 为任意常数})$$

(2) 基础解系为 $\boldsymbol{\eta}_1=(-1,1,0,0)^{\mathrm{T}}$,$\boldsymbol{\eta}_2=(1,0,-2,1)^{\mathrm{T}}$,通解为

$$k_1\boldsymbol{\eta}_1+k_2\boldsymbol{\eta}_2=k_1(-1,1,0,0)^{\mathrm{T}}+k_2(1,0,-2,1)^{\mathrm{T}}\quad(k_1,k_2\text{ 为任意常数})$$

2. (1) 导出组的基础解系为 $\boldsymbol{\eta}=\left(-\frac{1}{2},-\frac{1}{2},0,-\frac{1}{2},1\right)^{\mathrm{T}}$,通解为

$$\boldsymbol{\gamma}_0+k\boldsymbol{\eta}^{+}=(0,-1,0,-1,0)^{\mathrm{T}}+k\left(-\frac{1}{2},-\frac{1}{2},0,-\frac{1}{2},1\right)^{\mathrm{T}}\quad(k\text{ 为任意常数})$$

(2) 导出组的基础解系为 $\boldsymbol{\eta}=\left(\frac{5}{6},-\frac{7}{6},\frac{5}{6},1\right)^{\mathrm{T}}$,通解为

$$\boldsymbol{\gamma}_0+k\boldsymbol{\eta}^+=\left(\frac{1}{6},\frac{1}{6},\frac{1}{6},0\right)^{\mathrm{T}}+k\left(\frac{5}{6},-\frac{7}{6},\frac{5}{6},1\right)^{\mathrm{T}}\quad (k\text{ 为任意常数})$$

习题三

1. (1) $x_1=1,x_2=1,x_3=1,x_4=1$; (2) $x_1=1,x_2=2,x_3=3,x_4=-1$.

2. $\lambda=3,4$ 或 -1.

3. (1) 方程组无解; (2) 方程组有唯一解 $x_1=-8,x_2=3,x_3=6,x_4=0$;

(3) 方程组有无穷多个解,其通解为

$$\begin{cases}x_1=3-2c\\x_2=-3-3c\\x_3=-2+c\\x_4=c\end{cases}\quad (c\text{ 是任意常数})$$

(4) 方程组有无穷多个解,其通解为

$$\begin{cases}x_1=0\\x_2=c\\x_3=2c\\x_4=c\end{cases}\quad (c\text{ 是任意常数})$$

4. (1) 当 $\lambda\neq0$ 且 $\lambda\neq-3$ 时,方程组有唯一解;当 $\lambda=0$,方程组无解;当 $\lambda=-3$时,方程组有无穷多个解,其通解为

$$\begin{cases}x_1=-1+c\\x_2=-2+c\\x_3=c\end{cases}\quad (c\text{ 是任意常数})$$

(2) 当 $\lambda\neq0$ 且 $\lambda\neq1$ 时,方程组有唯一解;当 $\lambda=0$,方程组无解;当 $\lambda=1$ 时,方程组有无穷多个解,其通解为

$$\begin{cases}x_1=1-c\\x_2=-3+2c\\x_3=c\end{cases}\quad (c\text{ 是任意常数})$$

5. (1) 线性相关; (2) 线性相关; (3) 线性无关; (4) 线性无关.

6. $t=4$,且 $\boldsymbol{\beta}=-3c\boldsymbol{\alpha}_1+(4-c)\boldsymbol{\alpha}_2+c\boldsymbol{\alpha}_3$($c$ 是任意常数).

7. 极大线性无关组是 $\boldsymbol{\alpha}_1,\boldsymbol{\alpha}_2,\boldsymbol{\alpha}_3$;秩是 3;且 $\boldsymbol{\alpha}_4=\boldsymbol{\alpha}_1+3\boldsymbol{\alpha}_2-\boldsymbol{\alpha}_3,\boldsymbol{\alpha}_5=-\boldsymbol{\alpha}_2+\boldsymbol{\alpha}_3$.

8. 极大线性无关组是 $\boldsymbol{\alpha}_1,\boldsymbol{\alpha}_2,\boldsymbol{\alpha}_4$;秩是 3;且 $\boldsymbol{\alpha}_3=3\boldsymbol{\alpha}_1+\boldsymbol{\alpha}_2,\boldsymbol{\alpha}_5=\boldsymbol{\alpha}_1+\boldsymbol{\alpha}_2+\boldsymbol{\alpha}_4$.

9. 证明略.

10. 证明略.

11. (1) 基础解系 $\boldsymbol{\eta}=(0,2,1,0)^{\mathrm{T}}$，全部解为 $k\boldsymbol{\eta}$，其中 k 为任意常数.

(2) 基础解系 $\boldsymbol{\eta}=(0,16,-13,9,4)^{\mathrm{T}}$，全部解为 $k\boldsymbol{\eta}$，其中 k 为任意常数.

12. 证明略.

13. (1) 导出组的基础解系为

$$\boldsymbol{\eta}_1=(-2,1,1,0,0)^{\mathrm{T}},\boldsymbol{\eta}_2=(-2,1,0,1,0)^{\mathrm{T}},\boldsymbol{\eta}_3=(-6,5,0,0,1)^{\mathrm{T}}$$

原方程组的通解为

$$(3,-2,0,0,0)^{\mathrm{T}}+k_1(-2,1,1,0,0)^{\mathrm{T}}+k_2(-2,1,0,1,0)^{\mathrm{T}}+k_3(-6,5,0,0,1)^{\mathrm{T}}$$

其中 k_1,k_2,k_3 是任意常数.

(2) 导出组的基础解系为

$$\boldsymbol{\eta}_1=(1,3,1,0)^{\mathrm{T}},\boldsymbol{\eta}_2=(-1,0,0,1)^{\mathrm{T}}$$

原方程组的通解为

$$(2,1,0,0)^{\mathrm{T}}+k_1(1,3,1,0)^{\mathrm{T}}+k_2(-1,0,0,1)^{\mathrm{T}}\quad(k_1,k_2\text{ 是任意常数})$$

*14. 方程组的通解为

$$(1,2,3,4)^{\mathrm{T}}+c(1,2,3,4)^{\mathrm{T}}\quad(c\text{ 是任意常数}).$$

*15. 证明略. *16. 证明略.

第 3 章自检题(A)

1. B. 2. A. *3. A. 4. A. 5. B. *6. B. 7. D. 8. D. 9. D.
10. C. 11. C. *12. B. 13. C. 14. D. 15. C. 16. D. *17. D.
*18. A.

第 3 章自检题(B)

1. -3. 2. $abc\neq0$

3. $k_1(-1,1,0)^{\mathrm{T}}+k_2(-1,0,1)^{\mathrm{T}}$($k_1,k_2$ 是任意常数).

4. 3. 5. $r(\boldsymbol{A})\geqslant m$. 6. $r(\boldsymbol{A})\leqslant r(\boldsymbol{B})$. 7. 相关. 8. $lm=1$.

9. (1) 无解； (2) 方程组有无穷多个解，其通解为

$$\begin{cases}x_1=-5\\x_2=c\\x_3=3+2c\\x_4=c\end{cases}\quad(c\text{ 是任意常数})$$

10. $\boldsymbol{\alpha}_1,\boldsymbol{\alpha}_2,\boldsymbol{\alpha}_4$ 是其极大线性无关组，$\boldsymbol{\alpha}_3=\boldsymbol{\alpha}_1+\boldsymbol{\alpha}_2$，$\boldsymbol{\alpha}_5=-\boldsymbol{\alpha}_1-2\boldsymbol{\alpha}_2+3\boldsymbol{\alpha}_4$.

*11. 方程组的通解为 $(2,3,4,5)^{\mathrm{T}}+c(3,4,5,6)^{\mathrm{T}}$ (c 是任意常数).

12. 当 $\lambda\neq1$ 且 $\lambda\neq2$ 时，方程组有唯一解；当 $\lambda=1$，方程组无解；当 $\lambda=2$ 时，方程组有无穷多个解，其通解为

$$\begin{cases} x_1 = 3-3c \\ x_2 = -1+c \quad (c\text{ 是任意常数}) \\ x_3 = c \end{cases}$$

*13. 证明略.

第 4 章习题答案

习题 4.1

1. (1) 特征值为 $\lambda_1=5,\lambda_2=-2$. 属于特征值 $\lambda_1=5$ 的特征向量为 $k_1\begin{pmatrix}3\\4\end{pmatrix}$,属于特征值 $\lambda_2=-2$ 的特征向量为 $k_2\begin{pmatrix}1\\-1\end{pmatrix}$,$k_1,k_2\neq 0$.

(2) 特征值为 $\lambda_1=\lambda_2=2$. 属于特征值 $\lambda_1=\lambda_2=2$ 的特征向量为 $k\begin{pmatrix}1\\2\end{pmatrix}$,$k\neq 0$.

(3) 特征值为 $\lambda_1=4,\lambda_2=2,\lambda_3=1$. 属于特征值 $\lambda_1=4$ 的特征向量为 $k_1\begin{pmatrix}-1\\0\\2\end{pmatrix}$,属于特征值 $\lambda_2=2$ 的特征向量为 $k_2\begin{pmatrix}2\\4\\1\end{pmatrix}$,属于特征值 $\lambda_3=1$ 的特征向量为 $k_3\begin{pmatrix}1\\3\\2\end{pmatrix}$,$k_1,k_2,k_3\neq 0$.

(4) 特征值为 $\lambda_1=\lambda_2=\lambda_3=3$. 属于特征值 $\lambda_1=\lambda_2=\lambda_3=3$ 的特征向量为 $k_1\begin{pmatrix}-3\\0\\1\end{pmatrix}+k_2\begin{pmatrix}1\\2\\0\end{pmatrix}$,$k_1,k_2$ 不全为 0.

2. 证明略.

3. 证明略.

习题 4.2

1. 证明略.

2. $x=-12,y=10,z=3$.

3. 证明略.

4. 证明略.

5. (1) 可对角化,令 $\boldsymbol{P}=\begin{pmatrix}1 & -3\\1 & 1\end{pmatrix}$. 则

$$P^{-1}AP=\begin{pmatrix}7&0\\0&-1\end{pmatrix},\quad A^n=\begin{pmatrix}\frac{3\times(-1)^n}{4}+\frac{7^n}{4} & -\frac{3\times(-1)^n}{4}+\frac{3\times 7^n}{4}\\ -\frac{(-1)^n}{4}+\frac{7^n}{4} & \frac{(-1)^n}{4}+\frac{3\times 7^n}{4}\end{pmatrix}$$

(2) 不可对角化.

*6. 证明略.

*7. 证明略.

习题 4.3

1. $\boldsymbol{\alpha}_3=(-1,0,1)$.

2. 证明略.

3. (1) $\boldsymbol{\gamma}_1=\left(\frac{\sqrt{2}}{2},\frac{\sqrt{2}}{2},0\right)^{\mathrm{T}},\boldsymbol{\gamma}_2=\left(-\frac{\sqrt{6}}{6},\frac{\sqrt{6}}{6},\frac{\sqrt{6}}{3}\right)^{\mathrm{T}},\boldsymbol{\gamma}_3=\left(-\frac{\sqrt{3}}{3},\frac{\sqrt{3}}{3},-\frac{\sqrt{3}}{3}\right)^{\mathrm{T}}$;

(2) $\boldsymbol{\gamma}_1=\left(\frac{\sqrt{3}}{3},\frac{\sqrt{3}}{3},0,\frac{\sqrt{3}}{3}\right)^{\mathrm{T}},\boldsymbol{\gamma}_2=\left(-\frac{\sqrt{6}}{6},\frac{\sqrt{6}}{3},0,-\frac{\sqrt{6}}{6}\right)^{\mathrm{T}},\boldsymbol{\gamma}_3=\left(-\frac{\sqrt{2}}{2},0,0,\frac{\sqrt{2}}{2}\right)^{\mathrm{T}}$.

4. (2)、(3)、(5)是正交矩阵;(1)、(4)不是正交矩阵.

5. 证明略.

习题 4.4

1. $\boldsymbol{P}=\begin{pmatrix}-\frac{1}{\sqrt{2}} & -\frac{1}{\sqrt{6}} & \frac{1}{\sqrt{3}}\\ \frac{1}{\sqrt{2}} & -\frac{1}{\sqrt{6}} & \frac{1}{\sqrt{3}}\\ 0 & \frac{2}{\sqrt{6}} & \frac{1}{\sqrt{3}}\end{pmatrix},\boldsymbol{D}=\begin{pmatrix}1&&\\&1&\\&&4\end{pmatrix}$.

2. 证明略.　3. 0,0,3,3.　*4. $r(\lambda\boldsymbol{E}-\boldsymbol{A})=2$.　*5. $\boldsymbol{A}=2\boldsymbol{E}$.

习题四

1. (1) 特征值为 $\lambda_1=4,\lambda_2=-4$. 属于特征值 $\lambda_1=4$ 的特征向量为 $k_1\begin{pmatrix}3\\2\end{pmatrix}$,属于特征值 $\lambda_2=-4$ 的特征向量为 $k_2\begin{pmatrix}-1\\2\end{pmatrix}$,$k_1,k_2\neq 0$.

(2) 特征值为 $\lambda_1=\lambda_2=1$. 属于特征值 $\lambda_1=\lambda_2=1$ 的特征向量为 $k\begin{pmatrix}3\\2\end{pmatrix}$,$k\neq 0$.

(3) 特征值为 $\lambda_1=\lambda_2=2,\lambda_3=1$. 属于特征值 $\lambda_1=\lambda_2=2$ 的特征向量为

$k_1\begin{pmatrix}1\\0\\1\end{pmatrix}+k_2\begin{pmatrix}2\\5\\0\end{pmatrix}$,属于特征值 $\lambda_3=1$ 的特征向量为 $k_3\begin{pmatrix}4\\2\\3\end{pmatrix}$,$k_1,k_2$ 不全为 0,$k_3\neq0$.

(4) 特征值为 $\lambda_1=\lambda_2=\lambda_3=4$. 属于特征值 $\lambda_1=\lambda_2=\lambda_3=4$ 的特征向量为 $k\begin{pmatrix}1\\0\\1\end{pmatrix}$,$k\neq0$.

2. 只有一个 n 重特征值 λ,属于 λ 的全部特征向量为 $\begin{pmatrix}k\\0\\\vdots\\0\end{pmatrix}$,$k\neq0$.

3. 1.　4. $\lambda^{n-1}(\lambda-n)$.　5. 证明略.

6. $\boldsymbol{A}=\begin{pmatrix}9&-2&-1\\36&-9&-4\\-60&20&6\end{pmatrix}$.　*7. $\boldsymbol{A}$ 为数量矩阵.

8. (1) 不可对角化;

(2) 可对角化,令 $\boldsymbol{P}=\begin{pmatrix}1&-2&-1\\1&0&2\\0&1&2\end{pmatrix}$.　则 $\boldsymbol{P}^{-1}\boldsymbol{AP}=\begin{pmatrix}1&&\\&1&\\&&2\end{pmatrix}$.

$$\boldsymbol{A}^n=\begin{pmatrix}2-2^n&-1+2^n&2-2^{1+n}\\-2+2^{1+n}&3-2^{1+n}&-4+2^{2+n}\\-2+2^{1+n}&2-2^{1+n}&-3+2^{2+n}\end{pmatrix}$$

9. $x=2$.　10. 证明略.

11. $x=-2$ 或 $x=-\frac{2}{3}$. $x=-2$ 时 $\boldsymbol{A}$ 可对角化,$x=-\frac{2}{3}$ 时 $\boldsymbol{A}$ 不可对角化.

12. $\boldsymbol{P}=\begin{pmatrix}\frac{1}{\sqrt2}&\frac{1}{\sqrt6}&-\frac{1}{2\sqrt3}&\frac12\\\frac{1}{\sqrt2}&-\frac{1}{\sqrt6}&\frac{1}{2\sqrt3}&-\frac12\\0&\frac{2}{\sqrt6}&\frac{1}{2\sqrt3}&-\frac12\\0&0&\frac{3}{2\sqrt3}&\frac12\end{pmatrix}$,　$\boldsymbol{D}=\begin{pmatrix}-1&&&\\&-1&&\\&&-1&\\&&&3\end{pmatrix}$.

第 4 章自检题(A)

1. C.　2. D.　3. B.　4. B.　5. A.　6. B.　7. A.　8. A.　9. B.　10. D.

第 4 章自检题(B)

1. (1) 特征值为 $\lambda_1=\lambda_2=4,\lambda_3=3$. 属于特征值 $\lambda_1=\lambda_2=4$ 的特征向量为 $k_1\begin{pmatrix}1\\0\\1\end{pmatrix}+k_2\begin{pmatrix}0\\1\\0\end{pmatrix}$,属于特征值 $\lambda_3=3$ 的特征向量为 $k_3\begin{pmatrix}1\\2\\2\end{pmatrix}$,$k_1,k_2$ 不全为 0,$k_3\neq0$.

(2) 特征值为 $\lambda_1=\lambda_2=\lambda_3=-2$. 属于特征值 $\lambda_1=\lambda_2=\lambda_3=-2$ 的特征向量为 $k\begin{pmatrix}5\\0\\1\end{pmatrix}$,$k\neq0$.

2. 证明略.　*3. 证明略.

4. $\boldsymbol{A}=\begin{pmatrix}17&10&-8\\-8&-1&4\\16&14&-7\end{pmatrix}$.　5. 证明略.

6. (1) 不可对角化;　(2) 可对角化,令 $\boldsymbol{P}=\begin{pmatrix}0&-1&-1\\1&0&1\\0&1&0\end{pmatrix}$. 则 $\boldsymbol{P}^{-1}\boldsymbol{AP}=\begin{pmatrix}1&&\\&1&\\&&3\end{pmatrix}$.　$\boldsymbol{A}^n=\begin{pmatrix}3^n&0&-1+3^n\\1-3^n&1&1-3^n\\0&0&1\end{pmatrix}$.

7. 证明略.

8. $\boldsymbol{P}=\begin{pmatrix}\frac{1}{\sqrt5}&\frac{4}{3\sqrt5}&\frac{2}{3}\\-\frac{2}{\sqrt5}&\frac{2}{3\sqrt5}&\frac{1}{3}\\0&-\frac{5}{3\sqrt5}&\frac{2}{3}\end{pmatrix}$,　$\boldsymbol{D}=\begin{pmatrix}-2&&\\&-2&\\&&7\end{pmatrix}$.

*9. n 年后的已婚女性人数为 $4000+4000\times2^{-n}$,单身女性人数为 $6000-4000\times2^{-n}$,时间充分长后,已婚女性和单身女性人数分别趋向于 4000 人和 6000 人.

第 5 章习题答案

习题 5.1

1. (1)是;　(2)否;　(3)是;　(4)否;　(5)否.

2. (1)是；(2)是；(3)是；(4)否.

3. 略.

习题 5.2

1. 维数为 $n-r$,基为 $\boldsymbol{A}x=\boldsymbol{0}$ 的任一基础解.

2. 维数为 2,一个基为$(1,0,0)^{\mathrm{T}},(0,0,1)^{\mathrm{T}}$.

3. $(33,-82,154)^{\mathrm{T}}$.　*4. 证明略.

*5. 基 $\boldsymbol{\alpha}_1=(1,0,1,2)^{\mathrm{T}},\boldsymbol{\alpha}_2=(-1,1,0,3)^{\mathrm{T}},\boldsymbol{\alpha}_3=(0,0,1,0)^{\mathrm{T}},\boldsymbol{\alpha}_4=(0,0,0,1)^{\mathrm{T}}$;$\boldsymbol{\beta}$ 在 $\boldsymbol{\alpha}_1,\boldsymbol{\alpha}_2,\boldsymbol{\alpha}_3,\boldsymbol{\alpha}_4$ 下的坐标是$(1,1,-1,-2)^{\mathrm{T}}$.　*6. W_2.

习题 5.3

1. $\begin{pmatrix}-3 & -19 & -1\\ -13 & -42 & -1\\ -2 & -7 & 0\end{pmatrix}$　2. $\begin{pmatrix}1 & -1 & 0\\ 0 & 1 & -1\\ 0 & 0 & 0\end{pmatrix}$, $\begin{pmatrix}6\\ -8\\ 6\end{pmatrix}$

3. 过渡矩阵$\begin{pmatrix}13 & 2 & 8\\ -26 & -5 & -17\\ 11 & 2 & 7\end{pmatrix}$,坐标变换公式$\begin{cases}x_1=13y_1+2y_2+8y_3\\ x_2=-26y_1-5y_2-17y_3.\\ x_3=11y_1+2y_2+7y_3\end{cases}$

习题 5.4

1. (1) 不是；(2) 是；(3) 是.

2. (1) $\begin{pmatrix}1 & 1 & 0\\ 1 & -1 & 0\\ 0 & 0 & 1\end{pmatrix}$;　(2) $\begin{pmatrix}1\\ -1\\ -1\end{pmatrix}$;　(3) $\begin{pmatrix}0 & 2 & 2\\ 1 & 0 & -1\\ 0 & 0 & 1\end{pmatrix}$.

3. (1) $\boldsymbol{A}=\begin{pmatrix}2 & -1 & -1\\ 3 & -3 & 1\\ 5 & -5 & -1\end{pmatrix}$;　(2) $\begin{pmatrix}8 & 2 & -11\\ -5 & -1 & 8\\ 7 & 1 & -9\end{pmatrix}$.

4. 证明略.　*5. 证明略.

习题五

1. (1)否；(2)是；(3)是.

2. (1)是；(2)是.　3. 证明略.

4. (1) $\begin{pmatrix}-27 & -71 & -41\\ 9 & 20 & 9\\ 4 & 12 & 8\end{pmatrix}$;　(2) $\dfrac{1}{4}(153,-106,83)^{\mathrm{T}}$.　5. 证明略.

*6. $W_1\cap W_2$ 的维数是 1,基是 $\boldsymbol{\alpha}_1$;$W_1\cup W_2$ 的维数是 4,基是 $\boldsymbol{\alpha}_1,\boldsymbol{\alpha}_2,\boldsymbol{\alpha}_3,\boldsymbol{\beta}_1$.

7. (1) $\begin{pmatrix} -2 & 9 & 7 \\ -1 & 2 & 1 \\ -1 & 3 & 2 \end{pmatrix}$； (2) $(6,-2,0)^{\mathrm{T}}$；

(3) $(4k-8,2-2k,18-9k)^{\mathrm{T}}$，$k$ 是任意常数.

8. 证明略

第 5 章自检题(A)

1. 能. 2. $k=0$.

3. $(1,3,-1)^{\mathrm{T}}$. 4. 1. 5. V_1,V_2.

6. $\left(x_1,\frac{1}{k}x_2,x_3\right)^{\mathrm{T}}$. 7. $\begin{pmatrix} 1 & -1 & 0 \\ 1 & 1 & 1 \\ 0 & 0 & -1 \end{pmatrix}$.

8. $(x_1,x_2,x_3)^{\mathrm{T}}=\begin{pmatrix} -27 & -71 & -41 \\ 9 & 20 & 9 \\ 4 & 12 & 8 \end{pmatrix}(y_1,y_2,y_3)^{\mathrm{T}}$. 9. 不是.

10. $\begin{pmatrix} 1 & 0 & 0 \\ 0 & 1 & -1 \\ 0 & 0 & 1 \end{pmatrix}$.

11. $(4,6,6)^{\mathrm{T}}$.

12. $(\sigma+\tau)(\alpha)=(2\alpha_1+\alpha_2-\alpha_3,\alpha_2,\alpha_3)^{\mathrm{T}}$. *13. 2，$\boldsymbol{\alpha}_1,\boldsymbol{\alpha}_2$.

*14. $\boldsymbol{\alpha}_1,\boldsymbol{\alpha}_2,(0,1,0,0)^{\mathrm{T}},(0,0,0,1)^{\mathrm{T}}$.

第 5 章自检题(B)

1. $\frac{1}{4}(5,1,-1,-1)^{\mathrm{T}}$. 2. (1)略； (2) $\begin{pmatrix} 1 & -1 & 1 \\ 0 & 1 & -1 \\ 0 & 0 & 1 \end{pmatrix}$.

3. $(x_2,x_3,x_1)^{\mathrm{T}}$.

4. 证明略. 5. 证明略. 6. 证明略.

7. (1) $\begin{pmatrix} 2 & -2 & 2 \\ -1 & 2 & -3 \\ 0 & -1 & 2 \end{pmatrix}$； (2) $\begin{pmatrix} 6 \\ -4 \\ 1 \end{pmatrix}$.

*8. 证明略. 9. 证明略.

*10. (1) 略； (2) $\begin{pmatrix} 3 & -4 & -3 \\ 0 & -1 & -3 \\ 0 & 0 & 2 \end{pmatrix}$； (3) $\begin{pmatrix} 27 & 0 & 0 \\ 0 & -1 & 0 \\ 0 & 0 & 8 \end{pmatrix}$.

第 6 章习题答案

习题 6.1

1. (1) $\boldsymbol{A}=\begin{pmatrix}3 & 2 & -1\\ 2 & 0 & 3\\ -1 & 3 & -1\end{pmatrix}$； (2) $\boldsymbol{A}=\begin{pmatrix}1 & \frac{1}{2} & -1\\ \frac{1}{2} & 1 & -2\\ -1 & -2 & -1\end{pmatrix}$.

2. (1) $f(x_1,x_2,x_3)=2x_2^2+3x_3^2+2x_1x_2-2x_1x_3-6x_2x_3$； (2) $f(x_1,x_2,x_3,x_4)=x_1^2+\frac{1}{3}x_3^2+x_4^2-2x_1x_2-6x_1x_3+2x_1x_4-4x_2x_3+x_2x_4-3x_3x_4$.

3. $\boldsymbol{A}=\begin{pmatrix}2 & 0\\ 0 & 1\end{pmatrix}$与$\boldsymbol{B}=\begin{pmatrix}8 & 0\\ 0 & 1\end{pmatrix}$合同但不相似.

4. 证明略.

习题 6.2

1. (1) 原二次型化成标准形

$$-y_1^2+2y_2^2+5y_3^2$$

其中正交变换为 $\boldsymbol{X}=\boldsymbol{PY},\boldsymbol{P}=\frac{1}{3}\begin{pmatrix}2 & 2 & 1\\ 2 & -1 & -2\\ 1 & -2 & 2\end{pmatrix}$；它表示单叶双曲面.

(2) 原二次型化成标准形

$$-3y_1^2-3y_2^2+6y_3^2$$

其中正交变换 $\boldsymbol{X}=\boldsymbol{PY},\boldsymbol{P}=\begin{pmatrix}-\frac{1}{\sqrt{5}} & -\frac{4}{3\sqrt{5}} & \frac{2}{3}\\ \frac{2}{\sqrt{5}} & -\frac{2}{3\sqrt{5}} & \frac{1}{3}\\ 0 & \frac{5}{3\sqrt{5}} & \frac{2}{3}\end{pmatrix}$；它表示旋转双叶双曲面.

2. (1) 原二次型的标准形为

$$z_1^2+z_2^2-2z_3^2$$

相应的可逆变换为

$$\boldsymbol{X}=\begin{pmatrix}1 & -1 & 2\\ 0 & 1 & -1\\ 0 & 0 & 1\end{pmatrix}\boldsymbol{Z}.$$

(2) 原二次型的标准形为

$$y_1^2-2y_2^2+\frac{7}{2}y_3^2$$

相应的可逆变换为

$$\begin{pmatrix}x_1\\x_2\\x_3\end{pmatrix}=\begin{pmatrix}1&-2&-1\\0&1&\frac{1}{2}\\0&0&1\end{pmatrix}\begin{pmatrix}y_1\\y_2\\y_3\end{pmatrix}$$

习题 6.3

1. (1) 原二次型的规范形为 $z_1^2+z_2^2-z_3^2$,相应的可逆线性变换为

$$\boldsymbol{X}=\frac{1}{3}\begin{pmatrix}\sqrt{2}&\frac{1}{\sqrt{5}}&2\\-\frac{1}{\sqrt{2}}&-\frac{2}{\sqrt{5}}&2\\-\sqrt{2}&\frac{2}{\sqrt{5}}&1\end{pmatrix}\boldsymbol{Z}$$

(2) 原二次型的规范形为 $z_1^2-z_2^2$,所作的可逆线性变换为

$$\boldsymbol{X}=\begin{pmatrix}1&-1&1\\1&1&0\\0&0&1\end{pmatrix}\boldsymbol{Z}$$

2. 原二次型的规范形为 $y_1^2+y_2^2-y_3^2$,正惯性指数为 2.
3. 证明略.

习题 6.4

1. 证明略.
2. (1)非正定; (2)正定; (3)非正定.
3. 证明略.
4. 证明略.
5. 证明略.

*6. 在(0,0,ln2)处取到极小值 2−ln2.

习题六

1. $A=\begin{pmatrix} 2 & \frac{5}{2} & 0 \\ \frac{5}{2} & 1 & 0 \\ 0 & 0 & 1 \end{pmatrix}$

2. (1) 原二次型化成标准形 $y_1^2+4y_2^2-2y_3^2$;正交变换 $\boldsymbol{X}=\boldsymbol{PY}$,

$$\boldsymbol{P}=\frac{1}{3}\begin{pmatrix} 2 & 2 & 1 \\ 1 & -2 & 2 \\ -2 & 1 & 2 \end{pmatrix};$$

(2) 原二次型化成标准形 $9y_1^2+18y_2^2-9y_3^2$;正交变换,

$$\begin{pmatrix} x_1 \\ x_2 \\ x_3 \end{pmatrix}=\frac{1}{3}\begin{pmatrix} 2 & -2 & -1 \\ -1 & -2 & 2 \\ 2 & 1 & 2 \end{pmatrix}\begin{pmatrix} y_1 \\ y_2 \\ y_3 \end{pmatrix}.$$

3. (1) 原二次型的规范形为 $z_1^2+z_2^2-z_3^2$;所作的线性变换为

$$\begin{pmatrix} x_1 \\ x_2 \\ x_3 \end{pmatrix}=\begin{pmatrix} 1 & -\frac{1}{\sqrt{7/2}} & -\sqrt{2} \\ 0 & \frac{1}{\sqrt{14}} & \frac{1}{\sqrt{2}} \\ 0 & \frac{1}{\sqrt{7/2}} & 0 \end{pmatrix}\begin{pmatrix} z_1 \\ z_2 \\ z_3 \end{pmatrix}$$

正惯性指数为 2.

(2) 规范形为 $w_1^2+w_2^2-w_3^2$;所作的线性变换为

$$\begin{pmatrix} x_1 \\ x_2 \\ x_3 \end{pmatrix}=\begin{pmatrix} \frac{1}{2} & \frac{1}{2} & \frac{1}{2} \\ -\frac{1}{2} & \frac{1}{2} & \frac{1}{2} \\ 0 & 1 & 0 \end{pmatrix}\begin{pmatrix} w_1 \\ w_2 \\ w_3 \end{pmatrix}$$

正惯性指数为 2.

4. $-\frac{\sqrt{14}}{2}<t<\frac{\sqrt{14}}{2}$.

5. 证明略.

第 6 章自检题(A)

1. C. 2. C. 3. D. 4. B. 5. D. 6. D. 7. A. 8. A. 9. B. 10. D.

第 6 章自检题(B)

1. (1) 原二次型的标准形为

$$f(x_1,x_2,x_3)=-z_1^2+4z_2^2+z_3^2$$

相应的可逆线性替换为

$$\boldsymbol{X}=\begin{pmatrix}\frac{1}{2} & 1 & \frac{1}{2}\\ \frac{1}{2} & -1 & \frac{1}{2}\\ 0 & 0 & 1\end{pmatrix}\boldsymbol{Z}$$

正惯性指数为 2,非正定.

(2) 原二次型的标准形为

$$f(x_1,x_2,x_3)=z_1^2-z_2^2+z_3^2$$

相应的可逆线性替换为

$$\boldsymbol{X}=\begin{pmatrix}1 & -2 & 2\\ 0 & 1 & 1\\ 0 & 1 & -1\end{pmatrix}\boldsymbol{Z}$$

正惯性指数为 2,非正定.

(3) 二次型化为标准形 $y_1^2+y_2^2+10y_3^2$,正惯性指数为 3,正定.

相应正交变换为 $\boldsymbol{X}=\boldsymbol{PY}$,正交矩阵 $\boldsymbol{P}=\begin{pmatrix}-\frac{2\sqrt{5}}{5} & \frac{2\sqrt{5}}{15} & \frac{1}{3}\\ \frac{\sqrt{5}}{5} & \frac{4\sqrt{5}}{15} & \frac{2}{3}\\ 0 & \frac{\sqrt{5}}{3} & -\frac{2}{3}\end{pmatrix}$.

2. (1) 正定; (2) 非正定. 3. (1) $t>2$; (2) $-2<t<2$.

4. 证明略. 5. 证明略. 6. 证明略. 7. 证明略.

*8. 证明略. *9. 证明略. 10. 证明略.

参考文献

黄惠青,梁治安.2006. 线性代数.北京:高等教育出版社.

吉林大学数学学院.2009. 线性代数.2版.北京:高等教育出版社.

普罗斯库烈柯夫.1981. 线性代数习题集.周晓钟,译.北京:人民教育出版社.

同济大学数学教研室.2007. 线性代数.5版.北京:高等教育出版社.

谢帮杰.1978. 线性代数.北京:人民教育出版社.